相互扶助
進化論

相互扶助
進化論

피트르 알렉세이비치 크로포트킨 지음 | 구자옥 · 김휘천 옮김

 한국학술정보㈜

책 머리말(1955년 판) | 애쉬리 몬타그(Ashley Montagu)

 표트르 크로포트킨의 "상호부조론"(相互扶助論)은 이 세상의 가장 위대한 책 가운데 하나이다. 세월을 두고 끊임없이 복제되거나 출판되어 나오는 사실만으로도 그 증거가 된다. 도서관에서조차도 제대로 보관해 두기가 어려운 것은 시대를 뛰어넘는 이 책의 수요 때문일 것이다. 어쨌든 이 책은 Porter Sargent 출판사가 Extending Horizon 시리즈로 앞 다투어 첫 출간을 시도할 수밖에 없었던 대단한 업적이라 하겠다.

 "상호부조론"의 저자인 표트르 알렉세이비치 크로포트킨 왕손은 1842년 모스크바에서 태어났다. 크로포트킨가(家)는 키에프(Kieff)에서 유래하는 스몰렌스크(Smolensk) 왕자의 계보로서 러시아의 최상위 계층 귀족들이었다. 표트르의 아버지는 군정관으로서 농노를 소유하고 있었다. 표트르의 어머니 에카테리나 술리마(Ekaterina Sulima)는 표트르가 3살 반밖에 안 되었던 어린 시절에 사망하였는데 그녀의 나이 또한 35세에 지나지 않았다. 에카테리나는 남달리 부드럽고 점잖은 여성으로서 그녀의 사려 깊은 사랑 속에서 4자녀, 즉 1834년에 니콜라스(Nicholas), 일 년 뒤에 헬렌(Helen), 1841년에 알렉산더(Alexander)를, 그리고 1842년에는 표트르를 낳아 짧은 여생을 함께 하였다.

표트르는 그의 회고록(Memoirs)에서 "어머니를 아는 이들은 한결같이 그녀를 사랑하였다"고 피력한 바 있다. 또한 "버만(Burman) 아줌마가 우릴 보살피고, 러시아인 간호사가 우리에게 사랑을 어김없이 약속했던 이 모든 것도 어머니의 남겨진 은덕 때문이었다. 우리의 어린 시절은 온통 어머니에 대한 추억들로 장식되어 있었다. 그 늘진 고샅을 지나면서도 하인들은 틈만 나면 자주 알렉산더와 나를 애무하듯 쓰다듬어 주었고, 들판에서도 농가의 아낙들을 만나게 되면 '엄마마냥 우릴 대해 주시겠지요? 그분은 우릴 너무나 따뜻하게 대해 주셨지요. 그렇게 해 주시겠지요?' 하고 묻는 것이었다. 그네들은 물론 농노들이었다. 만일 우리가 농노들과 더불어 살며, 어린애들에겐 반드시 베풀어졌어야 할 사랑의 향기로 충만할 수 있었던 우리의 집에서 자라지 않았더라면 우리가 어떻게 되었을지 상상할 수도 없다"고도 하였다.

"사람들은 흔히들 죽은 뒤에도 살아 있지 못한 것을 끔찍하게 원통해하지만 진실로 선량한 사람이라면 추억과 더불어 언제나 살아 숨 쉬게 된다는 사실을 곧잘 잊은 채 지내게 마련이다. 좋은 추억은 다음 세대에 각인되어 어린애들에게까지 또다시 전달되는 것이다. 이야말로 전력을 바쳐서 일구어야 할 불멸의 가치가 아니겠는가?"

필자는 이 대목을 이쯤으로 인용한다. 생각하건대, 이 대목은 크로포트킨의 인품은 물론, 당시의 농노들에게 얼마나 동정적이었는가를 충분히 짐작게 하기 때문이다. 그의 문장에서는 더더욱 자주 어린 시절의 농노들에게 온화하고 관대한 심경으로 돌아가곤 하는 것이었다. 이는 곧 크로포트킨이 전 생애를 바쳐서 돕고자 했던 차별대우 속의 농노와 그네들 사이의 신분제도에서 기인하는 것이었다.

귀족으로서의 크로포트킨이 일상적인 교육을 거쳐서 이어졌던 단계는 근위대(Military Corps of Pages)에 입대하였던 과정이었다. 군대생활은 그에게 탐탁하지 않았다. 독서를 통하여 강렬하게 무장된 생각은 시베리아야말로 그의 자연적인 기개를 마음껏 펼칠 수 있는 더없이 좋은 지역임에 틀림없다는 것이었다. 그 지역의 지리학·동물학·식물학·인류학은 거의 알려진 바가 없었다. 크로포트킨은 시베리아 연대의 지휘관으로 이전신청을 결심하였다. 그러나 아들의 생각이 미친 짓으로밖에 보이지 않았던 아버지는 노발대발할 수밖에 없었고 시베리아로 떠나기 위해선 법정에서 충성을 서약할 수밖에 없었다. 그러나 문제가 되었던 점은 알렉산더가 강제퇴역을 받는 것으로 해결되고 1862년 7월 24일에 크로포트킨은 시베리아로 떠나게 된 데 있었다.

크로포트킨이 지리학·지질학·동물학에서 이루었던 최초의 독창적인 성과는 대단한 것이었다. 기상학적이며 지리학적인 관찰기록물은 러시아 지리학회에서 출판되었고 이런 공과로 크로포트킨은 금메달을 수여받은 학자 가운데 하나로 알려지게 되었다. 아시아의 지리적 구조 발달에 대한 크로포트킨 이론은 지리학의 일반화를 달성시킨 대표적인 사례로서 그를 이 분야 학문 발달사에 길이 빛날 위치로까지 끌어올리기에 부족함이 없었다. 크로포트킨은 전 생애를 통하여 이 분야에 적극적인 의욕을 지켜 내었고, 수많은 강연과 과학잡지나 정기간행물을 통한 논문 발표에 더하여 "Reclus의 Geographie Universelle", "Chamber의 백과사전" 및 "브리태니커 백과사전"에까지도 지리학 관련의 논문들을 게재하였다.

동물학에서 크로포트킨이 세운 업적은 다분히 야외의 자연공간에서 이루어진 것이다. 1862년부터 시베리아로 떠나게 되었던 크로포트킨은 자연의 생활을 몸소 체득할 수 있었던 천행의 기회를 누릴 수 있었다. 다윈(Darwin)의 "종의 기원"(Origin of Species)에 영향을 받았던 크로포트킨은, 이 책의 머리글에서 이미 언급하였던 바와 마찬가지로, 동종에 속하는 동물들 사이에서 자행되는 생존수단으로서의 치열한 경쟁이 어떻게 존재하는지 그 실체를 찾고자 고심하였다. 정작 다윈 자신은 그렇게 생각하고 있었던 것이 아니었음에도 대다수의 다윈 신봉자들은 종내경합(種內競合)을 생존경쟁의 가장 유력한 특성이며 진화의 주요인이라고 여기고 있었기 때문이었다.

크로포트킨이 "야외에서"(in the field) 직접 눈으로 보았던 현상들은 다윈론에 관하여 일종의 원천적인 의심을 낳게 하였다. 그러나 헉슬리(T. H. Huxley)가 "생존경쟁 프로그램[1]"(Struggle for Existence: A Programme)이라고 제목을 붙였던 그의 유명한 논문 "생존경쟁론"(Struggle for Existence Manifesto)을 자기의 손에 넣기까지는 크로포트킨 자신도 그 의심의 윤곽을 제대로 표현해 내지 못하고 있었다.

시베리아에서의 체험으로 인하여 크로포트킨에게 일어난 또 다른 큰 변신은 "행정조직적인 수단만으로는 대다수 인류에게 실질적으로 유익한 어떤 일도 결코 이끌어 낼 수 없다"는 사실을 인식하게 된 것이었다. 이런 생각 속에서 그는 "자서전"(회고록: Memoirs)을 쓰게 되었다. "영원히 나는 인연을 끊었다. …… 시베리아에서, 나는 이제껏 소중하게 간직하고 있던 엄격한 규율 속의 그 어떤 가치관을 잃게 되었다. 나는 무정부주의자가 되기로 작정하게 되었다." 이후로 그는 생전에 걸쳐서 무정부주의자 크로포트킨이 되어 활동하였다.

헤이룽 강(Amur)[2] 강둑을 따라 시베리아 원주민 속에 어울려 살면서 크로포트킨은 철저하게도 역사적인 모든 사건을 이루어 내는 미명의 어떤 큰 역할을 해내는 데 크게 매료되어 있었다.
그가 피력하기를, "내 나이 열아홉 살부터 스물다섯 살에 이르도

---

1) 각주: 출판: 「The Nineteenth Century」(런던) 23권(1888년 2월) pp.161−180. 크로포트킨은 "상호부조론"에서 이 논문을 "Struggle for Existence and its Bearing upon Man"으로 잘못 기재하고 있다. 즉 이 논문이 다루는 내용을 기술하고 있지만 실제 논문의 제목이 아니다. 이 책의 말미에 이 논문을 첨부하여 게재한다.
2) 역주: Amur 강은 만주와 러시아의 국경을 이루는 길이 4,346㎞의 강, 즉 헤이룽 강임.

록, 나는 헤이룽 강 지역의 수백 명 사람들을 다루고, 우스꽝스럽게
도 별로 뜻이 없는 채로 위험스럽기 짝이 없는 원정대 일을 하면서,
그런대로 개혁에 중요한 일들을 해 오지 않을 수 없었다. 이런 모든
일들이 다소간에 성과 있는 끝을 맺게 되더라도 이러한 심각한 인력
통솔이나 규칙적용 같은 과정에서 얻어지는 것들은 별로 대단하달
것이 없다는 사실을 깨닫게 되는 것으로 고작일 뿐이었다. 독창적인
사람은 어디에서라도 쓸모가 있는 것이지만 그네들에게는 일단 의욕
이 솟구칠 경우에 맞추어 새로운 사업계획이 실행으로 옮겨져야 하
게 마련이다. 특히 러시아와 같은 곳에서는 군대식이 아니라 공개적
이며 상식적으로 공감을 얻어 가며 이루어져야 한다. 나는 국가통치
를 기획하는 모든 사람들이야말로 제 나름의 이상향적 국가를 세우
기에 앞서서 진실한 삶에 대한 체험교육을 받을 수 있기를 바란다.
그래야만 우리는 오늘날의 군대조직이나 피라미드식 사회계층 구조
에서 탈피된 생각을 접할 것임에 틀림없다."

  이런 생각의 일면이 크로포트킨을 철학적인 무정부주의자의 한 사
람으로 이해하게 하는 데 결정적인 열쇠의 역할을 한다. 적잖은 사
람들은 무정부주의자에 대한 인식을 마치 올리브 색깔의 피부에 어
두운 코밑수염을 달고 양손에 수류탄을 쥐었거나 집에서 제조한 폭
탄을 주머니에 지니고 있기라도 한 수상쩍은 행색의 사람쯤으로 마
음에 새겨두고 있다. 그러한 군대적 무정부주의자들도 있었지만 크
로포트킨은 전혀 그들과 달라서 오히려 그런 그네들을 너무나 서글
프게 여기고 있었다. 이유인즉 크로포트킨의 무정부주의는 자연과학적
인 방식 그대로 세상을 보자는 철학의 한 단면이었기 때문이다. 그

는 무정부주의를 인간세상에서 일어날 수 있는 모든 인간관계상의 정의(곧 평등과 호혜의 원리)로 삼으려는 데 있었다. 이런 생각은 국가나 모든 정부조직을 철저하게 배제함으로써 최선으로 이룩될 수 있고 이들이 배제된 자리를 자유와 그리고 개개인·단체·지역이나 국가 상호간의 자연발생적인 협력체제로 대체시켜야 한다는 것이었다.

크로포트킨은 동료인 무정부주의자들이 1914~1918년 대독일전(독일대항전쟁)에 연합저항군을 결성하는 지원역할을 하였던 탓으로 울분을 참지 못하였듯이 그는 어떤 일에 있어서도 격렬한 행동만은 경멸하는 사람이었다. 크로포트킨 자신은 개인적으로 온화하고 매력적인 인격의 소유자여서 그를 알던 모든 사람들로부터 호감을 샀고 오늘날 살아 있는 수많은 사람들이 아직도 그를 따뜻한 마음으로 추앙하고 있다. 버나드 쇼(Bernard Shaw)[3]가 이르기를, "크로포트킨은 개인적으로 신성한 느낌에서 찬탄할 만하였고, 붉은 수염으로 가득 찬 얼굴에 정겨운 말씨를 가진 마치 즐거운 산악(Delectable Mountains)의 양치기 목동"이었다는 것이다. 이런 표현들은 한결같이 크로포트킨의 보편성을 대변한다고 하겠다.

1874년, 크로포트킨은 체포되어 페트로-파블로프스 요새의 감옥에 구금되었다. 여기에서 2년의 세월을 보내게 되었다. 그의 죄목은 혁명의 선동에 있었다. 그러나 요새를 탈출한 경로는 참으로 재미있는 일정이었다. 변장한 채로 스웨덴으로 탈출하여 거기에서 1876년 8월에 영국으로 건너갔다. 영국에 가서 그 자신을 저널리스트로 변신시

---

3) 역주: G. Bernard Shaw(1856-1950) 영국의 극작가. 마르크스의 「자본론」에 영향받아 문명비판적 풍자와 역설적 작품을 저술.

켰고 처음엔 다소의 어려움도 있었지만 금세 수많은 친구들을 사귀게 되었다.

1878년 10월 8일, 크로포트킨은 소피 아나니에프(Sophie Ananiev)와 결혼하게 되었다. 소피는 유태인 혈통으로 1856년 키에프(Kieff)에서 출생하였다. 그녀의 아버지는 시베리아의 톰스크(Tomsk)에서 금광을 운영하고 있었다. 그녀는 나이 열일곱에, 금광에서 일하는 노동자들의 강요된 처우에 반발하여 그네들이 벌어들이는 돈으로 생활하기를 거부하고 자신의 생활비를 스스로 벌겠다고 집을 뛰쳐나갔었다. 이들 두 사람을 부부로 엮어 내었던 공감대가 무엇이었는지를 누구라도 쉽게 이해할 수 있을 것이다. 이들의 결혼 무렵에 소피는 베른(Berne)에서 생물학을 공부하고 있었고 크로포트킨은 제네바(Geneva)에서 일을 하고 있던 중이었다. 한동안 이들은 크로포트킨이 일컫던 바 '집시' 살림으로부터 생존의 진수를 깨닫게 되었다. 즉 집시생활을 통하여 서로 간에 전적으로 공여하며 사는 법을 터득한 것이었다. 9년의 결혼생활이 지난 뒤인 1887년 4월, 소피는 독생인 첫아기 알렉산드라(Alexandra: 최근에 사망한 크로포트킨의 형제에게서 딴 이름)를 낳았다. 크로포트킨이 위험인물로 판정되어 스위스에서 추방된 뒤 런던으로 되돌아와서 장녀 알렉산드라를 낳은 것이었다.

이야기를 1882년 12월, 프랑스에서 일어났던 크로포트킨의 체포 및 구금, 그리고 재투옥에 관한 쪽으로 옮겨 보자. 6명의 유럽 여러 나라 소속 간첩과 경찰에 관련된 수많은 이야기들이 있다. 이 모두가 그의 저서 "러시아와 프랑스 죄수들"(In Russian and French Prisons:

1887)에 기술되어 있다. 무정부주의자로서 적극적인 활동을 하였던 그의 가담행각, 즉 의회를 구성하고 참여하는 일, 정기간행물을 제작하는 일, 수많은 국제통신 교류활동을 하였던 기록과 가족의 생계를 꾸려 나가기 위하여 자유기고자인 저널리스트로 일하였던 기록이 오직 여기에만 실려 있다. "상호부조론"의 시대는 1888년에 이르러서야 열릴 수 있었다.

크로포트킨이 머리글(Introduction)에서 어떻게 하여 "상호부조론"을 집필하게 되었는지 설명하였기 때문에 구태여 논문을 쓰고 이것이 드디어 한 권의 책으로 틀을 굳혀 갔던 일련의 경과조치에 대한 것까지 재론할 필요가 없을 것이다. 다만 간단히 그 요지만을 여기에 간추려 본다면, 첫째는 출판에 뒤따른 "상호부조론"의 경과과정, 그리고 둘째는 책 자체의 평가내용, 특히 현대적 지식으로 본 평가에 있을 것이다.

"상호부조론"을 출판한 일과 관련하여 처음으로 가장 기억될 사건은 시기적으로 T.H. 헉슬리가 종합적인 관점으로 언급하여 유사한 논제의 논문을 썼던 때였으며, 헉슬리가 학술잡지인 "19세기"의 정규구독자로서 연재논문으로 처음 게재되었던 크로포트킨의 "상호부조론"을 분명히 읽었음에 틀림없는데도 이들 논문에 대하여 아무런 반응도 하지 않았고 이들 논문의 존재를 어떤 방식으로라도 인정하지 않았다는 점이다. 크로포트킨의 상호부조론에 대한 첫 논문은 1890년에 게재되었다. 이보다 7년이나 앞선 1883년에는 크로포트킨이 프랑스에서 구금되어 있었고 크로포트킨의 과학계에 대한 공헌도가 크게 인정되어 시급한 해금조치가 필요하다는 탄원서가 영국에 계류되어 있었다. 이 때문에 과학자들을 비롯한 많은 사람들이 서명한 탄원서가 요청되고 있었다. T.H. 헉슬리는 그의 서명을 거절하였던 것으로 기록되어 있다. 이는 헉슬리의 비열함을 뜻하는 증거로 알려지게 되었다. 있을 수 없는 일이었다. 1883년에 헉슬리[4]는 왕립학회 회장으로 피선되었고, 그의 집무실에서 그가 생각하던 내용을 한 통신소에 적어 보낸 바는 "내가 왕립학회의 회장으로 있는 한 학회원의 견해와 차이를 드러내는 그 어떤 타당이론도 공개적으로 표출시키는 것을 제한할 수밖에 없다"는 것이었다. 마지막 논문으로 1896년에 출간되었던 크로포트킨의 논문에 대하여 대응할 수 없었던 헉슬리는 판정패를 당한 셈이며 결과적으로 크로포트킨은 이들 논문을 묶어 한 권의 책으로 출판되도록 계획하기에 이르렀다. 아마도 헉슬리는 크로포트킨의 주장에 대응하기에 앞서서 이런 때를 관망하고 있었는지 모를 일이다. 크로포트킨의 책은 1902년에 출간되었는데 그때는 이미 헉슬리가 사망한 지 7년이나 되었다.

1888년, 크로포트킨은 앞서 "생존경쟁론"이라는 제목으로 "물질과 인구"를 거론하였던 헉슬리의 논설에 대하여 "19세기"에 게재할 논문으로 논평문을 쓰고 있었다. 이 무렵, 헉슬리는 크로포트킨이 한 대목에서 자기를 잘못 이해하고 있음을 개인적으로 지적하는 글을 써서 편집자인 제임스 노올(James Knowles)에게 보냈으며, 첨언하여 "크로포트킨의 논문은 그럼에도 불구하고 매우 흥미로우며 중요한

---

4) 역주: T. H. Huxley(1825-95) 영국의 생물학자, 다윈의 진화론 지지자. 인간이 원숭이에서 기원한다는 이론 제시. 불가지론적 인식론 주장.

것이었다"고 한 바 있다. 이런 사유로 노올은 학회지의 지면을 빌려서 크로포트킨에게 대응할 것을 헉슬리에게 요청하였다. 이에 대한 헉슬리의 답신은 "심장 건강이 좋지 않으며, 머리와 온 신경이 바로 그 논쟁에 대한 생각에 얽매어 나를 온통 들뜨게 한다"는 것이었다.

아마도 그 진상이란 헉슬리가 어느 누구보다도 크로포트킨을 경탄해 마지않았지만 정중한 태도로 격식을 갖추어 크로포트킨의 골치아픈 논박을 처리하기에 더 이상 체력적인 자신이 없었거나 또는 크로포트킨의 논평이 있기 이전에 점수를 얻기에는 그 어떤 행위로도 감당해 낼 수 없을 만큼 죽음의 그림자가 드리워졌던 것으로 보인다. 비록 한 사람의 주장이 잘못되는 수가 있다 하더라도 진리에 열정적으로 공헌하는 위대한 인간들의 생각을 잊지 않고 추억해야 하는 일만은 올바른 행동으로 인식될 필요가 있을 것이다.

비록 "상호부조론"이 수없이 많은 놀라운 진리를 포괄하고, 또한 많은 사람들의 생각에 영향을 끼쳤다고 하더라도 재판·삼판이 계속되는 동안에 책을 보는 사람들에게는 별 수 없이 어떤 오류의 고통을 주었을 것이며 또한 너무 어린 나이에 이 책을 읽어서 골칫거리로 혼동을 일으키는 잘못을 저지르게 할 수도 있다. 가장 보편적인 오류는 크로포트킨이야말로 이 책을 통하여 "상호부조"의 원리를 기술한 것뿐이지 결코 자연도태나 경쟁원리가 진화과정의 주 원리라거나 주요인이라는 생각을 하지는 않았다는 데 있다. 최근의 어느 한 전문가가 집필한 유전학 책에는 "어떤 방식으로라도 협동이나 상호부조가 가지는 적응의 중요성은 자연도태의 이론을 부정하는 것이며, 크로포트킨이나 기타의 사람들도 같은 생각이었다"고 하였다. "상호부조론"의 독자들은 이런 표현이 얼마나 적절하며 보편적인 것인지를 쉽게 알아차릴 것이다.

그러나 크로포트킨은 기실 상호부조 원리가 자연도태설을 부정하는 것으로 생각하지는 않았던 것이다. 되풀이하여 말하지만, 그는 생존경쟁에서의 경쟁 현실에 독자의 판단을 환기시켰으며(대다수의 최근 다윈 이론 주창자들에게 분명 수용될 수 있는 용어를 사용하여 매우 용의주도한 비평을 하였음), 또다시 말하더라도 그는 "19세기"의 가장 뜻있는 지혜의 하나로 자연도태설의 중요성을 강조하고 있었다.

크로포트킨이 용납할 수 없을 만큼 부정하였던 것은 헉슬리가 그의 논문 "생존경쟁론"에서 주장하였던 바 "극단적인 진화론"(Evolutionary extremism)이었다. 저서 "회고록"을 통하여 크로포트킨은 그 논문을 "흉물"로 규정짓고 있었다. 헉슬리의 논문은 표현이 서툴고 격정적이며 형편이 없었지만 그의 타고난 깜냥대로는 화려하고 진지하게 저술된 것이었다. 내용은 아무것에나 잘 맞는 방임주의(무간섭주의: *laissez-faire*)의 철학에 걸맞은 것이었다. 크로포트킨은 그의 생각을 정치적으로나 또는 진화적으로 해석하기를 싫어하였다. 여러 해에 걸쳐서 이미 이들 내용을 심사숙고하였던바, 크로포트킨은 헉슬리에게 충분히 대응하기로 작정을 하였던 것이다.

이 모험적인 일을 앞두고 크로포트킨이 지원을 요청할 사람은 "19세기"의 편집인인 제임스 노올과 왕립지리학회 간사이며 "아마존의 자연주의자"(The Naturalist on the Amazons, 1863)의 저자인 저명한 베이츠(H. W. Bates) 둘뿐이었다. 나머지 일은 과학의 힘으로 재조명 되는 자연의 계시로서, 생존경쟁의 실상이 "약자를 위한 비탄의 출 전곡"과 다를 게 없는 것으로 해석하는 경향이 영국에 깊이 뿌리내 려 있어서 그 경지는 가히 종교적이라 할 만하였다. 따라서 갈 길은 험난하기만 한 것이었다.

오늘날 "상호부조론"은 크로포트킨의 가장 잘 알려진 저서로 인정 되고 있다. 고전적인 책에 속한다. 이 책이 드러내는 관점은 서서히, 그러나 쉼 없이 제 갈 길에 세워지고 있으며, 실제로 오늘의 우리에 게서 별로 멀지도 않은 현실을 통하여 진화생물의 보편적인 사례가 제시되고 있는 것이다.

뒤에 출간된 크로포트킨의 자료나 그가 근거로 하였던 주장 내용 들은 관련된 여러 분야의 과학탐구에 연루된 빛을 받아서 뛰어나게 잘 성립될 수 있었다. 알리(Allee)와 윌러(Wheeler)·에머슨(Emerson) 등과 같은 그의 제자들은 생태학의 영역 위에서 인류학적인 수많은 연구결과로 원시적이거나 밝혀지지 않았던 인종들을 찾아 밝혀 내었 으며(명명화), 야외현장의 자연주의 학자들은 독자적으로 크로포트킨 의 주제를 충분히 확인시키는 도움을 주었다.[5] "상호부조론"은 독립 선언의 영향보다 결코 못지않게 그 시대를 반영할 것이다. 새로운 사실들이 점점 더 밝혀지기 시작함으로써 이미 이들 모두가 크로포 트킨의 결론을 폭넓게 지지할 것임을 알 수 있다. 즉 "윤리적인 인 류의 발전 과정을 통하여 상호경쟁이 아닌 상호협조의 행태는 실체

---

5) 각주: 일부에 대한 기록과 논설은 M. F. Ashley Montagu의 「The Direction of Human Development」(Harper & Bros, New York, 1955)를 참조하라.

를 이끄는 주도적인 기능이었던 것으로 이미 잘 알려져 왔다. 폭넓은 영역에서 오늘날에도 우리는 여전히 높게 보는 인류의 진화에 대한 최선의 보증 가운데 하나로 이런 특성을 인정케 된다."

　1914년에 세계대전이 돌발하기 전까지 일상적으로 생각하기도 어렵던 특종사건도 아니면서 별의별 일들이 황당하게도 자주 일어나고 있었다. 연합군에 대한 크로포트킨의 지지활동은 그의 수많은 동지들을 경악스럽고도 곤혹하게 만들었다. 그러나 크로포트킨 자신은 그의 입장이 당당하다는 데 조금도 흔들리지 않았다. 그의 소신을 정당화하는 데 더욱 떳떳하게 보였던 것은 1917년에 있었던 러시아 혁명이었다. 즉시 행동으로 옮길 수 있었던 일은 그가 아내와 딸을 데리고 영국을 떠나 러시아로 떠난 때였기 때문이다. 크로포트킨이 러시아에 도착한 것은 1917년 중반 무렵이었고, 거기에서는 만사가 지극히도 잘 풀릴 수 있었다. 케렌스키(Kerensky)는 크로포트킨에게 그네들의 새로운 정부의 내각 각료 자리를 제의하였으나 크로포트킨은 이를 거절하였다. 오히려 러시아가 독일에 대한 전쟁을 이끌어 가는 것이 좋다고 주장하면서, 그의 무정부주의자 동료들을 아연실색게 할 내용으로서 러시아를 중도적 공화국으로 수립하도록 주장하였다. 그러나 성과는 별무인 형편이었다. 레닌(Lenin)과의 면담마저도 불만스럽기는 마찬가지였다. 러시아에서 크로포트킨이 마땅찮은 삶 속을 보낸 세월은 비극적으로 불행한 일이었다. 레닌의 세상에서 따지자면 크로포트킨의 순진한 생각은 실패한 것이었다. 크로포트킨은 꿈에라도 그리던 러시아의 장래 모든 희망이 볼셰비키(Bolsheviks)[6]와 그 수장인 레닌에 의하여 말살되고 있다는 생각에 미치자 그는 생각을 돌려서 레닌에 의하여 러시아의 미래가 얼마든지 치명적일 수도 있음을 알리는 글을 쓰기로 하였다. 1920년 겨울, 볼셰비키가 반대세력들의 예상되는 격렬한 저항을 막아 내기 위하여 일종의 볼모작전을 펴게 되었던 데에 대한 크로포트킨의 분노는 폭발 직전에 다다랐으며, 이런 일련의 난동이 일게 된 점에 대하여 레닌에게 즉시 글발을 날렸고 이는 마치 선각자의 목소리와 같았다.

"본인은 오늘 아침의 프라우다(Pravda)지에 실린 국가인민회의(Council of People's Commissars)의 성명서에 입각하여 분란 중인 부대의 몇 명 장교를 볼모로 잡아 두게 되었다는 기사를 읽었습니다. 본인은 귀하의 이러한 결론이 스스로에게 십자군시대인 중세기의 암담함을 초래케 된다고 귀하에게 탄원한 사람이 결코 한두 사람이 아닐 것이라고 믿습니다. 블라디미르 일리치[7](Vladimir Ilyich), 귀하의 경직된 행동은 귀하가 바라는 생각에 아무런 도움도 되지 않을 것입니다."

'귀하는 볼모가 진실로 무엇인지 모른다고 말할 수 있으신지? 즉 볼모가 저지른 죄 때문이 아니라 단지 상대편의 협박·공갈을 동료들 쪽으로 돌려주기에 적합한 인물이라는 이유만으로 구금된 사람 아니던가요? 이네들은 죽을죄라도 지은 것으로 알고, 마치 사형집행관이 매일 정오마다 사형집행을 다음 날로 연기한다는 선고를 내리

---

6) 역주: 볼셰비키는 러시아 사회민주당 안에서의 다수파를 일컬음.
7) 역주: 블라디미르 일리치(980-1015). 러시아 대공으로서 러시아를 지배한 최초의 그리스도교도 지배자.

는 상황처럼 느낄 것임에 틀림이 없지요. 만일 귀하가 이런 방식으로 일을 집행해 간다면 사람들은 어느 날엔가 귀하가 중세기에나 있었을 법한 그 어떤 고문도 스스럼없이 해 댈 것으로 예상할 것입니다.

"본인은 귀하가 권력이란 다스리는 자의 전문적인 의무이행을 강요하기 위하여 존재한다고 답하지는 않길 바랍니다. 또한 이들 권력에 도전해 오는 그 어떤 것도 자신의 방어를 위하여 어떤 대가라도 지불할 수밖에 없다는 방식의 협박쯤으로 여기지 않길 바랍니다. 이런 생각은 더 이상 제왕들에게도 허용되지 않고, 아직까지 군주제가 남아 있는 나라의 군왕조차도 오늘날 수많은 볼모로 러시아를 엄청나게 하는 이러한 방어 수단만은 포기한 지 오래입니다."

"블라디미르 일리치! 복음의 사도로 새로운 진리를 전하기 원하고 또한 새로운 나라를 세우려는 귀하가 어찌하여 이처럼 가증스러운 처신에 동조하고, 있을 수 없는 방식에 뜻을 함께할 수 있단 말인지요? 귀하가 지난날의 생각에 집착하고 있음을 널리 주지시키는 방법 이외의 아무것도 아닙니다."
"그러나 아마도 이들 수많은 볼모들로 인하여 귀하의 일을 손쉽게 다룰 수는 있어도 귀하의 인생 자체에는 별로일 것입니다. 귀하는 그토록 눈멀고, 귀하의 권위적인 생각에 매어 있는 수많은 구금자들을 어찌지도 못하면서 유럽공산주의 체제의 정수리에 도사리고 앉아서, 군주적인 오류뿐만이 아닌 수치스러운 처신을 아무런 대책도 없이 단지 지켜 내려는 다짐과 귀하의 인생에 대하여 불합리하다는 우려와 공론에 떨면서 어찌하려는 것인지요?"

"가장 소중한 방어자의 하나가 이런 모양으로 그 세상 정직한 마음의 여로 속을 비틀대고 있다면 공산주의를 위하여 어떤 미래가 둥지를 틀 것인지요?"

"우리 모두와 본인은 그 대답을 잘 알고 있습니다."

크로포트킨은 절망의 경지에 있었다. 그는 윤리에 관한 작업(「윤리학」 저술작업)8)에 착수하면서, 또한 "상호부조론"의 집필을 계속하면서 자신을 달래고 있었다. 이 작업은 1921년 2월 8일에 크로포트킨이 임종을 맞기까지도 전혀 탈고되지 못하고 있었다. 그 자신이 이르기를 "진정으로 좋은 인간의 추억은 생생하게 언제나 살아 있는 것"이라는 점이었다. 이 생각은 다음 세대에 충격을 주었고 또한 어린이들에게 전달되고 있었다. 죽을힘을 다 해서라도 얻을 만한 불멸의 가치가 아니겠는가?

이런 일을 크로포트킨은 성취해 내었던 것이다

뉴 저지 포리스톤에서

---

8) 각주: Petr Kropotkin: 「Ethics: Origin and Development」(Dial Press. New York, 1925).

〈크로포트킨의 저서〉9)

Appeal to the Young. London, 1885.

Paroles d'un Revolté. Paris, 1885.

Law and Authority. London, 1886.

In Russian and French Prisons. London, 1887.

Anarchist Morality. London, 1890.

Fields, Factories and Workshops. London, 1898.

Memoirs of a Revolutionist. London, 1899.

Mutual Aid. London, 1902.

The State. London, 1903.

Ideals and Realities in Russian Literature. London, 1905.

The Conquest of Bread. London, 1906.

The Great French Revolution. London, 1909.

The Terror in Russia. London, 1909.

Modern Science and Anarchism. London, 1912.

Ethics. New York, 1925.

---

9) 각주: 서론·문헌평과 노트가 첨부되어 편집된 Kropotkin 「Revolutionary Pamphlets」(Roger Baldwin, New York 1927)과 서론문으로 편집된 Kropotkin 「Selections from his Writings.」(Herbert Read, London, 1942)를 참조하라.

〈크로포트킨과 상호부조론 관련 문헌〉

ALLEE, W. C., Cooperation Among Animals

BERNERI, CAMILLO, Kropotkin—His Federalist Ideas

HEWETSON, JOHN, Mutual Aid and Social Revolution

HIRST, E. W., Ethical Love

HUXLEY, J. S., Evolution: The Modern Synthesis

KAHLER, E., Man the Measure

LATHAM, R., In Quest of Civilization

MONTAGU, A., Darwin: Competition and Cooperation. 주석을 첨부한 광
범한 문헌들이 게재되어 있음.

MONTAGU, A., The Direction of Human Development

MEAD, M., Cooperation and Competition Among Primitive People

SHERRINGTON, C., Man on His Nature

SOROKIN, P. A., Altruistic Love

STAPLETON, L., Justice and World Society

WOODCOCK, GEORGE, AND AVAKUMOVIC, IVAN, The Anarchist
Prince. 이 저서는 크로포트킨에 대한 방대한 정보가 실려 있는
문헌이어서 많은 길잡이가 전문으로 게재되어 있음.

책 머리말(1914년 판) | 표트르 크로포트킨

전쟁(제1차 세계대전)이 유럽 전체를 공포의 도가니로 몰아세우면서 발발되었을 때, 독일의 침공을 받았던 벨기에와 프랑스의 전쟁터에서는 전쟁과 아무런 관련이 없는 사람들과 재물이 뒤엉켜서 이제까지 상상조차 할 수 없었던 철저한 삶의 파괴가 자행되고 있었으며, "생존경쟁론"은 이들 가공의 사건을 변명이라도 해 보려고 안간힘을 쓰는 사람들에게 제법 그럴싸한 설명논리 구실을 하게 되었다.

이 무렵, 타임지(Times)에는 "다윈의 용어"(Darwin's terminology)를 이처럼 엉뚱하게 오용하는 데 대하여 비난하는 편지글이 실리게 되었다. 이 편지글에는 얼빠진 사람들이 다윈의 이론을 오용하는 방식으로 철학과 정책을 더럽히는 것과 조금도 덜할 게 없는 행태로서 그 오용의 덫은 "생존경쟁"·"권력의지"·"적자생존"·"우성인간" 등의 원리에 있다고 갈파하고 있었다. 그러나 영어로 쓰인 이들의 글 귀를 볼 때 이런 용어들은 이성을 팽개친 폭력과 간사한 수단에 의해서가 아니라, 말하자면 상호부조란 명분으로 생물적이거나 사회적 발전이 기대된다는 원리로 해석하고 있음을 탓하고 있다는 것이었다.

다윈의 생각이 초판의 서적으로 출간된 지 12년의 세월이 흘렀고, "다윈의 기조적인 생각이야말로 상호부조가 진화에 있어서 중요한 발전적 요소(progressive element)로 작용한다"는 데 있었으며, 비로소 생물학자들에게서도 인식되기 시작하였다고 말할 수 있다. 뒤늦게 대륙에서 풍미하게 되었던 주체적인 진화론의 대부분에는 이미 생존 경쟁의 서로 다른 두 관점이 독립적으로 나뉘어 인정될 수밖에 없는 것으로 받아들여지고 있다. 그 하나는 불량한 자연조건이나 외부의 적대적인 생물종에 대처하는 외부전쟁(exterior war)이고 다른 하나는 같은 동족의 무리 안에서 생존하는 수단으로 지켜야 하는 내부전쟁 (inner war)인 것이다. 또한 후자의 한계성과 진화적 측면에서의 중요성에 관한 이론정립이 쉽지 않음도 과장시켜 문제로 제기되고 있다는 점이다. 다윈 자신도 매우 갈등을 할 수밖에 없었던바, 다윈의 이론과는 상치되는, 동물의 경우, 종족의 번영(well-being)을 돕는 "사회성"이나 "사회적 본능"의 중요성이 과소평가되고 있기 때문이었다.

그러나 상호부조나 동물계에서의 협동성이 무엇보다도 중요하다는 인식이 오늘날의 지식인들 사이에서 수용된다 하더라도 아직은 이들 두 요인이 인류의 역사에서도 그네들의 사회기능을 발전적으로 진전시키는 데 더없이 소중하다는 사실을 설명하려는 내 집필의 두 번째 주제까지는 수용하지 않고 있을 것이다.

오늘날의 사상을 이끌어 가는 지도자들은 세상만사가 인류의 사회적 기능이 진화되는 데 따른다는 생각보다는 모든 발전의 방향이 부동의 사물을 지능적·정치적·군사적으로 이끌어 가는 지도력에 따른다는 생각에 고집을 부리고 있다.

오늘날의 이 전쟁(1차 대전)은 유럽의 문명국가들 대다수를 서로 간의 전쟁현실성뿐만 아니라 일상생활상의 부차적인 수많은 이해관계로 가깝게 결속시키고 있지만 반면으로는 진리의 길조차도 바꾸어 버리는 데 이용될 것임에 틀림없다. 또한 전쟁의 결과는 한 나라가 시련의 역사과정을 거치면서 살아갈 수밖에 없을 때마다 수많은 시민들을 지켜 낼 독창적이며 건설적인 두뇌들이 얼마나 많이 요구되는지를 절감케 할 것이다.

오늘날의 세계대전이 빚었던 재난과 미개한 미개적 수단을 생각해 낸 것은 각 나라의 통치자나 지적인 선각자들이었으며 준비를 미리 하였던 것이다. 대다수의 시민들은 오늘날의 살육에 대처하라는 목소리를 어느 곳에서도 듣지 못하였고, 분쟁문제를 다루는 오늘날의 방식에는 참여하지도 못하고 있다. 따라서 오늘의 인간은 문명창조성을 최선으로 상속시켜 갈 방법을 강구하는 데에도 무시된 엉뚱한 상황에 처해 있는 것이다.

만일 이러한 문명 상속의 가능성마저 파멸될지도 모를 국면이 완벽하게 회복되지 못한다면, 또한 전쟁 동안에 빚어 내었던 죄악들을 그대로 방치시켜 둘 수밖에 없다면 우리는 그간에 인류가 밝혀 내었던 교훈과 전통을 재확인이라도 해야 하고 그래야 종국에 이르러서는 오늘날의 고난으로부터 온전한 모습으로 회귀할 수 있을 것이다. 까닭인즉, 이런 조직적인 사회활동에서 배제되는 수없이 많은 상호부조의 사례들이 표출될 것이기 때문이며, 필자는 이 책을 통하여 인류에 기여할 진리를 밝혀 보고자 한다.

농촌의 부녀자들이 키에프(Kieff)의 거리를 탈진한 상태로 터벅터벅 걷고 있던 독일인이거나 오스트리아인의 전쟁포로를 물끄러미 보면서 두 손에는 빵이나 사과, 때로는 동전 한 닢을 쥐어 주고 있다. 부상자를 돌보는 수많은 부녀자나 남자들은 아군인지 또는 적군인지, 장교인지 병사인지, 프랑스인지 러시아 농부인지 따질 생각도 없다. 고향에 남겨진 노인이나 여인네들은 오랜 세월의 관습마냥 적군의 총부리가 휩쓸던 그곳의 밭을 다시 갈고 씨 뿌린다. 프랑스 전역에 폭발적으로 나타났던 협동 취사장과 공동식당들, 영국과 미국에서 벨기에로 파견되어 온 현지 지원병들, 러시아인들로부터 폐허가 된 폴란드, 이런 모든 것들은 엄청난 숫자의 자원봉사와 자진해서 형성된 노동 및 자원과 같은 이미 상실되었던 자비심의 발로들을 불러 세우고서야 해결의 실마리를 풀게 마련이다. 이런 것으로 그들은 단순한 이웃의 정(情)에 지나지 않는 도움을 주고받게 되지만, 이런 바탕에서 새로운 기구들이 설립되고, 이는 마치 인간의 초기시대에 있었던 상호부조와 같아서 시대를 살아가며 가장 바람직한 문명

사회의 기능을 낮게 한 것이다.

원시시대와 중세시대의 상호부조 형태를 설명하는 이 책의 단락에서 필자는 특히 독자의 호기심을 환기시키고자 한다.

필자가 진심으로 바라는 바는 세계대전이 이 세상에 내동댕이쳤던 처절한 고통들 속에는 이제까지 현실화해 보지 못하였던 인간의 복구력이 아직은 살아 있다는 신뢰의 구석이 남아 있으며, 인간의 실천력은 인간 상호간의 보다 긍정적인 최선의 이해를 증진할 것이고 나라 간의 협력마저도 도모해 내어야 하겠다는 것이다.

1914년 11월 24일
브라이톤(Brighton)에서

목 차

갈래 Ⅰ: 동물계의 상호부조(Ⅰ) —49

생존경쟁 – 진화 진전의 자연법칙과 주요인으로서 상호부조론 – 무척추동물인 개미와 벌 – 사냥과 어로집단인 조류 – 작은 조류들이 상호 부조하는 사회성 – 학과 앵무새

갈래 Ⅱ: 동물계의 상호부조(Ⅱ) —89

새들의 집단이동 – 혼성 집단 – 가을철 계절 사회집단 – 포유류: 비사회성을 띤 소수의 종 – 늑대·사자 따위의 사냥집단 – 설치류와 반추동물 및 원숭이류 – 생존경쟁에서의 상호부조론 – 종내 생존경쟁에 대한 다윈의 주장 – 과잉번식에 대한 자연의 견제 – 중간연계의 단절가능성 – 자연계에서의 경쟁 배제

결론　　　－*409*

머리갈래 글(1902년) | 표트르 크로포트킨

　젊었던 시절에 시베리아 동부와 만주 북부를 여행하는 동안 나는 동물의 삶 가운데 두 가지 형태를 보면서 가장 깊은 충격을 받았다. 그 가운데 하나는 정기적으로 자연 발생하는 엄청난 재난이다, 즉 삶의 파괴나 또는 나의 눈으로도 쉽게 감지되는 드넓은 영역 위에 재난의 결과로 버려져 있는 삶의 정체 상태와 같은 혹독한 자연현상에 대처하여야 하는 극한의 심각성에 있었다. 또 다른 하나는 동물세계에서 얼마든지 내재하는 간단한 특징을 그토록 열심히 찾아 헤매었으면서도 밝혀 내지 못하였던 이른바, 동일 종에 속하는 동물들 사이에서의 생존을 위한 극렬한 경쟁이었다. 이 경쟁은 대부분의 다윈파 학자들이 (다윈 자신은 항상 주장하던 내용이 아니지만) 살기 위한 경쟁의 우세 특성으로서 진화의 주요인으로 신봉하는 현상이었다.

겨울이 지난 뒤끝의 계절에도 유라시아의 북쪽에서는 대지를 쓸고 가는 무서운 눈 폭풍이 일어나고 그 뒤를 쫓아서 눈부신 서릿발이 서곤 한다. 5월 중순이면 연례행사처럼 매년 이들 눈바람과 서리가 찾아들지만 이 계절은 나무마다 이미 만개가 되고 사방 천지에 벌레들이 무리 지어 꿈틀대는 때이다. 때때로는 이른 서릿발과 엄청난 눈바람이 7·8월에도 나타나서 우수한 곤충의 삶터를 눈 깜짝할 사이에 짓밟을 뿐만 아니라 초원에 둥지를 튼 새들의 새끼들을 몰살시킨다. 몬순기후[10] 때문에 보다 온난한 지역에서는 8·9월에도 이런 현상이 이어진다. 미 대륙 또는 동아시아에서나 이해될 수 있는 규모로 홍수가 범람하면서 유럽 대륙보다 더 넓은 지대를 침수시킨다. 드디어는 엄청난 두께의 적설이 10월부터 이어지면서 프랑스와 독일을 합친 정도의 큰 영역을 손쉽게 굴복시키며 반추동물의 서식을 완전히 불가능케 함으로써 수없는 죽음의 골짜기로 몰아넣는다. 이런 정경들이 필자가 아시아 북쪽지대에서 비틀대는 삶의 현장으로 관찰한 내용들이었다. 여행 초기에 이런 모습들을 통하여 필자는 "과잉 번식을 견제하는 자연현상"(natural checks to over-multiplication)으로 기술하였던 다윈의 이른바 "위대한 자연"의 섭리를 깨닫게 되었다. 생존의 방법을 얻고자 종족의 개체 간에 나타내는 경쟁에 비교할 때, 앞의 현상은 여기저기의 어느 정도 제한된 범위에서만 나타날 수 있으나 그 치명적인 중대성을 결코 간과할 수는 없다. 무리의 숫자가 초과 달성되어 있지 않은 부족 수준에서도 삶의 정체라는 것이, 소위 북아시아라 불리는 지구 한쪽의 방대한 지역에서는 무시

---

10) 몬순기후(monsoon temperature) 여름과 겨울에 바람이 바다에서 육지로, 또는 육지에서 바다로 바뀌며 부는 계절풍 지대의 기후 특성.

못 할 큰 사안일 수 있는 것이다. 필자는 추후의 연구로 단지 각종 생물이 동족 간에 먹이와 생존을 위하여 벌이는 무서운 경쟁을 논하는 정도에 그칠지도 모른다는 우려를 하게 되었다. 이런 내용은 대다수 다윈학파들이 내세우는 법칙 정도라서 결론적으로는 이런 정도의 경쟁에는 우세한 쪽(개체)이 새로운 종으로 진화하게 된다는 가정일 수밖에 없기 때문에 생기는 우려였다.

반면에 필자가 얼마든지 흔히 볼 수 있었던 동물의 삶에서는 많은 종류의 엄청난 무리가 후대를 낳기 위하여 함께 무리 짓는 호수를 예로 들 수 있다. 또는 설치류 무리나 우수리(Ussuri)강[11] 지역을 따라 진정 북미지역에서나 짐작할 수 있을 조류의 대이동이 자리하는 사례로 이야기할 수도 있다. 특히 헤이룽 강 지역에서 실제로 목격하였던 묵밭사슴의 무리 이동은 영악스럽게도 그 드넓은 영역을 거쳐 함께 움직였던 사례였으며, 이 이동은 가장 좁은 강 쪽의 헤이룽 강을 건너기 위하여 적설이 심해지기에 앞서 도착하는 것이었다. 필자의 눈앞을 통과하였던 이들 모든 산 동물들의 형태를 통하여 필자는 상상하였던 범위까지 이들이 발휘하였던 "상호부조"와 "상호협동"의 실체를 알 수 있었다. 이는 곧 삶을 유지하기 위하여 가장 중요한 형태였고 각 종족의 보전과 더 이상의 진화를 위하여 무엇보다도 필사적인 행위였던 것이다.

드디어 필자는 바이칼리아 건너편 지역에서 흔히 길들여지지 않은 소와 말의 무리 가운데서 또는 야생의 반추동물류 가운데 다람쥐가

---

11) 역주: Ussuri 강은 중국 송장성과 러시아 경계를 이루는 강으로 장백산맥 북쪽에서 발원하여 헤이룽 강으로 합류한다. 강의 길이는 907㎞임.

있는 것을 보게 되었다. 그렇다. 먹을거리가 부족하여 경쟁을 해야 할 때면 동물들이란 앞서 설명하였던 이유 때문에 결과적으로 고통을 받는 모든 종은 몽땅 생명력이나 건강 면에서 너무나 결핍한 현실조건에 무력해지게 마련이다. 이토록 지나친 극도의 경쟁(극복) 기간에는 종의 그 어떤 발전적 진화라도 결코 뿌리내릴 수가 없는 것이다.

  결과적으로 필자가 눈여겨보았던 바는, 뒤에 재론하겠지만 다윈론과 사회학 사이의 관계에 있었다. 필자는 이런 중차대한 주제에 도움이 안 되는 비현실적인 어떤 책이나 출판물도 납득할 수가 없었다. 이런 것들은 한결같이 자신의 탁월한 지성과 지식에 의존하여 인간의 위대성을 증명하려고 애를 썼던 것들뿐이어서 인간 상호간에 벌이는 삶의 경쟁이 얼마나 비정한지 그 죄악상을 간과케 할 수도 있다. 그러면서 모든 동물이 다른 각가지 동물에 대하여 벌이는 생존수단을 경쟁이라는 말로 받아들이듯이 모든 사람이 다른 모든 사람들에게 자행하는 경쟁을 동물 경우와 마찬가지로 받아들이면서 자연의 법칙(Law of Nature) 즉 섭리하고 말하는 것이다. 그러나 필자는 이런 견해를 인정할 수 없었다. 각 종들이 동족 안에서 혹독한 대내적 싸움을 한다는 이야기나 이런 싸움이 진화의 조건이 된다는 이야기는 이제까지 듣지도 보지도 못하였던 어떤 진리를 받아들여야 하는 것과 진배없기 때문이었다.

  반면에, 1880년 1월, 쌍트 피터스부르크(St. Petersburg) 대학교의 당시 학장이었던 저명한 동물학자 키슬러(Kessler) 교수가 러시아 자연주의자학회(박물학회)에서 발표하였던 특강(상호부조의 법칙에 대하여)은 필자의 전체적인 집필구상에 새로운 서광으로 충격을 주었다. 키슬러 교수의 생각은 "상호경쟁(mutual struggle)의 법칙"이 성립되는 반면에 자연계에는 "상호부조의 법칙"이 공존하면서 생존경쟁의 성취, 특히 한 종의 발전적인 진화를 성사시키며, 이야말로 상호경쟁의 법칙보다도 훨씬 중요한 역할을 하게 된다는 데 있었다. 이러한 가설은 진실로 다윈이 "인간의 유래(The Descent of Man)"라는 그의 저서를 통하여 훨씬 더 진보된 생각을 나타내었던 바와 진배없는 것이어서, 필자도 이미 이에 동의하면서 위대한 결론으로 받아들이고 있었던 바이다. 따라서 필자는 1883년에 이미 이런 사상에 물들어 있었기 때문에 이런 사상을 더욱 발전시킬 수 있을 자료를 수집하고 있었던 셈이며, 키슬러 교수는 특강을 통하여 개략적인 표현을 해 내었던 데 그쳤을 뿐으로, 그의 생각을 더욱 발전시키지는 못하고 말았다. 그는 1884년에 사망하고 말았다.

필자가 전적으로 함께할 수 없었던 키슬러 교수의 견해에는 단지 한 포인트가 있었다. 키슬러 교수는 동물계에서 나타나는 상호간의 선호경향 원천으로서(첫째 갈래 참조) "부모의식"(parental feeling)과 "새끼 돌보기"를 암시하고 있었다. 그러나 사회적 본능(sociable instinct)의 진화라는 면에서 이들 두 의식이 얼마나 참다운 역할을 할 것인지 판단하거나, 또는 다른 어떤 유형의 본능이 얼마나 같은 방향의 구실을 하는지 판단하는 일들이 필자에게는 이제껏 우리가 논의조차 해 보지 못하였던 진짜 본능이면서도 더없이 광범위한 의문의 하나로 여겨지는 것이었다. 이 문제는 여타의 다른 동물계에서 나타나는 상호부조의 실체를 제대로 확인한 뒤에나 또는 진화의 중요성 인식이 된 뒤에 생각될 것이며, 또한 부모 의식에 대한 사회적 본능의 진화에 속하는 것이 무엇인지를 연구할 수 있게 될 것이다. 사회적 적성에 대한 진화성은 동물계의 진화 초창기, 아마도 무리 짓기 시대(colony-stage)에서나 가장 원천적인 실체였음에 틀림없을 것이다. 이런 이유들로 인하여, 필자는 주 관심사를 무엇보다도 진화에 대한 가장 중요한 요인으로서 상호부조 법칙을 강조하는 데 우선하기로 결심하는 반면, 자연계에 산재하는 상호부조 본능의 원천(origin)을 밝히려는 과제는 은밀하게 다룰 일거리로 남겨 두고자 하였다.

상호부조 요인의 중요성은, 그 일반성이 드러내어질 수만 있어도, 괴테(Goethe)[12]와 같은 자연주의자의 천재성에 의하여 밝혀졌을 것임을 간과할 수 없었다. 1827년의 일이지만, 에커만(Eckermann)[13]이 괴테에게 들려줬던 적이 있었던바, 손아귀를 떠나 달아났던 굴뚝새 새끼 두 마리가 다음 날 한동안 자신을 보살펴 준 적이 있던 울새[14]의 둥지에서 울새 새끼들과 함께 있는 현장이야기로서 괴테는 감동을 받고 매우 흥분되어 있었다. 괴테는 그 사례 속에서 범신론적(汎神論的) 사상의 실체를 인식하였던 것으로서, "이방체의 범신적 보살핌이 일반적인 법칙 현상의 어떤 하나로 자연계 전체에 통용될 수 있음이 사실이라면, 이 세상의 불가해한 수많은 문제들이 저절로 풀려 갈 수 있으리라"고 대꾸하였다. 괴테는 다음 날, 이 사례 이야기로

---

12) 역주: Johann Wolfgang von. Goethe(1749-1832) 독일의 대문호.
13) Johann Peter Eckermann(1792-1854) 괴테의 만년친구. 「괴테와의 대화」 저자.
14) 울새(Rothkehlchen): 개똥지바퀴의 일종

돌아가서 에커만(동물학자로 알려져 있었음)에게 이 사례에 대한 각별한 조사를 해 주도록 진지하게 요청하였으며, "분명히 그 결과는 더없이 소중한 값을 지닐 것"이라는 말을 덧붙였다(인용: Gesprache "괴테와의 대화" 1848년 판: 3권 219면~221면). 불행하게도, 동물계에서의 상호부조에 관련된 수많은 재료를 실적으로 갖추고 있었던 브레엠(Brehm: 독일의 동물학자 1829-84)이 괴테의 특청으로 격려되었을 것이기에 충분히 연구가 가능한 일이었음에도 그 연구는 이루어지지 않았다.

1872~1886년에 동물들의 두뇌적이며 육체적인 삶을 다루는 중요한 몇몇의 모음집들이 출판되고 있었다(이 책의 갈래1에 각주로 제시함). 그 가운데 세 권은 특히 주제를 보다 더 숙고하여 집필한 것이었다. 즉 에스피나스(Espinas: Paris, 1877)의 저서인 「Les Sociétés animales: 동물의 사회」, J.L. 라누상(J.L. Lanessan: 1881년 4월)의 강의록인 「La Lutte pour l'existence et l'association pour la lutte: 생존을 위한 경쟁과 경쟁을 위한 협동」, 그리고 루이스 뷔흐너(Louis Büchner: 독일의 여류시인, 여권론자, 1821-77)의 저서인 「Liebe und Liebes-Leben in der Thierwelt: 동물계에 있어서의 연애와 연애생활」의 셋으로서 뷔크너의 책은 1882년 및 1883년에 초판이 출간되었고 1885년에 대량 증폭된 분량으로 재판되었다.
   그러나 이들 각 업적이 대단한 것이었음에도 불구하고 "상호부조론"이 도덕·윤리적 본능의 원시인적 인류기원을 긍정적으로 검토할 수 있을 뿐만 아니라 자연의 법칙이면서 진화의 원리로 재검토될 수 있도록 큰 위업의 완성을 위한 여지만을 충분히 남겨 두고 있었다.

에피나스는 개미나 벌과 같은 동물사회에 주 관심을 쏟아 공헌하였던바, 노동이라는 생리적 측면에서 이룩된 결과를 낳았고, 비록 그의 업적이 경탄스러운 모든 가능한 암시(가설)들로 채워졌다고 하더라도 특히 그 시기가 곧 인간사회 진화를 당시까지의 인간지식으로는 밝혀 낼 수 없던 때에 쓰였다는 데 깊은 뜻이 있었다. 라누쌍의 강의록은 상호부조의 원리가 판별될 수 있도록 계획하는 과정을 탁월한 보편적 방법으로 엮어 내는 기술을 제시하였다. 연구범위도 바다 속의 암석에서부터 시작하여 온 세상의 식물계와 동물계는 물론 인간세상까지를 망라하였던 것이다.

뷔흐너의 저서에 관해서는, 비록 암시(가설)적이었다고 하더라도 많은 실례가 삽입되었다는 이유만으로 저서의 맥락을 필자로서는 전적으로 동의할 수는 없었다. 이 저서는 사랑에 대한 찬시로 시작되며, 전체적으로 서술되는 내용들이 동물에 대한 사랑과 동정심의 실체 존재를 입증하려는 의도로 일관되어 있다. 그러나 사랑과 동정심에 대한 동물의 사회성을 배제하는 일을 곧 동물의 일반성과 중요성을 배제하는 것으로 풀이하고 있어서 마치 사랑과 개인적 동정심에 바탕을 두는 인간의 윤리관이 전체적으로 도덕적 사상의 이해심을 제한할 뿐이라는 뜻으로 받아들여진다. 필자는 이웃집에 불이 난 것을 보고 전혀 알지도 못하는 이웃사람에게 때로는 물양동이질을 함께 거들어 주거나 달려가 주는 이런 행동이 결코 사랑이란 말로 표현될 것은 아니라고 생각한다. 비록 모호한 감정이나 나를 움직이게 하는 인간의 판단이나 사회성 따위를 일종의 본능이라 하더라도 그것은 좀 더 다른 그 무엇이다. 동물에 있어서도 마찬가지이다. 따라서 반추동물류나 말의 무리가 이리 떼의 공격을 방어하려고 둥그렇게 모여 서는 일은 그것 또한 사랑이 아니고, 공감으로 이해하는 동정심조차도 아니며, 사냥할 목적으로 이리 떼가 몰이 망을 짓는 일도 사랑이 아니고, 새끼고양이나 양떼가 놀거나 어린 새들이 떼 지어 가을철의 계절을 하루 종일 함께 노닌다고 해도 그것은 사랑이 아니다. 또한 묵밭의 사슴 떼가 프랑스만큼이나 넓은 영역에 흩어지며 제 나름의 무리를 짓고, 강을 건너기 위하여 일정한 장소로 함께 진군을 한다고 하더라도 그것은 사랑도 아니고 개별적인 동정도 아니며 그보다 무한히 넓고 큰 의식(감정)이며, 지극히 오랜 세월에 걸쳐 진화하는 과정에서 동물이나 인간 가운데 서서히 진전된 본능이다. 구태여 표현한다면 상호부조나 상호협력의 원리에서 터득할 수 있는 일종의 힘(정력)과 마찬가지로 동물이나 인간을 가르쳤던 어떤 것이고, 사회적인 공동의 삶을 통하여 스스로 터득할 수 있는 즐거움 같은 무엇이라 할 수 있다.

이런 본능의 중요성은 동물심리학을 공부하는 연구자나 인간윤리학을 공부하는 연구자들에게 쉽게 받아들여지는 가치를 지닌다. 사랑과 동정 및 희생심은 분명히 인간의 도덕적 사고를 긍정적으로 발전시키는 데 크나큰 역할을 할 것임에 틀림없다. 그러나 한 사회가 인간성에 기초하는 것은 사랑도 아니고 동정심조차도 아니다. 그것은 본능의 한 단계에서나 있을 수 있는 인간합의의 공감인 것이다. 그것은 상호부조의 실체에서 사람들이 저마다 인용하는 힘의 느껴지지 않는 인식이며, 전체의 행복에 제 나름의 행복을 밀착시켜 의존하는 일이고, 또는 정의와 평등의식으로서, 개체적으로 모든 다른 개체의 권리를 자신의 권리와 대등하게 인식하는 일이다. 이와 같은 개방적이고 필연적인 기초 위에서만 보다 높은 도덕적 의식이 지속적으로 발전하게 된다. 그러나 이 집필의 주제는 이런 논란의 밖에 있기 때문에 필자는 여기에서 헉슬리의 윤리론(Ethics)에 답할 목적으로 베풀었던 "정의와 도덕"(Justice and Morality)이라는 특강을 하게 되었고 여기에서 어느 정도의 분량으로 삽입하여 이들 주제를 피력하였을 뿐이다.

결론적으로, 필자는 "자연의 법칙이면서 진화의 한 요인으로서 상호부조론"에 관하여 집필하였던 저서야말로 진위의 중대한 차별점을 밝히는 데 있었다고 판단한다. 1888년, 헉슬리가 그의 저서인 "생존경쟁원리"(생존경쟁론 및 인간에의 영향: Struggle for Existence and Its Bearing upon Man)를 출간하였을 무렵, 필자의 이해로는 그가 들판이나 또는 숲 속에서나 깨닫듯이 자연의 실체를 전혀 엉뚱하게 잘못 표현하였고, 따라서 필자는 "19세기" 저널의 편집자에게 연락을 취하여 사계의 최고 권위자 가운데 하나인 다윈주의자의 의견에 정중한 평가를 하려는 의도에 대하여 헉슬리의 이해를 구할 수 있도록 부탁을 하였다. 편집인인 제임스 노올스는 동정심으로 가득한 제의를 받고 쾌히 승낙을 하였던 것이다. 필자는 이런 이야기를 물론 W. 베이츠(W. Bates)에게도 하였다. 베이츠의 대답은 "분명히 그렇습니다. 그건 다윈주의의 올바른 내용입니다", "그네들이 만들었다는 다윈주의라는 것은 가공스러운 것입니다. 이런 논문들을 쓰고 출간을 할 때 본인은 귀하가 출판하는 논문에 서문을 쓰겠습니다"라는 것이었다. 불행하게도 필자가 그 글을 쓰는 데는 7년이란 시간이 흘렀으며, 글을 출판하였을 시기에 이미 베이츠는 더 이상 이 세상에 살아 있지 않았다.

각양 각층의 동물에 대한 상호부조론의 중요성을 집필한 뒤에 필자는 인간의 진화에도 분명히 마찬가지의 한 요인으로 작용한다는 내용을 집필하는 데 착수하고 있었다. 동물계에서 상호부조의 중요성을 결코 부정할 수 없는 일단의 진화론자들이 있었기 때문에 이런 집필은 더욱 필연적인 일이었다. 그러나 헐버트 스펜서(Herbert Spencer)[15] 같은 학자들은 이 원리를 인간에게 적용하는 데 부정적인 입장이었다. 원시인들은 전체에 대응하는 각개의 전쟁이 "삶의 법칙"(the Law of Life)이었기에 그렇게 살고 있다는 생각 때문이었다. 이런 가정이 얼마나 실제와 다른 것인지 모른다 해도 충분한 평가도 없이 너무나 끊임없이 자행되고 있으며, 홉스(Hobbes)[16]시대 이래로 이런 가정은 인간사회 발전의 초기 단계를 이해하는 수단이나, 또는 원시인과 미개인의 갈래를 다룬 이 책의 한 부분으로 집필된 원인이 되었다.

　　상호부조의 역할에 대한 실적이나 그 중요성은 일단의 원시인이나 반원시인 가운데 독창성 있는 뛰어난 사람들에 의하여 유도된 것으로, 인류가 씨족사회를 구성하던 초창기부터 부족(촌락공동체)사회를 구성하던 시기로 면면히 흐르며 더욱 진전케 되었던 것이다. 이러한 초창기 역할은 인류사회의 후속적인 발전에도 광범위하게 영향을 끼치면서 오늘날에 이르렀다. 이런 결과에 기인하여 필자는 실존의 역사적인 시대는 물론이려니와 가능한 후기시대로 연구의 초점을 확대하게 되었다. 특히 가장 흥미로운 역사시대의 하나로 자유롭던 중세

---

15) Spencer, Herbert(1820－1903) 영국의 철학자・사회학자로 진화론의 철학 수립. 저서로「First Principles」,「Principles of Sociology」가 있음.
16) Hobbes, Thomas(1588－1679) 영국의 철학자.

의 도시국가(City Republics: 자유도시국가)를 들고자 하며, 이는 아직까지도 우리가 그 가치를 제대로 평하지 못하고 있는 오늘날 우리의 근대문명에 대한 우주론적 사상과 그 영향력을 헤쳐 보자는 뜻이다. 따라서 필자는 지극히 오랜 진화 과정을 통하여 인류가 유전시켜 왔던 상호부조 본능의 광범한 역할이 곧 오늘의 우리 근대사회에서까지도 그 가치를 충분히 나타내고 있으며 다음과 같은 현상 속에 자리하여 상존하고 있음을 간결하게나마 언급하고자 하였다. "누구나 스스로를 위하여 존재하고 국가는 또한 전체를 위하여 존재한다." 그러나 어느 경우에도 그런 진실은 성취된 적이 없고, 앞으로도 성취되는 일이 없을 것이다.

이 책은 동물이나 인간이 너무나 긍정적으로 잘 드러내었던 한 행태(行態: aspect), 즉 스스로의 사회적 수준을 고집스럽게 나타내면서도 반사회적이거나 독선적인 기질을 별로 드러내지 않는다는 반론의 행태를 중요하게 다루었다. 어쨌든 이런 점들은 피할 수 없는 일이었다. 우리는 뒤늦은 깨달음의 하나로 "지겹고 냉담한 생존경쟁"에 대하여 늘 듣고 살게 마련이었다. 이 경쟁이란 어떤 동물이라도 모든 다른 동물에 대항하여, 어떤 원시인이라도 모든 다른 원시인에 대응하여, 그리고 어떤 문명인이라도 다른 모든 이웃 시민들에 대처하여 이루어지는 것으로 알려져 있다. 뿐만 아니라 이런 독선은 대체로 당연지사의 논리를 이용한다. 즉 무엇보다도 아주 특별히 다른 상황에서는 동물이나 인간이 극복이나 적응하는 삶을 살아야 한다는 광범위한 사실들 때문에 전체에 대응하여 맞서는 행태가 불가피하다는 것이었다. 자연 속에서나 동물과 인류의 발전적인 진화 과정에서 사회적 관습(sociable habits)이 엄청난 중요성을 갖는다는 사실을 지적할 필요가 있었다. 실인즉, 사회성은 한 동물을 다른 적들로부터 더욱 잘 방어해 주는 동기가 되며, 흔히는 겨울철의 격리나 이동 등에 기인하는 먹이 제약을 해결해 주거나 삶을 연명케 하는 수단이 되고, 그런 결과로 지적인 존재로의 발전을 유도해내는 무시 못 할 계기가 된다. 또한 인류에게는 이와 똑같은 혜택에 더하여 자연을 극복하기 위한 힘든 시련으로부터 살아남을 수 있는 기능을 발휘할 가능성을 제공하고, 인류역사의 흥망성쇠가 있게 마련임에도 불구하고 그 자체의 발전을 도모케 한다. 따라서 이 책은 진화의 모든 요인으로서라기보다 주도적인 한 요인으로서 상호부조의 법칙에 관하여 기술한 것이고, 그 가치를 논의한 것이다. 또한 차후의 개선·보충된 저술이 가능하도록 우선 내어 놓은 첫 번째 저서인 것이다.

필자는 인류의 진화에 있어서 어떤 개인적인 독선(자기도취)이 뜻있는 구실을 한다는 생각을 끝까지 과소평가하고 있음에 틀림없었다. 그러나 필자가 믿는 바, 지금 생각하는 바보다도 훨씬 더 깊은 진실을 다루어야 할 필요가 있다. 인류역사를 통하여 개인적인 독선은 자주 드러났었고, 지속적으로 있어 왔으며 무엇인가 진실에서 괴리된 채, 그리고 실제보다 훨씬 침소봉대되고 심오한 어떤 심미적이며 몰지각한 수많은 작가들의 힘을 등에 업은 채 "개인주의"와 "독선"으로 치닫고 있다. 역사를 주도하는 사람들은 역사가를 영웅으로 떠받드는 행각을 견제하지 않았다. 그래서 필자의 의도는, 결과적으로, 인류의 발전적인 진화 문제를 다룸에 있어서 주변 환경이 허용하는 한, 개인적인 독선이 관여하는 영향권의 일들을 별도로 논의하자는 것이다.

 필자는 여기에서 다음과 같은 보편적인 언급만 할 수 있을 뿐이다. 즉 부족집단, 마을집단, 동업자집단이나 또는 중세 도시와 같은 상호부조의 단체는 역사적으로 스스로의 원초(근본)적인 특징을 잃고, 기생적인 외부의 세력에 침해되기 시작한다. 그래서 발전을 훼방하게 되며 이들 단체에 저항하는 개인적인 반란이 항상 두 개의 다른 견해를 성립시킨다. 구태의 단체를 정화하여 다시 일으키는 사람들이나 공동의 이익이라는 차원 높은 일을 해내는 사람들은 모두 다같이 상호부조의 원리에 따르는 부류에 속한다. 그네들은, 예를 들어서, 동태복수법17)대신에 "보상"(compensation)의 원리를 앞세우려 노력하며, 뒤에 이르러 잘못에 대한 관용이나 계층의 높낮이를 고려하여 보상 대신으로 인간 양심 앞에 평등하다는 구태의연한 고차원적 사고를 추켜들게 된다. 그러나 마찬가지 과정으로, 상호부조의 방어적인 집단을 파괴하는 데 한몫을 하는 똑같은 개인적 반항자의 또 다른 부류들은 의도적이지 않더라도 결과적으로 자신의 재물과 권력을 키우는 데 몰두한다. 이들 비교되는 세 부류의 경쟁 속에서도 저항하는 개인과 현존하는 것들의 협력자 사이에는 진정한 역사적 비극이 가로놓이게 마련이다. 그러나 이들 세 경쟁을 묘사하고, 이들 각각에 의하여 인류의 진화가 유도되는 진상을 정직하게 관찰하는 일은 필자가 이 책을 쓰는 데 걸렸던 바와 같이 최소한 여러 해의 세월이 요구되는 것이다.

---

17) 同態復讐法은 피해받은 내용이나 방법과 똑같이 복수하게 처리하는 법.

필자가 "동물계의 상호부조론"이라는 논문을 발표한 이래로 거의 유사한 주제에 대하여 출판되었던 저서들에 대하여 말을 한다면, 우선적으로 헨리 드라몬드(Henry Drummond: 런던, 1894)의 "인간의 향상에 대한 로웰 특강"(The Lowell Lectures on the Ascent of Man)과 A. 써더랜드(A. Sutherland: 런던, 1898)의 "도덕본능의 기원과 성장"(The Origin and Growth of the Moral Instinct)을 들 수밖에 없다. 이들 두 저서는 주로 뷔흐너의 사랑(love)에 대한 인용으로 기술되어 있었고, 특히 후자의 저술에서는 부모나 가족의 감성을 마치 도덕성의 발달에서 나타나는 단순한 영향처럼 동일한 분량에 걸쳐 서술한 것이었다. 세 번째 저술은 비슷한 분량에 걸쳐 인간에 관한 것을 다룬 책으로서 1896년에 뉴욕과 런던에서 초판으로 출간되었던 F. A. 기딩(F. A. Giddings) 교수의 "사회학 원론"(The Principles of Sociology)이다. 이 저서의 주제적 내용은 1894년에 팸플릿으로 저자가 발표하였던 것들이었다. 그러나 필자는 이들 저서들과 필자의 것들 사이에 비교되는 대응점·유사성 또는 분화성에 대한 토의 사항만은 문학적으로 비평하는 사람들에게 맡기지 않을 수 없다.

이 책의 또 다른 갈래는 "19세기" 저널에 처음으로 등재하였던 것들로서, 1890년 10월과 11월호의 "동물계의 상호부조론", 1891년 4월호의 "원시사회의 상호부조론", 1892년 1월호의 "미개사회의 상호부조론", 1894년 8월호 및 9월호의 "중세 도시의 상호부조론", 1896년 1월호 및 6월호의 "우리들의 상호부조론" 등이다. 이들 논문들을 한 권의 서적으로 출간해 내는 필자의 우선적인 의도는 엄청난 분량의 관련 자료를 부록으로 묶어 제시하는 데 있었고, 또한 여러 종류의 차안에 대한 토의내용도 인용논문에는 누락되었기 때문에 여기에 묶어 싣고자 하였던 것이다. 그러나 부록은 책의 두께를 배가시킬 우려가 있는 것으로 지적되어 결국 포기하거나 또는 최소한 별도의 출판을 기약하며 연기할 수밖에 없었다. 이 책의 부록은 지난 수년 동안에 과학적인 논쟁의 자료로 등장했던 몇 가지 관점만을 취급하는 것으로 제한시켰다. 필자가 이 책에 나타낸 저서들은 이 책의 골격을 흩트리지 않고도 소개될 수 있는 그런 자료로서 소개한 것이었다.

필자는 "19세기" 저널의 편집인인 제임스 노올 씨에게 최대의 감사를 드릴 기회가 주어져서 행복하다. 이분은 여러 사람들의 보편적인 생각을 파악하는 즉시 그들의 논문을 인용문헌으로 알려 정보를 얻게 하였으며 동시에 필자로 하여금 그들 정보를 인용할 수 있도록 허락하여 준 친절한 도움을 주었다.

켄트(Kent), 브롬리(Bromley)에서
1902년에 쓰다.

갈래 I

동물계의 상호부조(1)

다윈과 월리스(Wallace)[18]가 과학계에 진화의 주요인으로서 소개하였던 생존경쟁의 개념은 어느 한 세대에서도 실로 놀랄 만큼 폭넓게 나타나는 현상으로 인식되게 함으로써 순식간에 우리의 철학적·생물학적·사회학적 사고력의 근간을 이루게 되었다. 광범하고 다양한 사례의 하나로 생물이 주위 환경에 기능적이거나 구조적으로 대응하는 적응, 생리학적·해부학적인 진화, 지능적인 발전과 도덕적으로 진보하는 그 자체를 들 수 있으며, 흔히 다양한 원인들로 해명하는 것이 고작이었던 이런 일들도 다윈에 의하여 하나의 보편적인 개념으로 수용할 수 있게 되었다. 우리는 끊임없는 노력을 경주하여 개체나 부류·종 또는 사회의 발전을 위한 불량환경에의 대응전략으로만 이런 것들을 이해하였고, 이들을 삶의 가장 위대한 완성이나 변신 또는 강화의 주체적인 입장으로 받아들였다. 다윈 자신은 처음에 그가 초기의 생물종 안에서 개체적인 변이체가 축적되는 일련의 현상을 설명해 내려고 안간힘을 썼지만 그런 사실의 보편성에 대해서는 제대로 파악하지 못하고 있었을 수도 있다. 그러나 그는 과학적으로 처음 도입하였던 용어가 철학적으로는 뜻을 상실하고 있었으며, 생존의 순수한 수단을 위하여 서로 갈라서는 개체들 사이에서의 경쟁이라는 그런 폭 좁은 생각에 집착할 경우에만 진실한 뜻을 가질 수 있다는 것을 예견하였던 것이다. 또한 그의 불멸의 업적이 태동하던 초창기에는 그 용어가 "다른 것에 대응하는 한 존재의 의지(존속성)와 비록 중요하달 수는 없더라도, 개체의 삶뿐만 아니라 후대를 남기는 천이(遷移)현상[19]"까지를 포괄하는 "대범하고 상징적인

---

18) 역주: Alfred Russel Wallace(1823-1913): 영국의 박물학자. 다윈과 동시에 종의 기원을 밝히는 진화론을 발표.

감성" 속에서 다루어진다고 주장하고 있었다.[20]

　다윈이 자신의 특정한 목적 때문에 대부분의 경우 용어를 좁은 의미로 사용하고 있었으면서도 그는 동료들이 좁은 의미의 용어사용을 과대평가하는 오류(자신의 잘못으로 반성한 적이 있던 오류)에 대해서는 또다시 잘못을 저지르지 말도록 경고하고 있었다. "인류의 유래"란 글에서는 용어를 합리적인 넓은 의미로 사용한 강렬한 글을 쓰기도 하였다. 그는 수없이 많은 동물사회 속에서 서로 다른 개체 간에 생존을 위한 경쟁이 어떻게 소멸될 수 있으며, 어떻게 이런 경쟁이 협력으로 바뀔 수 있고, 이런 대체의 결과가 한 종족을 지켜내는 지능적이며 도덕적인 기틀, 즉 최적 생존 조건들로 발전될 수 있는지를 집중적으로 피력하였던 것이다. 이런 경우에, 적자(適者)가 반드시 물리적인 최강자(最强者)는 아니고 꾀가 많은 자도 아니지만 강자나 약자가 똑같이 상호간에 서로를 돕도록 상황을 바꾸는 지혜를 갖추어 가는 특성이야말로 곧 공공의 번영을 이루는 실체들로 여기고 있었다. "이런 공동체는 가장 공감대를 나누는 개체들로 최대의 무리를 이루기 때문에 가장 잘 번영하고 가장 풍요로운 후대를 연속시켜 갈 것이다"라고 하였다. 이 용어 자체는 개체와 전체 사이에서 이루어진다는 멀서스 학파(Malthusian)의 좁은 경쟁개념으로부터 유도되었지만 결국 자연을 알게 된 한 사람의 마음속에서 그 소견(小見)의 특성을 해소하게 된 것이다.

---

19) 역주: 천이 현상은 한 공간 안의 생물종이 적응성 높고 우점도가 높은 종들로 대체되어 가는 현상.
20) 각주: 종의 기원(Origin of Species), 제3장.

불행하게도 대부분의 뜻있는 연구의 기초사상으로 인정받게 되었던 이런 생각의 변화는 진정한 의미의 생존경쟁을 설명할 목적으로 탐구되었던 일련의 사례들로 가려지게 되었다. 그럼에도 불구하고 다윈은 동물계에 실존하는 생존경쟁의 두 다른 해석이 상대적으로 어떤 중요성을 가지는지 밀착된 관찰을 하였던 결과를 공개하고자 하지 않았을뿐더러 과잉번식을 견제하는 자연현상이 과연 개체경쟁의 실체적 의미를 지니고 온 것인지에 대하여 가장 정확한 시금석이 되었을 터인데도, 또한 스스로 집필하고자 제의하였던 일이었음에도 불구하고 결과적으로는 손을 떼고 있었을 뿐이다. 아니다! 말서스의 경쟁에 대한 소견을 반증하는 자료에 대하여 언급했던 바로 그 대목에서 또다시 말서스 학풍의 고질적인 문제, 즉 우리의 문명한 사회에서 "몸과 마음의 취약점"을 변명하기 위하여 어쩔 수 없이 불편성을 감수하게 된다는 다윈의 주장이 되살아났던 것이다(갈래5 참조). 마치 수많은 불구자나 노쇠한 시인·과학자·발명가나 개혁주의자들이 많은 또 다른 소위 "바보"나 "심약한 애국자"들과 합세하여 생존경쟁에 지능적이고 도덕적인 인간성(humanity)이라는 명분을 무기로 앞세웠던 그런 것은 결코 아니었는데도 다윈 자신은 "인간의 유래"라는 대목에서 그렇게 주장하였던 것이다.

다윈의 법칙에서는 모든 경우가 언제나 인간관계(중심)에 기초하는 어떤 법칙으로 나타나게 되어 있었다. 그는 스스로 암시하였던 바와 같이 적용 경우를 확대시키고자 노력했음에도 불구하고 그의 학파들은 끊임없이 더욱 좁혀 가고 있었다. 그러나 허버트 스펜서는 독자적으로 뜻을 밀착시켜 가면서 엄청난 과제에 의문점을 넓혀 보고자 하였다. 그 과제는 "최적자(最適者, fittest)란 어떤 실체인가?"라는 질문으로서 특히 "윤리론의 자료"(Data of Ethics)라는 제목으로 세 번째 편집된 부록에서 수많은 다윈의 추종자들이 생존경쟁의 개념을 가장 좁은 개념으로 제한하였던 내용을 언급한 것이었다. 그네들은 동물의 세계를 마치 다른 개체의 피에 반쯤 굶주려 있고 끝없이 갈구하는 영원한 싸움의 세계로 이해하기에 이르렀다. 또한 저서를 통하여 현대생물학을 마지막 한마디로 결론짓기라고 할 듯이 "정복자의 고뇌"(패배자는 재난을 받는다는 문제) 때문에 싸움터가 아비규환으로 반향된다는 식의 글들로 채우고 있었다. 그네들은 개인적이고 이기적이며 냉혹한 경쟁을 "생물학적인 원리"의 수준까지 끌어올려서, 인간으로 하여금 그 원리에는 물론이고 피차간의 멸종까지도 할 수 있게 만들어진 세상의 이치에 승복하여 살 수밖에 없다는 일종의 협박에 순종토록 이끌었다. 자연과학을 인류의 저속한 생활에서나 태동하는 것쯤으로밖에 인식하지 못하는 경제론자들은 차지하고라도 우리는 다윈의 의견을 좇는 가장 저명한 추종자들조차도 이런 잘못된 가짜 생각을 지켜 가려고 발버둥 치는 현실을 깨달아야 한다. 기실, 진화론의 가장 유력한 추종자 가운데 하나로 헉슬리를 손꼽고 있다 하더라도 그 점은 그의 "생존경쟁과 인간에서의 의의"라는 논문을 통하여 우리가 한 수를 배웠기 때문만은 아니다. 그의 주장은 이런 것이었다.

"도덕군자의 입장에서 볼 때, 동물의 세계란 마치 검투사들이 연출해 내는 것과 똑같은 원형극장의 무대 같은 것이다. 창조주가 참으로 잘 다듬어 만들어서 싸움을 하게 하였으며, 거기에서 가장 강하거나 가장 빠르거나 가장 교묘한 존재들만이 뒷날의 새로운 싸움을 위해 살려 남겨지는 것이다. 어떤 관중이라도 결론에는 어떤 다른 처벌의 여지가 없기 때문에 구태여 엄지손가락을 밑으로 내리는 처형요구의 표시를 할 필요도 없는 것이다."

또는 같은 기술을 더 써 내려가면서 번복해 말하지는 않았지만, 결국은 동물계가 그렇듯이 원시인에게도 그렇다는 말을 남긴 셈이다.

"가장 약하거나 가장 바보 같은 존재는 벽 쪽에 내몰리고, 반면에 주어진 실정에 가장 잘 어울리는 존재들은, 결코 다른 재주가 뛰어난 것이 아닐지라도 살아남게 된다. 삶이란 끊임없이 계속되는 자유분방한 싸움이었기에 가족이라는 제한된 범위의 잠정적인 인연조차도 물리쳐야 하는 '전체에 대항하는 각개'의 호베시언(Hobbesian)21) 전쟁은 어쩔 수 없는 생존의 정상과제였다"는 것이다.

실제에 입각한 자연의 실상이 아무리 멀리 느껴진다고 하더라도 책을 읽는 독자들은 동물의 세계와 원시인의 세계에 관한 증거를 통하여 그 진상을 알게 될 것이다. 그러나 쉽게 알아차릴 수 있는 점은 자연에 대한 헉슬리의 견해가 상대적으로 루소(Rousseau)22)의 견해보다 잘못을 덜 범하고 있다는 사실이다. 루소는 인간의 참견에

---

21) 각주: Thomas Hobbes(1588 - 1679): 영국의 철학자로서 "Leviathan"(바다괴물)의 저자. 바다괴물은 성서에 유쾌하는 짐승으로서 거선(巨船)이나 큰 세력가 · 준부호 또는 독재군주나 국가를 상징함.
22) 역주: Jean Jacques Rousseau(1712 - 78). 스위스 태생의 프랑스 철학자 · 저술가 · 사회개혁가.

의하여 파괴된 사랑·평화·조화가 아닌 자연에 몰입하였다. 실제로, 숲 속에서의 첫 걸음이나 동물사회에서 관찰되는 첫 발견, 또는 동물적인 삶에 대하여 점철한 어떤 심오한 저서 (D'orbigny나 Audubon, 또는 Le Vaillant의 작품과 같은 것들 가운데 어느 것들)라 할지라도 자연주의자들에게는 동물의 생활 속에서 사회생활로 이루어진 한 부분에 관한 모습밖에는 생각할 수 없게 한다. 또는 자연주의자들을 살육의 현장밖에는 어떤 다른 것도 자연 속에서 볼 수 없도록 방해하므로 결과적으로는 자연 속에서도 조화나 평화 이외의 어떤 것조차 보지 못하게 하는 것처럼 보인다. 루소는 그의 사상 가운데 "부리와 발톱의 싸움"(beak-and-claw fight) 같은 특징을 배제하는 오류를 범하였고, 헉슬리는 이와 반대되는 오류를 범하였다. 따라서 루소의 낙관주의나 헉슬리의 염세주의도 자연의 공정한 이해를 수용할 수는 없다.

우리는 동물에 관한 공부를 실험실이나 박물관이 아닌 숲과 초원, 또는 야외나 산악에서 서둘러 실천할수록, 비록 수많은 종 특히 여러 계층의 다양한 동물층 가운데에서 헤아릴 수 없이 많은 투쟁 행각과 멸종 실태가 끊임없이 나타난다고 할지라도, 같은 시간에 같은 빈도로, 또는 그 이상에 이를 만큼의 상호협력과 상호부조 및 상호방어의 행각들이 동일 종에 속하거나 최소한의 동일사회에 속하는 동물들 가운데 엄연히 존재하고 있음을 알게 된다. 사회성이란 상호경쟁과 더도 덜도 다르지 않은 자연의 법칙이다. 물론 그 정도를 계측한다는 것은 지극히 어려울 것임에 틀림없으나 개략적으로 이들 양면의 상대적이며 계수적인 풍요성만은 알아 낼 수 있다. 반면에 우리가 간접적인 시험에 호소하여 자연에게 반문해 보자, 즉 "최적자란 어떤 존재인가? 쉴 새 없이 서로 간의 싸움에 세워지는 존재이거나 또는 서로 간에 도움을 베푸는 존재인가?"라고 묻는다면 우리는 상호 부조하는 습관에 익숙해 있는 동물들을 최적자라고 의심할바 없이 금방 자답하게 된다. 이런 존재들에게는 살아남을 기회가더 많이 부여되고, 상대적으로 가장 뛰어난 최고의 지능과 신체적기능의 발전을 하게 될 것이다.

수없이 많은 사례를 통하여 이러한 진실이 어림될 수 있도록 이끌 수 있다면 우리는 안심하고 상호부조론이야말로 상호경쟁에 못지않은 동물계 삶의 법칙이며, 진화의 한 요인으로서 아마도 가장 탁월한 중요성을 갖는 요인이고, 이런 행위와 삶의 특성은 종의 유지뿐만 아니라 보다 앞선 발전을 보장하듯이 긍정적으로 유도케 할 것이다. 또한 더없이 큰 복지와 개체의 삶을 가장 에너지 소모가 없는상태에서 누릴 수 있게 할 것이다.

다윈을 추종하는 과학자들 가운데 필자가 아는 한 가장 첫손을꼽을 수 있는 사람은 "상호부조론"의 총체적인 의도가 자연의 법칙이면서 진화의 주요인임을 역설하는 데 있음을 충분히 밝히고 있었던 러시아의 저명한 동물학자, 즉 쌍트 페더스부르크 대학교의 최근학장이었던 키슬러 교수이다. 그는 사망하기 몇 달 전인 1880년 1월에 러시아 박물학회에서 행한 강연을 통하여 그의 생각을 전개시켰다. 그러나 러시아어로만 쓰인 수많은 여타의 명언들처럼 거의 밖으로는 알려지지 않았던 것이다.[23]

"오래된 동물학자의 한 사람으로서" 그는 동물학에서 유래되었거나 혹은, 최소한 그 중요성을 중복 평가하는 "생존경쟁"이라는 용어를 과대평가하면서 너무나 함부로 사용하는 데 대하여 저항감을 느꼈던 것이다. 그의 말인즉, 동물학이나 사람에 적용하는 과학은 끝도 없이 생존경쟁 법칙의 냉혹성을 일컫는 데만 매달려 있다. 그러면서도 상호부조 법칙과 같은 또 다른 법칙의 존재에 대해서는 까맣게 잊고 있는데, 기실 그런 법칙은 최소한 동물계에서만 관찰하더라도 앞서 논의되었던 어떤 법칙보다 훨씬 더 필연적(본질적)이다. 그가 지적한 바는 동물들이 후대를 남기기 위하여 얼마나 서로 힘을 합치

---

23) 각주: Toussenel이나 Fée, 또는 다른 많은 사람들과 마찬가지로 다윈주의 이전의 저서들을 무시하고, 각종 충격적인 상호부조의 사례를 수록한 몇몇 작품이 있었고 주로 동물의 지각을 설명하는 내용들로서 이미 당시 이전에 출간되었던 것들이었다. 필자는 그 하나로 Houzeau의 「Les facultés mentales des animaux, 2 vols., Brussels, 1872」와 L. Büchner의 「Aus dem Geistesleben der Thiere, 2nd ed. 1877」, 그리고 Maximillan Perty의 「Ueber das Seelenleben der Thiere, Leipzig, 1876」을 들 수 있다. Espinas도 1877년에 그의 저명한 저서 「Les Socieles Animales」를 출간하면서 동물사회학의 중요성을 피력하였고 특히 종의 보존에 미치는 의의를 강조하면서 사회의 기원에 대한 수많은 유용한 토론을 곁들였다. 실제로 Espinas의 저서는 상호부조론 발표 이후의 모든 내용을 포괄하면서도 수많은 훌륭한 자료를 곁들이고 있다. 만일 필자가 키슬러의 강연에 대하여 특히 한마디를 거론한다면 그는 상호부조론을 상호경쟁의 법칙보다 진화에 훨씬 더 중요하다는 인식에까지 높여 놓았던 데 있다. 이 같은 생각은 「La lutte pour I'existence et l'association pour la lutte」라는 제목으로 1882년에 J. Lanessan이 출간한 강의록으로 발전되었다. G. Romanes의 주력작품인 「Amimal Intelligence」는 1882년에 출간되었고 그 뒤를 「Mental Evolution in Animals」란 작품으로 이어 출간하였다. 같은 무렵(1883)에 Büchner는 「Liebe und Liebes-Leben in der Thierwelt」란 책을 초판하였고 1885년에 제2판을 내어 놓았다. 주지하는바 그의 사상은 널리 퍼져 나갔다.

는지 알아야 할 필요가 있다는 점이었고, "개체들이 서로 간에 더 함께할수록 그네들은 서로 간에 더욱 잘 상호 부조하게 되며, 종이 생존할 기회가 더욱 많아질 뿐만 아니라 그들의 지각 발달 면에서도 더욱 두드러진 진보를 이루게 된다"는 점이었다. 그는 계속 주장하기를, "모든 계층의 동물들, 특히 고등의 위치에 있는 것일수록 상호부조의 삶을 실천한다"고 하였다. 땅속의 딱정벌레의 삶이나 조류 (새) 및 몇몇 포유류의 사회생활을 예로 들어서 자신의 생각을 설명하고자 하였다. 사례라야 그리 많을 수 없었던 것은 제한된 학회의 강연에서 나열할 수도 없었기 때문이지만 그래도 강조할 이야기는 분명하게 짚고 있었다. 즉 인간의 진화에서 상호부조의 법칙은 언제까지나 더욱 풍요로운 결과를 유도할 것이라면서 키슬러 교수는 다음과 같이 결론을 지었다.

"분명히 하건대, 본인은 생존경쟁 법칙을 부인하지 않지만, 동물계의 긍정적인 진보는, 특히 인간계에 있어서는, 상호경쟁보다 상호협동에 더욱 잘 기인한다고 본다. 모든 생물은 두 가지 필연적인 요구에 직면하는데, 이는 영양조건과 종의 번식조건에 있다. 전자는 전쟁과 상호멸종의 위기에서 비롯되는 반면에 종의 유지본능은 서로 가깝게 다가서고 서로 협동하게 한다. 그러나 본인은 생물의 세계에서 이루어지는 진화는 결국 생물의 긍정적인 변신을 뜻하는 점에서 개체 간의 상호부조가 상호경쟁보다도 훨씬 더 중요한 몫을 가진다고 생각한다."[24]

---

24) 각주: Memoirs(Trudy), 「The St. Petersburg Society of Naturalist, vol.xi, 1880」 참조.

이러한 견해의 진실성(합리성)은 참석하였던 러시아의 동물학자들 대부분에게 큰 충격을 주었고, 조류학자이면서 지리학자로 유명하였던 스베르초프(Syevertsoff)는 몇몇의 사례를 첨가하여 그의 생각을 지지하고 해설하기에 이르렀다. 그는 "가장 잘 강탈하는 이상적 기능을 갖추고 있는 사냥매의 몇 종"을 거론하였다. 즉 폐허에 묻혀 있을지라도 사냥매의 어떤 종은 상호협력을 하면서 먹이를 낚아채는 일을 한다는 것이었다. "반면에 사회성을 띤 새로 오리를 예로 들어 보자. 오리는 전반적으로 기능이 떨어지는 편이지만 상호협동을 해내면서 세상의 구석구석을 덮고 다니며 수없이 많은 변종과 원종으로 분화해 가는 것으로 인정되기도 한다"는 것이었다.

러시아의 동물학자들이 키슬러의 견해를 받아들인다는 것은 지극히 자연스러운 것으로 보인다. 이유는 그들 대다수가 북아시아나 동러시아와 같은 폭넓은 원시지역에서 동물계를 탐사한 경력을 가졌기 때문이다. 이와 같은 생각을 불러일으킬 수밖에 없는 것이었다. 필자는 친구였던 폴리아코프(Polyakoff)가 동물학자였기에 그를 따라다녔던 여행지 비팀(Vitim) 지역을 탐사하면서 시베리아의 동물세계를 보았고 거기에서 받았던 인상을 스스로 되살렸던 것이다. 우리는 서로 "종의 기원"(Origin of Species)의 신선한 충격을 안고 살았지만 다윈의 저서에서 읽었던 동족 동물 간의 냉정한 경쟁에 대한 사례 관찰을 자만심에 부풀어 인정하고 있었다. 그러나 허사였다. 드디어 이 책의 셋째 갈래 내용들을 구상하기에 이르렀다. 우리는 갈등에 적응하는 수많은 사례를 목격하였고, 불량한 기상환경에 견디거나 갖은 가해자에 대처하는 일상적인 모습을 흔히 보았다.

폴리아코프는 지리적 분포를 가려 가면서 육식동물과 반추동물 및 설치류 동물의 상호의존 생활에 대하여 기록을 남기고 있었다. 우리는 상호협동의 수많은 사례, 특히 조류나 반추동물류가 삶터를 옮겨 가는 동안에 이런 사례를 확인할 수 있었다. 그러나 동물의 삶이 풍요로움을 드러내는 헤이룽 강 및 우수리 강 지역에서조차도 동족의 고등동물 사이에서 진지하게 벌어지는 경쟁이나 싸움의 사례는 목격할 수 없었고 특히 이런 사례를 찾아내려고 열망하였음에도 필자의 눈으로는 거의 발견키 어려웠다. 대다수의 러시아 동물학자들에게서도 같은 결과였던 것으로 나타났는데 이런 결과는 곧 키슬러의 생각이 왜 그토록 러시아의 다윈주의자들에게 환영을 받을 수 있었는지 알게 하는 것이었으며 반면에 서유럽의 다윈 추종자들에게는 같은 생각에 왜 그렇게도 외면을 당하였는지 잘 설명하는 이유였다.

우리가 생존경쟁을 직접적인 현상과 비유적인 현상의 두 관점으로 나누어 살피기 시작할 무렵에 즉시 우리의 시야를 명료하게 해 준 것은 오히려 상호부조의 사례들이 더욱 일반적이었다는 점이었다. 대부분 진화론자들이 주장하듯이 후대를 보존하려는 이유뿐만 아니라 개체의 신변을 방호하거나 꼭 필요한 먹을거리를 구하기 위한 상호부조의 사례들이 그것이었다. 동물계의 수많은 생활영역 속에서 상호부조는 하나의 철칙이었다. 상호부조 현상은 저차동물들 안에서도 목격되었고, 결국 언젠가 연못의 생물을 현미경으로 관찰하는 연구자들로부터 지금까지 생각조차 하지 못하던 상호부조의 사례를 배워 연구하고, 미생물의 생활로부터도 같은 사례를 관찰하지 않으면 안 되게 되었다. 물론, 무척추동물의 생활행태에 대한 우리의 지식은 흰개미나 개미·벌의 생존을 보존하는 데 유용하지만 극히 제한된 수준에 있다. 또한 하등동물에 관한 지식이나 이네들의 찬탄할 만한 협동생활의 진상에 관한 정보마다 우리는 별로 갖춘 게 없는 형편이다. 수없이 다양한 메뚜기·여치·개똥벌레·매미 등의 무리들에 대해서는 실질적으로 알려진 바가 거의 없다. 그러나 이네들의 생존 그 자체는 개미나 벌 떼가 이주를 목적으로 잠정적인 대군체를 이루는 마찬가지의 원리에 철저히 따르고 있다는 틀림없는 사실을 입증한다.[25]

딱정벌레에 관하여서는, 땅속딱정벌레(*Necrophorus*)의 경우, 상호 협조하며 살아가는 행태가 아주 잘 관찰되어 알려져 있다. 이네들은 일종의 부숙 중인 유기물 속에 알을 낳아서 애벌레의 먹이를 해결하지만, 이 먹이는 요구에 맞도록 신속히 부숙되어 주지는 않을 수도 있다. 따라서 이네들은 오고 가는 길목에서 눈에 띄는 온갖 작은 동물의 사체를 땅속에 묻어 두게 된다. 주어진 법칙과도 같이 이네들은 홀로 독자적인 삶을 살고 있지만, 이들 가운데 어느 하나라도 쥐나 새의 죽은 사체를 발견하게 되면 사체의 크기가 홀로 파묻기에 벅차게 되는데, 이럴 때는 넷·여섯 혹의 열 마리의 딱정벌레를 불러 모아 공동의 협동작업으로 그 일을 해 내게 된다. 또 필요한 경우에는 함께 힘을 합쳐서 이들 큰 사체를 적절히 부드러워진 땅으로 옮겨서 매우 정교한 솜씨로 파묻는 작업을 한다. 그래도 어느 누가 사체의 무덤에 알을 낳는 특권을 누리게 될지 몰라 서로 다투는 일만은 없다. 한번은 글레딧치(Gleditsch)라는 사람이 작대기 두 개로

---

25) 각주: 부록 Ⅰ 참조.

만든 십자가에 죽은 새 한 마리를 매달거나 또는 땅에 꽂혀 있는 나무에 죽은 두꺼비 한 마리를 걸어 놓고 관찰을 하였다. 작은 딱정벌레들은 여전히 익숙한 솜씨를 몰아서 인위적인 술책을 극복하는 지혜를 발휘하는 것이었다. 이와 같은 협동의 노력은 쇠똥구리딱정벌레에게서도 흔히 관찰되어 왔다.

이와 같은 사례는 가령 저지대에서 살고 있는 동물들 가운데서도 발견된다. 예를 들어, 서인도나 북아메리카의 땅게(land‒crabs)와 같은 것은 바다로 나아가 산란을 하기 위하여 대군체로 무리 짓기를 한다. 이렇게 이루어지는 이동 과정에 각 개체들은 서로 어울리고 서로 협동하며 상호부조를 하게 된다. 크기가 이보다 훨씬 큰 창게(Molucca crab; *Limulus*)에 관해서는 필자가 1882년 브링턴(Brington) 수족관에서 이들이 연출하는 일종의 상호 부조하는 행태를 목격하였는데, 이들의 무리 진 동물이 필요한 때마다 동료들에게 힘을 모아주는 능력을 발휘하는 모습이었다. 무리 중 어느 하나가 수족관 모퉁이에 등짝을 밑으로 하여 떨어지게 되었는데 육중한 쏘스팬 같은 등딱지(背甲)의 무게 때문에 뒤집어 원상으로 돌아오지 못하게 되었으며, 더욱이 모퉁이에는 쇠막대기가 있어서 일은 더욱 어렵게 되어 있었다. 무리 가운데 다른 동료들이 구조할 목적으로 달려가고 필자는 거의 한 시간에 걸쳐 이들이 동료를 합심하여 구해 내는 과정을 지켜보게 되었다. 처음엔 두 마리가 달려들어 아래쪽의 동료를 밀쳐 내 보았고, 들어 올리려는 노력을 한껏 펼쳐 보였다. 그러다가 쇠막대기가 구출작업에 방해물로 있음을 깨닫고 다른 게는 막대 위로 힘껏 떨어지기를 반복하는 것이었다. 수없는 갖가지 시도를 한 끝에 어느 한 조력자가 수조로 돌아가 다른 두 마리를 더 데리고 왔으며, 새로운 힘을 보강하여 또다시 꼼짝도 못하고 있는 동료를 밀고 끌어 올리는 반복 작업을 하였다. 결국 필자는 두 시간을 더 수조 옆에 버티고 서서 이런 행태를 관찰하다가 돌아섰는데, 최종적으로 그 장소를 떠나기에 앞서 다시 수조를 살피자 그때까지도 구출작전은 계속되고 있는 것이었다. 이런 장면을 목격한 이후로 필자는 에러스무스 다윈 박사가 인용하였던 다음과 같은 관찰기록을 믿지 않을 수가 없게 되었다. 즉 그 기록은 "일반적인 게는 모두 껍질 벗는 계절 동안에 아직 껍질 벗기를 하지 않았거나 단단한 껍질을 가진 개체를 보초로 내세워서 껍질을 벗는 동료들이 속수무책으로 있는 동안에 다른 수중 침해자들의 공격을 막아내게 된다"는 이야기였다.[26]

흰개미·개미·벌 떼 안에서 이루어지는 상호부조 현상을 설명하는 사례는 보편적인 독자들에게도 잘 알려진 바이며, 특히 로마네(Romanes)·L. 뷔흐너(L. Buchner)·존 라보크 경(Sir John Lubbock)[27]의 업적을 통하여 알려졌지만 필자로서는 단지 몇몇의 암시적 사실[28]을 들어 언급할 수밖에 없다. 만일 개미집을 관찰할 경우라면

---

26) 각주: George J. Romanes 의 「Animal Intelligence」 I−st ed. p.233 참조.
27) 각주: Pierre Huber의 「Les fourmis indigénes」, Généve(1861), Forel의 「Recherches sur les fourmis de la Suisse」, Zürich(1874), 그리고 J. T. Mogridge의 「Harvesting Ants and Trapdoor Spiders」, London(1873 및 1874)는 어느 소년 소녀의 손에서도 들려져야 할 책들이다. 또한 Blanchard의 「Metamorphoses des Insectes」, Paris(1868), J. H. Fabre의 「Souvenirs entomologiques」, Paris(1886), Ebrard의 「Etudes des moeurs des fourmis」, Généve(1864)와 Sir John Lubbock의 「Ants, Bees, and Wasps」 등을 참조하라.

단순하게 이들이 활동하는 모습만을 보지 말고 후대를 양육하고 먹이를 준비하며 집을 짓거나 유충을 다루는 등속의 분업내용을 봄으로써 이런 일들이 자발적인 상호부조의 원리에 맞추어 이루어지고 있음을 알 수 있다. 또한 우리가 인정해야 할 바는, 포렐(Forel)이 지적하였듯이, 각개 개미종의 가장 중요하고 근본적인 삶은 집단의 각개 구성원들에게 서로 다른 대상별로 먹이를 먹기 좋게 구분 지어 나누어 주기 위하여, 혹간은 일단 삼켰던 것이나 반쯤 소화가 된 것을 되뱉어 영양덩이로서 굶주린 동료에게 먹이를 공급하거나 애벌레를 먹이는 일상다반사의 행태에 있다. 서로 다른 종이거나 서로 적대하는 집안에 속하는 두 마리 개미가 간혹 만나게 될 경우, 서로는 피해서 지나친다. 그러나 동족 또는 같은 식구의 두 마리는 서로 접근하여 촉각을 움직여 잠시 상대의 의중을 살핀다. "만약 어느 한쪽이 굶주렸거나 갈증을 느끼는데, 특히 다른 한쪽이 먹이를 충분히 지니고 있다면…… 즉시 먹이를 요구하게 된다." 요구받은 쪽은 결코 거절하지 않고 아래턱을 열어 적당한 자세로 투명한 액체를 뱉어 낸다. 배고픈 쪽은 이를 핥는다. 이런 행위는 개미에게서 독특한 행태이지만, 굶주린 동료나 유충의 사육을 위하여 끊임없이 되풀이되는 상호부조의 모습이다. 포렐(Forel)은 개미의 소화관이 서로 다른 두 기능으로 구분되어 있으며 그 하나는 뒤쪽에 있어서 자신의 목적에 맞도록 쓰이고 다른 하나는 앞쪽에 있어서 주로 공동체의 소용에 응하여 쓰인다고 하였다. 만일 상대 개미가 자신을 위하여 충분한 먹이를 섭취해 있으면서도 동료의 요구에 불응한다면 즉시 적군이나

---

28) 역주: Sir John Lubbock (1834-1913): 영국의 은행가·과학자.

그보다 더 배척할 개미로 취급될 것이다. 만일 동료가 다른 적들과 싸움을 하고 있는 동안에 거절이 되었던 것이라면 그 개미는 적보다 더 철저히 응징해야 할 욕심꾸러기 존재로 추락될 것이다. 또한, 어느 개미가 적의 종족에 속하는 상대 개미에게 먹이 나눔을 해 주었다면 이후로는 상대 개미는 먹이를 나누어 준 개미를 절친한 동료이며 친척과 같은 존재로 취급할 것이다. 이런 모든 설명은 가장 철저한 관찰과 결정적인 시험을 통하여 인정된 사실들이다.[29]

동물계의 광범한 분파는 천여 종 이상을 아우르며, 그 유파가 하도 많아서 브라질 사람들은 "브라질이 인간이 아닌 개미의 나라이므로 같은 둥지의 식구들이나 같은 부류의 인근 사람들끼리는 어떤 싸움질도 나타나게 하지 않는다"고까지 비유한다. 그러나 다른 종족 간에는 정말 치열한 경쟁을 하므로 싸움터에서 자행되는 잔인성은 차치하고라도 공동체 안에서의 상호 부조하는 실력이나 관습만은 더욱 철저하다. 일상화한 자진봉사의 의지, 그리고 공공의 복리를 위하여 바치는 희생정신은 "법" 그 자체에 가깝다. 개미와 흰개미는 "호베시언 전쟁"(Hobbesian War)을 포기한 것으로 알려져 있고, 또한 그 자체들이 이에 적합하도록 진화해 있다. 그들의 진화 실체를 짚어 본다면, 완벽한 개미굴(삶터), 집의 건축 구조, 사람에 비교되는 상대적인 크기에서의 우수성, 포장된 도로망, 지상으로 높게 세운 천정 공간, 널찍한 홀과 곡물창고, 곡식밭과 수확작업 및 곡물의 발효

---

29) 각주: Forel의 「Recherches」 p.244 · 275 · 278면 참조. Huber의 개미 행태 과정 설명은 놀랄 만하다. 그는 또한 본능의 가능한 기원에 대하여 암시하는 바가 크다(대중보급판 158 · 160면 참조). 부록 II 참조.

실력,[30] 알과 번데기를 합리적으로 돌보는 방식, 린네(Linnaeus)가 "개미의 소(牛)"라고 그림처럼 묘사하였던 일개미의 산란을 위한 특별한 방을 꾸미는 기술을 들 수 있고 뿐만 아니라 결정적으로는 용기와 결단력, 그리고 뛰어난 지각을 겸비하고 있어서 분주하고 힘겨운 일상생활의 매사에 상호협력을 하는 특성을 나타내게 된다. 이러한 생활양식은 개미의 또 다른 필연적 행태를 발전시킨 결과라 할 수 있다. 바꾸어 말하자면 개체의 의지를 무한히 발전시켜서 인간의 관심을 집중시킬 수밖에 없는 차원 높고 다양한 지능을 발전시키도록 유도하였음에 틀림없다.[31]

만일 우리가 개미나 흰개미에 관하여 알고 있는 지식 이상으로 다른 동물에 관한 다른 어떤 진상을 알지 못한다고 하더라도, 우리는 편안한 마음으로 이미 용기의 첫째 조건인 상호신뢰성을 이끌어내는 상조력과 지능발전의 첫째 조건인 개체의지가 동물계의 진화를 위한 상호경쟁보다 무한정하게 더 중요한 두 조건이라고 결론지었을

---

30) 각주: 개미가 짓는 농업은 너무나 완벽하여서 오랫동안 의아스럽게 생각되었다. 이런 사실은 Moggridge 씨, Lincecum 박사, McCook 씨, Col. Sykes, Jerdon 박사에 의하여 확증된 것으로 의심할 여지가 없게 되었다. Romanes의 저서에 나타나는 경탄할 만한 증거의 요약내용을 참조하고, 또한 Alf. Moeller가 Schimper's Botan. Mitth. aus den Tropen, vi(1893)에 게재한 「Die Pilzgaerten einiger Süd—Amerikanischen Ameisen」을 참조하라.

31) 각주: 둘째 원리는 곧바로 인정되지는 않았다. 앞의 관찰자들은 왕·여왕·지휘자 따위의 용어를 표기한 적이 있지만 Huber와 Forel이 관찰기록을 발표한 이래로 개미가 전쟁을 포함하여 일상적으로 활동하는 매사에 각 개체의 의지를 나타내는 일에 관하여 더 이상의 의심을 갖지 않게 되었다.

것이다. 기실 개미는 독자적으로 살아가는 다른 동물의 삶과 일맥상통할 수 없는 무방비 상태로 공격을 하는 존재이다. 몸의 색깔이라야 적들의 눈에 잘 띄는 것이고 무수한 종족들의 치솟는 둥지도 들판과 숲 속에서 금방 식별되게 지어져 있다. 딱딱한 등딱지 판으로 방호되어 있는 것도 아니고, 상대를 쏘아붙이는 기능이 있지만 수백 마리의 침이 한꺼번에 상대 동물의 살 속으로 파고들 때에만 위협적이어서 개체를 방어하는 데에는 별로 쓸모가 못 된다. 반면에 개미의 알과 애벌레는 숲 속에 사는 수많은 서식동물이 즐겨 먹는 먹을거리가 된다. 그럼에도 불구하고 개미는 숫자가 엄청나기 때문에 새나 개미핥기 동물에 의해서도 치명적으로 멸종되지는 않으며 오히려 가장 강한 곤충들에게조차도 무서운 가공의 존재로 살아 있다. 언젠가, 포렐(Forel)이 한 상자 가득한 개미를 들판에 풀어 놓고 관찰을 한 적이 있었다. "귀뚜라미는 둥지를 버리고 달아나서 둥지가 개미들로 채워졌고, 메뚜기와 귀뚜라미는 온갖 사방으로 흩어졌으며, 거미와 딱정벌레는 저들 자신이 희생되지 않으려고 포식하던 먹이를 버리고 달아났고, 개미는 말벌의 집까지도 점령한 끝에 관찰해 보니 결국은 저네들의 공익을 추구하던 싸움으로 수많은 동료의 죽음도 불가피하게 불사하였던 모습이었다. 잽싼 곤충도 개미의 공격을 빠져나갈 수는 없었다." 포렐이 관찰하였던바, 나비나 각다귀·파리 따위도 개미의 공세에 당황하다가 결국은 죽게 되었다. 개미의 위력은 상호 협동하고 서로 신뢰하는 능력에 있었다. 만일 개미가, 비록 흰개미만큼 놀랍게 진보된 입장에는 이르지 못하고 있다 하더라도 지능적 용량에 있어서 곤충 전체의 무리들 가운데 바로 정상의 위치를 차지하고 있다면, 또한 그네들의 용감성이 동물 가운데 가장 용맹스러운 척추동물에 필적한다면, 그리고 다윈의 말처럼 "그네들의 두뇌가 이 세상에서 가장 불가사의한 물질의 원자로 된 것이어서 인간의 두뇌를 앞서는 것일지도 모를 정도"라면 그 기능은 상호부조의 기능으로 대체되고 있기 때문이라는 현상적 설명에 전적으로 유래하는 것이 아니겠는가?

벌에 있어서도 마찬가지의 현상이 실재한다. 이들 조그만 곤충이야 얼마든지 날아다니는 수많은 새들의 먹이로 될 수 있고, 벌의 꿀은 딱정벌레부터 곰에 이르는 각계각층의 동물들이 군침을 삼키는 먹을거리이며, 또한 가해생물과 비슷한 모습이거나 또는 이들에게서 방호될 수 있는 어떤 속임수 외형도 지니지 못한 채 독자적으로 살아가는 곤충과 마찬가지로 어찌 되더라도 공격을 피해 갈 수 있을 방책만은 없다. 다만 상호 부조하는 실행을 통하여 이네들은 우리가 아는 바 드넓은 생활공간을 얻어 유지하고, 우리가 찬탄할 만한 지각을 발휘한다. 공동으로 일하면서 개체의 능력을 배가시킬 수 있고 필요에 따라서는 어떤 종류의 일을 하더라도 개개의 벌들은 잠정적인 분업을 통하여 문제를 해결해 낸다. 다른 어떤 독립적 삶을 살아가는 동물이 비록 강한 힘이나 잘 발달된 무기를 지니고 있으면서도 일찍이 성취해 낸 적이 없었던 삶의 다복성과 안전성을 이네들 벌은 구가하는 것이다. 단합하는 기능에 있어서는 흔히 인류보다 더 성공적일 때가 많은데, 특히 사람들의 경우, 제대로 계획된 상호협동의 이점을 무시할 때에 그렇다. 따라서 새로운 벌 떼가 정든 벌집을 떠나 새로운 벌집을 찾아 떠날 때 한 무리의 벌이 앞서서 주변을 탐색하는 일을 하게 된다. 선발대가 살기 편리한 장소를 찾아내면, 즉

빈집을 찾게 되거나 그와 같은 무엇을 보게 되면 우선 그 자리를 차지하고 나서 청소를 할 뿐만 아니라 경계를 세운 채 이사에 따른 일을 하게 되는데, 때로는 한 주일이 걸리기도 하며, 그런 연후에야 비로소 벌 떼들은 안주생활을 한다.

그러나 인간들이란 새로운 나라에 이주하면서도 공동의 노력을 함께 모으는 데 필요한 이해심을 갖추지 못한 탓으로 얼마나 많은 희생을 치르던가! 사람들도 개인의 지능을 합쳐서, 마치 삶 집의 벽에 고정시킨 유리문을 레진성 풀로 밀봉하여 버렸던 파리전람회(Paris Exhibition)의 벌들처럼 전혀 예측하거나 일상적이지도 않은 불량한 환경을 대처하게 되는 것이었다. 반면에 벌들은, 수많은 작가들이 동물들에게 덮어씌우듯이, 그렇게 살벌한 기질을 내보이거나 또는 쓸데도 없는 싸움을 하는 호전성을 드러내는 일이 결코 없다. 벌집의 입구를 지키는 보초벌이 침입하는 도둑벌을 몰인정하게 죽이는 일이 있지만 잘못하여 침입하게 된 이방 벌의 실수는 쉽게 화해되는 일도 있다. 특히 꽃가루를 짊어지고 있는 채 잘못 왔거나 또는 곧잘 길을 잃게 마련인 어린 벌일 경우에 그렇다. 이해만 된다면 구태여 더 이상의 다툼은 필요치 않기 때문이다.

벌들의 사회성은 벌 떼 가운데서도 지속적으로 흔히 나타나는 공격본능이나 게으름에 대하여 보다 더 교훈적인 일면을 지니고 있어서 특히 여건이 좋아 잘살게 되었을 때마다 드러난다. 잘 알려져 있는 바와 같이, 적잖은 숫자의 벌들은 일벌로서 노동하는 삶보다 노략질하는 삶을 선호하는 경향이 있다. 그래서 궁핍한 때가 되거나 이와 반대로 예상을 뛰어넘을 만큼 먹이가 풍요로운 시기에는 이들 노략질을 일삼는 존재들이 증가하게 된다. 사람들이 떨어뜨린 먹을 거리들이 여기저기 들판에 널려 있으면서도 긁어모으기에 하찮은 정도일 경우, 노략질하는 벌들은 그 빈도가 높게 출현하기 시작한다. 그러나 반면에, 서인도의 사탕수수 농장이나 유럽의 설탕정제소 부근에는 노략질하거나 게으름을 피우는 벌들, 심지어는 드문 일이긴 하겠지만 흠뻑 취해 있는 벌들까지 꼬여들기도 한다. 따라서 우리가 알 수 있는 것은 벌들에게서도 이처럼 반사회적인 본능이 끊이지 않고 출현한다는 점이며, 다만 자연도태(natural selection)의 결과로 이런 것들은 계속 도태될 것임을 짐작할 수 있다. 이유는 오랜 삶을 통하여 일사불란한 행위를 따르는 개체가 노략질 근성을 부여받은 개체의 진보보다 훨씬 더 큰 진보 특혜를 받는 것으로 입증되기 때문이다. 공짜근성으로 살거나 꾀를 부리며 사는 존재보다는 결국 사회적인 삶이나 상호 협동하는 삶을 이해하고 따르는 존재가 상대적으로 선호됨으로써 도태될 수밖에 없다.

개미나 벌 또는 흰개미라 할지라도 모든 종에게 통용되는 수준 높은 일치단결의 모습을 이끌어 내는 존재로 인정될 수는 없을 것이다. 이런 관점에서 이네들은 인류의 정치적·과학적·종교적 지도자들에게서조차 나타나지 않는 발전단계에까지 이른 것은 아님에 틀림없다. 이네들의 사회적 본능은 서식지나 둥지의 범위를 거의 벗어나지 못하고 있는 것이다. 그러나 포렐이 텐더(Tendre) 산과 살리브 (Saleve) 산의 보고서에서 기록하였던바, 적어도 200개소의 둥지가 몰려 있는 이들 집단이 서로 다른 단지 두 종(*Formica exsecta*와 *F. pressilabris*)에 속하고 있었다. 포렐은 이들 집단의 각 구성개체들이 집단의 모든 다른 구성개체들을 인식하도록 유지하면서 공동의 방어전을 함께 치르도록 임무를 부여받고 있는 것으로 관찰하였다. 반면에 펜실베이니아(Pennsylvania)의 맥쿡(MacCook)은 언덕을 구축하는 개미의 1,600 내지 1,700개 둥지가 모두 완벽한 지능적 삶을 누리면서 하나의 총체적인 나라 형상으로 살고 있는 것을 목격하였다. 또한 베이츠(Bates)는 흰개미가 구역의 넓은 면적을 뒤덮어 작은 언덕을 이루고 있으면서 일부 둥지는 두셋의 서로 다른 종의 피난처로 만들고 이들 대부분 둥지는 커다란 공동의 통로나 아케이드로 연결되어 있음을 보았다고 하였다.[32] 몇 개의 계단이 상호간의 보호를 목적으로 대단위 종족별 집체를 향하여 이어졌고 이런 특성은 무척추동물 가운데서도 서로 간에 잘 적용되고 있었다.

이제는 고등동물 쪽으로 시야를 돌려 보자. 비록 고등동물의 삶에 대한 무리생활의 지식이 우리에게는 아직껏 너무나 부족함을 깨달을 수밖에 없다 하더라도 우리는 의심할 여지 없이 가능한 어떤 목적에 맞추어 상호 협조하는 훨씬 더 많고 다양한 사례를 볼 수 있다. 일류의 관찰자들에 의하여 수많은 사례들이 축적되어 왔지만 아직도 우리에게는 거의 아무것도 알아 내지 못한 동물의 세계가 고스란히 남겨져 있다. 물고기에 대한 믿을 만한 정보가 거의 없는 것은 부분적으로 관찰의 어려움이 있던 탓이고, 또 다른 부분에서는 아직까지도 적절한 관심을 이들에게 기울여 주지 못하였던 탓에 기인한다. 포유류에 관하여서는 키슬러가 이미 지적하였듯이, 우리는 그네들의

---

32) 각주: H. W. Bates의 「The Naturalist on the River Amazon」 ii, 52 seq. 참조.

행동에 관한 것조차 별로 아는 것이 없다는 점이다. 그네들 대부분은 행태가 야행성이며, 또 어떤 것들은 지하에 몸을 숨기기 때문에, 또한 이런 포유류들은 자신들에게 사회생활과 이주활동이 가장 큰 이해관계를 미치기 때문에 사람들이 접근하는 걸 제한하려 든다. 우리가 폭넓은 지식을 가진 대상은 주로 날짐승이지만, 아직껏 수많은 그네들 종의 사회생활조차 제대로 알지 못한 채 남겨져 있다. 계속적으로 우리에게 밝혀질 필요가 있는 것은 잘 확인된 사례가 아직도 모자라서 제대로 그 행태를 설명하지 못하고 있는 사항들이며 다음과 같은 과정을 통하여 밝혀질 것이다.

필자의 생각으로, 이네들의 생애 첫 단계 동안에 먹이를 제공해 가면서 암·수컷이 어울려 후대를 산란하는 속에서 함께 살거나 또는 흔히 하듯이 함께 사냥을 하고 있다는 사실을 거론할 필요는 없다. 비록, 거의 사회협동성이 없는 육식동물이나 먹이를 낚아채는 조류에서조차 하나의 법칙처럼 인정되는 그런 방법으로 살아간다고 할지라도 이를 강조할 필요까지는 없다. 여타의 가장 잔인한 동물에게까지도 연민의 정을 만들어 내는 입장에서 특별한 재미를 이끌어 내는 내용이라면 또 모르겠다. 육식동물이나 사냥하는 조류의 가족보다 더 큰 집단의 희귀성은 인간세계가 급격히 증가함으로써 대체로 야기되는 먹이 취식 한계성 때문에 동물계의 숫자가 변화하는 결과로까지 이어질 수도 있다. 어느 정도까지는 밀도가 높게 유지되는 영역에서도 철저하게 독립된 삶을 살아가는 종이 있음을 간과해서는 안 된다. 반면에 동종이거나 유사종이 안정하지 못한 밀집지역에 모여 무리생활을 하기도 한다. 늑대나 여우, 또는 사냥하는 몇몇 맹수류가 이와 같은 사례로 인용될 수 있는 동물들이다.

반면에 가족관계를 벗어나서 살지 않는 집단은 이런 사례로 다루기에 상대적으로 별 중요성이 없으며, 보다 보편적인 목적 때문에 보다 많은 집단의 숫자를 통하여 알게 될수록 좋으며, 대상행태는 사냥이나 상호방위, 또는 단순한 삶의 향유태도도 좋다. 오두본(Audubon)은 앞에서 독수리가 사냥을 위하여 때때로 무리를 짓는다는 사실을 이미 피력한 바 있다. 미시시피 유역에서 사냥하는 암수의 대머리독수리 두 마리의 이야기는 그 형상의 특이성 때문에 잘 알려져 있다. 그러나 그런 종류의 관찰 가운데 가장 결정적이었던 사례는 러시아의 작가 스에베르초프(Syevertsoff)에서 유래되었다. 러시아의 스텝 지역 생물군을 관찰하는 동안, 어느 날엔가 그는 집단으로 서식하는 독수리(흰꼬리독수리: *Haliaetos albicilla*)가 공중 높이 솟아올라 반시간가량 조용히 큰 원을 선회하다가 갑자기 찌르는 듯한 외마디 울음을 날리는 모습을 목격하게 되었다. 그 외마디 소리는 금세 달려 온 다른 독수리의 화답을 이끌어 내었고 이내 셋째, 넷째 등등의 화답으로 이어졌다. 아홉이나 열 마리의 독수리로 떼를 지었다가 금세 사라져 버렸다. 오후가 되면서 스에베르초프는 독수리가 비상하던 장소로 찾아가 보았다. 스텝의 풀 무리로 한쪽이 가려져 있어서 그가 바짝 다가선 곳에는 독수리가 둥그렇게 모여 서있는 광경과 말의 사체 하나가 발견되었다. 독수리는 가장 나이든 것이 규칙대로(재물배분의 규칙이 그랬던 것처럼) 말고기를 처음에 먹고, 이미 인근의 덤불에 앉아서 다른 것들을 지켜보고 있었다. 그러는 동안 어린 것들은 일행이 둥그렇게 자리한 속에서 먹기를 계속하고 있었다. 이 장면을 관찰한 대로 스에베르초프는 다음과 같은 결론을 얻었다. 흰꼬리독수리는 사냥을 위하여 무리를 지으며, 이들 무리가 최대한의 높이까지 모두 비상하다가 그네들 숫자가 열 마리쯤에 이르면 최소한 25제곱마일에 이르는 지역을 선회하며 탐색하다가 그중 어느 한 마리라도 먹이를 발견하는 즉시 다른 동료들에게 신호를 보낸다.[33]

   물론 그 신호가 첫째 독수리의 단순한 본능적 울음인지 또는 신호동작 자체인지에 대해서는 논란이 있을 수 있지만 사냥에 여러 마리의 독수리를 모으는 어떤 효과는 있었을 것이다. 그러나 이 경우에, 분명 상호교신을 유도한다는 강한 근거는 있는 것이다. 이유는, 열 마리의 독수리가 먹이를 향하여 하강하기에 앞서서 함께 모여들었기 때문이며, 스에베르초프는 뒤에 흰꼬리독수리가 먹이를 나누기 위하여 언제나 이와 같은 행태를 취한다는 사실을 확인시킬 기회를 여러 차례나 제시하였다. 또한 그네들 가운데 가장 어린 것이 언제나 제일 먼저 보초를 서고 그 사이에 나머지들은 먹기를 하였다. 실제로 흰꼬리독수리는 가장 용맹스럽고 사냥을 잘하는 것 가운데 한 존재로서 떼 지어 사는 새이며, 브렘(Brehm)도 이들이 붙잡힌 상태에 놓이면 그 즉시로 주인에게 달라붙어 몸을 맡기는 친숙한 태도(남과 어울리는 사회성)를 보인다고 말한 바 있다.

   사회성(협동심)은 사냥하는 매우 다양한 다른 맹수류에게서도 발

---

33) 각주: N. Syevertsoff의 「Periodical Phenomena in the Life of Mammalia, Birds, and Reptiles of Voronije」 Moscow, 1855(러시아어) 참조.

견되는 보편적인 특성이다. 브라질솔개는 제일로 고약한 도둑 가운데
한 존재임에도 불구하고 가장 사회적인 새 가운데 하나로 꼽힌다.
이들 솔개의 사냥집단에 대한 기록이 다윈이나 그 밖의 박물학자들
에 의하여 기술되었던바, 이네들은 먹이가 너무 큰 것으로 판단될
때에는 대여섯 마리의 동료를 불러 모아 공동으로 해치워 버린다.
하루의 바쁜 시간을 보낸 뒤, 이들 솔개가 야간휴식을 위하여 나무
나 숲으로 돌아오게 되면, 언제나 대상(帶狀)을 이루어 모이게 되며,
때로는 10마일 이상의 떨어진 곳에서도 찾아와 무리를 짓게 된다.
가끔은 도르비니(D'orbigny)가 "그네들의 진실한 친구"라 소개하였던
"Percnopters", 즉 맹수성 독수리까지도 몇 마리씩 섞여 모인다. 어떤
대륙에서는, 즉 카스피 해 건너편의 사막에서도 자루다위 지역을 따
라가면서 이와 똑같은 솔개들의 행태가 지켜지고 있다. 가장 맹위를
떨치는 종의 하나로 사회성이 특별한 맹수성 독수리인 "Vulture"는
그 명칭부터가 스스로의 사회를 사랑하는 이네들 습성(culture)에서
유래한다. 이네들은 수많은 대상의 구조를 이루어 모여 살며, 그래서
결정적으로 협동사회를 만끽하고 살게 된다. 한꺼번에 떼 지어 고공
의 하늘을 선회하는 운동을 생각해 보라! 르바이안(Le Vaillant)은 이
를 표현하여, "이네들의 친구애는 너무 각별하여서 한 동굴 안에 서
너 개의 둥우리를 옆옆이 짓고 가깝게 사는 모습을 발견할 수 있
다"[34]고 한 바도 있다.
　　브라질의 우루부(Urubú)라는 맹수성 독수리도 유럽산 땅가마귀
(rooks)[35]에 필적하거나 또는 그 이상으로 사회성을 띠며 살고 있다.

---

34) 각주: A. Brehm의 「Life of Animals」, iii. 477면 "프랑스어 판의 인용구
　　전체" 참조.

체형이 작은 이집트의 맹수성 독수리도 각별한 친구애를 뽐내며 살고
있는 동물이다. 이네들은 띠를 이루며 공중을 함께 선회하고, 밤 시
간을 함께 어울려 보내며, 아침이면 모두 뛰쳐나가서 공동의 먹을거
리를 함께 탐색하지만 저들끼리는 결코 가벼운 정도 이상의 지나친
싸움을 하는 법이 없다. 이러한 사실은 그네들의 삶을 가장 많이 살
필 수 있었던 브레멘에 의하여 입증된 바 있다. 붉은목송골매(Red-
throated falcon)도 브라질의 밀림지에서 여러 층의 띠를 이루며 산
다. 또한 황조롱이(매의 일종: *Tinnunculas cenchris*)도 유럽을 떠나서
아시아의 겨울철 초원지대와 숲에 도착하게 되면 그 이래로 다양한
사회를 이루며 살게 된다. 남부러시아의 스텝(Steppe) 지역에서 노드
만(Nordmann)이 관찰하였던바, 지금은 사라졌겠지만, 이들 띠를 이루
어 사는 황조롱이(매)가 여타의 송골매(*Falco tinnunculus*, *F. aesulon*
및 *F. subbuteo*)와 함께 어울려 살면서 날씨가 맑은 오후 시간에는
정확히 4시쯤 함께 모이고, 밤늦은 시각까지 어울려 운동을 즐긴다
는 것이었다. 즉 이네들 모두는 한꺼번에 줄을 맞추어 하늘로 비상
하고, 어떤 정해진 방향으로 날며, 목적지에 이르면 즉시 똑같은 줄
을 지어서 되돌아오는, 이런 비상운동을 반복한다.[36]

---

35) 각주: Bates의 전게서, p.131 참조.
36) 각주: Démidoff의 「Voyage; abstracts in Brehm, iii. 360면」에 게재된
    "Catalogue raisonné des oiseaux de la faune pontique" 참조. 이주하는
    동안 사냥하는 새들은 종종 무리를 짓는다. H. Seebohm은 한 무리의
    새 떼가 피레네 산맥을 횡단하는 모습을 관찰하였는데, 이들은 "솔개 8
    마리, 학 1마리, 이방의 송골매 1마리로 구성된 특이한 무리"였다고 함
    (「The Birds of Siberia」 1901, 417면 참조).

즐거움을 만끽하기 위하여 떼 지어 비상(飛翔)하는 일은 어떤 날짐승에게서도 아주 공통된 현상이다. 딕슨(Ch. Dixon)의 기록에서도 "특히 험버(Humber) 지역에서는 8월 말경쯤 되어 갯벌 위를 구름처럼 모여 선회하는 민물도요새(dunline)를 흔히 볼 수 있다. 이네들은 겨울을 보내기 위하여 거기 머무는 것으로서, 이 새들의 이런 행동은 매우 흥미롭다. 즉 드넓게 떼 지어 원을 그리며 선회하다가 흩어지거나 또는 서로 가깝게 다가오는 모습이 마치 엄격한 제식훈련을 받았던 병사들처럼 정확한 것이었다. 그 가운데서 흩어지기를 하는 새들은 대부분 성미가 괴팍한 민물도요새나 세발가락도요새 또는 고리달린 물떼새들이었다."[37]

사냥한 것을 먹고 사는 수많은 맹수류 집단을 여기에 일일이 열거하는 일은 거의 불가능한 것이지만, 고기잡이 펠리컨(pelican)의 떼거리는 분명히 이네들 촌스러운 새들의 탁월한 질서와 지능을 발휘하는 행태를 관찰하는 데 더없는 가치가 있다. 이네들은 항상 여러 층의 띠를 이루어 고기 낚기를 나서는데, 적절한 만(灣)을 선정한 다음에는 해변에 직면하도록 넓은 반원형의 형태를 구성하고 해변을 향하여 노 젓듯 좁혀 가서 반원 안에 있던 모든 어류를 포획하게 된다. 좁은 강줄기나 운하에서는 두 패로 나뉘기도 하여서 제각각 반원으로 대형을 갖추고 양쪽에서 서로를 향하여 몰아가는데, 이는 마치 두 패의 사람들이 두 개의 긴 그물을 끌고 서로 몰이를 함으로써 양편 사이에 있던 모든 물고기를 전부 잡아 내는 어로방식을

---

37) 각주: 「Birds in the Nothern Shires」 207면 참조.

보는 듯하다. 밤의 어둠이 깔리면 저들의 안식처로 날아드는데, 언제나 무리별로 같은 대형을 이루어 움직이지만 먹이를 얻는 해협의 위치나 잠자리를 차지하기 위하여 서로 싸우는 일은 어느 누구의 눈에도 띈 적이 없다. 남미에서는 저들의 무리가 4만 내지 5만 마리로 이루어져서 서로 패거리를 나누어 한 패거리가 파수를 보면 다른 패거리는 취침을 하고 또 어떤 패거리는 다시 일터로 돌아가 물고기 낚기를 한다.[38] 따라서 필자가 이네들 사회의 어떤 구성원이 획득한 먹이라도 이들 구성원 모두의 각자에게 얼마나 공평하게 배분되는지를 언급하지 않는다면 인간들의 오판으로 너무나 불평 · 불만으로 가득 찬 집참새(house-sparrow)와 같이 이네들을 불공정한 무리로 여겼을 것이다.

참새의 진면목을 알리고 싶다. 이런 사실은 그리스인들에게 잘 알려졌었고 또한 그네들 후세에까지 잘 전달이 되었다. 그 연유는 즉, 그리스의 한 웅변가가 외쳐 대었던바(기억을 살려 인용함), "내가 여러분에게 말하는 것은, 어느 한 노예가 곡식 한 자루를 바닥에 떨어뜨렸다는 사실을 어느 참새 한 마리가 보고 즉시 다른 참새들에게 달려가 이야기하자 이들 모든 참새들이 그리로 달려가 곡식을 모두 먹게 되었다는 점에 있다"는 것이었다. 더구나 소중한 발견의 하나는 옛이야기 속의 그 같은 놀라운 발견 사실이 거니(Gurney)에 의하여 최근 조그만 책으로 엮어졌다는 점이며, 거니는 집참새가 언제나 어떤 먹이가 감추어진 장소에 관한 정보를 다른 참새들에게 즐겨 알려 준다는 데 의심을 하지 않았던 사람으로서 다음과 같은 이야기도

---

38) 각주: Max. Perty의 「Ueber das Seelenleben der Thiere」(Leipzig, 1876)의 87면과 107면 참조.

덧붙이고 있었다. "울 밖 멀리에서 곡식더미가 탈곡되더라도 울안의 참새들은 언제나 한 아름 가득한 충분한 양식을 거둬들였다"는 것이다.[39] 정말로 참새는 자신의 영역을 이방존재의 침입에도 개방적으로 방임해 두는 지극히 독특한 영물이다. 따라서 룩셈부르크공원(Jardin du Luxembourg)에 사는 참새들이 순번대로 정원을 즐기려는 다른 참새들이나 방문자들에게 극렬히 대어들지만 저네들의 사회 안에 머무는 동안에는, 비록 친한 동료들과 어느 정도의 다툼을 하기도 하지만, 원천적으로는 상호 협동하는 삶의 율법에 매어 살아간다.

사냥과 취식의 보편성(공동화)은 무리를 이루어 사는 조류의 세상에서 다른 특별한 근거 인용이 필요치 않는 상식이다. 이미 확증된 진실로 받아들여야 한다. 이런 단체생활에서 얻어지는 세력은 스스로 그 힘의 크기를 입증한다. 사냥하는 날짐승 가운데 가장 강한 새도 우리가 애완으로 키우는 조그만 새의 무리에 맞닥뜨리면 힘을 쓰지 못한다. 독수리라 하더라도, 또 강골깃털을 단 강하고 무서운 독수리거나 두 발톱으로 산토끼나 어린 영양을 채어 갈 만큼 충분히 힘센 전쟁용 독수리라 하더라도 솔개와 같은 거지 떼에게는 먹이를 포기하고 말게 된다. 걸식하는 솔개는 상대가 먹이를 품고 있는 독수리라도 눈에 띄는 즉시 곧 원칙적으로 추적해 오기 때문이다. 솔개는 빠르게 물고기를 낚는 매에게도 추적행위를 하며, 따라 붙어 먹이를 가로채지만 먹이를 서로 강탈하려고 무리 가운데서 다툼을 하는 모습만은 관찰한 이가 없다.

---

39) 각주: G. H. Gurney의 「The House Sparrow」(London, 1885) 5면 참조.

커겔렌(Kerguelen) 섬에서 카우스(Couës) 박사는 물개 잡이 하는 바닷새 부파구스(바다암탉: sea-hen; *Buphagus*)가 갈매기를 추적하여 먹이를 토해 내게 하는 모습을 목격하였다. 그 사이에 다른 한편으로는 갈매기와 제비갈매기가 서로 협동하여 자신들의 삶터, 특히 귀소할 시간쯤은 둥우리 가깝게 바다암탉이 다가오지 못하도록 몰아내고 있었다.40) 몸체가 작지만 민첩한 파랑도요새(*Vanellus cristatus*)는 사냥하는 맹조류들에게 무섭게 대어든다. "이네들이 말똥가리나 솔개·까마귀 또는 독수리에게 달려드는 싸움은 가장 볼만한 구경꺼리의 하나이다. 누구라도 도요새가 승리를 하리라고 확신하는 믿음을 느낄 수 있고, 또한 사냥하는 맹조류의 황당한 분노를 보게 된다. 이런 상황에서도 도요새들은 분명히 동료 간에 떼 지어 협동하고, 특히 떼거리의 많은 숫자로 용기를 배가한다."41) 파랑도요새는 그리스어로 "훌륭한 어머니"라는 이름을 부여받은 존재인데, 이는 어떤 공격자로부터도 모든 다른 물새들을 지켜 내는 데 결코 실패하지 않는다는 데 연유한다.

그러나 우리네 정원에서 잘 알려져 있으며 전신의 길이가 8인치밖에 되지 않는 조그만 흰색할미새(*Motacilla alba*)이지만 이 새는 참새매(sparrow-hawk)의 사냥행위를 포기토록 만들 수 있다. 브레엠 영감은 이렇게 서술하고 있다. "나는 가끔 이네들의 투지력과 민첩성에 감탄을 한다. 송골매 한 마리로는 이네들 어느 한 마리도 잡을 수 없는 점에 탄복하였다. 한 조의 할미새가 사냥새의 공격을 되돌

---

40) 각주: "Smithsonian Miscellaneous Collections" 안의 Elliot Couës 박사: 「Birds of the Kerguelen Island」 vol. xiii.
41) 각주: Brehm의 전게서 iv, 567면 참조.

리게 만들고 나서 그네들은 승리의 울음을 창천에 울리며, 그런 다음에 각자 흩어지는 것이었다." 따라서 공동의 적을 몰아낼 특별한 목적으로 그네는 함께 협동하는 것으로서, 마치 어느 숲 속의 전체 새들이 대낮에 야행성 새가 모습을 드러낸다거나 하는 소식을 듣게 되면 함께 자리를 박차고 일어서는 것이며, 또는 사냥새나 조그만 철부지 노래새를 가릴 것 없이 모두가 한 무리로 되어 이방새를 내몰거나 또는 문제를 잠재우게 한다.

솔개나 말똥가리, 또는 매의 힘은 초원의 할미새와 같은 조그만 새에 비할 바가 아니지만, 이들 작은 새들은 일사불란한 행동과 과감한 용기를 바탕으로 하여서 오히려 날개가 억세고 독특한 무기(기능)를 가진 큰 적들을 능가하는 것이다. 유럽의 할미새는 저 죽을지도 모르고 위험하기 짝 없는 맹조류를 추격할 뿐만 아니라, 때로는 "방어라는 명분도 없이 오히려 재미삼아 장난기"로 사냥매를 추격하기까지 한다. 한편 제르몬 박사의 말에 따르면, 인도의 작은 까마귀가 고운더솔개를 추격한다는 것이다. 위드 공작은 브라질산의 우르비팅거(Wrubitinga) 독수리가 수많은 거취조(땅까마귀류)와 고려앵무새의 떼거리에 둘러싸여서 희롱되고 있는 모습을 보기도 했다는 것이다. 이들 독수리는 흔히 꼼짝도 못하고 이런 모욕을 참아 내고 있지만, 때를 골라서 가끔씩 이런 모욕꾼들을 한 마리씩 잡아다 족칠 것이라고 하였다. 이런 모든 경우에, 작은 새들은 비록 사냥새보다 힘에 있어서 매우 열세에 있겠지만, 결국은 이네들의 일상적인 공동협력으로 우위를 점한다.[42]

그러나 삶의 즐거움이나 지능적 용량의 발전을 위하여 개체의 안전을 위한 협동적 삶이 이루어져야 한다는 가장 뚜렷한 증거는 학과 앵무새라는 두 종류 새의 큰 종족을 통하여 알 수 있다. 학은 뛰어나게 협동사회적이고 가장 잘 상호관계를 유지하며 삶을 살아간다. 단순히 동류로서뿐만 아니라 가장 물에서 사는 전형적인 새로서의 의식을 가지고 산다. 이들의 지각과 지능 또한 정말 경악스러운 것으로서 이들은 새로운 주변 정세를 순간적으로 포착하여 적절한 행동을 취한다. 이네들의 파수꾼은 언제나 먹이를 취하거나 쉬고 있는 동료 떼들 주변을 지키기 때문에 사냥꾼이라도 그들 가깝게 접근조차 하기가 정말 어렵다. 만일 어느 누가 그네들을 깜짝 놀라게 한 적이 있기라도 한 곳이라면 그네들은 새로 선발된 전초병 하나를 먼저 보내서 확인하지 않고는 결코 같은 장소로 되돌아오는 법이 없다. 확인된 연후에는 일단의 선발대가 되돌아온다. 선발대가 확인한 내용을 가지고 와서 위험이 없음을 보고하면, 전체의 무리가 움직이기 전에 두 번째 선발대가 파견되어 첫 번째 선발대의 보고 내용을 확인하게 된다. 혈통을 함께 나눈 학끼리는 진실한 동료의식으로 맺어져서, 결코 노예관계를 보이는 새란 없는 것이다.

---

42) 각주: 뉴질랜드의 관찰자 T. W. Kirk 씨는 집참새에 관하여 다음과 같이 기술하였다. 이 "철없는 새가 불운하게 된 매를 공격하였다." "어느 날엔가 이곳의 모든 작은 새들이 큰 싸움에 모두 참여하기라도 한 듯이 비범한 잡음이 들려 왔다. 그는 큰 매(C. gouldi: 썩은 시체 취식자)가 한 떼의 참새에 공략되고 있었다. 이들은 숫자로 그를 공략했고 즉시 판정은 한쪽으로 쏠리게 되었다. 불운한 매는 도무지 힘을 쓰지 못하였다. 드디어 매는 덤불이 있는 쪽으로 움직여 그 속으로 뛰어들었고 그대로 버티고 있었다. 참새들은 그 풀 더미 주변을 떼 지어 둘러서서 지키며 일정한 지저귐과 울음소리의 잡음을 내는 것이었다."(뉴질랜드 연구소의 「Nature」1891년 10월 10일자 논문을 참조할 것).

또한 사회협동적이고 고도로 지능적인 앵무새를 들어 설명하면, 이네들은 사람과도 이러한 진정한 우애관계를 맺는다고 할 수 있다. "이들은 인간으로 볼 뿐, 결코 주인으로 보지 않으며 친구로서의 관계를 분명히 하고자 노력한다"고 브레엠은 폭넓은 개인적 경험을 통하여 결론지은 바 있다.

학은 아침 일찍부터 밤늦게까지 쉬지 않고 활동을 한다. 그러나 아침 몇 시간 동안만 주로 채소류에 한정된 먹이를 찾는 데 역할을 한다. 하루의 나머지 모든 시간은 사회생활을 하는 데 바쳐진다. 학은 나무토막이나 작은 돌멩이를 쪼아 들고 공중으로 던져 올렸다가 이것들을 되잡으려는 행위를 반복한다. 이런 운동을 통하여 목을 굽히고 날개를 펴며 춤추고 뛰고 주변을 알리면서 온갖 정성을 다 바쳐서 마음의 평정을 나타내려 하므로 이네들은 언제나 우아하고 아름다운 자태를 유지한다.[43] 이네들은 사회를 이루며 살기 때문에 항상 적이 없는 상태로 산다. 브레엠은 가끔씩 그네들 가운데 어느 하나라도 악어에게 잡히는 걸 목격한 경험을 예로 들어 기술한바, 악어가 아니라면 학의 적이 될 동물이 있겠는가고 반문하였다. 우리는 속담적인 지각에 따라 옛날부터 율법처럼 그네들 어떤 것도 먹이로 삼진 않는다(즉 긴 수명을 유지한다).

학은 종족의 유지 때문에 수많은 후대를 산란해야 할 필요가 없음을 안다는 사실에도 이상할 게 없다. 이네들은 일상적으로 두 개의 알만을 부화한다. 이네들의 우수한 지능에 관해서는, 더 말할 필요도 없이, 어느 누구도 이네들의 지능 정도가 사람의 그것에 매우

---

43) 각주: Brehm 의 전게서 iv, 671면 참조.

필적할 만큼 크기 때문에 생명을 잃을 위험을 가지지 않는다는 걸 부정하지 않는다는 사실만으로도 설명이 된다.

그 외의 놀랄 만한 사회적 조류로는 잘 알려진 바와 같이 앵무새를 들 수 있으며, 이들은 지능의 발달이란 면에서 전체의 털 가진 짐승무리 세상에서 최고의 위치에 있다고 할 수 있다. 브레엠은 앵무새의 생활 행태에 대하여 경탄을 금치 못하게 서술하였기에 필자는 다음과 같은 내용을 바꾸지 않고 직접 제시토록 인용할 수밖에 없었다.

"짝짓기 계절을 제외하고는 이네들은 매우 큰 대규모의 사회나 무리를 지어 산다. 이네들은 숲 속에 삶터를 골라잡고 거기에서 매일 아침마다 사냥활동을 시작한다. 각 무리의 구성원들은 각자 다른 파트너에 친절히 붙어서 좋은 일이건 나쁜 일이건 공동으로 그 짐을 나눈다. 아침이면 모두 나서서 들과 정원, 또는 나무에 매달려서 과실의 먹이를 함께 나눈다. 그네들은 전체 무리의 안전을 지킬 파수꾼을 세우고, 그들의 경고음에 주의를 기울인다. 위급한 상황에 부딪히면 모두들 솟구쳐 날아올라서 제각각 파트너에게 상호 협력하며 모두 다 함께 안식처로 돌아간다. 한마디로, 이들은 언제나 밀접하게 단합되어 산다."

이네들은 다른 새의 무리와도 잘 어울릴 줄 안다. 인도에서는 견조류나 까마귀가 수 마일 밖에서 찾아들어 함께 자리를 나누고 대나무 숲에서 앵무새와 어울려 밤을 지새우기도 한다. 앵무새가 먹이사냥을 할 때는 가장 특출한 지능과 지각, 그리고 환경을 파악하는 능력을 발휘한다. 예를 들어, 호주에 사는 흰색 앵무새(cacadoos)를 말해 보자. 곡식이 있는 밭으로 날아들기에 앞서 이네들은 우선 선발대를 뽑아 포장 주변의 제일 높은 나무에 올라 파수를 보게 하며, 그 사이에 또 다른 대원을 뽑아 포장과 숲의 중간쯤 되는 위치에서 신호를 전달케 한다. 만일 신호가 "이상 없음"(all right!)이라면 카카도스의 구성원들은 줄지어 있던 무리에서 흩어져 공중으로 비상하며, 포장에서 가장 가까운 나무쪽으로 날아간다. 이네들은 더욱이 장시간에 걸쳐서 주변의 이웃을 면밀히 경계하며 그런 연후에야 걱정 없이 진행하겠다는 신호를 보내고 전체 대원들이 일시에 밭으로 뛰어들어 지체 없이 할 일을 해 낸다. 호주의 원주민들은 앵무새의 지각을 이해하는 데 대단한 어려움을 겪었다. 그러나 만일 사람들이 기술과 수단(art and weapons)을 총동원하여 이들 가운데 몇 마리를 죽이는 데 성공하였다고 하더라도 카카도스는 이방의 존재들을 좌절시킬 정도로 여전히, 그리고 더더욱 지능적이고 경각심 있는 존재로 변모되어 갈 것이다.[44]

앵무새가 우리의 지식 범위 안에서는 거의 인간 수준의 매우 높은 지능과 감각을 지니고 있을 가능성은 그네들 사회의 협동적 생활 행태로 미루어 의심할 바 없이 인정된다. 이네들의 높은 지능 때문에 역사적으로 저명한 혹간의 박물학자들은 특히 잿빛 앵무새를 "새인간"(bird-man)이라고까지 부르게 되었다. 이네들의 상호결합상은

---

44) 각주: R. Lendenfeld의 「Der Zoologische Garten」, 1889 참조.

곧 앵무새가 사냥꾼에게 발각되어 죽게 되었을 경우, 다른 동료 앵무새들은 죽은 동료의 시체 위를 선회하면서 억울함을 호소하다가 "동료애로 애통하며 그 자신도 희생의 입지로 추락한다"고 아우두본(Audubon)은 설명한 적이 있다. 더욱이 두 마리의 앵무새가 잡혔을 경우에는, 비록 서로 다른 종에 속하던 것이라 하더라도, 어느 한 마리가 먼저 죽게 되면 다른 한 마리는 상호간의 우정에 얽매어 애통하는 슬픔과 함께 뒤따라 죽음의 길을 택하기도 한다는 것이었다.

그네들의 사회에서는 그네들 스스로의 어떤 진화된 부리나 발톱으로도 감히 해 낼 수 없는 그 이상의 더 큰 방어를 무한히 해 낼 수 있음이 적잖은 사례로 밝혀져 있다. 조그만 앵무새 종류를 제외하고는 어떤 앵무새라도 감히 공격하며 나설 수 있는 사냥새나 사냥포유류가 거의 없다. 브레엠이 앵무새에 관하여 기술한 내용이야말로 조금도 과장된 바가 없다. 또한 그가 학이나 협동사회를 이루어 사는 원숭이에게는 인간 이외의 어떤 대적할 자도 없다고 말했던 바도 그대로 맞는 표현이다. 그는 설명을 덧붙여서, "몸체가 큰 앵무새들은 어떤 적의 발톱에 뜯겨 죽는 일이 없는데도 이들은 주로 나이든 동족의 어른들 앞에서 꼼짝도 못 한다"라 피력하였다. 단지 인간들! 오직 인간들만 아직껏 우수한 지능과 기술수단에 의하여, 그리고 집단의 힘에서 유래하는 권력에 의하여 이들 앵무새나 원숭이의 한편을 파괴하고 있다. 그네들의 긴 수명도 분명히 사회적 삶을 사는 결과로 얻어지는 것이다. 우리 인간들도 그네들의 놀라운 기억력이야말로 사회적 삶에 의한 진보로 얻어졌음에 틀림없고, 오랜 경륜(연령)에 이르기까지 몸과 마음을 충분히 만끽함으로써 긴 수명을 유지할 수 있었던 데 연유하여 얻었음에 틀림없다고 말하지 않을 수 있겠는가?

　위에 열거하였던 바와 같이, 전체에 대항하는 각개의 싸움만이 "자연 법칙"의 전부는 결코 아니다. 상호부조의 현상은 상호경쟁과 마찬가지로, 충분한 자연의 법칙이며, 이 법칙은 아직도 우리가 또 다른 새들의 집단생활이나 포유류 동물의 협동사회를 더욱 면밀히 분석해 냄으로써 더욱 명백한 법칙임을 알게 될 것이다. 동물계의 진화에 대하여 상호부조의 법칙이 갖는 중요성을 암시하는 이야기들은 이미 다음 갈래에도 기술하여 두었다. 그러나 그런 의미들이 가치 있게 받아들여지려면 아직도 보다 면밀한 연구가 끊임없이 배가되어야 할 것으로서, 보다 많은 몇 가지 사례의 설명이 주어진 다음에라야 우리는 그 내용들에서 현실적인 우리의 결론을 유도해 낼 수 있을 것이다.

갈래 Ⅱ

동물계의 상호부조(2)

온대지역에 봄이 돌아오면, 순식간에 따뜻한 나라를 떠돌아다니며 살던 수천수만의 각종 새들이 저들마다 떼 지어 모여든다. 생기발랄하고 즐거운 몸짓으로 새끼를 출산하려고 서둘러 북쪽을 찾는 것이다. 북미주와 북유럽 및 북아시아의 숲과 들판은 물론 바닷가 절벽과 호수·연못이 있는 어느 곳에라도 그런 무렵의 요소요소에는 새들에게 상호부조의 뜻이 어떻게 살아나고 있는지를 알게 하는 이야기들로 가득 차게 된다. 얼마든지 강하고 생기발랄하며 모성적으로 생동하는 만물을 살게 하며, 다른 한편으로는 이런 것들이 얼마나 연약하고 무방비 상태에 놓일 수 있는지를 알게 한다. 예를 들어, 러시아와 시베리아 스텝 지역의 수없이 펼쳐진 호수의 어느 하나를 연상해 보자. 호숫가에는 엄청난 숫자의 물새 떼들로 가득 채워지는데, 이네들은 최소한 서로 다른 모양의 종에 속하고 있지만 모두가 평화롭게 공존할 뿐만 아니라 서로가 서로를 보호하면서 살고 있다.

호숫가에서 수백 야드에 걸쳐 있는 물가의 공간은 바다갈매기와 제비갈매기로 마치 겨울 어느 날에 날리는 눈발처럼 가득 차게 된다. 수천의 물떼새와 걸음이 재빠른 모래밭물떼새들이 모래밭을 뛰놀며 먹이를 쫓거나 노래를 지저귀면서 단순히 삶을 즐기게 된다. 더구나 매번 파도가 밀려올 때마다 오리 떼가 푸덕이며 요동을 치고, 눈을 들어 위쪽을 보면 카사르키오리 떼를 볼 수도 있다. 어느 곳이라도 생기로 활활 넘쳐나는 떼거리 활동들이다.[45]

---

45) 각주: Syevertsoff의 「Periodical Phenomena」 251면 참조.

바로 이런 곳에는 도둑 떼들 즉 "도둑질하기에 이상적으로 태어난" 가장 강인하고 약삭빠른 존재가 있다. 따라서 새로운 자식들의 세대교체가 이루어져야 할 곳에서 얼마든지 무방비 상태로 널려져 있는 개체들을 포획할 기회만 노리고 있는 포식자들의 기갈과 탐욕의 포효, 그리고 음울한 울부짖음을 생생하게 귀로 듣게 된다. 그러나 포획자들의 발길이 가까워지게 되면 금세 그 자취는 수십 마리의 자발적인 파수꾼들에게 드러나 알려지고, 수백의 바다갈매기와 제비갈매기는 이들 도둑의 무리를 내모는 활동을 벌이게 된다. 기갈에 눈이 팔린 도둑 떼들은 즉시 조심하던 자제력을 잃고 저들의 살아 움직이는 새끼 떼를 향하여 돌진하지만 사방에서 좁혀 오는 방어세력에 막혀서 재도전을 위한 원점으로의 퇴각을 하게 된다. 절망에 휩싸여 야생의 오리에게로 습격하게 되지만 도둑의 무리가 흰꼬리수리인 경우 지능이 있고, 협동심이 강한 야생오리들은 즉시 떼를 지어 날아가 버리기 일쑤이다. 또 사냥매라면 호수 물속으로 잠입하게 되고, 가해자가 거친 솔개라면 물보라 방울을 일으켜 몸을 감추게 된다.[46] 또는 호수에서 생명이 끈질기게 이어지는 동안, 결국 도둑 떼는 분통의 울음을 남기며 날아가 버리고, 동물의 썩은 사체를 찾아 나서거나 어린 새끼 또는 동료들의 경고신호에 얽매이는 일이 없는 들쥐를 찾아 나서게 된다. 생동감 흐르는 삶의 표정에는 이상적인 공격 기능을 갖추고 있는 도둑이라도 이들 먹을거리의 생명을 포기하는 것으로 만족할 수밖에 없는 모습까지 담기게 마련이다.

---

46) 각주: Seyfferlity(Brehm이 인용하였던) iv. 760면 참조.

더욱더 북쪽으로 무대를 옮기면, 북극해의 섬들이 나온다.

"배를 타고 해안을 따라 몇 마일만 내려가게 되면 좁다란 선반을 받쳐 놓은 듯한 바위와 깎아지른 절벽, 그리고 산굽이를 돌아가는 굽이 터를 볼 수 있다. 위쪽으로는 2~5백 피트를 헤아리는 높이까지 문자 그대로 바닷새의 공간으로 뒤덮이고, 새들은 검은 바위에 대조되는 흰 가슴을 드러내고 있어서 마치 바위 자체가 흰 석회의 무늬로 총총히 얼룩져 있는 듯하다. 또한 멀리 또는 가까이의 공간은 온통 새들로 가득 차 있는 듯하다."47)

이들 "새의 산(bird-mountain)"은 모두가 하나씩 상호부조의 법칙을 설명하는 살아 있는 증표로서 사회적 삶으로 이루어진 개개 및 지표적 특성의 무한한 다양성을 드러낸다. 검은머리물떼새는 사냥새를 공략할 만발의 준비를 하고 있는 것으로 유명하다. 거룻배 같은 외양으로 항시 주의를 게을리 하지 않게 되어 있어서 보다 성품이 차분한 새들의 향도적 역할을 하기에 십상이다. 고가물떼새는 남달리 생기에 차 있는 종에 속하는 동료 새들로 둘러싸여 있을 때에 더욱 소심한 새가 된다. 그러나 상대적으로 체구가 작은 새들로 둘러싸여 있을 경우에는 공공의 안전을 지키는 입장에 선다. 이 점에서 우점성이 강한 백조를 예로 들 수 있다. 또 다툼이 거의 없거나 없는 듯 지나치는 것들 가운데 뒷발가락이 짧은 키티웨이크갈매기를

---

47) 각주: A. E. Nordenskjold의 「the Artic Voyages」(London, 1879) 135면 참조. 또한 Dixon(Seebohm 인용분)의 「St. Kilda섬」에서 강조하여 기술한 부분을 참조. 이들 문헌은 거의 북극탐험을 기술한 책임.

거론할 수 있고, 서로 끊임없이 보듬으며 사는 매력덩어리의 극치라 할 수 있을 바다오리를 들 수도 있다. 또는 동료의 고아 된 새끼들에게 매정한 개인주의자 암거위를 들 수 있는가 하면 반면에 그 가까이에는 누구인지도 모를 동료의 고아새끼를 품어 주고 있는 다른 암놈이 있기도 해서 주위에 50~60마리의 어린 새끼들을 거느리고 서서히 노 젓듯 헤엄쳐 다니는 모습을 볼 수도 있다. 마치 주위의 모든 새끼를 스스로 낳아 키우고 있다는 듯이 뽐내며 새끼를 사랑하는 모습이다.

펭귄의 주변에도 다른 동료의 알을 곧잘 훔치는 종이 있는데 바보물떼새로 불리는 이 종은 가족관계가 너무나 "매력적이고 살가운 것"이어서 아무리 적극적인 사냥꾼이라도 어린 새끼들로 둘러싸여 지내는 이 종의 암놈에게 총을 겨누지 못하는 경우까지 있다고 한다. 또는 같은 둥지에서 암컷 여러 마리가 동시에 부화활동을 협력하여 벌이는 솜털오리나 사바나 지역의 코로야물오리 같은 북극물오리가 있고, 또한 하나의 "아비 집 둥지"에서 잠시 살다 떠나는 메추라기 신세로 돌아가며 순차로 자리를 잡는 "람스" 물오리 같은 종도 있다.

자연이란 가장 낮은 것부터 가장 높은 것까지의 모든 가능한 변화 특성을 제공하는 "변이" 그 자체이다. 그래서 어떤 절대적인 싹쓸이 의견만으로 표현하는 자연에는 법이 없는 이유가 거기에 있다. 자연에 대해서는 윤리도덕적 근거만으로 어떤 판단을 아직은 내릴 수 없다. 윤리도덕 군자의 의견은 그들 자신이 자연에 대하여 대부분 의식하지 못하고 관찰하며 내렸던 결론에서 비롯한 것이기 때문이다.[48]

귀소하는 시간에 서로 더불어 돌아오는 일에 대해서는 사례를 구 태여 더 들지 않아도 될 만큼 대부분의 새들에게 공통된 현상이다. 우리가 보는 나무들은 곧잘 까마귀 떼들의 둥지들로 관(冠)을 쓴 듯 하다. 산울타리도 작은 새들의 둥지로 가득 차고, 농가의 건물 구석 구석은 제비의 집단에게 쉴 자리를 내어 주며, 높다란 탑도 수백 마 리 야행성 새들의 피난처가 된다. 뿐만 아니라 읽을거리들마다 이들 모든 둥지새 집단이 지탱하고 있는 평화와 조화의 가장 매혹적인 이 야기들로 넘쳐 날 수도 있다. 가장 연약한 새들이 보여 주는 자기 집단 방어전도 현실적으로 엄연히 실존한다.

탁월한 조류 탐색자인 카우스(Couës) 박사는 한 사례로, 초원지대 의 사냥매(*Falco polyargus*)와 이웃관계를 맺은 직후에 이미 거리낌 도 없이 함께 둥지를 트는 조그만 절벽제비를 본 적이 있었다고 한 다. 사냥매는 콜로라도에서 보편적인 현상이 될 정도로 흔히 진흙집 뾰족탑 위에 둥지를 틀지만 제비들 집단은 그 바로 아래에 둥지를 짓는 모습이었다. 이들 작고 싸움을 모르는 제비들이지만 탐욕쟁이 이웃에 대해서는 겁이 없어서 상대가 가까이 접근해 오면 그냥 두지 않는다. 접근해 오면 즉각 주위를 포위하여 몰아세우고 즉시 서둘러 떠나게 한다.[49]

---

48) 각주: 부록Ⅲ 참조.
49) 각주: Elliot Couës의 「Bulletin U.S. Geol. Survey of Territories」 iv. No.7, 556 · 579면 등 참조. Polyakoff는 북러시아의 늪지대에서 갈매기(*Larus argentatus*) 가운데 대대적으로 둥우리 집단을 짓고 수컷 한 마리가 파 수를 보다가 위기가 닥치면 집단에 경고를 하는 사례를 확인한 바 있 다. 이 경우 모든 새들이 대단위 힘을 모아 적을 공략하였다. 반면에 암컷은 늪지의 둔덕마다 하나씩 배치되어 대여섯 개를 함께 관리하며, 먹이를 찾아 둥지를 떠나는 데도 어떤 순서에 따른다. 반면에 무방비적

둥지를 떠날 때가 되면 협동적인 사회활동은 더 이상 지속하지 않는다. 그때는 새로운 형태의 삶을 새로 시작한다. 어린 한배 새끼들은 흔히 여러 종들과 어울려서 어린이 사회로 뭉치게 된다. 사회적 삶이란 스스로를 위하여, 때로는 안전을 보장받기 위하여 그 무렵에만 나누게 되지만 때로는 재미를 얻는 즐거움으로 함께 나누기도 한다. 따라서 숲에 들어가야 볼 수 있는 한 사례로 어린 굴뚝새(*Sitta casia*)가 박새류나 방울새류·굴뚝새·나무발발이 또는 딱따구리와 함께 어울려 새로운 사회협동체를 구성하는 모습을 들 수 있다.[50] 스페인에서는 제비가 황조롱이나 파리잡이딱새, 또는 비둘기와도 함께 어울려 만나곤 한다. 극서부 미주에서는 어린뿔종달새가 다른 종달새, 노고지리, 사바나참새 및 수종의 달랑이참새나 긴발톱멧새와 함께 큰 협동사회를 이루며 살고 있다.[51]

실제로 어린 새들이 모여서 이루는 가을철 사회(autumnal society)에 함께 어울려 사는 종들보다는 독자적으로 사는 종을 이야기하기가 훨씬 쉬울 수도 있을 것이다. 가을철 사회를 사는 것들은 단순히 사냥이나 둥지생활만을 목적하는 것이 아니라 매일 몇 시간쯤 일용할 식량을 구하기 위하여 일을 한 연후에는 사회적 구성원으로 돌아

이며 쉽게 약탈 새에게 포획되는 신출내기 새들은 결코 혼자 다니는 법이 없었다. "Proceedings of the Zool, Selection of St. Petersburg Soc of Nat., 1874년 12월 17일" 가운데 「물새들의 가족생활」 참조.

50) 각주: A. Brehm이 iv. 34에 인용한 Brehm Father 및 White의 「Natural History of Selborne」 Letter XI 참조.

51) 각주: Dr. Couës의 「Birds of Dakota and Montana」, Bulletin U.S. Survey of Territories, iv, No. 7 참조.

와 함께 삶을 즐기고, 함께 놀거나 운동을 하는 까닭이다.

궁극적으로, 새들은 광범위한 상호부조의 생활을 하며 필자가 감히 생각조차 하지 못할 정도로 집단이주 생활에서 이 현상이 특히 두드러진다. 충분히 설명되고 있는 일이지만, 작은 집단을 이루며 수개월씩 살아가고 있는 새들은 수천 마리가 모여서 넓은 영역에 흩어져 산다. 그러다가 일정한 장소에 함께 모여서 다시 헤어지기에 앞서 며칠간을 함께 보내고 여행에서 얻은 특별한 정보를 서로 간에 분명히 주고받는다. 어떤 종은 긴 여정을 위한 준비과정으로서 매일 오후 시간을 바친다. 서로 간에는 모두가 행동이 굼뜬 동료를 기다렸다가 함께 최선으로 선택된 진로를 향하여 길을 떠난다. 진로는 곧 집적된 경험이 쌓인 결과로서, 가장 강한 개체가 집단의 선두에 서서 어려운 문제를 하나씩 해소하며 향도가 된다. 그네들은 크고 작은 새들로 크게 혼성 집단을 이루어 바다를 건넌다. 이듬해 봄이 되면 그들은 같은 장소를 골라 수리·보수를 하고, 대부분의 경우에는 제각각 전년도에 짓거나 수리하였던 바로 그 둥지를 배당받는다.[52]

이 주제는 너무 광범하고 아직도 불완전한 정도의 연구에 머물고

---

52) 각주: 체구가 큰 새들이 함께 지중해를 건널 경우, 체구가 작은 몇 마리의 새들을 가끔 옮겨 주지만 이 사실에는 여전히 의문이 따른다. 반면에 몇몇의 작은 새들이 이주를 하면서 큰 새들의 무리에 끼는 일은 확실하다. 그런 사실은 여러 차례 목격됐으며, 최근에는 Raunheim에서 L. Buxbaum에 의하여 확인되기도 하였다. 그는 학이 자신들의 이주대열 가운데나 양옆에 종달새를 데리고 무리를 지어 있는 모습을 여러 차례 목격하였던 것이다(「Der Zoologische Garten」(1886) 133면 참조).

있어서 상호부조의 행태에 대한 설명이 너무 많은 곳에서 자극적으로 제시되고 있음에도 불구하고 이주에 따르는 주 내용은 오히려 참고적인 쓸모밖에 없는 형편이다. 특별한 연구가 필요한 것이지만 더 이상의 구체적인 언급을 여기에 기술하는 것은 포기할 수밖에 없다. 필자가 오직 생생하게 기술할 수 있는 내용은 수많고 생기발랄한 새들이 북쪽이나 남쪽으로 긴 여행을 떠나기 전에, 즉, 북쪽에서의 지난 행태와 마찬가지로 예니세이(Yenisei)나 영국의 북쪽에 출산지를 잡고 도착하게 되면 언제나 한결같은 지점에 자리를 잡는다. 여러 날에 걸쳐서 때로는 한 달에 걸치기도 하지만 먹을거리를 구하기 위한 아침비상에 앞서 매일 한 시간여에 걸친 모임을 갖는다. 아마도 그네들이 둥지를 틀 지점에 대한 토의를 하는 것일 게다.[53]

또한 집단이동을 하는 동안에 그네들 무리의 대열이 폭풍을 만나게 되면 종류가 다른 새들도 공동의 재앙을 함께할 수밖에 없다. 비록 이주를 결정짓지 못하고 느린 날갯짓으로 계절 특징에 맞추어 북쪽 혹은 남쪽으로 움직여 가던 새들도 또한 이들 무리에 끼어 여정을 함께할 것이다. 단독으로 이동하는 입장에서도 제각각 떨어져 있던 개개의 안전을 위하여 또는 다른 구역에나 있을 좋은 먹을거리나 쉼터를 차지할 유리한 입장에 서야 하므로, 계절 특성에 순응하면서도 남쪽이나 북쪽의 안식처에 도달하기에 앞서서 이네들은 어쨌든 힘을 합칠 다른 동료를 기다릴 수밖에 없고, 한 무리로 섞여야 하는 탓이다.[54]

---

53) 각주: H. Seebohm과 Ch. Dixon이 모두 이런 행태를 기술함.
54) 각주: 이런 사실은 Charles Dixon이 「Among the Birds in Nothern Shires」

이제 포유류 쪽으로 말머리를 돌려 보자. 우리의 관심을 환기시키는 그 첫째는 집단화하지 않고 사는 일부의 육식동물 위에 군림하는 포유류, 즉 사회협동성 생물의 무시 못 할 숫자적 우월성에 있다. 산악지 아래쪽이나 신구대륙의 스텝 초원지와 같은 평원은 사슴과 영양, 가젤(작은 영양), 노랑사슴, 들소, 야생염소나 양과 같은 전체적인 사회성 동물들로 무리 지어져 있다. 유럽인들이 미주에 정착하였을 무렵, 이들이 개척해 갔던 길을 가로 질러서 이동하는 들소 떼가 막아서자 선발개척대의 발길은 거기에서 멈춰질 수밖에 없었다. 개척대는 발길을 멈추고 때때로 2~3일에 걸쳐 계속되는 들소 떼들의 구름 같은 대열을 앞세워 통과시켜야 하였다. 러시아인들이 시베리아를 소유하게 되었을 때도 개척대원들은 사슴이나 영양·다람쥐, 또는 여타의 무리 짓는 사회적 동물들로 밀집되어 있는 서식지를 흔히 발견하였던 것이다. 시베리아의 정복이란 200여 년에 걸쳐 끝내지 못한 사냥행각 이상의 그 어떤 것도 아닌 셈이었다. 반면에 동부 아프리카의 대평원 초지는 아직도 얼룩말과 큰 영양 및 기타의 영양 무리로 구성된 생물들로 덮이고 있었다.

얼마 전에 북미주와 북시베리아의 작은 시냇물은 바다쥐 무리들로 들끓게 되었고, 북러시아에서도 17세기에 이르기까지 이들 무리가 번성하였다. 4대 대륙의 평원은 아직까지도 쥐나 땅다람쥐, 마르모트

에서 영국의 여러 사례를 들어 설명하여 야외의 박물학자들에게도 잘 알려지게 되었다. 방울새는 겨울에 폭넓게 떼 지어 날아들고 같은 무렵인 11월이면 되새의 무리들도 모여든다. 티티새도 유사한 대집단을 이루어 같은 장소를 빈번하게 날아든다(165 및 166면 참조).

쥐 또는 여타의 설치류들로 뒤덮여 있다. 아시아와 아프리카의 저위도 지역에는 코끼리·코뿔소, 또는 원숭이의 서식지가 흔하다. 먼 북쪽 땅에는 순록이 수없이 많은 떼를 이루어 살고 있으며 그보다 더 먼 북쪽에는 아직도 사향소와 수없이 많은 극지대 여우의 무리가 살고 있다. 대양의 연안은 바다표범과 해마의 무리로 생기가 넘쳐 있으며, 그곳의 물은 사회성 고래들로 에워싸여 있고 중앙아시아의 대평원에서는 깊숙한 곳에서까지도 야생마·야생당나귀·야생낙타와 야생양을 볼 수 있다. 이들 모든 포유류 동물들은 사회나 종족을 이루어 살며 때로는 이들 수천 수십만 마리의 떼를 이루므로 화약(총탄)을 만들어 낸 문명생활 3세기를 거친 지금에도 광범한 옛것들의 잔재를 보게 된다. 그네들에 비하면 수많은 포식동물들이 얼마나 하찮은 것인가! 따라서 동물의 세계를 마치 사자나 하이에나가 희생제물의 살 속으로 핏물이 뚝뚝 드는 이빨을 밀어 넣는 추억 이외의 아무것도 아닌 것처럼 떠들어 대는 사람들의 모습이란 또한 얼마나 거짓스러운 것인가! 결국 사람의 삶이란 것도 전적으로 대량학살을 해 대는 전쟁에 묻혀 살아온 것 이상의 아무것도 아니라는 생각을 할 수도 있다는 말인가!

협동생활에 상호 부조하는 생활은 포유류에서 나타나는 삶의 법칙이다. 육식동물에서까지도 사회생활이 영위되지만, 사회에서 이탈하기를 결정적으로 좋아하는 한 부류로서는 고양잇과의 동물(사자·호랑이·표범 등)을 들 수 있다. 이네들은 가끔씩만 몇 마리의 작은 떼를 지어 생활하는 모습으로 발견될 수 있다. 아직까지는 사자 가운데서 "공동으로 사냥하는 모습이 매우 예외적"인 까닭이다.[55] 사향고양이(*Viverridae*)와 족제비(*Mustelidae*)의 두 종족은 독특한 격리 생활로 특징지어질 수가 있으며, 옛날 말에 따르면 일반 족제비가 지금보다 더 사회성이 컸었다고 하는데 그 이야기는 참말이다. 그 당시에는 스코틀랜드와 스위스의 운터발텐 구역에서 이네들이 대집단을 이루어 사는 모습으로 발견되었던 것이다. 개의 대종족에 대하여 이야기 하자면, 이네들은 준수한 사회성 동물로서 사냥할 때에 나타내는 협동심은 가히 수많은 이들 종족의 탁월하고 공통적인 특성이라 할 수 있다. 사실 이리 떼가 떼를 지어 사냥하는 동물이라는 말은 이미 잘 알려져 있는 바이고, 츄디(Tschudi)가 이 사실을 재미있게 서술해 놓은 내용에 따르면 이네들 떼거리는 반원의 대열을 짓고 산비탈에서 풀을 뜯고 있던 소를 에워싼 다음에 갑자기 우렁찬 목청을 돋워 짖어 대면서 몰아세워 계곡 깊은 곳으로 굴러 떨어지게 한다는 것이다.[56]

아우두본(Audubon)도 그의 나이 30대에 라브라도 지역에서 이리가 떼 지어 사냥하는 모습을 목격하였는데 한 사람의 뒤를 쫓아 집까지 와서 기어코 그의 개를 잡아 죽이는 광경이었다고 한다. 혹독한 겨울 동안에 이리 떼는 너무 큰 무리로 커져서 사람들의 주거지에까지 위협적인 존재가 되기도 한다. 프랑스에서 45년 전에 있었던 사건이 바로 이와 마찬가지였다. 러시아의 스텝 초원에서는 이네들도 떼를 짓고서야 어떤 방식으로도 말을 공략하는 철칙을 지킬 만큼 아직껏 이네들은 격렬한 싸움을 지속하고 있다. 코올(Kohl)의 확인에

55) 각주: S. W. Baker의 「Wild Beasts 등」 Vol. ⅰ. 316면 참조.
56) 각주: Tschudi의 「Thierleben der Alpenuselt」 404면 참조.

따르면 이 말들은 무리를 지은 상태에서 때때로 격렬한 싸움을 치르게 되는데, 이럴 경우에는 이리 떼가 점잖게 물러서지 않는 한, 결국 말에게 둘러싸이는 위험에 빠져서 말의 발굽에 채여 죽게 된다. 초원의 이리(prairie-wolf: Canis latrans)는 때때로 대열에서 이탈된 들소를 쫓을 경우, 20~30 마리로 구성된 무리를 짓는 것으로 알려져 있다.[57]

개 종족 가운데 가장 용맹스럽고 또한 가장 지략이 있는 것으로 알려져 있는 대표 격의 한 종족인 자칼(Jackal)[58]은 홀로 나다니는 들소를 사냥할 경우에는 항상 떼거리로 사냥을 한다. 따라서 한번 힘을 합치면 체구가 더 큰 포식동물이라도 겁내지 않는다.[59] 아시아의 야생개(코올준 또는 도올이라는 명칭)에 대한 내용은 이네들의 큰 떼거리가 코끼리나 코뿔소 또는 힘이 넘치는 곰이나 호랑이와 같은 큰 체구의 동물까지도 공략하는 광경을 윌리엄슨(Williamson)이 보았던 사례로 설명이 된다. 하이에나는 언제나 사회를 이루며 살고, 떼거리로 사냥하며 신화적으로까지 변신을 잘하는 라이캐온(Lycaon)[60] 마저 거침없이 사냥하는 이네들 같은 집단의 우수성에 대해서 커밍(Cumming)이 극찬하였던 바도 있다. 그러나 그렇게만 볼 수는 없다. 교활하기 그지없는 여우까지도 철칙처럼 예외 없이 사람들의 문명

---

57) 각주: Houzeau의 「Etudes」 ii. 463면 참조.
58) 역주: 자칼은 여우와 늑대의 중간형 동물로서 아시아 남부나 아프리카 북부에 산다. 사자에게 먹이를 대어 주는 역할을 하는 것으로 알려짐
59) 각주: 이네들의 사냥집단에 대해서는 Sir E. Tennant의 「Animal Intelligence」 423면에 인용된 「National History of Ceylon」을 참조하라.
60) 역주: Lycaon은 그리스신화의 Arcadia왕으로서 제우스신을 속였던 벌로 이리가 됨.

한 영역 속에서는 격리되어 살지만 어떤 동물이라도 결국 사냥을 해야 할 목적 때문이라면 서로 합쳐져서 조화를 이룰 수밖에 없다.[61] 북극의 여우에 관해서는 차라리 야간시간이 계속되는 별천지 계절에 존재하는 가장 사회협동적 동물의 하나라고 하겠다. 지략이 뛰어난 작은 여우들에 맞서 싸울 수밖에 없었던 베링(Behring)[62]의 불우한 동료들이 체험했던 전쟁이야기, 즉 "스텔러의 기록"을 읽는다면 궁극적으로 놀랄 만한 일이 무엇인지 분별하기 어렵게 된다. 이 기록에는 이들 여우의 비상한 지략 이야기, 또는 돌무더기 기념비 아래나 대들보 위에 숨겨둔 식량을 파헤쳐 내는 데 기여하였던 상호부조의 사례 이야기로 고작 여우 한 마리가 꼭대기로 기어 올라가서 아래쪽의 동료들에게 던져 내렸다는 행태이거나 수많은 여우 떼에 내몰려 절망으로 추락한 인간들의 잔인함에 대한 이야기에 누구라도 혀를 내두를 것이기 때문이다.

어떤 곰들은 인간들의 간섭을 벗어난 입지에서라면 쉽게 저네들 사회를 이루며 살기도 한다. 즉, 스텔러의 시대에는 수없이 무리를 짓고 사는 캄차카(Kamtchaka)의 검은 곰이나 흔히 작은 그룹을 지어 사는 북극의 곰들을 목격하였던 것이다. 따라서 지각이 가장 떨어지는 곤충 잡이(식충동물)라 할지라도 언제나 무리 짓기를 마다하지는 않는다고 할 수 있다.[63]

그러나 최고도로 진보된 상호부조의 행태는 설치류나 발굽을 갖는

---

61) 각주: Emil Hünter의 「L. Büchner's Liebe」에 나오는 편지를 참조하라.
62) 역주: Behring(=Bering)은 1680~1741년의 덴마크 항해가로서 북태평양을 탐험함.
63) 각주: 부록 iv 참조.

유제류(有蹄類) 및 포유류의 동물에서 잘 발견이 된다. 다람쥐는 광범위한 삶의 영역에서 개인주의적 성향을 보인다. 제각각 자신의 보금자리를 짓고 자신의 재물을 쌓는다. 이들은 가족의 삶에 편향적이어서 브레엠(Brehm)이 관찰하였던 바는 한 해 두 마리의 새끼가 숲속 멀리 떨어진 한구석에서는 부모와 함께 살게 되더라도 결코 가족의 삶이 원만할 수가 없다는 것이었다. 아직 이네들은 함께 모여서 살아야 하는 사회공동체적 기능을 유지하고 있기 때문이다. 보금자리를 멀리하여 사는 이들 개체들은 혈통교류(교향)를 통하여 가까운 사이로 존속하고, 숲 속의 상록침엽수가 더 이상 없어지게 되면 거기에 거주하다가 무리를 이루어 이주하게 된다.

극동지역의 검은다람쥐는 탁월한 협동사회성 동물이다. 먹을거리 준비에는 매일 단지 몇 시간밖에 바치지 않고 나머지 시간에는 일에서 벗어나 무시로 파티를 즐기며 삶을 보낸다. 이네들은 주어진 한 지역에서 너무 급격히 마릿수의 증가 현상이 나타나게 되면 곧잘 거의 메뚜기 떼를 방불케 하는 마릿수로 떼를 이루어서 남쪽으로 이동하며 숲과 들판, 그리고 정원까지 황폐화시킨다.

반면에 대열의 밀집된 꽁무니를 따라 사냥을 하며 뒤를 쫓는 여우나 스컹크, 사냥매, 또는 야행성 새들은 뒤에 잔류하며 개체적인 삶을 살게 된다. 유전적으로 매우 흡사한 종인 땅다람쥐도 여전히 뛰어난 사회협동성을 보인다. 이런 협동성은 식량을 비장하는 특성에 있는데 이들의 땅속 굴을 보면 사람들이 흔히 채취해 가는 엄청난 양의 식용뿌리나 열매가 저장되어 있는 모양과 같다. 관찰자들의 의견에 따르면 이런 행위는 일종의 수전노만이 알고 희열하는 무엇인가를 이들이 체득하고 있는 것임에 틀림없음을 뜻한다. 또한 이는 사회적 협동을 암시하는 것으로서 항상 큰 마을에 살며, 겨울에 노쇠한 것들이 살고 있는 몇몇 겨울 집을 파헤쳐 본 결과 오두본(Audubon)은 같은 움 굴에서 몇몇씩 모여 사는 행태로 관찰되었고 그들은 공동의 노력으로 겨울 먹이를 저장하고 있었음에 틀림없음을 확인할 수 있었다.

마르모트쥐라는 큰 종족은 학문적으로 *Arctomys, Cynomys* 및 *Spermophilus*라는 3대 혈통으로 나뉘며 이들은 여전히 뛰어난 사회성과 지능을 겸비하고 있다. 또한 제 나름의 서식처를 각각 구비하기 좋아하지만 결과적으로는 큰 부락을 형성하여 산다. 사람들에 연유해서만도 매년 수천만에 도달하는 숫자가 사멸하지만 이들 "Soulik"이라고 부르는 남부러시아의 가공할 이들 작물 가해자는 헤아릴 수도 없이 많은 무리를 지어 생존해 가고 있다. 반면에 러시아의 지방의회는 국가사회의 공통된 가해자를 제거할 수단을 심각하게 논의하지만 이들은 수천의 숫자로 살아남아 최선으로 삶을 영위하는 셈이다. 이네들의 행태는 너무나 매력적이어서 어느 관찰자라도 이들을 보기만 하면 칭송해 마지않는 실정이었다. 수컷의 날카로운 음성과 암컷의 음울한 음성으로 엮어지는 조화의 음악을 경탄하지 않을 수 없는 입장이 된다. 그러다가 홀연히 감상적인 망상에서 깨어나 국가적 손실을 걱정하면서 이들 작은 도둑 떼들의 퇴치를 위한 각종의 가장 처절한 방책을 주워섬기기 시작한다.

온갖 사냥을 즐기는 새나 짐승들을 나약한 것처럼 우습게보고 있지만 이들과의 전쟁에서 과학이 꼼짝 못 하는 최후의 말은 "콜레라 전염"이라는 데 있지 않은가! 미주에서 발견되는 대초원 개(prairiedog)는 가장 귀여운 모습의 동물 가운데 하나이다. 초원을 감시할 수 있는 한 한껏 눈을 들어 땅의 언덕을 지켜보면서 두 발로 선 채 서로를 향하여 한마디 짖는 방식으로 이웃과 생동감 넘치는 대화를 주고받으며, 바로 그런 인기척에 의하여 순식간에 저들은 서식지로 뛰어들어 마술처럼 자취를 감춘다. 그러나 위험이 사라지고 나면 이들 작은 조물주들은 금세 다시 나타난다. 온 가족이 소굴에서 뛰쳐나와 즐기기에 여념이 없다. 어린 것들은 서로를 할퀴고, 때로는 서로를 걱정하며 두 발로 치켜 서서 우아한 연기를 연출하며, 그런 동안에 어른들은 끊임없이 보초를 선다. 이들은 서로에게 오가며 두 발을 구르는 동작을 함으로써 두 언덕 사이에 발자국을 남기는 방문 빈도의 증거를 남긴다.

간단히 말하여, 가장 명망이 있는 박물학자들은 미주의 프레이리개와 구세계의 마르모트쥐, 산악지의 극지대와 마르모트쥐에 관한 최고의 기사를 써 왔다. 마찬가지로 필자도 벌에 대한 기사를 발표하여 얻었던 명성 때문에 마르모트쥐에 관해서도 쓰지 않으면 안 되겠다. 이네들은 자신의 전투본능을 유지하고 이들 본능은 속박 상태에서 다시 재기된다. 그러나 이네들의 대단위 집단 안에서 자유로운 자연에 직면하게 되면 그런 조건 속에서는 비사회적인 본능의 어떤 행태도 단 한 발자국 더 내딛을 기회를 얻지 못한다. 보편적인 발전의 결과란 평화와 조화일 수밖에 없다.

우리네 인간의 지하저장고에서 끊임없이 싸움을 벌이며 살고 있는, 쥐와 같은 이런 가혹한 동물조차도 우리네 비장의 보고에 뛰어들 때면 싸움을 위한 수단이 아니라 침투하는 수단이나 이동하는 수단, 또는 심지어 병약자를 먹일 수단을 강구하기 위하여 상상을 초월하는 지능을 구사한다. 캐나다의 바다쥐나 사향쥐에 대하여 말한다면 이들은 탁월한 사회적 동물이라 할 수 있다. 오두본은 "이네들의 평화로운 공동체가 단지 평화 속에 남겨져서 행복을 만끽할 필요만 있는 곳"이라 경탄할 수밖에 없었다고 하였다. 다른 모든 사회적 동물들처럼 이들은 생기 있고 활동적이며 곧잘 다른 종족과 쉽게 어울릴 만큼 이미 고도로 지능적인 진보를 이룩해 왔던 것이다. 이네들의 서식지는 언제나 호수 변이나 강변이 연계되어 있어서 끊임없이 수심의 변동을 살피게 된다. 이네들의 둥그런 집 천정은 진흙에 갈대를 섞어 두들겨 지은 것으로 유기물 쓰레기를 별도로 구분 짓기 위한 구석을 따로 마련하고 있다. 또한 이네들의 소굴은 겨울철에 훌륭하게 바닥깔이가 되어 있고, 따뜻할 뿐만 아니라 환기가 잘 이루어지도록 지어져 있다.

바다쥐(beaver)에 관하여 말한다면, 이네들은 잘 알려진 바처럼 최선의 동정심 넘치는 심성을 천부적으로 부여받은 동물로서 이네들이 축조하는 놀랄 만한 댐과 서식공간은 어떤 적의 공격도 신경 쓸 필요 없이 여러 세대에 걸쳐 잘 살다 죽을 수 있게 보장하는 수준이다. 그러나 수달과 인간은 가해자로 군림하는 유일한 적일 수가 있다. 바다쥐는 그처럼 상호부조의 힘을 기울여 종족의 안전을 지킬 수 있고, 또한 그렇게 살기 때문에 사회적 행태를 더욱 진보케 하고 지능을 진화케 함으로써 이네들의 친절한 특성으로 모든 동물의 삶에 도움이 되게 하는 것이다. 필자가 바다쥐와 사향쥐 및 여타의 설치류에 대한 이야기를 인간집단에 특징지어 나타내 본다면 쉽게 이들의 모습을 이미 알아차릴 수도 있을 것인즉 그것은 공동의 힘으로 일을 한다는 데에 있다.

필자는 뜀박질쥐, 친칠라쥐, 털쥐(viscacha)와 투시칸 또는 남부러시아의 토굴산토끼를 포함하는 큰 두 과(科)의 존재를 조용히 상정코자 한다. 이들 모든 작은 설치류 동물들은 협동사회적 삶을 통하여 즐거움을 찾는 훌륭한 사례로 취급될 수가 있을 것이다.[64] 즐거움이란 분명히 말해서 동물들에게 함께하는 무엇인지를 설명하기가 매우 어렵기는 하지만, 서로 간에 필요할 때에 보호를 얻어 내거나 서로 같은 종족으로 결속된 느낌의 단순한 즐거움이라 하겠다.

어느 정도까지 우리가 말하는 일반 산토끼는 공동생활을 위해서 협동사회로 모여들지는 않고 강렬한 모성적 감성으로 희생되지도 않지만 놀기 위해서라면 달려와 함께 지내지 않을 수 없는 천성을 지닌다. 산토끼의 생활을 가장 잘 파악한 사람 가운데 하나였던 디트리치 드 빙켈(Dietrich de Winckell)이 이네 종들을 일컬어 놀이에 이골 난 존재라 하였듯이 이네들은 놀이동무를 찾아 여우에게까지 찾아드는 정도이므로, 여우와의 불편한 관계를 놀이로 해소하기에 이

---

64) 각주: 남미산 친칠라 일종(viscacha)에 대한 관찰결과는 매우 재미있는 내용이 될 것이다. 이들 고도의 사회성을 지닌 작은 동물들은 제 나름의 서식처에서 평화롭게 공동의 삶을 산다는 사실뿐만 아니라 밤 시간에는 마을 전체의 이네들이 서로를 방문한다는 데도 있다. 이네들의 사회성이란 개미에게서 보았듯이 주어진 특정사회나 국가에만 적용되는 것이 아니라 전체 종에게 적용된다. 농부가 viscacha의 땅굴을 파괴케 될 경우, 또는 땅 언덕 아래의 주거지를 매몰케 할 경우, Hudson이 말인즉 또 다른 viscachas는 "살아 매몰되어 있는 동료들을 구출하기 위해서 먼 거리를 달려온다"고도 하였다(l.c., 311면). 이 사실은 필자에 의해서도 확인된바 La Plata에 폭넓게 잘 알려져 있다.

른다는 것이었다.[65]

토끼(rabbit)에 대하여 일언하더라도 이네들은 사회를 구성하여 살며, 이들의 가족생활은 전적으로 전통적인 가부장제 모양으로 구성되어 산다. 즉 어린 것들은 저들의 아버지와 할아버지에 절대적으로 복종하는 것이다.[66] 여기에서 잠시 살펴볼 사례의 하나로, 이는 서로의 중간에 밀접하게 연관되어 있으면서도 서로 간의 문제를 견디어 내지 못하는 사례이다. 그렇다고 해서 흔히 해명되듯이 두 종이 똑같은 먹이에 거의 의존하여 살기 때문도 아니다. 다만 가장 그럴듯한 이유라면 너무 열정적이고 너무 철저한 개인주의적인 산토끼가 결코 침착하고 조용하며 헌신적인 일반토끼를 친구로 삼지 못하는 데 따른 것으로 보인다. 그네들 쌍방의 성격이 너무 폭넓게 달라서 우정이 싹트는 것을 방해할 수밖에 없는 까닭이다.

협동사회적 삶은 아시아의 야생말과 당나귀, 얼룩말, 미국야생마, 팜파스의 야생마와 몽고 및 시베리아의 반야생마를 포함하고 있는 대단위 말 과(科)에게도 법처럼 지켜지고 있다. 이네들은 모두가 큰 집단을 이루어 살며, 수많은 번식용 수말이 제각각 휘하에 여러 마리의 암말을 두고 집단을 구성한다. 구·신세계의 이네들 무수한 집단이 실제로는 끝없는 적들과 불량한 환경에 대응하기에 부족함이 없이 제대로 조직화되지 못하였다면 머지않아 지구 상에서 사라질 것으로 우려될 것이며, 그 이유는 결코 그네들의 사회협동심에 연유

---

65) 각주: Brehm이 인용(ii, 223면)하였던 「Handbuch for Jäger und Jagdberechtigte」 참조.

66) 각주: Buffon의 「Historie Naturelle」 참조.

하는 것이 아닐 것이다. 포식성 동물이 그네들 가까이 접근하게 되면 번식용 수말들은 즉시 한데로 모여서 포식동물을 막아서거나 때로는 쫓아내기도 한다. 이네들을 떼거리에서 분리해 내지 못하는 한 늑대나 곰, 또는 사자라도 말이나 얼룩말을 잡을 수는 없다. 아무때라도 대초원의 풀밭이 건조하여 화재가 나게 되면 이네들은 때때로 10,000여 마리에 이르는 엄청난 대부대로 한데 모여 함께 이동하게 된다. 또 스텝 지역에 눈보라가 몰아치면 번식용 수말들은 제각각 다른 것들과 긴밀한 위치를 견지하면서 방호계곡을 재정비한다. 그러나 자신감이 사라지거나 패거리가 공포에 질려 흩어지게 되면 말들은 자멸하여 결국에 폭풍이 지난 뒤에는 절반이 과로로 쓰러져 죽고 고작 절반의 생존마가 살아남는다.

그네들의 최대 생존기구는 합치는 단결에 있고, 최대의 적은 인간이라 할 수 있다. 이네들의 숫자가 팽창되기 이전에 우리들의 사육용 말의 조상(Polyakoff라 불리는 *Equus przewalskii*)은 이 세상에서 가장 거칠고 쓸모라고는 어떤 곳에서도 찾기 힘들던 티베트 교외의 평원으로 돌아와 사는 동물이었다. 이곳은 포식성 동물들이 우글거렸고 기후마저도 극한지방 못지않게 열악한 곳이었지만 분명히 인간들만은 파고들지 못하는 곳이었다.[67]

---

67) 각주: 말에 관한 이야기에서라면 결코 dauw얼룩말과 함께 나타나는 법이 없는 quazza얼룩말이지만 보호능력이 뛰어난 타조뿐만 아니라 작은 영양이나 영양의 수종, 또는 누우와는 일컫기 어려울 만큼 잘 어울려 지내며 이런 특성에 관하여 관찰할 필요가 있다. 따라서 이런 경우 쿠아과얼룩말과 다우얼룩말 종 사이에서 야기되는 상호견제(mutual dislike) 현상은 먹이 때문에 경쟁하는 경우와 다른 현상으로 해석되어야 한다. 쿠아과얼룩말이 같은 먹이를 취식하는 포유류와 함께 지낸다는 사실은 먹이원인성 가설을 오히려 배제하며, 오히려 산토끼와 집토끼의 경우처

협동사회적 삶의 감탄스러운 수많은 사례를 사슴류의 행태에서 찾을 수 있다. 특히 반추동물류라는 대분류 동물들 가운데 날쌘돌이노루, 묵밭사슴, 영양, 작은영양, 야생염소 등속이 이에 속하는데, 이네들은 실제로 영양류, 산양류 및 오비드류의 3개 과(科)로 분류된다. 이네들이 포식성 동물의 공격에 대처하여 종족의 안전을 지켜 내는 가공할 행태로는 최후의 한 마리 동족까지도 험난한 바위절벽을 무사히 통과할 때까지 고난과 염려를 함께하는 특성, 부모를 잃은 고아 사슴을 입양하는 특성, 배우자나 또는 동성(同姓)의 동료가 죽는 데 따른 절망을 애통해 하는 특성, 어린 것들이 뛰노는 특성 또는 기타의 많은 특성들이 곧 이네들의 사회성을 잘 말해 주는 점들이다.

그러나 아마도 이런 것들 가운데서도 가장 감동적인 상호부조의 행태는 필자가 헤이룽 강 지역에서 목격할 수 있었던바, 묵밭사슴이 가끔씩 내보이는 집단이동에 있을 것이다. 그때는 필자가 바이칼 호 건너편에서 메르겐(Merghen)으로, 그리고 고원지 평야에서 헤이룽 강 지역으로 추가여행을 하는 도중에 고원지대를 통과하던 참이었다. 필자는 그곳이야말로 더없이 자유롭게 방치된 상태의 지역인데도 그처럼 적은 숫자의 묵밭사슴밖에 눈에 띄지 않고 있는지 확인할 수 있었다.[68] 두 해가 지난 뒤에 필자는 또다시 헤이룽 강 지역을

림, 어떤 특성적 불화합성에서 설명가능성을 찾아야 한다. 많은 자료 가운데서도 중부아프리카에 여러 종들이 함께 사는 현상을 혜안적으로 설명하고 있는 Clive Phillip과 Wolley의 「Big Game Shooting」(Badmitori Library)을 참조하기 바란다.

68) 각주: 결혼 길에 있었던 우리 일행 가운데 한 퉁구스족 사냥꾼은 최대한의 가죽을 벗겨 갈 욕심으로 사슴을 찾아 하루 종일 내내 말 잔등이에 올라타고 언덕 아래쪽을 달렸다. 그는 뛰어난 사냥꾼이었지만 그때 그의 노력은 고작 하루에 묵밭사슴 한 마리꼴의 획득에도 못 미치는

여행하게 되었는데, 10월 말경에 와서야 헤이룽 강이 송화강(Sungari)으로 합류하는 저지대에 이르기에 앞서서 도우시알린(Dousse-alin: 소흥안령으로 불림)을 꿰어 뚫는 그림 같은 골짜기의 아래쪽 저지대에 도달할 수 있었다. 이곳에서 흥미롭게도 코삭크족(Cossacks)의 골짜기 마을을 발견하였는데 수천수만 마리의 묵밭사슴이 저지대로 가기 위하여 그곳, 강폭이 가장 좁다란 지점을 건너서고 있는 것이었다.

연이은 여러 날 동안 40여 마일의 강줄기에 걸쳐서 코삭크족들은 아무르 강을 건너온 사슴을 잡아 도살하고 있었으며, 강물은 이미 엄청난 정도까지 얼음으로 뒤덮여 있었다. 매일 수천 마리가 도살되고 있었지만 그럼에도 불구하고 탈출의 엑서더스 행렬은 계속되고 있었다. 대이동이 결코 이전이나 그 이래로 볼 수조차 없었던 것으로 보였던 이 사건은 "대흥안령에서 철 이른 엄청난 폭설"이 내렸을 것으로 짐작되는 일로서 사슴 떼가 도우스(Dousse) 산 동쪽의 저지대로 가려는 처참한 시도마저 야기하는 것이었다. 참으로 며칠 지나지 않아 소흥안령(Dousse-alin) 산지도 2~3피트 깊이의 눈으로 덮여 버렸다. 여기에서 흩어져 살던 사슴의 무리들이 예기치도 못하던 환경의 시련에 부딪혀 이동할 수밖에 없었던 사유로 모두가 한꺼번에 모여들지 않을 수 없었던 광활한 지역(영국 본토에 맞먹는 크기임)을 상상해 본다면, 그리고 모든 사슴들이 가장 강폭이 좁아든 아무르 강의 보다 먼 남쪽을 건너야 한다는 공통된 합의에 이르기까지 앞서서 거쳐야 했던 어려움을 이해하게 된다면, 누구라도 이네들 지능적인 동물이 연출하였던 협동사회성이 어느 정도였는지에 깊이 경

정도일 뿐이었다.

탄하지 않을 수 없을 것이다. 만일 우리가 북미주의 들소 떼가 이들 사슴에 맞먹는 규모의 행태를 보여 주었던 사실을 기억한다면 이네들의 행태 또한 결코 그에 못지않게 충격적이라 할 수 있다. 평야에 큰 떼로 몰려서 풀을 뜯는 모습을 목격하였지만 이들의 숫자는 결코 함께 자리를 나누지 않는 소규모 집단들의 무한정한 구성집단으로 이루어진 것임에 주의할 필요가 있다. 아직도 필요할 경우에는 광대한 영역에 흩어져 있던 모든 떼거리들이 함께 모여들어 수백 수천 마리의 숫자에 이르는 광대한 대부대를 만들어 오고 있으며 필자는 이미 앞에서 이에 관하여 기술한 바 있다.

또한 필자는 코끼리의 "혼합가족"에 대하여서도 최소한 한마디를 부언해야 할 것으로 생각한다. 즉 이네들의 상호간 밀착된 생활과 보조를 세우는 계획적인 수단, 그리고 친밀한 상호협동 생활에 의하여 진보한 공감대를 형성시킬 수 있는 이네들의 직감들에 대한 점을 말하고 싶다.[69] 필자는 또한 야생 수퇘지라는 평판 나쁜 짐승의 협동사회적 직감에 대해서도 언급하고자 하는데 이는 사냥하는 포획성 동물의 공격에 대처하여 단결하는 힘을 인정하려는 한마디에 있다.[70] 하마와 코뿔소도 동물의 사회성을 입증하는 데 한 역할을 할

---

69) 각주: Samuel W. Baker의 말에 따르면 코끼리는 "혼합가족" 형태보다는 대단위 떼로 뭉친다고 한다. 그의 말로서 "나는 공원의 나라로 알려진 세일론의 한 부분을 자주 관찰할 기회가 있었는데, 대부대의 코끼리 부대란 분명히 놀랄 만한 실체이며, 엄청난 불안감이 가중되는 입장에서만 일반적으로 재정비되면서 함께 뭉친 것"이라고 하였다(「Wild Beasts and their Ways」 Vol. i , 102면 참조).
70) 각주: 여우 떼에 공격을 당한 돼지들도 마찬가지임(Hudson, l.c.).

것임에 틀림없다. 바다표범과 바다코끼리의 협동사회성과 상호밀착성에 대해서도 어느 정도의 분량으로 감동적인 이야기를 덧붙일 수가 있고, 결국에는 사회성이 강한 고래들 가운데서 표출되는 가장 본받을 만한 직감력에 대하여서도 이야기할 수가 있다. 그러나 이제라도 원숭이 사회에 관한 몇 마디의 이야기만은 꼭 해야 할 것 같은데 이는 이네들의 존재 자체가 원시인간의 사회에 대하여 우리를 연계시킬 것이라는 추가적 호기심 때문이다.

이들 포유류는 동물계의 가장 높은 진화 단계에 있고, 이들의 구조(외부 형태)나 지능의 수준이 인간에 가장 근접하여서 지극히 사회적인 동물이란 설명은 더 이상 거의 필요치 않다. 이들은 수백 종에 이르는 동물계의 가장 큰 한 부류 가운데 모든 다양한 특성과 습관에 걸쳐서 우리와 유사하게 연계되어 있음에 틀림없다. 그러나 어떤 특성으로 이야기하더라도 사회협동성이나 일반적인 동작, 상호보호 특성, 그리고 사회협동적 삶에서 얻어지는 필요성으로서 고도로 진보한 직관력 등은 대부분의 원숭이와 꼬리없는원숭이가 겸비한 공통특성들이다. 가장 작은 종부터 가장 큰 종에 이르기까지 사회협동성이란 다소의 예외는 있겠지만, 우리가 아는 한 하나의 규정과 같다.

야행성 꼬리없는원숭이는 즐겨 홀로 살기를 한다. 거미원숭이(*Cebus capucinus*)나 모노원숭이 및 짖는 원숭이는 소수의 식구들과만 산다. A.R. 월리스(Wallace)가 관찰한바, 오랑우탄은 홀로 살거나 서너 마리에 국한되어 살기 때문에 결코 많은 숫자로 어울려 사는 예를 본 적이 없으며 또한 고릴라도 결코 떼를 이루는 법이 없다고 하였다.

그러나 원숭이족의 다른 나머지 종인 침팬지나 원숭이류, 꼬리굵은원숭이, 비비원숭이류, 비비원숭이 및 기타 종들은 고도로 협동적인 사회성을 지니고 있다. 이네들은 큰 무리를 지어, 심지어는 종이 다른 원숭이류까지 포함시켜 산다. 그들 대부분은 홀로 남겨지면 그 자체를 몹시 불안해한다. 떼거리 가운데 어느 하나가 재앙의 울음을 터뜨리면 즉시 떼거리 모두를 불러 모으게 되고 가해자가 그 어떤 포식동물이거나 사냥새라 하더라도 용감히 대들어서 그들의 공격을 퇴치해 낸다. 비록 독수리라 하더라도 감히 이네들을 가해하지 못한다. 이네들은 언제나 떼를 지어 우리네 곡식밭을 침해하며, 나이든 것들은 공동의 재산을 안전하게 관리하고 지키는 역할을 한다. 앳된 귀여운 용모로 험볼트(Humbolt)를 매혹시켰던 체구가 작은 꼬마털보원숭이는 비에 젖은 동료를 껴안고 보호하면서 떨고 있는 동료의 목덜미를 꼬리로 감아 보온해 준다. 종에 따라서는 상처받은 동료에게 최대의 배려를 아끼지 않으며 그 동료가 죽었다거나 또는 살아날 기미가 전혀 없다고 확인되기까지는 회복하는 동안에 상처받은 동료를 포기하지 않는 것들도 있다.

제임스 포브(James Forbes)는 「동방의 추억」(Oriental Memoris)에서 죽은 암놈 원숭이의 죽은 시체를 탈취하기 위하여 사냥꾼에게 항변하는 원숭이 이야기를 글로 썼다. 누구라도 이해하지 못할 것이 없는 이유의 하나는 "원숭이 종족의 다른 어느 한 마리에게도 결코 두번 다시는 사냥하지 않도록 명심해야" 한다고 호소하였던 것이다.[71] 어떤 원숭이 종은 몇 마리가 서로 협력하여 큰 돌을 함께 쳐들고

---

71) 각주: Romanes의 「Animal Intelligence」 472면 참조.

그 아래쪽에 있는 개미 알을 찾아 먹기도 한다. 특히 요정원숭이종
은 보초를 내보내 세울 뿐만 아니라 작업장의 안전을 파괴할 연관된
화근을 예측하여 대비하며, 이네들의 담력은 익히 잘 알려진 바 있
다. 브레엠은 아비시니아의 멘사 계곡에서 요정원숭이가 대이동 여
행을 재개하기 전에 그의 탐험대를 안전하게 유지시키기 위한 정규
적인 싸움을 치를 수밖에 없었던 사정에 대하여 기록을 남겼고 이는
곧 유명한 고전이 되었다.[72] 꼬리 달린 원숭이의 장난기와 침팬지가
집안을 다스리기 위하여 상호간에 애착을 가지는 이야기는 일반 독
자들에게 친숙해져 있다.

만일 우리가 원숭이 가운데 최고 격인 두 종으로 오랑우탄과 고
릴라를 꼽기라도 한다면 사회성이 없는 것처럼 보인다. 이들은 너무
좁은 구역에 제한되어 살고 있기 때문이다. 그 하나는 아프리카의
중심부에 살고 다른 하나는 보르네오와 수마트라의 두 섬에 산다.
따라서 모두가 이런 세상의 수많은 종들이 남긴 마지막 전유물적 외
형을 가진다는 걸 기억하지 않으면 안 된다. 고대사에 묘사된 원숭
이의 실체가 만일 고릴라에 틀림없다면 고릴라는 최소한 고대기에라
도 사회협동적 삶을 살았던 것으로 보인다.

따라서, 이상에 간략히 일별한 내용만으로도 사회협동적 삶이란
동물계에서조차도 예외가 없는, 곧 법이고 자연의 법칙이며 고등의
척추동물에게서 최고조의 진화를 이룩해 내는 원동력이었다. 홀로

---

72) 각주: Brehm, i, 82면: 「Darwin's Descent of Man」iii장. 즉 Kozloff탐험
    대는 1899~1909년에 북부티베트에서 이와 유사한 싸움을 유지시켰던
    바 있다.

살거나 작은 가족만으로 모여 사는 동물들은 결코 흔치 않으며, 이들의 숫자도 제한적이다. 아니다. 서로가 별로 군서생활을 하지 않는 조류나 포유류들과 같은 얼마 안 되는 예외를 배제한다면 이들은 아마도 인간이 지구 상에서 군림하기까지는 인간에게 도전하며 사는 끊임없는 전쟁을 치를 필요가 없었기 때문에 협동사회적으로 살았을 것이다. 그것도 아니라면 그네들이 이전에 조달받던 먹을거리의 조달처가 완전히 파괴되기라도 하기 이전에는 그랬던 것으로 보인다. "사람이란 결코 죽기 위한 명목으로 단합하지 않는다(on ne s'associe pas pour mourir)"라는 말은 발음 자체가 스페인족적인 특성이 있으며 또한 미대륙의 일부 지역에 살고 있던 인간 영향 이전 세기의 동물세상을 익히 잘 알고 있던 호지오족이 이와 유사한 이야기를 글로 써서 남긴 내용과 흡사하다.

단체(집단 현상)라는 것은 어떤 단계의 진화에 머무는 동물계에서도 잘 나타나는 형체이다. 또한 페리어(Perrier)의 「동물의 떼 짓기」(Colonies Animales)를 통하여 눈부시게 각광받게 되었던 허버트 스펜서(Herbert Spencer)의 훌륭한 사상에 따르자면 떼 짓기 현상이란 동물계에서 나타났던 진화의 바로 기원적 현상이다. 그러나 진화의 단계를 오르는 데 비례하여 무리가 점차 괄목할 만큼 커져 가는 현상을 직시할 수 있다. 무리는 순수한 물리적 특성을 잃고 단순히 본능적이길 중단하면서 점차 논리성을 내재하게 된다. 고등의 척추동물에서 살펴보면, 이런 현상은 주기적이고 주어진 요구 조건에 맞도록 재분류된다. 즉 종족의 번식·집단이주·사냥 또는 상호방위와 같은 일들로 재편성된다. 또한 조류가 강적이나 포유류의 집단에 대항하거나 어떤 예기치 않던 환경에 압력을 받아서 집단으로 이주를 해야 할 경우에 무리를 구성하듯이 집단이란 불시적인 현상으로 나타나기까지 한다.

이런 경우는 정주하던 삶의 분위기로부터 자발적으로 탈출하여 유도되기에 이르고 있다. 때로는 둘 이상의 단계를 하나로 함축시켜 나타나기도 하는데, 그 첫째는 가족이고 다음에는 떼거리이며 드디어는 떼거리들로 모인 무리가 된다. 물론 주거적으로는 흩어지지만 필요에 따라서는 하나로 합쳐지며 이런 사례는 들소나 기타의 반추류 동물에게서 보아 왔던 바와 같다. 이런 삶은 보다 높은 차원으로 결성되기도 하여서 개개의 독립성을 보장받게 되므로 사회적 삶을 통하여 얻는 유리성을 강탈당하지 않게 된다.

대부분의 설치류 동물에서도 개개의 구성원은 그 자신의 삶터를 지니게 되므로 만일 홀로 남겨지게 되기를 원하면 그대로 탈퇴할 수 있다. 그런데도 삶터만은 마을이거나 도시와 같은 그네들 서식지 단위에 그대로 있게 되므로 다른 모든 구성원과 함께 무리의 보증된 생활과 사회적 삶의 즐거움을 누리게 된다. 결국 쥐·마르모트쥐·산토끼 등속과 같이 종에 따라서는 함께 어울려 살지 않는 개체의 호전적이거나 독선적인 편향에도 불구하고 사회적 삶이 그대로 유지되는 경우도 있다.

따라서 이런 현상은 개체의 어떤 생리적 구조에 의하여 저절로 부과되는 것이 아니라 개미나 벌의 경우와 마찬가지로 상호간의 부조에 따르는 이익이나 삶의 즐거움 자체를 향유하기 위하여 추구하는 노력으로 얻어지는 것이다. 물론 이런 현상은 가능한 어떤 진화 단계에서, 또는 개개의 가장 다양하고 특수한 특성의 변이체에서 나타나며, 그 변이체란 사회적 삶을 통하여 결과적으로 얻어진 것이다. 우리 인간을 위해서도 이 과정은 보편성을 나타내는 것임을 알 수 있도록 더욱 확증시켜 볼 필요가 있다.[73]

협동사회성이란 것은, 즉 서로 유사한 것들끼리 단체를 만들고자 하는 동물들의 욕망으로서 사회를 위한 사회사랑[社會慾]의 마음이며 이는 "삶의 즐거움[joy of life]"으로 이룩된다는 점이 이제야 동물학자들의 관심을 끌게 되었다.[74] 개미로부터 시작하고 조류에 관한 이야기로 이어져서 고등의 포유류 동물로 귀결한 이들 모든 동물들이 한결같이 놀이와 뒹구는 장난, 서로를 뒤쫓아 줄지어 달리기, 서로를 따라잡는 경기나 서로를 위하여 함께 흘리는 동정의 눈물 등등에 대하여 이제 우리는 알게 되었다.

그러나 이런 수많은 놀이들도 말하자면, 성숙한 삶 가운데 어린것들이 치르는 적절한 행태를 보이게 하는 학습과 같아서 "쓸모"라는 관점에서는 거리가 있는 내용일 수도 있겠다. 그러나 함께 춤추고

---

73) 각주: 더욱 흥미로운 일은 루소(Rousseau)의 유명한 다음 글을 읽고 헉슬리가 쓴 전게서의 논문을 읽는 느낌에 있다. 루소의 글은 "상호경쟁에 대처하여 상호평화를 실현한 실체는, 이런 과정을 걷게 하는 그 동기가 무엇이었든 간에 그 길을 걷고 있는 인간이 그 첫째이다."라는 것이지만, 그렇다고 하여도 「만들어진 사회」(Created Society: "19세기" 1888년 2월호 165면 참조)란 인간들이 만든 것일 수 없다. 사회란 인간 이전의 창조물이다.

74) 각주: 이 논문은 앞의 갈래에서 말했던 바와 같이 Hudson의 「Naturalist on the La Plata」와 Carl Gross의 「Play of Animals」에서 근거한 "자연 속에서의 음악과 춤"(Music and Dancing in the Nature)에 관한 글이다. 즉 본능이야말로 자연 속에서는 절대적으로 우주적인 실체라는 점에 이미 각별한 인정을 하였던 글이다.

노래하며, 단지 넘쳐흐르는 힘을 과시하는 일종의 "삶의 즐거움"에 의하여 표출되는 행위, 또는 동족의 다른 개체나 다른 종의 남과 방법을 바꾸어 가며 서로 소통하려는 욕망 같은 것들도 단적으로 말하자면 "적절한 사회성"의 발로이며 모든 동물세계에서 본능적으로 존재하는 행태인 것이다.[75]

맹금류가 출현할 때에 느낄 수 있는 공포의 감정이나 또는 건강이 넘쳐서 특히 젊어서 열정과 정력에 넘쳐서 좀처럼 가만히 있지 못하여 좀이 쑤시는 경우에는 누구에게라도 드러내 발산하거나 장난치고 수다를 떨게 된다. 또는 자연계를 가득 메우고 있는 다른 어떤 존재에게도 친밀하게 동류의식을 느끼는 이런 모든 방식을 통하여 평소와 달리 얻어지는 또 다른 생리적 기능의 크기만큼 자의식을 만끽하게 되며, 이는 곧 삶과 실존의식의 본능적인 모습인 것이다. 이런 욕구는 포유류동물에게서 더욱더 발전하고 보다 더 심미적으로 진보하며 특히 어린 시기에 두드러지고 아직도 조류에게서 두드러진 현상이다. 그러나 이런 분위기는 모든 자연계에 충만한 현상으로서, 피에르 후버(Pierre Huber)를 포함하는 최고의 자연주의자들에게 충분히 감지되었던 사실이다. 심지어는 개미에게서까지도 관찰되며, 앞서 인용하여 설명하였듯이 대단위 집단의 나비가 함께 결성하는 그런 본능 현상도 또한 이와 비슷한 현상으로 분명히 입증이 된다.

---

75) 각주: 유독 수많은 종의 새들만 동료를 함께 불러 모으는 습관을 가져서 대체로 같은 장소에 모여 수다를 떨고 춤추는 행위를 즐기는 게 아니다. W. H. Hudson의 경험론에 따르면 거의 모든 포유류와 조류(이 경우에는 아마 예외가 없을 것임)는 다소간 정기적일만큼 자주 즐기고, 구성원들은 저마다 노래를 하거나 하지 않기도 하면서, 또는 예외적인 노래를 조화 있게 꾸미며 즐기기도 한다(264면 참조).

새들이 일상적으로 춤추는 곳에서 함께 모이거나 공간을 구성하는 습관은 물론 다윈이 「인간의 유래」(The Descent of Man)에서 기술한 내용으로 인하여 잘 알려지게 되었다. 런던의 동물원을 방문하는 사람들도 비단그늘새(호주산의 왜소한 새로서 풀이나 나뭇가지로 초당을 짓는 습관이 있음)의 "나무그늘(초당: Bower) 짓기"라는 용어쯤은 잘 알고 있다. 그러나 이들이 춤추는 습관은 보기 이전에 예상하였던 바보다도 훨씬 더 넓게 알려져 있는 것으로 보인다. W. 허드슨(W. Hudson)은 「La Plata」라는 그의 대표작 책에 이들 새가 대단위로 구성되어 표현하는 복잡다단한 춤에 대하여 가장 흥미로운 기록을 처음으로 남겼으며, 이에 해당하는 새들로는 뜸부기, 연각과(蓮角科)의 자사나새(열대지역 산의 새로서 발가락이 길고, 물풀의 잎사귀 위를 걸어 다닌다), 푸른도요 등이 꼽힌다.

합동으로 노래하는 행태는 협동사회적 본능을 나타내는 같은 테두리 소속의 몇 종 새들이 연출하는 행위이다. 이 행위를 가장 감격적으로 연출하게 된 주인공은 "투구쓴 소리꾼"(crested screamer)이라는 영어 이름으로 더없이 잘못 오인되기 십상인 명매기새(*Chauna Chavarria*)이다. 이 새는 때때로 큰 집단으로 불러 모아지고, 이럴 경우에 이네들은 모두가 합창으로 노래하는 모습을 보인다. 언젠가 W. H. 허드슨[76]은 엄청난 숫자로 모여 있는 이네들이 아프리카 팜파스(나무가 없는 초원)의 호수 주위에 익히 알려진 500마리 단위의 집단들로 초만원을 이루고 있는 모습을 목격하였다고 한다.

---

76) 역주: William Henry Hudson(1841－1922), 남미 태생의 영국박물학자, 수필가, 소설가.

그의 말은 "현실적으로, 내 곁에 가까이 있던 한 집단이 노래하기 시작하였고 3~4분 정도에 걸쳐 힘찬 영가를 계속하였다. 다음 집단이 배열하면서 첫 집단의 노래가 끝나자 다음 것들이 시작하여 마찬가지로 끝나기를 순차적으로 반복하였고, 건너편 호숫가에 있던 한 집단이 힘차게 물을 가르며 헤엄쳐 와서 기척을 남기고 지나쳐 가버릴 때까지 노랫소리는 점차 작아졌다가 다시 또 한 차례 노랫소리는 내 곁을 돌며 다가서더라"는 것이었다.

이 작가는 셀 수 없이 크게 모인 명매기새 집단이 평원 전체를 뒤덮고 있는 또 다른 광경을 보았는데 이때는 모두가 가깝게 배열된 것이 아니라 짝을 짓거나 소수의 그룹으로 흩어져 있는 모습이었다. 저녁 아홉 시쯤 되자 숫자가 배가되어 정렬한 이 새들이 돌연히 수 마일에 걸쳐 앞이 터진 늪지를 뒤덮고 거창한 저녁노래를 하는 것이었다. 이 노래는 백 마일 밖까지 들리는 더없이 값진 협연에 방불하였다.[77] 모든 협동사회성인 동물과 마찬가지로 이들 명매기새도 인간들에게 쉽게 길들여지고 친밀감 있는 존재로 추가 설정될 가능성이 있다. "이네들은 온순한 기질로 태어난 새이고 거의 서로가 싸우는 일이 없다." 비록 이네들도 만만찮은 자기방호의 무기를 비장하고 있다지만 무리를 짓게 되면 평화로운 상태를 유지할 수 있게 되므로 사회적인 삶이란 이러한 무기적 기능마저도 쓸모없는 것으로 만들게 된다.

---

77) 각주: Brehm의 "원숭이 합창"에 대한 글 참조.

생존경쟁 속에서는 사회협동적인 삶이 최고의 강력한 무기(수단)라는 사실은 가장 현명한 판단력으로 쉽게 결론지어지는 진실이며, 앞의 글에서 몇몇 사례를 통하여 설명된 바 있다. 또한 그 이상의 많은 사례들이 요구된다면 사례를 얼마든지 더 들어서 재차 설명할 수도 있다. 협동적인 삶의 방편은 가장 연약한 곤충이나 새 및 동물들로 하여금 가장 무서운 사냥새나 짐승에 대항하여 자신들을 지켜내고 방어할 수 있게 하며 오래 살아남을 수 있게 한다. 또한 각종 생물들로 하여금 가장 적은 노력만으로도 새끼를 낳거나 또는 비록 출산율이 매우 낮은 경우라도 실수 없이 양육할 수 있게 하며 또한 군서생활을 하는 동물들로 하여금 새로운 서식지를 찾아 집단으로 이동할 수 있게 한다.

따라서 다윈이나 웰리스가 지적하였던 바와 같이 사회적인 힘과 유연함 또는 방어적인 색채와 현명함 및 굶주림과 추위에 견디는 힘 등을 충분히 구비하는 것이야말로 개체나 종족 또는 환경에 따라 변신하는 최적자(fittest)를 다종다양한 존재로 창출해 내는 요인이라 할 수 있다. 우리 인간들 또한 어떤 환경 속에서라도 협동사회성만이 생존경쟁에서 가장 확실한 이득을 취할 수 있는 방편이라는 진리 속에서 영속된다. 이런 진리를 기꺼이 또는 어쩔 수 없이라도 거부하는 종들은 썩어 멸망하는 반면에 이를 수용할 최소한의 방법을 터득한 동물들은 비록 다윈이나 웰리스가 다른 것들보다 지능의 정도에 있어서 취약한 것으로 나열시켜 거명하였던 존재들일지라도 어느 것에 못지않은 최대의 생존과 진화할 기회를 부여받게 된다. 고등의 척추동물, 특히 인간과 같은 존재들은 이런 진리를 단언하는 최선의 증거이다.

지능 정도의 높낮이에 대해서는 어쨌든 지능이 생존경쟁의 최대 무기이고 진화의 가장 뒷받침되는 요인이라는 다윈의 의견에 모든 다원론자가 동의할 것이며 또한 지능이 사회적 집단의 탁월한 지표라는 데도 동의할 것이다. 언어와 흉내 내기, 또는 축적된 경험은 비사회적이던 동물이 쟁취한 바 지능을 발달시키는 수많은 요소들 가운데 하나들이다. 따라서 우리가 아는 동물 계통 가운데 최고의 위치에 있는 개미, 앵무새, 원숭이도 모두 다 지능의 발달 정도가 최고조에 이르는 최선의 사회성 소유자들이다. 뿐만 아니라 최적자가 최대한의 사회적 동물이며 또한 사회성은 진화의 가장 중요한 요소로 나타나기 때문에 직접적으로 말한다면 협동사회성은 종의 다복(多福)함을 지키는 동시에 에너지의 낭비를 막아 주고, 간접적으로는 지능의 발달을 조장한다고 할 수 있다.

　더구나 사회적 삶이란 사회적 감각의 교류를 촉진하지 못한 상태에서 특히 정의감이라는 어떤 대응적인 감성이 하나의 습관으로 자라지 못하는 한에는 전혀 이룩될 수 없다는 사실이 분명하다. 만일 모든 개체가 잘못된 일을 지탄하는 몇몇 개체를 부정하고 이들의 개인적 이익을 끊임없이 견제해 왔다면 사회적 삶이란 있을 수 없을 것이다. 또한 정의감은 군서생활을 하는 모든 동물에게서 어느 정도 발달되어 있는 게 현실이다. 제비나 학은 아무리 먼 거리를 이주해 왔더라도 모두가 전년도에 새로 짓거나 수리했던 둥지로 귀소하는 능력을 지닌다. 만일 게으른 참새가 동료의 둥지를 제 것인 양 흉계를 꾸민다거나 또는 친구 소유의 지푸라기 하나라도 훔치게 된다면 떼거리 동료 모두는 게으른 동료를 지탄하게 마련이다. 규칙에 따른 이런 지탄이 없다면 새들의 어떤 동거집단도 존재하지 않을 것임에 틀림없다.

독립된 펭귄 패거리는 각개의 독립된 휴식처를 소유하면서 독립된 어획장소를 갖지만 그 일로 인하여 그네들 사이에서 서로 다투는 일은 없다. 호주의 대부대 소 떼에게는 각 패마다 쉬는 특별한 장소가 따로 정해져 있고, 장소의 위치에는 결코 분별하기 어렵다거나 하는 모호성이 결코 없을 정도로 질서가 지켜진다.[78] 우리는 새나 설치류의 마을에서, 또는 풀을 뜯는 짐승들의 집단서식지를 통하여 그들이 부여받는 평화를 직접 목격한 여러 사례들을 일별하였다.

반면에 우리네 지하창고에서 싸우는 쥐나 해안가 양지바른 장소를 차지하기 위하여 싸우는 해마(海馬)처럼 끈질기게 다툼으로 점철하며 사는 동물 가운데는 사회적인 존재가 거의 드물다. 따라서 사회성이란 물리적인 충돌에 국한되는 것으로서 보다 높은 차원의 도덕적 감정의 발달을 위한 여지는 없다. 사자나 호랑이까지도 포함하는 모든 동물들에 있어서 부모의 사랑이 놀라울 만큼 내재되어 있음은 익히 잘 알려져 있다. 우리에게 집단을 이루는 동물로 한결같이 평가되는 어린 새들이나 포유류에 대하여 말하더라도 사랑이 아닌 동정심이 그네들 집단에서는 남달리 발달되어 있는 것으로 받아들여진다.

길들여진 가축이나 희생물로 잡힌 동물에 대하여 기술된 상호 동류감이나 연민의 정과 같이 직접 피부에 닿는 사실은 제외하더라도 자유로운 야생동물 사이에서도 느껴지는 동정심 같은 느낌이 우리에게 있다는 것은 잘 증명된 일이다. 막스 퍼티(Max Perty)와 뷰크너

---

78) 각주: Haygarth의 「Bush Life in Australia」 58면 참조.

(L. Büchner)는 이런 사례를 상당한 정도로 제시한 바 있다.[79] 상처 받은 동료를 빼내어 데리고 도망쳤다는 J. C. 우드(J.C. Wood)의 기록은 본받을 바 있는 인기물로서 재미가 있다.[80] 캡틴 스탠스버리 (Captain Stansbury)의 유타(Utha) 여행견문기는 다윈에게도 인용된 내용으로서, 그의 견문내용은 한 마리의 눈먼 펠리컨이 다른 펠리컨 들에 의하여 30마일 거리의 먼 곳에서 옮겨진 생선을 먹으면서 잘 사육되고 있었다는 정경이었다.[81] 또한 한 떼의 야생라마가 사냥꾼 들에게 사정없이 쫓기고 있을 때, 다른 강건한 수컷이 도망치는 동 료에 합류하고 사냥꾼의 추격을 막아 주기 위하여 맨 끝으로 위치를 바꾸는 장면이 연출되었고, 이 광경을 H. A. 웨델(H.A. Weddell)이 볼리비아와 페루의 여행길에서 한 차례 더 목격하였다고 한다.

상처받은 동료에 대한 연민 표현의 사례에 대한 이야기는 다른 대다수의 야외동물학자들에 의하여서도 줄기차게 언급되고 있다. 이 런 사실은 지극히 당연하다. 연민의 정은 사회적 삶에서 비롯되는 필연적인 결과이다. 그러나 연민감이란 또한 보편적인 지성과 감성

---

79) 각주: 단지 몇 가지 사례들을 인용하면, 한 마리의 상처 난 오소리가 갑자기 나타난 다른 오소리들에게 옮겨져 사라진 사례, 눈먼 한 쌍 동 료들에게 먹이를 주고 있는 쥐들(「Seelenleben der Thiere」 64면 seq.), 그리고 Brehm 자신이 직접 목격하였던바 속이 텅 빈 나무에서 까마귀 두 마리가 상처받은 제3의 까마귀에게 먹이를 주는 사례로서 그 상처 는 여러 주 이상이나 경과했던 사례임(Hausfreund, 1874년 판 715면과 Büchner의 「Liebe」 203면 참조). Blyth는 두세 마리의 눈먼 동료에게 먹이를 주고 있는 인디언 까마귀 등을 보았다는 이야기 등 참조.
80) 각주: 「인간과 짐승」(Man and Beast) 344면 참조.
81) 각주: L. H. Morgan의 「The American Beaver」(1868) 272면 참조. 「Descent of Man」 iv장 참조.

에서 나타나는 놀라운 진보를 의미한다. 또한 고등적인 도덕의식의 진보를 향하는 첫 단계 발걸음이다. 말을 바꾸면, 동정심이란 한 단계 진화를 더 진전시키는 데 요구되는 강력한 한 요소인 것이다.

앞에 거론하였던 의견들이 모두가 제대로 맞게 설명된 것이라면 필연적으로 의문이 되는 점은 다윈과 웰리스 및 그들의 추종자가 주장하였던 생존경쟁의 원리가 얼마나 더 일관성을 가지게 될 것인가에 있으며 필자는 이 중요한 질문에 간단한 답변을 만들어 보고자 한다. 우선, 유기적인 자연계에서 이행되는 생존경쟁의 원리가 이 세기의 가장 보편적인 진리로 받아들여지고 있다는 데 대해서는 아무도 의심치 않는다. 삶은 경쟁이고 그 경쟁에서 최적자(最適者)가 살아남는다. 그러나 질문에 대한 대답은 즉, "어떤 수단이 이 경쟁에 주로 활용되는가?" 함이며 또한 "누가 이 경쟁에 최적자인가?"라는 데 대한 답변으로서 이 경쟁에 대한 두 가지 다른 관점의 어디에 중요성을 두는가에 따라 해답은 크게 달라질 것이다. 그 직설적인 하나는 개개의 독립된 개체들 속에서의 먹을거리와 안전에 대한 경쟁과 그리고 다윈이 "상징적"으로 묘사하였던 바 매우 빈번하게 드러나는 불량환경에 대한 경쟁이다. 각 종마다 적어도 일정한 기간에 걸친 최소한도의 먹을거리에 대한 경쟁만은 배제될 수 없다는 데 이견이 없을 것이다. 그러나 질문의 요지는 이 경쟁이 다윈이나 또는 웰리스에 의하여 제기되었던 단계까지 이행되는가 함이며 또한 이 경쟁이 동물계의 진화에까지도 영향하여 어떤 한 역할을 하였겠는가 함에 있다.

다윈의 업적에 일관되어 있는 생각은 각 동물군 안에서 먹이와 안전보장 및 후대를 남길 가능성은 실제로 표출되는 경쟁의 한 결과였음에 틀림없다. 그는 필요 충분한 동물의 삶을 수용할 영역을 전제하면서 그 이상의 영역을 차지하는 데서 경쟁이 일어날 수밖에 없다고 보았다. 그러나 그의 업적 가운데서 경쟁의 실제적인 근거를 찾아보면, 솔직히 확언하기에 충분치 않은 점이 많음을 지적할 수밖에 없다. 만일 다음 제목으로 쓰인 내용, 즉, "같은 종의 개체나 변종 사이에서 가장 심각하게 제기되는 생존경쟁"을 읽어 보면, 다윈이 무슨 내용을 기술하였든 상관없이 우리가 일상적으로 읽어 발견할 수 있는 어떤 증거나 설명문과 같은 진수를 하나도 찾을 수 없다. 동일 종의 개체 간 경쟁도 구체적인 어느 한 단독의 사례로 제목을 도출하여 설명한 것이 없고, 다만 일반적인 당연지사로 받아들이고 있었을 뿐으로, 밀접한 혈연으로 연관된 동물 종 사이의 경쟁에 관해서만 다섯 사례를 들어 설명하였을 뿐이다. 그나마 그 가운데 한 사례는 최소한 두 종의 지빠귀새에 관련된 것으로서 오늘에 이르러서는 의심되는 바가 많은 사례이다.[82] 그러나 다른 종의 증가에 기

---

82) 각주: 북미에서 어느 한 종의 제비가 다른 제비 종의 감소를 초래한 예가 있고, 최근에는 스코틀랜드의 유럽지빠귀새가 노래하는지빠귀새의 감소로 대신 증가하게 된 사례가 있으며 유럽에서는 갈색쥐가 검은색쥐의 지위를 대체하게 된 사례가 있다. 러시아에서는 작은바퀴벌레가 큰바퀴벌레에 앞서서 전 지역에 만연되었던 사례가 있고, 호주에서는 수입된 집벌이 순식간에 무침벌의 멸종을 초래한 사례가 있다. 가축에 관련된 다른 두 사례가 앞의 기록으로 이미 설명된 바 있다. 그러나 이와 같은 사실들을 재론하면서 A. R. Wallace는 스코틀랜드지빠귀에 관한 각주의 설명을 덧붙이고 있다. 즉 그러나 A. Newton 교수는 이들 종이 여기에 설명하는 방식에 문제될 게 없다는 사실을 나에게 알려

인하는 어느 한 종의 감소가 얼마나 어떤 정도로까지 나타날 수 있는지를 확인하기 위하여 보다 구체적으로 살펴보면, 다윈의 일상적인 대답은 이런 것이었다.

"우리는 왜 이들 경쟁이 자연 속의 한 장소를 거의 주도하고 있는 동류 형태의 삶에서 가장 심각한지 어렴풋한 정도로밖에 알 수 없다. 그러나 아마 어떤 경우에도 이 엄정한 삶의 경쟁을 통하여 왜 어느 한 종이 다른 종을 압도하며 승리를 쟁취하게 되는지를 아무도 정확히 말할 수는 없다."

웰리스도 이 사실을 약간 수정한 제목, 즉 "가까운 혈연관계로 맺어진 동물과 식물 사이에서 *가끔은* 가장 심각하게 제기될 수 있는 생존경쟁"으로 고쳐서 인용한 사람이다. 그는 다음과 같은 해석(이탤릭체로 표시한 곳은 필자의 의도임)을 곁들임으로써 앞의 인용사실 부분에 전혀 다른 관점을 유도할 수 있게 하였다.

"어떤 경우에는 의심할 바 없이 양자 사이에서 강자가 약자를 몰아내는 실질적인 *싸움을 한다. 그러나 어떤 필연적인 수단이 동원되지는 않는다.* 또한 이 경우에 약자는 물리적이긴 하겠지만 보다 신

주었다(「Darwinism」34면). 갈색쥐에 대하여서는 이네들 수륙양생의 행태에 기인하여 이네들이 인간주거지(지하저장고나 하수도관 등)에서 일상적으로 살 수 있으며, 소수의 떼거리만으로도 먼 거리 집단이주를 할 수 있는 특성들도 잘 알려져 있다. 이와 반대로 검은쥐는 일상적으로 인간의 주거지 즉 마루 밑이나 축사 및 창고 등지에 선호적으로 살고 있다. 따라서 인간에게 박멸될 가능성에 노출되어 있기 때문에 검은쥐가 인간이 아닌 갈색쥐에게 멸종되거나 내몰려 죽게 되었다는 어떤 확증도 받아들이기 어렵다.

속한 번식력으로 물리적인 대처방안을 강구할 수도 있다. 이는 곧 기후의 변화에 효과적으로 대처하는 행태이거나 일상적인 적대관계에서 회피하여 사는 대단한 지략인 것이다."

이럴 경우, 경쟁으로 설명하였던 해석은 실제로 전혀 경쟁이 아니다. 어느 종이 생명을 바쳐 굴복하는 것은 다른 종에 의하여 멸종되거나 내몰리기 때문이 아니라 어느 종이라도 모두 그럴 수밖에 없듯이 새로운 조건에 스스로 잘 적응해 내지 못하기 때문인 것이다. "생존경쟁"이란 말은 그 상징적인 감각으로 쓰이는 이외의 어떤 것일 수가 없다. 동종의 개체 간에 벌이는 진정한 경쟁이란, 다른 지면을 통하여 가뭄 기간에 야기되었던 남미주의 가축을 사례로 하여 설명된 바와 같이 가축에서 얻어진 결과를 적용함으로써 오해될 수밖에 없었다고 하겠다. 들소들은 같은 환경에서라도 상호경쟁을 피하기 위하여 차라리 이주하는 행태를 취한다. 그러나 식물계에서는 이미 충분하게 반증되었듯이 경쟁이 불가피하게 치열하다. 이유로는 "식물이 살 수 있게 지정된 장소에서만 살기 때문"이라는 웰리스의 해석을 반복할 수밖에 없다. 반면에 동물은 상당한 정도까지 저들의 삶터를 선택해 갈 능력을 갖는다. 따라서 우리는 스스로 반문하게 된다. 즉, 어느 정도까지 각개 동물 종 안에서 진정한 경쟁이 존재하는 것인가? 그런 가정은 무엇에 근거하는 것인가?

각개의 종 내에서의 심각한 생존경쟁과 투쟁을 호기심 있게 간접적으로 논쟁하는 경우에도 마찬가지의 해석이 내려져야 한다. 이는 다윈이 아주 자주 언급하였던 "과도적 변이체의 멸종"(extermination of transitional varieties)으로 해명될 수도 있다. 오랫동안 다윈이 혈통적으로 근연관계에 있는 많은 종들 사이에 중간체로 구성되는 하나의 긴 연계성이 찾아지지 않아서 걱정하고 있었다는 이야기와 드디어 그는 중간체 모양이 멸종되었으리라는 가정으로 그 고민을 해결하였다는 이야기는 잘 알려져 있다.83) 그러나 다른 문장을 주의 깊게 읽어 보면 다윈과 웰리스에 의하여 이야기된 이 주제가 누구에게나 곧바로 결론을 유도하게 하므로 "멸종"이란 용어는 실상의 멸종을 의미하지 않게 되며, 다윈이 "생존경쟁"(struggle for existence)이라는 표현에 관하여 언급하였던 그 진의는 분명히 "멸종"을 의미하는 적절한 용어로 쓰였다고 할 수 있다. 멸종이란 직관으로 그 뜻이 이해되기보다는 "상징(비유)적인 감각"으로는 쓰일 수 있어야 한다.

어떤 주어진 공간이 동물들로 꽉 채워져서 살고 있으며 그래서 안전한 정착을 위한 칼날 같은 경쟁이 곧 생존과 직결된다는 가정하에서 우리가 출발한다면 이때의 경쟁은 모든 서식동물 사이에서 결

---

83) 각주: "그러나 몇몇의 근연관계 종들은 같은 테두리의 영역 안에 함께 살 경우 우리가 분명히 찾을 바는 현재까지도 수많은 과도기적 부류가 존재한다는 점에서 추구할 수 있다는 것이다. 본인의 논리에 의하여 이들 근연관계 종들은 하나의 공통된 선조에서 유래된 것이며, 이 혈통이 보완되는 과정에서 이들 각 종은 제 스스로의 지역이 갖는 삶의 조건에 적응하게 되었고, 또는 최초의 조상적 유형과 과거와 현재 사이의 모든 과도기적 변이 종을 찬탈하거나 멸종시켰던 것이다."(「종의 기원」 6판 134면과 137면, 296면 참조, 「멸종에 관하여」의 전체 문장 참조).

과적으로 진행될 수밖에 없고, 어떤 동물도 일용할 식량을 얻기 위하여 다른 모든 동료들에 대항하여 싸움을 벌이게 된다. 거기에서 새롭게 승리자가 된 개체가 출현하게 되면 그 개체는 항상 그렇지는 않겠지만 대부분의 경우에 분명히 생존수단으로서의 할당보다 더 많은 분량을 쟁취할 수 있는 능력의 소유개체로 등장하는 것이다. 또한 신개체의 등장 결과는 곧 새로운 개체가 새로운 변이형질을 구비하지 못했던 조상유형이나 능력을 대등한 이상으로 겸비하지 못했을 과도적 유형 모두를 축출해 낸 결과적 현상을 뜻하게 될 것이다. 시초에는 다윈이 이와 같은 발상에서 새로운 변이체가 출현하는 것으로 이해하였고 억압이란 뜻을 나타내기 위하여, 적어도 "멸종"이라는 용어를 자주 썼을 수 있다. 그러나 다윈과 웰리스는 자연에 대하여 너무나 잘 알고 있었기에 어쩔 도리가 없이 다만 가능하고 필연적인 일의 진행방식으로만 이런 용어를 받아들였을 것이다.

만일 주어진 공간의 물리적·생물적 조건과 주어진 종이 차지하는 공간 범위, 그리고 후속된 구성원 모두의 삶에 변화가 야기되지 않는다면, 이런 경우에 새로운 변이체의 출현이란 새로운 변이체가 특징지어져야 할 새로운 형체로 완벽하게 무장되지 못했던 모든 개체들을 추방시키고 멸종시켰다는 뜻을 지닐 것이다. 그러나 이러한 조건의 새로운 조합은 분명히 자연계에서 기대되지 않는 것이다. 각개의 종은 끊임없이 영토를 넓히려 하고, 새로운 영토로의 이주 행태는 날쌘 칼새와 마찬가지로 느림보달팽이에게서도 흔히 나타나는 법칙이다. 어떤 지역에서도 물리적인 변화는 계속적으로 진행되며, 동물 가운데 새로운 변이체는 대다수의 실제 경우에서 동료의 입에 물

려 있는 먹을거리를 채어 낼 어떤 새로운 수단을 갖추어 내지 않고
도 결과를 이루어 내는 수많고 광범한 경우를 수반한다.

먹을거리(식량)란 수백 가지의 다양한 생존수단 가운데 오직 한 가지
요소일 뿐이다. 그러나 웰리스 자신은 직접 "형질의 다양성" (diversity
of characters: 「다윈주의」 107면), 즉 새로운 삶을 차리고 새로운 서
식처로 옮기며 새로운 종류의 먹이를 취하는 등속의 매력적인 내용
들을 거론하여 의미를 설명한 바 있었다. 이들 어떤 경우에도 실제
로는 멸종이나 경쟁조차 없을 것이며, 새로운 적응이란, "실제적인
어떤 필요성이 있었더라도, 경쟁으로부터의 해방"일 것이다. 세월이
한참 지난 아직도 새로운 조건에 가장 잘 조화를 이루는 보다 최적
자의 보다 유리한 생존의 결과에 따른 중간변이체는 나타나지 않을
것이고 선조유형의 멸종이라는 가설도 분명히 입증되지 않을 것이
다. 만일 우리가 스펜서(Spencer)나 모든 라마르크주의자, 그리고 다
윈 자신에게 종을 에워싼 주변 조건의 영향을 조작하게 허용한다면
중간변이체 유형의 멸종은 더 이상 필요치 않다는 말도 구태여 재론
할 바 아니다.

새로운 변이체나 궁극적인 새로운 종의 출현을 위해서, 모리츠 와
그너(Moritz Wagner)가 제시하였던 바와 같이 집단이주를 시도함으
로써 결과적으로 동물이 떼거리로 격리되는 행태의 심각성은 다윈
자신에 의해서도 충분히 납득될 수 있었다. 연구의 결과는 단지 이
런 요인의 중요성을 강조하는 단계만을 조성하였고, 이런 결과는 일
찍이 다윈이 새로운 변이체의 출현을 위하여 더없이 중요한 궁극의
이유로 손꼽았던바, 어느 한 종이 차지하는 면적의 크기를 밝혔다.

이때 어느 한 종이 차지하는 면적은 지역의 지리적 변동이나 지역 간 장벽의 변동 설정 결과에 기인하는 종의 부분적인 격리 여하에 좌우된다. 지금 여기에서 이런 광범한 의문에 대하여 토론으로 들어가기는 불가능할 것이지만, 앞에 든 요인들의 관련 작용을 설명하기 위하여 몇 마디 거드는 일은 가능할 것이다.

주어진 한 종의 몫에 따라 어느 정도 새로운 먹이 종류를 새롭게 발굴하게 되는 현상은 인정되고 있다. 예를 들어서, 다람쥐는 낙엽송 숲에 솔방울이 바닥나면 전나무 숲으로 자리를 옮기는데 이와 같은 먹이의 변동 조건은 다람쥐에게 일종의 물리적 제약요인으로 잘 알려져 있다. 만일 이러한 서식 행태의 변화가 지속되지 못하거나, 또는 이듬해에 검은낙엽송 둥치에 또다시 솔방울이 주렁주렁 매달리게 된다면 이런 이유만으로도 그 어떤 다람쥐의 새로운 변이체는 분명히 출현하지 않을 것이다. 그러나 만일에 넓은 공간의 한 부분이 다람쥐에 의하여 물리적 조건의 변화가 유기되어 지배케 된다면, 결과적으로 우리가 말할 수 있는 것은 온화한 기후나 건조한 기후 때문에 낙엽송보다는 소나무 숲의 증대가 이루어진다는 예측을 하거나, 또는 만일 또 다른 조건이 야기되어 건조지의 외곽에 사는 다람쥐의 숫자를 격감시키게 되면 새로운 변이체, 예를 들어 다람쥐 가운데 멸종되는 명칭을 거명할 만한 어떤 소득도 없이 다람쥐의 초기 단계 신변이체를 기대할 것으로 예측하게 될 것이다. 그래서 새롭고 보다 잘 적응하는 큰 숫자의 변이체 다람쥐는 매년 생존하게 되고, 중간 변이체 연관유형의 다람쥐는 말서스주의자가 말하는 경쟁자의 추적도 받지 않은 채로 시간이 경과됨에 따라 죽어 갈 것이다. 이런 이야기는 중앙아시아의 광활한 지역에서 빙하기 이래로 진전되었던 고

살현상으로서, 물리적인 거창한 변화로 야기되었던 과정과 똑같은
현상이다.

다른 예를 들어 보자. 이 이야기는 지리학자들에 의하여 증명된 사
실로서, 오늘날의 야생마(*Equus przewalski*)가 제3기와 제4기의 후반
기 동안에 서서히 진화되고 있었다. 그러나 시대가 지속되게 흐르는
동안에 야생마의 선조들은 지구 상의 어느 정도 주어진 제한된 영토
에도 적응하지 못하였다. 이네들은 구·신세계를 두루 방황하였으며,
원래의 장소로 되돌아오게 되었다. 아마도 그네들은 앞서 차지하였
던 목야지시대 이후 집단이동의 과정을 거쳐 결국은 버렸던 이전의
땅으로 돌아갔던 것이다.[84] 결과적으로, 만일 우리가 오늘날 현재의
야생마와 아시아의 그 후 제4기 선조들 사이의 중간변이체와 그 근
거를 아시아에서 찾지 못한다면 이 이야기는 멸종되었다는 중간변이
체의 어떤 이론도 의미를 갖지 못하게 된다. 이러한 멸종이란 일찍
이 있었던 적이 없다. 선조종에게서는 예상 밖의 사망률이란 있어
본 적도 없다. 중간체의 변이체나 변이종에 속하는 개체들은 먹을거
리가 충분했을 때라도 정상적인 삶 속에서 죽어 갔고, 그네들의 유
물은 지구의 어디엔가 묻혀 갔던 것이다.

간단히 말해서, 이런 진상을 진지하게 재고하고 다윈 자신이 이

---

84) 각주: 이 분야에 특별한 연구 업적을 남겼던 마담 Marie Pavloff에 따르
면 이네들은 아시아에서 아프리카로 이동하였고 한동안 그곳에 머물다
가 다시 아시아로 귀향하였다. 이런 이중적인 이동은 잘 확인되거나 불
명확하거나 간에 우리네 오늘날의 말 선조가 아시아, 아프리카, 아메리
카를 전전하며 살았는지에는 의심의 여지가 있다.

주제에 대하여 기술한 내용을 심사숙고하여 다시 읽는다면, 그리고 "멸종"이란 용어를 과도적 변이체와 연관 지어 사용할 수밖에 없었기 때문에 그 실체적 사용은 상징적(비유적) 감각으로 쓰였을 수밖에 없었으리란 짐작을 할 수 있다. "경쟁"이라는 표현도 또한 다윈에 의하여 끊임없이 사용되었지만(예를 들어 「멸종에 대하여」라는 문장 참조), 이는 생존이라는 의미에서 두 종의 양대 세력 간에 치르게 되는 진정한 경쟁을 표현하려는 의도보다는 하나의 관념이나 말하는 양식으로 쓰였던 것이다. 즉, 정도에 상관없이 중간체 유형이 발견되지 않는다는 사실은 하등의 논란할 가치도 없음을 뜻한다.

실제로, 어떤 동물 종에서도 끊임없이 계속되고 있는 생존수단으로서의 엄연한 경쟁의 주된 쟁점이란, 기드(Geddes) 교수의 표현대로, 말서스에게서 인용된 "숫자놀음"(arithmetical argument)에 지나지 않는다.

그러나 이 논쟁이 옳든 그르든 간에 전혀 반증되지 못하고 있다. 우리는 남동부 러시아의 몇 개 마을을 사례로 들어 살펴볼 수 있다. 그곳의 사람들은 풍요로운 먹을거리를 즐기고 살면서도 위생관념이란 추호도 없으며 지난 80년 동안에 출생률이란 고작 6%에 지나지 않았음을 발견할 수 있다. 반면에 현재의 사람들 숫자는 80년 전의 상황과 대등함으로 미루어 그곳에서는 사람들 상호간에 가공할 만한 경쟁관계가 숨어 있었던 것으로 결론짓게 되었다. 그러나 진상은 매년 사람들의 숫자가 정체 상태에 머물고 있었던 것이며, 그 단순한 이유는 신생아의 1/3이 생후 6개월 이전에 죽었던 데 있었다. 즉 절반의 숫자는 이후 4년 안에 죽었고, 따라서 100명 출생되어도 평균으로 본다면 단지 17명이 고작 20년을 살았던 데 기인한 것이었다. 신참인은 결코 경쟁 상대로 크기도 전에 먼저 죽었던 탓이었다.

이 이야기가 인간에 관한 것이었다면 틀림없이 동물의 경우보다 훨씬 더 심하였을 것이다. 깃털을 가진 조류의 세상에서는 산란한 알의 멸살이 이보다 더 거창하고 치명적인 사건으로 발전하는데, 이는 알이란 것이 특히 초여름에는 수많은 동물 종족의 주요 먹이인 때문이며, 더욱 훌륭한 말을 덧붙일 필요도 없겠지만, 미주에서는 새들의 둥지를 파멸시키는 폭풍과 범람의 사례가 백만에 이르며, 돌발적 기상재해는 어린 포유류 새끼들에게도 치명적이다. 반면에 매번 발생하는 폭풍이나 범람, 또는 새둥지를 쓸어 내는 쥐들의 침해, 그리고 돌발적인 기온의 변화는 이론적으로 볼 때, 가공적일 것으로 예상되는 이네들 경쟁자들을 해소해 주기도 한다.

한편, 미국에서 놀랄 만큼 격증하고 있는 말이나 소, 뉴질랜드에서의 돼지와 토끼 또는 유럽에서 수입된 야생동물(유럽에서는 경쟁이 아닌 인간의 수단으로 숫자가 줄고 있음)까지도, 따지자면 과잉 번식의 우려가 있다고 하지만 이론적 근거에는 부합되지 않는 것으로 보인다. 미국에서 말과 소가 그처럼 신속하게 격증될 수 있었다면, 당시의 신세계에 들소나 기타의 초식동물류가 무수하게 많았었다는 점으로 미루어 신대륙의 대초원이 보유하던 부양력은 예상보다 훨씬 더 컸으리라는 상황을 단적으로 보여 준 것이다. 실제로 수백만의 이주민들이 대초원에 살던 이전의 동물을 몰아내지 않고도 남아도는 풀 사료를 발견했던 것이며, 이는 곧 유럽인들이 미주에 과도하지 않은 범위의 초식가축 수용 여지가 있음을 이미 발견하였던 것이라 할 수 있다. 우리에게 믿음직하고 그럴듯한 변명 자료는 가축의 숫자를 확보하려는 수요심리야 말로 몇 가지 잠정적인 예외현상을 따지지만 않는다면 이 세상 어디에서나 통용되는 자연현상이라는 것이다.

주어진 지역의 실질적인 동물 숫자는 그 지역의 연간 최대부양력이 아니라 최악조건하에서의 연간 부양력에 의하여 결정이 된다. 따라서 그런 이유만으로도 경쟁이란 거의 정상적인 조건으로 적용될 수 없다. 다만 또 다른 이유들로 인하여 동물의 숫자는 최저부양수준 이하로까지 격감토록 조정된다. 만일 우리가 바이칼 호수 건너편 스텝 지역에서 겨울 내내 풀을 뜯는 말과 소를 기른다면 우리는 겨울이 끝나 갈 무렵쯤에 비쩍 마르고 피골이 상접한 말과 소를 보게 될 것이다. 그러나 그들의 수척한 꼴이 결코 넉넉하지 못한 먹을거리 때문이 아니다. 어디에도 풍요로운 풀이 얇은 눈에 덮여서 이들이 눈 아래 풀을 찾지 못하는 어려움 때문이고, 이러한 어려움은 어떤 말에게도 다를 바가 없기 때문이다.

반면에 찬란한 서릿발이 이른 봄에 흔히 내리고, 이런 때가 계속된다면 말은 여전히 더욱 수척해 갈 것이다. 그러나 그때에 눈바람이 불고, 기왕에 쇠약해진 동물이 여러 날 동안 아무런 먹을거리도 없이 방치되면 어쩔 수 없이 수많은 동물은 죽어 가게 마련이다. 봄철의 이런 결손은 끔찍한 참상이어서, 이런 계절특성이 정상보다 더 가혹해질 경우에는 새로운 새끼들로도 보충되지 못할 뿐만 아니라 모든 소들에게 먹이 핍박이 더욱더 증대될수록 어린 새끼들은 더욱더 빈약한 조건에서 태어나게 될 뿐이다. 따라서 말과 소의 숫자는 언제나 부양 가능한 수준을 밑돌게 되며 일 년 내내 동물의 숫자를 5~10배나 상회하는 양의 먹을거리가 남아돌면서도 여전히 동물의 마릿수 증가는 지극히 지지부진하게 된다.

그러나 부리엣족[85] 농장이 있는 스텝 지역에서는 별로 대단할 것이 없는 정도의 양이지만 서리가 오는 기간이나 엄청난 폭설이 올 때마다 건초를 풀어 던져 주게 되는데 이로써 금세 가축의 생산이 증가하는 현상이 일어난다. 이 결과는 아시아와 미주에 있는 거의 모든 동물이나 초식동물들이 자유롭게 마음껏 풀을 뜯는 조건에 비하여 별로 떨어질 게 없는 정도로서, 이네들의 가축 숫자는 경합으로 인하여 줄어들지도 않았고, 연중 어느 때에도 먹이 때문에 싸울 필요가 없으며, 과잉번식에 대한 어떤 방해를 받지 않았다. 다만 한 문제가 있다면 기후 탓이지 결코 경쟁 때문이 아니라는 사실을 자신 있게 말할 수 있다.

과잉증식에 대한 자연조절의 중요성, 특히 경합적 가설에 입각한 출산조절의 중요성은 결코 계산적으로 이루어지지는 않는 것으로 보인다. 조절이나 또는 그에 관련된 어떤 내용도 따져지고는 있는 현실이지만 실제적인 작용력에 대해서는 거의 상세하게 연구되지 않고 있다. 그러나 경쟁현상에 대비하여 자연조절 현상을 파악하려 한다면 우리는 경쟁이 어떤 조절원리와도 비교될 수 없다는 사실을 먼저 이해해야 한다. 따라서 베이츠(Bates)는 위험탈출을 하는 동안에 씨를 말리게 되는 날개개미가 얼마나 놀랄 만한 숫자에 이르는지에 대

---

85) 역주: Buriate족은 바이칼 호 부근에 사는 몽고족.

하여 언급하고 있다. 강풍이 부는 동안에 강으로 날려 왔던 푸에고 토착개미(*Myrmica savissima*)의 시체나 초죽음 된 시체가 "한두 인치 두께와 폭으로 줄지어 쌓였고, 그런 줄은 강변을 따라서 수 마일에 이르도록 끊임없이 이어져 있었다"는 것이었다.86) 따라서 이들 수많은 개미 무덤은 실제로 살아남은 수많은 개미의 백 배도 넘는 숫자를 상회하던 개미가 자연 속에서 죽은 일부였던 것이다.

숲을 가해하는 동물에 관하여 매우 재미있는 책을 저술하였던 독일의 산림학자 알팀(Altum) 박사는 자연조절(natural check)의 엄청난 중요성을 일깨우는 많은 사례를 제시하기도 하였다. 그의 말로는, 소나무좀(*Bombyx pini*)이 환경탈출의 이동을 하는 동안에 폭풍이나 추위 및 습윤한 기상조건이 계속되면 결과적으로 상상할 수도 없는 많은 숫자의 소나무좀이 죽게 되고, 1871년 봄철에 이들 소나무좀이 일시적으로 사라지기까지 하였던 사건도 아마 밤 추위가 계속되었던 데에 기인하였으리라는 것이었다.87) 수많은 곤충에 관련된 유사한 사례들이 유럽의 여러 지역에서도 인용될 수가 있다. 알팀 박사는 소나무좀의 천적 새에 관해서도 언급하고 있는바, 이들 새의 알이 엄청난 규모로 여우에게 먹힌다는 것이었다. 그러나 그가 덧붙인 말은 기생세균이 이들 좀에 정기적으로 감염되어 일으키는 피해가 어떤 새보다 훨씬 더 무서운 천적의 역할을 하는데 이는 광대한 지역의 좀들을 일시에 죽이기 때문이란 것이었다.

이 저자는 여러 종류의 생쥐(*Mus sylvaticus, Arvicola arvalis,* 및 *A.*

---

86) 각주: 「The Naturalist on the River Amazons」 ii, 85 및 95면 참조.
87) 각주: B. Altum 박사의 「Waldbeschädigunger durch Thiere und Gegenmittel」 (Berlin, 1889) 207면 참조.

agrestis)에 관한 천적을 길게 제시하였지만 그가 역설한 말은 "그럼에도 불구하고 생쥐에 대한 가장 가공할 만한 천적은 다른 어떤 동물이 아니라 거의 매년 발생하는 기상의 돌변"이라는 것이었다. 서리와 온난한 기상의 교체는 수없이 많은 숫자의 생쥐를 죽음으로 몰아넣으며, "단 한 차례의 돌발적인 기상이변으로도 수천의 생쥐 가운데 단지 몇 마리 생쥐만을 남길 정도로 치명적일 수 있다"고 하였다. 반면에 온난한 겨울철, 또는 겨울철이 서서히 다가서게 되면 이들 생쥐는 천적들이 눈을 부라리고 지켜 서 있음에도 불구하고 무서울 정도로 번식을 한다. 이런 사례가 1876년과 1877년에 실제로 재현되었다.[88] 따라서 생쥐의 경우에 기상적 차원에서 논란한다면 경쟁이란 하나의 하찮은 문제에 지나지 않는다. 이와 같은 영향을 일으키는 다른 사례들이 다람쥐에 관해서도 발견된다.

조류들도 돌발적인 기상이변에 얼마나 취약한지 잘 알려져 있는 것들이다. 영국의 황무지에 서식하는 새들도 시베리아에서의 경우와 마찬가지로 늦계절의 폭설풍에 피해를 극심하게 받는다. 딕슨(Ch. Dixon)은 빨간 들꿩이 가끔 예상 밖의 심상찮은 겨울을 만나 피해를 심하게 받으므로 황무지를 떠나는 사례가 있음을 목격하고 "그런 탓으로 셰필드의 길거리에서도 들꿩을 볼 수 있었던 것"이라 말하기까지 하였다. 그의 말인즉 "연일 계속되는 습도가 그들에겐 거의 치명적이다"는 것이었다.

---

88) 각주: B. Altum 박사의 「ut supra」 13면과 187면 참조.

반면에 지속적으로 대다수의 동물에게 전염되어 오는 병이 이네들을 엄청나게 희생시켜서 가끔은 그 희생의 정도를 여러 해가 지나도 만회하지 못하는 경우가 있다. 아무리 번식 속도가 빠른 동물일지라도 어떻게 당해 볼 수가 없다. 따라서 대략 60여 년 전에, 남동부 러시아의 사렙타(Sarepta) 주변에서 스으슬릭이 돌연 사라진 적이 있었는데, 이는 어떤 유행병에 기인된 것이었고 결국 여러 해에 걸쳐 그 주변에서는 스으슬릭을 볼 수 없게 되었다. 이네들이 이전처럼 제대로의 숫자로 회복되기까지는 실로 많은 세월이 소요되었다.[89]

   마치 사실인 것처럼, 경쟁의 중요성을 매도하는 일들도 얼마든지 만들어질 수 있다.[90] 물론 다윈의 주장에서도 "삶의 어떤 과정에서는 같은 해 같은 기간이거나 또는 세대나 격차에 따라서도 생존경쟁이 일어나거나 큰 피해를 받을 수도 있다"고 하였듯이 이런 경우에는 최적자가 살아남는다고 대꾸할 수가 있다. 그러나 동물세계의 진화가 예외적으로 진전되었다거나 또는 주로 참사가 일어날 때마다 적자 생존하는 방식으로 진전되었다면, 또는 자연선발의 원리가 예외적인 가뭄이나 이상기온, 범람 따위의 돌발 상태 동안에 국한되어 적용되는 것이었다면 진화의 진전이 아닌 퇴보가 오히려 동물세계에서는 일상적인 법칙으로 성립되었을 것이다. 흔히 문명에 뒤쳐진 나라에서나 볼 수 있듯이 기근이나 심각한 콜레라, 천연두, 디프테리아 따위의 유행병에서 살아남은 사람이라도 결코 힘이 제일로 세다거나

---

89) 각주: A. Beck의 「Bulletin de la Société des Naturalistes de Moscou」 (1889), 625면 참조.
90) 각주: 붙임 글-1의 V 참조.

제일로 건강하다거나 또는 가장 지능이 뛰어난 것은 아니다. 이네들의 구사일생 생존에는 진보의 개념이 해당될 수 없다.

반면에 앞서 언급하였던 바이칼 주위의 말이나 북극의 까마귀같이 또는 배당음식을 절반으로 줄여서 몇 개월밖에 살지 못할 운명을 받아들였다가 건강을 해치는 체험을 맛보거나 결과적으로 전혀 예상치 못하던 사망률을 표출할 수밖에 없었던 어떤 요새의 주둔군들처럼 일상적으로 시련을 버티고 일어서는 모든 생존자들에게서는 어느 정도 진보가 뒤따르는 것이다. 이와 같은 모든 자연선발 현상은 어떤 요새의 진보가 어떤 종류의 결핍조건에 대하여서도 놀랄 만큼 견디면서 개체적으로 부여받는 시련의 세월을 통해 나타나는 것으로 기대될 수 있는 법이다. 시베리아의 말이나 소 가운데 이런 일이 일어나고 있다. 그네들은 인고의 세월을 보내고 있어서, 궁핍한 세월에는 북극지방의 자작나무에 의지하여 먹이를 얻고, 또한 그렇게 추위와 기갈을 해결할 수 있다.

그러나 유럽의 말은 체중을 절반까지 줄여서라도 쉽게 살 수 있는데, 시베리아의 말은 그렇지 못하다. 즉, 저지(Jersey) 소의 우유 생산량을 절반만이라도 따를 수 있는 시베리아 소는 없으며 또한 유럽인에 필적할 만큼 많이 지니고 살 수 있는 미개발국가의 원주민도 없다. 이네들은 기갈과 추위를 더 잘 견딜 수 있는 반면에 물리적인 힘은 유복하게 살찐 유럽인에 비하여 훨씬 못 미치는 수준이다. 또한 이네들의 지능발달도 절망적으로 미진하다. "악마는 선(善)에서 낳아진 것일 수 없다"는 말은 체르니쉐브스키(Tchernyshevsky)가 다원주의에 대하여 언급한 유명한 에세이에 나와 있다.[91]

행복에 겹게도 경쟁은 동물의 세계에서나 인간의 양식 속에 존재하는 법칙이 아니다. 경쟁은 예상치 않던 순간의 동물에게 제한적으로 나타나는 현상이며 자연선발은 그들의 행태 가운데 선한 여지로 자리 잡고 있다. 최선의 조건이란 상호부조나 상호협력의 한 수단으로 "경쟁의 추방"(elimination of competition)을 실현함으로써 창출된다.[92] 최대의 가능성 완비 및 에너지의 최소소비에 의한 삶의 강도 최대화를 이루려는 거대한 삶의 투쟁에 있어서 자연선발의 원리는 끊임없이 경쟁을 피해 갈 수 있도록 최선을 다 바쳐서 그 정교한 수단을 알게 한다. 개미는 둥지와 저들의 종족으로 뭉쳐 살고, 저장고에 먹을거리를 예비하며 저들의 새끼를 낳음으로써 서로 간의 다툼을 피하고, 결과적으로 자연선발의 원리가 개미족을 경쟁회피 수단의 명수로 손꼽히는 종으로 만들었으며, 이야말로 마땅치 않더라도 부정할 수 없는 결론인 것이다.

대부분의 조류는 겨울이 가까워 옴에 따라 서서히 남쪽으로 비행길을 돌리거나 또는 수없이 큰 무리로 떼를 지어 긴 여행길에 오르며, 그렇게 경쟁의 조건을 해소한다. 적잖은 설치류는 경쟁이 불가피할 시기가 오면 깊은 잠 속에 빠져 드는 반면에 다른 어떤 설치류는 겨울에 대비한 식량을 비축하고 방대한 마을을 꾸며서 함께 일하

---

91) 각주: Russkaya Mysl.(1888, 10월)의 「The Theory of Beneficency of Struggle for Life」에는 즉 생물학·동물학·인류생태학에 대한 다양한 가설의 서문이 부록되어 있으며, 이들은 오랜 전수자들에 의하여 알려진 것임.
92) 각주: "자연선발 활동의 가장 빈번한 양상 가운데 하나는 일종의 다른 삶의 양식에 대하여 어느 종의 몇 개체가 적응함으로써, 거기에 인연이 되어, 모두가 자연의 부적하던 장소에 수용될 수 있는 모습에 있다."(「종의 기원」 145면) 그래서 말을 바꾸면 경쟁을 피하게 된다.

며 필요한 방어생활을 한다. 순록은 대륙 안쪽에서 이끼가 고사하면 바다 쪽으로 이주하여 산다. 들소는 풍요로운 먹이를 찾아 드넓은 대륙을 횡단한다. 바다쥐는 강에 비하여 종족이 너무 많아지면 두 패로 갈라져서 서로 떠나는데, 나이든 것들은 강의 하류 쪽으로 가고 어린것들은 강의 상류 쪽으로 옮겨서 서로의 경쟁을 피한다. 동물들이 계절 잠을 자거나 집단 이주하거나 또는 식량을 예비하지 못할 경우에는 또한 개미처럼 스스로 양식을 늘려 갈 수 없게 되면 그네들은 어찌 되었건 작은 박새(titmouse)와 닮은 짓을 하거나 또는 웰리스(다윈주의 5장 참조)가 기막히게 표현하였던바 "그네들은 새로운 종류의 양식을 발굴하고, 그래서 또다시 경쟁을 피한다"는 식으로 대처한다.93)

"경쟁하지 말라! 경쟁은 언제나 종족에게 해로운 것이며, 누구나 경쟁을 피할 만큼의 넉넉히 자원을 부여받고 있다!" 이 관념은 자연의 "성향"(tendency)이며 평소에 쉽게 느껴지지는 않을지라도 분명히 언제나 엄존하는 것이다. 이 말의 진심은 들판의 숲, 강, 그리고 바다에서 우리에게로 던져지고 있다. "따라서 서로 마음을 합쳐 상호부조를 실현해 보라! 이 길이야말로 각자와 모두에게 최대의 안전과 생존 및 발전을 기약하는 육체적이며 지능적이고 도덕적인 최선의 확실한 수단이 되는 것이다." 이는 자연이 우리에게 가르치는 바로서 제 나름의 위치에서 최고의 지위를 고수하고 사는 모든 동물들이 그네들의 행태로 실현시켜 온 일이다. 상호부조는 또한 인간이, 가장

---

93) 각주: 붙임 글-1의 VI 참조.

원천적으로 원시적이던 인간이 이룩해 놓은 일이고, 이는 어떻게 해서 인간이 오늘날 자리하고 있는 지위에 도달해 올 수 있었는지를 입증하는 실체이다. 이 원리는 앞으로 서술하여 읽게 될 이 책의 뒤편으로서 인류사회에 상호부조를 일으켜 기여할 것으로 기대된다.

갈래 Ⅲ

원시사회의 상호부조

동물계의 진화에 관련된 상호부조와 상호협동의 역할에 대해서는 폭넓은 이야기를 앞 장에서 간략하게 언급하였다. 이제 이야기의 초점을 인간의 진화에 국한시켜서 같은 내용으로 옮겨 보자. 동물에게서는 격리된 삶을 사는 종(種)이 별로 없음을 보았을 뿐만 아니라 또한 얼마나 셀 수도 없이 많은 종들이 상호방어나 사냥과 먹이의 저장, 또한 후대의 출산이나 단순한 일상생활의 즐거움을 얻기 위하여 사회생활을 하는지에 대해서도 일별하였다. 뿐만 아니라, 비록 다른 동물이나 종 또는 같은 종의 부족 간에 한바탕 분쟁을 치렀을지라도 결국 평화와 상호협동이야말로 이네들 부족 간이나 종족 간에 지켜지는 철저한 법칙임을 인정케 되었다. 또한 서로가 잘 조화롭게 뭉치고 경쟁을 피할 방법을 가장 잘 아는 종들이 생존과 차후의 진보적인 발전을 기약받는 최선의 기회를 향유하게 된다는 사실도 알게 되었다. 이네들은 번창해 가는 반면에 비사회적인 것들은 멸망의 길을 걷는다.

　우리가 자연을 이해하는 전부가 가령, 인간은 일상적인 동물의 법칙으로부터 전적으로 다른 예외적 존재라거나, 또는 인간처럼 처음부터 대책 없이 만들어진 창조물은 특정한 동물들처럼 상호협력을 하지 않고도 종의 이해득실을 초월하는 개개의 이득만을 앞세우는 분수없는 경쟁 속에서도 스스로의 방호수단이나 발전방식을 체득해 올 수 있었을 것으로 생각한다면 사실과 전혀 대조적으로 잘못된 것이다. 자연에서의 통합을 중요하게 생각하는 사람에게는 이런 생각이 처치 곤란한 상대 거리이다. 지금껏 이런 생각은 예상되지도 않았고 긍정적이지도 않아서 동조자가 없음을 결코 느끼지도 못하는 소견이다. 세상에는 언제나 인간에 대하여 염세적인 입장을 취하는 작가들이 있게 마련이다. 그네들은 자신의 제한된 경험만으로 진실을 다소 피상적으로 이해하고, 언제나 호전성과 잔인성 및 억압적인 힘만을 중요하게 보면서 기록에 치중하여 표현하고, 조금도 곁눈을 살피지 않는 역사만을 이해하는 버릇이 있다. 그래서 그네들은 인간이 느슨하게 모여진 실존체 이외의 어떤 존재도 될 수 없으며, 또한 언제나 이웃과도 싸울 준비가 되어 있고, 항상 어떤 권위 있는 힘의 개입에 따라 누구라도 일종의 행태적 제약 속에서 살게 되는 운명으로 결론짓고 있다.

홉스(Hobbes)는 그런 권위를 행사한 사람이었다. 반면에 그의 18세기 추종자들 가운데 몇몇은 이 세상에 아직 본격적이며 원시적인 조건도 형성되지 않았고, 인간 실체의 기원도 안 되었던 시기를 상정하여 놓고 이때에도 인간이 끊임없는 전쟁의 연속생활을 하며 살았으리라는 가설을 증명하려고 발버둥 치고 있었다. 다른 학자들은 사람이야말로 "자연 상태"(state of nature)에서도 사회적이었으며, 선천적인 나쁜 습성 대신에 오히려 지식을 갈구하는 지혜로움으로 초창기의 역사적 삶에 온갖 무서운 사태에 접하였고 또한 그 위에 인간성(humanity)을 불러일으키게 되었다고 생각한 것이었다. 그러나 홉스의 생각은 이와 달리 소위 "자연 상태"라는 것이 개인 간에 늘 다툼질하고 돌발적으로는 저들의 짐승 같은 삶에서 비롯되는 단순한 충돌에 기인하여 떼거리 짓는 이외의 어떤 다른 상태도 아니라는 생각이었다. 실제로 홉스의 시대 이래로 과학은 어느 정도 발달을 이루었고, 그래서 우리는 홉스나 루소의 억측보다는 훨씬 안정된 바탕에 서 있게 되었다. 다만 홉스의 철학에는 아직도 감탄할 바가 많다. 뒤에 와서 다윈의 주도적인 사고방식보다는 그의 학술적 용어를 도출해서 원시인에 대한 홉스의 생각에 입각하여 논쟁을 벌여 왔던 성공적인 학파가 있게 되었다. 그로 인하여 다윈의 용어는 과학적인 면모를 갖추게 되기도 하였다. 잘 알려진 헉슬리는 이 학파를 주도하면서 1888년에 그가 쓴 신문의 글을 통하여 원시인을 호랑이나 사자와 같은 것으로 묘사하였다. 마치 어떤 윤리적 개념도 없이 죽을 때까지 생존투쟁의 싸움을 하고, 내키는 대로 끊임없이 싸우는 삶을 살았던 것처럼 서술하였다. 홉스 자신의 다음과 같은 말을 인용하기도 하였다. '제한적이고 잠정적인 가족관계도 밀쳐 두고 모두를 상대로 하는 개인의 싸움, 즉 홉스전쟁은 곧 "생존의 일상적인 상태(모습)"를 가리키는 것이었다'는 것이었다.[94]

홉스의 가장 잘못된 주도적 인식과 18세기 철학자들의 잘못된 생각도 한 차례 이상씩 언급이 되었던바, 잘못의 실체는 인간이 덩치 큰 포식동물의 폐쇄적이고 일시적인 가족과 흡사하게 소규모로 산재하며 사는 가족의 모습으로 삶을 시작하였다는 해석에 있었다. 그러나 진실로 지금 밝혀진 결과는 결코 그런 상황이 아니었다는 것이다. 물론 최초의 인간다운 존재의 삶이 어떤 행태였는지에 대한 직접적인 단서는 밝혀지지 않고 있다. 그네들의 최초 출현 시기에 관해서도 아직 단서를 잡지 못하고 다만 지리학자들이 현재 매달리고 있는 것이라야 고작 선신세기(鮮新世紀)나 중신세기(中新世紀)의 제

94) 각주: 「19세기」 1888년 2월호, 165면 참조.

3기 매몰지 흔적을 탐사하는 일에 지나지 않고 있다.

그러나 먼 태고에까지도 일종의 실마리 서광을 던져 주는 간접적 수단을 우리는 갖추고 있다. 지난 40년에 걸쳐서 미개발된 종족의 사회적 구성특성에 대하여 무엇보다 세심한 주의를 기울여 왔고, 이를 통하여 일부 부족들은 오래전에 사라졌을 여전히 오래된 특성을 지니기 때문에 현재도 원시종족의 특성을 보이는 사례들이 재투명되기에 이르렀다. 이네들은 그럼에도 불구하고 원시시대의 존재 양상을 오차 없이 드러내기 때문이다.

이에 기인하여 인간 형성의 발생학에 모든 과학기술이 공여케 되었고, 이 과정의 주역들로는 바코펜(Bachofen: 스위스 인류학자, 1815~'87), 막레난(MacLennan: 영국 사회학자, 1827~'81), 몰간(Morgan: 미국 인류학자, 1818~'81), 에드윈 타일러(Edwin Tylor: 영국 인류학자, 1832~1917), 메인(Maine: 영국 역사법학자, 1822~'88), 포스트(Post: 독일 법학자, 1839~'95), 코발레프스키(Kovalevsky: 러시아 역사가·사회학자, 1851~1916), 루복(Lubbock)과 기타 많은 학자들을 거명할 수 있다. 또한 이들의 학문은 인간이 소규모의 격리된 가족 형태로 삶을 시작하지 않았을는지 모른다는 어떤 의혹과도 관계없이 성립되어 왔다.

조직 구성의 원시적인 형체에서 훨씬 벗어난 가족이란 인류진화의 매우 후기에 이루어진 산물이다. 인간의 구석기 인종학까지 되돌아가 밝힐 수 있는 한 우리는 최고등인 포유류 동물의 경우와 유사한 부족으로서의 인간 사회생활을 탐색하게 된다. 또한 지극히 완만하고 오랜 기간에 걸친 진화가 이들 인간사회를 이방집단이거나 씨족과 같은 어떤 형체로 유도하게 되었다. 이 과정에서 자연스럽게 오랜 기간에 걸쳐서 진화되어 가족의 첫 형태가 생기기 전의 다부다처제나 일부다처제와 같은 어떤 다른 형태가 필연적으로 나타날 수 있었을 것이다. 따라서 가족이 아닌 사회나 떼거리 또는 씨족과 같은 인간조직이 곧 원시적인 형체이면서 그 최초의 선조들 모습이었다고 할 수 있다. 인종학적 연구가 오랜 고통의 연구를 거쳐 얻은 결과란 이런 것들이다. 다만 이런 어려운 과정이지만 단지 동물학자들이 미리 예측하였을 수 있는 정도에 도달한 것일 뿐이다. 고등의 포유류 가운데 분명히 멸종에 가까워진 일부 포식동물이나 꼬리 없는 원숭이류(오랑우탄이나 고릴라)를 제외하고는 달리 예가 없다.

모든 그 외의 동물은 사회(집단)생활을 한다. 다윈은 격리되어 사는 꼬리없는원숭이야말로 사람과 유사한 존재로 발전될 수 없다는 사실과 고릴라처럼 사회성이 없으면서도 힘이 강한 종보다는 침팬지처럼 사회성이 있으면서도 비교적 약한 어떤 종에서 연루되어 인간이 배태된 것[95]으로 심증이 기울고 있음을 누구보다도 잘 인정하고 있었다. 따라서 동물학 및 구석기 인종학 분야에서는 가족이 아닌 떼거리 형태가 인간 사회생활의 최초 형태라는 데 의견을 모으고 있다. 최초의 인간사회는 단순히 고등동물의 사회생활에서 진수만을 뽑아 형성시킨 이런 사회 형태의 보다 발전된 형태였던 것이다.[96]

---

95) 각주: 「The Descent of Man」 ii장 끝. 2판의 63 및 64면 참조.
96) 각주: 이상의 인간에 대한 의견에 동조하는 인종학자들은 꼬리없는원숭이가 "강하고 질투심 많은 수컷"의 통치하에서 다부다처제로 이루어진 가족 관계를 이루며 산다는 데 친밀감을 느끼는 경우가 있다. 물론 나는 이러한 생각이 얼마나 결론적인 관찰에 기초한 것인지 알 수 없다. 그러나 이와 관련된 Brehm의 「Life of Animals」를 읽은 사람들은 그런

이제라도 긍정적인 근거를 찾아간다면 빙하기나 해빙 초기까지 거슬러 올라가서 인간의 최초 흔적을 보게 됨으로써 인간이 그때에도 사회생활을 하였다는 오류 없는 증거를 제시받게 될 것이다. 구석기 시대부터도 돌로 만든 도구가 엉뚱한 곳에서 별도로 발견되는 일은 매우 드문 일이다. 이와 대조적으로 단 한 개의 부싯돌 도구라도 발견된 장소에서는 다른 종류도 틀림없이 발견되며, 대부분의 경우에는 대량으로 묶여서 발견된다. 인간이 동굴에서 살았거나 또는 가끔씩 돌출한 바위 아래에서 지금은 멸종된 포유류들과 섞여 살던 때에는 이미 부싯돌과 돌도끼 같은 거친 도구 종류를 만드는 데 거의 성공하고 있어서 그들은 무엇보다도 앞서서 사회적인 삶이 가지는 장점을 알아차리고 있던 것으로 보인다.

돌도뉴(Dordogne) 부족의 계곡97)에서는 바위의 표면이 위치에 따라서는 동굴의 흔적들로 가득 메워져 있어서 구석기인들이 주거지로 삼았던 바를 알게 한다.98) 때로는 저장고 안에서 동굴살림을 차렸고 그 모습은 포식동물의 소굴보다는 제비집단의 둥우리를 훨씬 더 연상시키는 것이었음에 틀림없다. 이런 동굴에서 찾아진 부싯돌 도구

결론을 거의 내릴 수가 없다. 그런 결론은 원숭이에 관한 일반론에서 가능한 것이지만 그의 보다 구체적인 분리 종의 이야기는 그런 결론을 수용하기도 하고 거부하기도 한다. 꼬리긴원숭이(Cercopithéques)에 관해서조차도 Brehm은 "거의 언제나 떼를 지어서는 살지만 가족관계로 사는 일은 거의 없다"고 긍정적으로 말하고 있다(불어판 59면 참조). 다른 종에 대해서도 저들 떼거리의 바로 그 구성원에 많은 수컷이 섞여 있게 마련이며, 이로써 의심의 여지 없이 "다부다처제"임을 제시하고 있다. 보다 더 확실한 관찰이 요구된다.

97) 역주: 프랑스 서부의 현(縣)을 이름.
98) 각주: Lubbock의 「Prehistoric Times」 5판(1890) 참조.

는 루복(Lubbock)의 말을 인용하여 "너무나 숫자가 엄청나게 많아서 머뭇거릴 필요도 없이 확답을 할 수가 있다"는 것이었다. 이와 같은 정황은 다른 구석기 주거지에서도 다름이 없다. 이런 모습은 시체를 매장하는 곳에서 씨족이 모여 음식을 함께 나누었던 프랑스 남부의 오리냑(Aurignac) 지역의 주거지를 발견하였던 라떼뜨(Lartet)의 보고에서도 잘 나타나고 있다. 그렇게 인간은 사회를 이루어 살았고 비록 지극히 거리가 먼 기원지에서조차도 씨족을 사랑하는 자존심(마음씨)을 지키고 있었다.

석기시대 후반기에 이르면 유사한 내용들이 더더욱 잘 입증되고 있다. 신석기시대 인간의 흔적은 수도 없이 많이 발견되어 왔고 그래서 당시 인간들의 보다 광범한 생활양식을 재구성할 수 있게 되었다. 한때 북극지방으로부터 프랑스, 중부 독일, 중부 러시아와 오늘날 미국의 상당부분과 함께 캐나다까지 퍼져서 뒤덮고 있던 얼음판(ice-cap)이 녹기 시작하던 무렵, 얼음에서 놓여난 대지의 표면은 우선적으로 침수지와 늪지대를 거쳐 드디어는 수많은 호수들로 뒤덮이게 되었다.[99] 계곡을 흘러내린 얼음물로 호수마다 그득 채워졌고, 이런 현상은 채워진 물이 흘러넘쳐서 항구적인 운하를 파내어, 다음

---

99) 각주: 얼음판의 범위는 빙하기를 전공하는 지리학자들 대부분이 인정하고 있다. 러시아 지리 탐사팀은 러시아에 대하여 이런 견해를 이미 발표하였고, 대부분의 독일 전문가들도 독일에 대하여 같은 의견을 견지하고 있다. 그러나 프랑스 중앙평원의 대부분을 뒤덮던 얼음판은 프랑스 지리학자들로부터 인정받는 데 실패하였다. 이네들이 인정하지 못한 것은 빙하의 예치량을 동시에 파악하여 이해하는 데 보다 세심한 배려가 요구되었기 때문이다.

세기로 세월이 이어지면서 강을 이루었던 것이다. 또한 탐구활동이 이루어지는 곳마다 유럽이나 아시아 및 미주를 막론하고 그 당시의 기록으로 볼 때 수를 헤아릴 수 없이 많은 호숫가는 호상(湖上)생활 시대로 명명해야 마땅할 곳일 만큼 신석기인의 흔적들로 넘쳐나고 있다. 그 숫자가 너무나 많기 때문에 우리는 당시의 인구밀도에 대하여 들을 때에나 고작 놀라움을 금치 못하는 현실이다. 신석기인들의 주거지는 오늘날 옛 호수의 호반으로 표시하고 있는 계단식 경사지에 서로가 가깝게 잇대어 조성되어 있었다. 또한 이들 주거지의 돌 도구는 제 나름대로 당시에 비교적 다양한 부족들이 크게 어울려 살았던 오랜 세월 동안에 남겨졌을 것으로 의심할 바 없는 그런 수적 규모로 나타나고 있다. 부싯돌 도구의 모든 제작소는 함께 모여서 이를 사용하였던 노동인구의 규모를 반증하는 것으로 고고학자들에 의하여 발굴되었다.

이보다 진보된 시기의 흔적으로는 이미 일종의 그릇을 사용하였던 것으로 특징지어졌으며 덴마크의 조개무지에서 발견되었던 데 유래한다. 알려져 있는 바와 같이 이것들은 5~10피트 두께와 100~200피트 폭에 1000피트 이상의 길이로 된 무지의 모양으로 발견되고 있으며 오랜 세월을 두고 자연적으로 형성되었다고 생각되던 해안의 어느 한편을 따라 일상적인 것으로 눈에 띈다. 지금도 이것들은 어쨌든 간에 또는 무슨 인간의 소용에 따라 쓰일 수밖에 없었던 허드레 이외의 어떤 것도 아닌 존재들로서, 인간이 산업적으로나 만들었을 것 같은 제품들이 하도 많이 쌓여 있어서 밀고드(Milgaard)에 단지 이틀간을 머무르면서도 루복은 191점 이상의 돌 도구와 4편의 돌그릇 파편을 발굴해 낼 수 있었다고 한다.[100) 조개무지의 규모와 잔재 범위는 여러 세대에 걸쳐서 덴마크의 해안이 수백에 이르는 소규모 씨족에 의하여 주거되었으며, 이들은 분명히 후에지언(Fuegian) 부족처럼 평화적으로 어울려 살았고, 후에지앙족도 조개무지를 쌓아가며 살아서 오늘에 이르고 있는 부족이다.

스위스 호반의 주거인들은, 아직까지는, 보다 더 문명적인 진보를 하였던 것으로 보인다. 또한 삶의 근거와 사회생활의 흔적을 보다 풍부하게 제공하고 있다. 석기시대에도 스위스의 저수지 호반은 마을들이 점점으로 이어져 있었고 그 각각은 여러 칸의 방으로 꾸며져 있었으며 그들 주거지는 호수에 수없이 세워진 기둥들로 받혀진 평판 위에 지어져 있었다. 24개소 이상에 이르는 대부분 석기시대의 마을들은 레만(Leman) 호숫가를 따라 발견되었고 콘스탄스(Constance) 호에서 32개소, 노이챠텔(Neuchatel) 호에서 46개소 등으로 발견되었다. 이들 각각은 가족 단위보다는 씨족 단위에 의하여 엄청난 규모로 공동 작업을 해 왔던 것으로 반증되는 것이었다. 또한 호반의 거주자들 생활은 전쟁으로부터 거의 완벽할 만큼 자유로웠던 것에 틀림이 없다. 특히 바닷가에 기둥을 세워 집을 짓던 이들과 유사한 마을에서 현재까지 혈거하고 있는 원시인의 생활을 참고한다면 아마도 이런 가정은 틀리지만은 않은 말이었을 것이다.

이상에 거론된 다소 성급한 암시로부터라도 원시인에 대한 우리네

---

100) 각주: 「Prehistoric Times」, 232 및 242면 참조.

지식이 결과적으로 그토록 변변치 않은 것만은 아니며 그렇게 진전된 것인 다음에야 홉스의 상상을 받아들이기보다는 그 반대편에 서는 것이 차라리 옳다는 것을 알게 된다. 더욱이 유럽인이 원시시대에 행하였던 바와 같이 오늘날 문명한 유사한 수준에서 행하는 이런 원시부족을 직접 목격함으로써 이들 정황은 놀라울 정도로 보완될 수도 있다.

오늘날 우리가 발견하게 된 이네들 원시부족은 때에 따라서 실제로 주장되었던 적이 있기도 했지만, 고도로 발달된 문명을 이전에 알기라도 했던 인간의 퇴보된 표본일 수 없다. 이 점에 대해서는 에드윈 타일러와 루복에 의하여 충분히 입증되었다. 그러나 퇴보이론에 이미 맞서는 논쟁에 대해서는 다음과 같은 말을 추가해야 할 것이다. 별로 살 만하지 못한 고지대에 모여 사는 몇 부족들은 차치하고라도 미개인(Savages)이라 한다면 이네들은 다소 문명한 나라들을 둘러싸고 있어서 마치 공략하는 올가미처럼 느껴지기도 한다. 이네들 대부분은 우리네 대륙의 변두리에 있는 극한지를 점령한 채 아직까지도, 또는 근래에 이르기까지도 빙하 이후의 초창기 특징을 유지해 왔거나 배태하고 있었던 것이다. 이네들은 그린란드나 북미주 북극지방 그리고 시베리아 북방에 사는 에스키모나 그들의 동료 족이다. 또는 남반구의 호주 원주민, 파푸아족, 후에지앙족이거나 일부는 부시맨이지만 문명한 지역 안에서 발견되는 이와 같은 원시족은 단지 히말라야나 오스트랄아시아의 고지대 및 브라질의 평원에서 발견된다.

아직도 빙하기가 지구 전체에서 일시에 끝장을 내지는 않았다는 사실을 마음에 새겨 두지 않으면 안 되겠다. 아직도 그린란드에서 빙하기가 계속되고 있기 때문이다. 따라서 한때에 인도양이나 지중해, 또는 멕시코 만에 흩어져 있던 지역들이 이미 더운 기후를 만끽하게 되었고 고도로 문명화한 나라들의 점령지로 바뀌는 동안 파타고니아(Patagonia), 남부 아프리카, 남부 오스트랄아시아는 물론 유럽 중부, 시베리아, 북미주의 넓은 영토들이 열대 및 아열대 지역의 문명한 나라들에서는 받아들일 수 없는 빙하 후기의 초기 상태에 머물게 되었다. 그 주변들은 그 당시에 가공스러운 시베리아 북서방의 우르만인(Urmans)과 그 부족이 되어 문명을 거부하고 문명에 물들지 않은 채 빙하 후기 최근의 인간 특성을 유지하며 살게 되었던 것이다.

나중에 와서는 수분이 증발되면서 이들 영토를 농업에 적합토록 변화시켰고, 한층 문명한 이주자들이 모여들게 되었다. 반면에 이전의 거주자 일부는 새로운 정착민들에 동화되었고, 다른 일부는 더욱 먼 곳으로 밀려나면서 오늘날과 같은 형세로 굳어지게 되었다. 오늘날 그네들이 정주하는 영토는 아직도, 또는 최근까지도 물리적 조건으로 볼 때에 아빙하기에 머물러 있으므로 그네들의 솜씨나 도구들이란 그 꼴 그대로 신석기시대의 그것이었다. 그네들은 씨족이 서로 다르고 서로가 사는 거리도 멀지만 생활양식과 사회 협동의 양태는 놀랄 만큼 당시에 근사하다. 그렇지만 그네들을 현재 문명화한 지역의 빙하 후기 최초인간의 한 단편적인 존재로 취급할 수는 없을 것이다.

원시부족을 연구하기 시작한 바로 그때에 우리에게 충격을 던져 주었던 점은 그네가 살고 있는 한 혼인관계에의 구조적 복합성을 갖는다는 데 있었다. 그네들 대부분의 가족은 우리가 흔히 가지게 되는 감성과 달리 순계(germ)로 존재하는 일이 드물다. 그러나 일시의 충동적인 결합으로 함께 부정한 생활을 하게 되는 남녀 간의 느슨한 결합을 하는 것도 아니다. 그들 모두는 어떤 부족 조직, 즉 이방인이 아닌 조직이거나 씨족 조직과 같은 일반적 관념으로서 이른바 모르간(Morgan)이 묘사하였던 조직과 흡사하게 존재하고 있었다.[101]

가능한 대로 사실을 간단히 정리한다면, 인간이 시작단계에서는 "공

---

101) 각주: Bachofen의 「Das Mutterrecht」(Stuttgart, 1861), Lewis H. Morgan의 「Ancient Society, or Researches in the Lines of Human Progress from Savagery through Barbarism to Civilization」(New York, 1877). J. F. MacLennan의 「Studies in Ancient History」(1st series, new edition, 1886, 2nd series, 1896), L. Fison과 A. W. Howitt의 「Kamilarot and Kurnai」(Melbourne) 참조. 이들 4작가는 Giraud Teulon에 의하여 매우 진실한 명성을 받은 사람들로서 서로가 다른 사실과 다른 생각으로 출발하였고, 다른 방법을 적용했지만 모두 똑같은 결론을 내렸다. Bachofen에게는 모성적 가족과 모계승계의 의견을, Morgan에게는 Malayan과 Turanian의 친척제도와 인간진화의 주요 상황에 대한 매우 유용한 묘사를, Mac Lennan에게는 exogeny 법칙을, Fison과 Howitt에게는 호주의 혼인집단에 관한 Cuadro 체계를 배우게 되었다. 이들 4업적은 가족의 종족적 기원이라는 같은 사실을 확립하는 데서 결론에 도달하였다. Bachofen이 그의 신기원 발굴작업으로 처음 모계가족에 관심을 기울였고, Morgan이 대가족 구성을 설명함으로써 이들 두 사람은 이들 유형의 일반적인 가설에 거의 일치하였으며 혼례법칙이 인간진화의 연속적 단계에 근거를 두고 있음을 밝혀서 혼미한 이론들을 정비하게 하였지만 과장되었다는 비난도 있었다. 그러나 이전의 법칙을 연구하는 학자들의 세심한 연구결과에 의하여 인간의 모든 종족이 결혼법칙의 발달에 있어서는 거의 같은 발전단계를 거쳤다는 증거가 제시되었다. 대부분의 사려 깊은 연구내용들이 문제에 봉착하게 되었다. 이 결과는 일종의 미개인에게서 실현되고 있는 사실로 현재 이해되는 바와 같기 때문이었다. 또한 Post, Dargun, Kovalevsky, Lubbock 및 이네들의 동조자들인 Lippert, Mucke 등의 연구내용을 참조하기 바란다.

동혼인"(communal marriage) 형태로밖에 묘사될 수 없는 독특한 혼인의 시대상을 거쳐 왔다는 데 어느 정도 확신을 배제하기 어렵다. 그런 이야기는 종족 전체가 별로 자기만족의 희생에 대한 대책도 없이 공동의 남편들과 아내들을 가졌다는 뜻이다. 그러나 초창기에라도 인간에게는 자유로운 성(性)의 교합에 일종의 제약이 있었을 것이다. 이윽고 한 어머니의 자식과 자매 또는 손녀나 숙모 사이에는 간혼이 허용되지 않았고, 뒤에 와서는 같은 어머니의 아들과 딸 사이의 관계가 금지되었으며, 그 이상의 제약도 적용하는 데에는 문제가 없었다. 한 무리에서 유래된 것으로 보이는 모든 사람들, 즉 하나의 혈통(gens)이나 씨족으로 국한되어야 한다는 생각은 진화되었고, 씨족 안에서의 혼인은 철저하게 금지되었다. 이런 혼인 관습은 여전히 공동적인 것으로 지켜졌지만 그러나 아내와 남편은 다른 씨족 속에서 취해졌다.

또한 혈통이 너무 크게 비대해지면 여러 가문으로 나뉘고, 그 각각은 몇 개의 계급(흔히 4개)으로 다시 나뉘는데 혼인은 일종의 잘 인정된 계급 사이에서만 허용되기에 이르렀다. 이런 제도는 오늘날 우리가 카밀라로이(Kamilaroi) 말을 쓰는 호주인들 사이에서도 목격하게 되는 단계이다. 가족이라 하면, 그 첫째 종손의 씨족제도 안에서 출현케 된다. 다른 어떤 씨족과의 전쟁에서 포로로 잡힌 여자는 우선적으로 총체적인 혈통에 우선적으로 속하였지만 그 뒤에 여자는 포로를 잡은 사람에 속하여서 그의 의견 여하에 따라 포로가 된 뒤에도 씨족에 대한 일종의 의무를 다하는 한 신분으로 회복될 수 있었다. 그런 여자는 주인의 처분에 따라 별도의 움막에 살다가 씨족에게 어떤 보상을 하고 나면 당연히 주인의 혈통에 속하는 별도의

가족을 꾸밀 수 있으며, 이런 현상은 전혀 새로운 차원의 문명을 열었던 것임에 틀림없다.[102]

   이처럼 복합적인 조직은 가장 저차원의 발달 정도에 머물던 사람들 사이에서 태동되었고, 공동의 의사결정에 대한 권위밖에는 어떤 다른 권위의 실존도 인정하지 못하는 사회에서 유지되어 왔다는 점을 우리가 심사숙고해 본다면, 우리는 인간의 본성에 깊이 뿌리내려 있는 사회적 본능이, 비록 수준 낮은 단계의 인간일지라도, 얼마나 대단한 것인지를 금방 알아차릴 수 있다. 이러한 조직 안에서 살아갈 수 있는 원시인은 자신의 욕망을 끊임없이 자제케 하는 율법에 조건 없이 운명을 맡길 수밖에 없는 존재였기 때문에 분명히 윤리적 유범에 결속되어 있고, 자신의 멍에에 조정 끈을 풀어 놓고 있는 그런 짐승류만은 아닌 것이었다. 그러나 우리가 무한히 종잡을 수 없던 씨족 조직의 태곳적을 염두에 둔다면 이런 사실은 여전히 더욱 충격적으로 받아들여질 것이다.

   원시적이던 셈족(고대 유태인이나 아라비아인 등), 호머의 그리스인, 선사시대 로마인, 탁시터스(Tacitus: 로마의 역사가, AD 55~120경)의 게르만인, 초창기의 켈트족과 슬라브족 따위의 모든 종족들은 제 나름의 씨족 조직을 영위하던 시대가 있어서 "미개의 굴레"(Savage Girdle)에 살던 호주인이나 홍색 인디언 및 에스키모인과 기타 부족들과도 밀접하게 유사성이 있었음을 이제 우리는 알게 되었다.[103]

---

102) 각주: 붙임 글-1의 Ⅶ 참조.
103) 각주: 셈족이나 아리안(Aryan)족에 대해서는 Maxim Kovalevsky 교수의 「Primitive Law」(러시아어: Moscow, 1886 및 1887년) 참조, 또한

따라서 우리는 혼인법칙의 진화가 모든 인류의 종족 가운데서도 같은 계통에게로 계속되었거나 또는 씨족 법칙의 기초가 독립적인 인종의 분화로 진척되기 이전에 벌써 셈족이나 아리안족 및 폴리네시언 따위의 공통선조 가운데서 진보적으로 발전되었건 간에 어쨌든 감탄을 할 수밖에 없다. 또한 이들 법칙들은 오늘날까지도 공통된 혈통으로부터 오래전에 나뉘었던 부족들 사이에까지도 존속되어 왔다는 데에 놀라움을 금할 수가 없다. 그러나 이들 두 상대적인 법칙은 조직 구성에 있어서 마찬가지로 충격적인 집착을 불가피하게 하는 바, 이들 집착이란 수천 년 존속되어 오면서 관습되어 온 힘을 어느 누구의 개인적인 공세만으로는 결코 깨뜨릴 수 없는 그런 것이었다.

씨족 조직의 대단한 지속력은 곧 제 나름의 오직 개인적 정력에 몰입되거나 부족의 어떤 다른 대표에게도 맞서려는 개인적 위력이나 간교한 처신으로 영리를 얻고자 하는 개인들의 잘못된 집단으로 추구하려는 행태가 일상적이었을 것으로 여겼던 견해는 얼마나 우습게도 잘못 빗나간 것인지를 알게 한다. 자제력 없는 개인주의란 오늘날에 싹튼 것이지 결코 원시인들의 원천적인 특성으로 나타났던 것은 아니었다고 말할 수 있다.[104]

Stockholm에 제공된 그의 강의론(「Tableau des Origines et de l'evolution de la famille et de la propriété」, Stockholm, 1890) 즉 모든 의심스러운 부분에 명쾌한 의견을 붙여 저술하였던 책을 참조하기 바란다. 또한 A. Post의 「Die Geschlechtsgenossenschaft der Urzeit」(Ordenburg, 1875)를 참조하라.

104) 각주: 여기에서 혼인통제의 기원을 토론하기는 불가능한 일이다. 새들 가운데서 나타나는, Morgan의 「Hawaian」의 내용과 같이, 즉 어린 한 쌍의 병아리는 양친 부모와 떨어져서 저들끼리 어울려 살려고 하는 행태를 보이므로 작은 단위로 쪼개져 분할하게 된다는 점만을 이야기

이제 현존하는 원시인에게로 말머리를 돌려 보자. 우리는 부시맨을 예로 하여 이야기를 시작할 수 있는데, 이네들은 매우 낮은 진보의 수준에 산다. 너무 미개하여서 집도 없이 땅에 구멍을 파고 잠자며 고작 가리개 정도로 몸을 보호하기 일쑤이다. 유럽인이 이네들의 영토에 정착하여 사슴사냥을 하게 되자 부시맨들은 정착인들의 가축을 훔치기 시작하였고 거기에서 지금은 입에 올리기에도 지나칠 만큼 무서운 멸종의 싸움이 벌어지게 되었다. 그네들의 분노가 그 지경에 이르렀던 사실은 이미 잘 알려져 있다. 1774년에 500명의 부시맨이 학살되었고 1808년과 1809년에 3000명이 유럽의 농민연합에 의하여 학살되는 정도에 이르렀다. 부시맨들은 쥐처럼 독살되었고, 일부 짐승의 시체 앞에서 매복하여 습격하는 사냥꾼들에게 죽어 넘어졌으며 아무 장소에서나 닥치는 대로 죽어 갔다.[105] 부시맨에 대

하고자 한다. 이와 같은 분할현상은 아마도 일부 포유류 동물에게서 잘 입증될 수 있을 것이다. 형제자매 간의 혼인관계가 금지되는 현상은 보다 더 있을 수 있었으리라고 보이며, 아마도 있을 수 없었을 것으로 기대되는 친척혈통 간의 잘못된 결과에 대해서는 신경이 쓰이지 않았을 것이지만 그러나 결과적으로는 친족혼인 금지가 혼인의 손쉬움에서 오는 조혼경향을 피하게 하였다. 함께 가까이 사는 조건에서는 고압적일 필요성이 있을 수밖에 없다. 필자는 또한 새로운 관습의 기원에 대하여 함께 토론해 볼 것을 제의할 수밖에 없다. 원시인들도 오늘날의 우리와 마찬가지로 제 나름의 "지각 있는 사람(사상가)"이나 대학자들, 즉 마술사나 의사, 또는 예언자 등과 함께 살았으며, 이네들의 지식과 사고력은 대부분의 일반 동료들보다 뛰어난 것이었다. 저들이 비밀연합 형식(또는 거의 공통적인 형체)으로 뭉쳐 있는 한 저들은 분명히 막강한 힘의 영향을 행사할 수 있고 대부분 종족들에게 이제까지도 인식될 수 없는 어떤 위력을 갖는 것으로 저들의 관습을 따르도록 강요할 수 있었던 것이다.

105) 각주: 필립스의 「Researches in South Africa」(London, 1828)를 Col. Collins

한 우리네 식견은 학살을 하였던 바로 그 사람들에게서 주로 얻어들었던 것이므로 한정된 것일 수밖에 없다. 그러나 지금도 우리가 아는 사실은 유럽인이 그곳에 갔을 때에 부시맨들은 작은 부족(또는 씨족)으로 살면서 때때로 모여 무리를 이루며 살았고, 일상적으로 사냥을 하면서 서로 간에 다툼이 없이 사냥물을 함께 나누었으며 결코 부상자를 버리는 일이 없었고 동료 간에 강한 존중심을 가지고 어울려 살았다.

리히텐스타인(Lichtenstein: 독일의 동물학자, 여행가. 1780~1859)은 거의 강물에 빠져 죽게 되었다가 동료의 힘으로 구조되었던 한 부시맨에 대하여 너무나 가슴에 닿는 이야기를 썼던 사람이다. 그네들은 자신들의 털가죽 걸치개를 벗어서 그에게 덮어 주고 오히려 벌벌 떨기까지 하였으며, 그네들은 불 앞에서 그의 몸을 말려 주고 살을 비벼 준 다음 그의 몸이 정상으로 돌아올 때까지 따뜻한 기름을 발라 주었다. 또한 발트(Johan van der Walt)는 부시맨이 그네들에게 잘 대하여 주었던 한 사람을 발견하고는 그 사람에게 최대의 절친한 몸짓을 지어 보이며 감사하더라는 이야기도 하였다.[106] 버첼(Burchell)과 모팟(Moffat) 두 사람은 그네들이 선량하고 욕심이 없으며 약속에 철저하고 감사할 줄 알며, 모든 것이 종족 안에서 이루어진 것들로만 발전할 수 있는 사람들이라고 표현한 바 있다.[107] 그네들의 어

가 저술한 글에서 Waitz가 인용한 ii, 334면 참조.

106) 각주: Lichtenstein의 「Reisen im südlichen Afrika」 ii, 92 및 97면(Berlin, 1811) 참조.

107) 각주: Waitz의 「Anthropologie der Naturvölker」 ii, 335면 참조. 또한 Fritsch의 「Die Eingeboren Afrika's」(Breslau, 1872) 380면 참조. 또는 「Drei Jahre in Süd－Afrika」 참조. 또한 W. Bleck의 「A Brief Account of

린아이들에 대한 사랑은 유럽인이 부시맨 여인을 노예로 삼기를 원할 때마다 하던 짓으로 알 수 있다. 즉, 그 여인의 아이를 먼저 훔쳐 오기만 하면 충분하다는 말로 설명이 되는 지경이다. 아이의 어머니는 틀림없이 제 아이와 운명을 함께할 각오로 노예가 되려고 찾아온다는 것이었다.[108]

유사한 사회규범이 호텐토트인(Hottentot)에게서도 발견되는데 이네들은 부시맨보다 약간 진보가 더 된 종족이다. 루복이 서술하는 바에 따르면 "추잡한 동물"이라는 것이었고 실제로도 불결하기 짝이 없었다. 목에까지 털이 나 있고 움막은 몇 개의 나무를 모아 꽂아 놓은 위를 거적으로 씌운 데 불과하였으며 그 안에 가구라고는 아무 것도 없었다. 이네들이 비록 소와 양을 치고 있었으며 유럽인에게 알려지기 전에 이미 쇠(철)의 사용법을 알고 있었던 것으로 보이지만 그네들은 여전히 인간이란 기준에서는 최저 급의 하나였을 뿐이었다. 그러나 지금 그네들을 아는 사람들은 그네들의 사회성이 서로를 돕기 위한 만반의 준비를 갖추고 있음에 최고의 찬탄을 보내 마지않는다. 만일 호텐소인(족)에게 무엇이라도 주게 된다면 즉시 전체에게 선물로 분배되며, 이미 알려져 있듯이 이런 습관은 다윈을 충격게 하였던 후에지앙족 가운데서도 발견되는 것이다. 그네는 아무리 배가 고파도 홀로는 먹는 법이 없고 반드시 음식을 함께 나눌 주변의 누구라도 부른다. 콜벤(Kolben)이 그네들의 경악스러운 모습을 입에 담자 금세 대답이 날아들었다. "그것이 호텐소인족의 삶이

Bushmâen Folklore」(Capetown, 1875) 참조.

108) 각주: Elisée Reclus의 「Geographie Universelle」 xiii, 475면 참조.

다"라는 것이었다. 그러나 이것만이 호텐소인족이 아니라 그네들은 "미개인 가운데 오직 우주론적인 습관의 모든 것을 갖춘 종족이다." 호텐소인족을 잘 알기 때문에 묵묵히 그네들의 단점만을 보아 넘기지 않았던 콜벤은 그네들 부족의 도덕심을 무슨 말로도 더 이상 흡족할 만큼 높게 칭송할 수가 없었던 것이다.

"그네들의 단어는 신앙적이다"라고 그는 밝혀 썼다. 그네가 알고 있는 것이란 "유럽의 타락과 선량한 예술이 아무것도 아니라는 것"이었다. "그네는 최고의 평온 속에 살고 이웃과 다투는 일은 거의 없다." 그네들은 "다른 사람들에게 전적으로 친절하고 선량한 사람들"이었다. "……호텐소인족의 최대 즐거움 가운데 하나는 분명히 남에게 베푸는 선물과 선한 배려에 있다." "호텐소인족의 성실성과 함께 정의를 실천하는 데 나타나는 강직성과 민첩성, 그리고 순결성은 세상의 모든 또는 대부분 나라를 앞서는 수준이다"라 하였다.[109]

타챠트(Tachart), 바로우(Barrow) 및 무디(Moodie)는 전적으로 콜벤의 서술 내용에 동의하였다.[110] 필자가 단지 첨언해 두는 바는 콜벤이 "그네들은 남들에게 분명히 가장 호의적이고 가장 자유로우며 가장 자비스러운 백성들로서 일찍이 그런 사례를 세상에서 볼 수 없었다"(ⅰ, 332면)는 표현을 하면서 미개인 이야기를 줄곧 살려서 보고문을 작성하였다는 점이다. 원시인과 처음으로 대면하게 되었을 때

---

109) 각주: P. Kolben의 「The Present State of the Cape of Good Hope」(Mr. Medley의 독일어 번역판, London, 1731, vol.1) 59, 71, 333, 336면 참조.
110) 각주: Waitz의 「Anthropologie」 ⅱ, 335면 참조.

에 유럽인은 흔히 그네들 삶을 풍자만화로 그리곤 하였지만 보다 지적인 사람이 시간을 두고 그네들 속에서 함께 지내게 될 경우에는 그네들에 대한 표현이 이 세상 어느 누구보다도 "가장 친절"하고 "가장 신사적"인 사람들이라는 것이었다. 바로 이와 같은 문어들이 가장 명망이 있는 사람들에 의하여 오스티악인(Ostyaks), 사모이드인(Samoyedes), 에스키모인(Eskimos), 다약인(Dayaks), 알루트인(Aleoutes), 파푸아인(Papus) 등에게도 적용되기에 이르렀다. 필자도 이들이 퉁구스인(Tunguses), 축지족(Tchuktchis), 시옥족(Sioux) 및 그 외 여러 부족에 적용되었던 사례를 읽은 것으로 기억하고 있다. 이런 높은 빈도의 사례들은 이미 재삼 되풀이하였던 절찬의 표현들로도 한 권의 책이 되고도 남을 것으로 생각된다.

호주 원주민들은 남아프리카 동족들보다 조금도 더 진보된 부족이라고 생각되지는 않는다. 그네의 움막도 비슷한 형편이고 찬바람을 피할 요량만으로 단순한 가리개를 걸치는 일마저도 매우 드문 현상이다. 그네들의 식량에도 거의 다른 점이 없다. 그네는 심하게 부패한 고깃덩이를 게걸스럽게 먹으며 결핍의 시기에는 식인종으로 돌변한다. 유럽인에게 처음 발견되었을 당시에는 이네들이 돌이나 뼈다귀 외의 어떤 도구도 가지지 않았고, 그 정도의 개략 설명만으로도 표현에 충분한 것이었다. 어떤 부족들은 타고 다닐 카누조차도 없었고 물물 교환하는 방편도 모르고 있었다. 지금껏 이네들의 생활양식과 관습에 대하여 면밀히 관찰하였더라면 아마도 필자가 앞에서 언급하였던 빈틈없는 씨족의 조직 아래 그네가 살고 있으리란 사실이 증명되었을 것이다.[111]

이네들이 서식하고 있는 영토는 서로 다른 혈통이나 씨족 사이에 할당식으로 나뉘어 있지만, 각 씨족 조직이 사냥하거나 어로작업을 하는 영토는 공동으로 활용되며 어로나 사냥의 산물은 전체 씨족에 귀속되고 어로와 사냥의 도구들도 전체 씨족에 예속되어 있다.[112] 식사는 공동으로 이루어진다. 많은 다른 미개인들과 마찬가지로 어느 정도의 아교와 목초가 채집되는 계절에 관한 법규에 철저히 따른다.[113] 그네들의 도덕관념 모두에 대해서도 파리의 인류학회 질문에 대하여 노스퀸스랜드에 파견되었던 선교사 럼홀츠(Lumholtz)의 다음과 같은 회답을 복사 전제하는 것만이 최선일 것으로 생각된다.[114]

"그네들에게는 우정의 느낌이 진하게 흐른다. 매우 강렬하다. 약한 사람들은 보호되게 마련이고 아픈 사람들은 철저하게 지켜지며, 결코 이네들을 버리거나 죽게 놔두는 일이 없다. 이네 부족은 식인종이지만 자신의 부족을 잡아먹는 일은 거의 없고(종교적 원칙에 따른

---

111) 각주: 시드니 북쪽에 살며 카밀라로이 언어를 말하는 원주민들은 이런 관점에서 가장 잘 알려져 있으며, 주요 업적을 낳은 것은 Lorimer Fison과 A. H. Howitt의 「Kamilaroi and Kurnai」(Melbourne, 1880)이다. 또한 A. W. Howitt의 「Further Note on the Australian Class Systems」로서 호주의 이런 조직을 광범위하게 서술하고 있다. 게재지는 「Journal of the Anthropological Institute」(1889, vol. xⅷ) 지면으로서 참고하기 바란다.
112) 각주: 「Australian Aborigines」의 "The Folklore Manners"(Adelaide, 1879). 11면 참조.
113) 각주: Grey의 「Journals of Two Expeditions of Discovery in North - West and Western Australia」(London, 1841) vol. ⅱ의 237 및 298면 참조.
114) 각주: 「Bulletin de la Société d'Anthropologie」(1888) vol. xi. 652면(회신 면) 참조.

제전의 경우에 한정된 것으로 생각됨) 이방인만을 먹는다. 부모는 어린애를 사랑하며 함께 놀아 주고 귀여워한다. 유아를 살해하여 없 애는 행태가 공통적으로 승인되고 있지만 노인들은 제대로 봉양되어 서 결코 죽게 내버려 두지 않는다. 종교도 우상도 없는 대신에 죽음 의 공포만 있다. 다부다처체제의 혼인관례가 통용되며, 종족 내에서 벌어지는 싸움은 나무칼이나 방패를 이용하는 결투 형식으로 정해져 있다. 노예도 없고 어떤 종류의 문화도 없으며 그릇도 옷가지도 있 을 게 없다. 간혹 여자들이 앞치마 같은 가리개를 걸치는 게 고작이 다. 씨족은 200여 명으로 구성되어 남녀 각각 4계급으로 조직되며, 혼인은 정해진 계층 안에서만 허용되고 같은 혈통(gens)의 부계씨족 안에서는 혼인이 절대로 허용되지 않는다."

파푸아(Papua)족은 이상에 설명한 바와 크게 다를 것이 없어서 빙 크(G. L. Bink)가 묘사하였던 바와 같이, 1871년부터 1883년 사이에 주로 뉴기니(New Guinea)와 길윙크 만(Geelwink Bay)에 살았다. 앞의 경우와 유사한 의문에 대한 빙크의 대답을 간추리면 다음과 같다.[115)

"이네들은 상호 협동적이고 명랑하여서 잘 웃는다. 용기가 있다기 보다는 우유부단하다. 다른 씨족에 속하는 사람들 사이에서도 비교 적 큰 우정을 가지지만 그래도 우정은 씨족 내에서 더욱 강한 편이 다. 친구 간에는 빚을 대신 갚아 주는 일도 다반사이고, 이들의 아 이에게는 이자 없이 추후에 갚도록 하는 계약을 맺기도 한다. 병약

---

115) 각주: 「Bulletin de la Société d'Anthropologie」(1888) vol. xi. 386면 참조.

한 사람이나 노인을 잘 보호하고, 노인을 방치하거나 죽이는 일은 결코 없지만 오랫동안 병에 시달리는 노예의 경우에는 예외이다. 전쟁 포로는 때때로 잡아먹히게 된다. 어린 포로들은 각별히 귀여움을 받거나 사랑을 받는다. 늙거나 연약한 전쟁 포로들은 죽임을 당하지만 그 외는 노예로 팔린다. 이네들에게는 종교도 신도 우상도 없고 매사를 단정 지을 권위자도 없다. 가족 내에서 제일 나이든 사람이 모든 결정권을 갖는다. 어른에게는 벌금제가 적용되며 이는 공동체에 귀속된다. 땅은 공동으로 지켜지지만 여기에서 얻어진 농산물은 가꾼 사람들에게 귀속된다. 이네들에게는 그릇이 있고 물물교환 관습이 있어서 상인이 물건(상품)을 주면 물건을 가지고 집에 돌아가서 그에 상응한 지역 산물을 가져다 상인에게 지불한다. 다만 지불할 산물이 없을 경우에는 유럽의 상인에게 상품을 되돌려 준다.116) 이네들은 적의 머리를 참수하는 종족으로서 이런 관습은 피의 보복을 뜻하는 일이다. 핀시(Finsch)에 의하면 '때로는 벌칙을 적용하여 그 범죄세력을 제거하는 해결을 위하여 나모토트의 추장(Rajah)에게 제소하는 제도를 참고할 만하다'고도 설명된 바 있다."

대접을 잘 받기만 하면 파푸아인들은 매우 친절해진다. 믹클루코 매클래이(Miklukho Maclay)라는 사람이 한 사람의 보조원만을 데리고 뉴기니의 동해안에 상륙하여 식인종으로 알려져 있던 한 부족과

---

116) 각주: Kaimani 만의 파푸아인에게도 같은 일이 일어나는데 이네들은 정직하기로 소문이 나 있다. "파푸아인에게는 약속을 어기는 일이 결코 없다"고 Finsch가 「Neuguinea und seine Bewohner」(Bremen, 1865), 829면에 밝힌 바 있다.

2년을 지낸 뒤에 섭섭하게 헤어졌으며 그는 다시 되돌아가서 일 년을 더 그네들과 지냈지만 결코 불만스러운 대접을 받지 않았다고 한다. 그의 철칙은 어떤 일에도 핑계를 앞세우지 않고 거짓말을 하지 않으며 지킬 수 없는 어떤 약속도 결코 하지 않는다는 것이었다. 이 네들 가난한 부족들은 불을 일으키는 방법조차 모르고 있어서 한번 얻은 불씨는 움막 안에 정성스럽게 유지하였고, 어떤 지배자도 없이 원시적인 공동생활로 살며 마을 안에서는 입에 올릴 어떤 다툼도 없이 살아간다. 그네는 일용할 양식을 충분히 얻을 만큼 함께 일하고, 대를 이을 후손을 분만하여 기르며 저녁 시간이면 그네들이 할 수 있는 한 요염하게 차려입고 나와서 춤을 추며 즐긴다. 모든 미개인들이 그렇듯이 그네들도 춤을 즐긴다. 각 마을마다 바리아(baria) 또는 바라이(barai)라고 불리는 집, 즉 연립집(long house)이라거나 연립관(longuemaison) 또는 대회관(grande maison)이란 의미의 집을 운영하면서 미혼 남성이나 협동 모임, 또는 공동 집회를 위한 장소로 활용하는데 이런 생활양식은 태평양 군도나 에스키모, 또는 홍색 인디언 등의 대부분 주민들에게서 공통적으로 발견된다. 마을의 전체 조직들은 서로가 서로를 방문하여 의견을 교류하는 "일괄타결(en bloc)"이라는 우호적인 행태를 신조로 살고 있다.

불운하게도 이해 못 할 일로 불화가 끊어지지는 않고 있다. "지역의 과대확보"나 "지나친 경쟁"과 같은 일 또는 상업주의적 삶의 태동 따위로 불화가 생기기도 하지만 그 주요인은 미신에 근거한다. 어느 한 사람이 병에라도 걸리게 되면 즉시 주변의 친구나 친척들이 몰려들어서 누구 때문에 병이 초래되었는지를 따지는 해결책을 갑론을박하게 된다. 모든 가능한 적을 백방으로 찾으며 모든 사람들은 자신의 시시콜콜한 잘잘못까지도 늘어놓고, 그런 결과로 진짜 원인을 가려내게 된다. 그렇게 정해진 가해자가 인근의 마을에 있는 것으로 지명되면 그 마을을 습격하기로 결정된다. 따라서 해안에 있는 마을과의 사이에서도 오히려 불화가 잦아지게 된다. 이유는 진짜 마녀나 적으로 여겨지는 가해자가 식인종 산악부족으로 여겨지면 이들을 지목하는 말은 한마디도 꺼내지 못하는 반면에 친하게 잘 아는 사이라도 해안에 사는 자기네 이웃을 지목함으로써 가해자와 같은 종족의 사람임을 확인시키는 증명을 함으로써 죄명을 덮어씌우게 되기 때문이다.117)

태평양 군도의 폴리네시언 주민 마을에서 승리를 이끌어 내는 조화론에 대하여 기록될 수 있었던 수많은 충격적 사례들이 있다. 그러나 그것들은 보다 더 분명히 진보한 시대상에 속한 사례들이다. 따라서 훨씬 더 북쪽의 사례를 들어 우리의 이야기를 해야 할 것이다. 다만 남반구의 사례를 덮어 두기에 앞서서 필자가 말해 두어야할 것은 평판이 나쁘기로 유명한 후에지언 부족이라 할지라도 실제로 그네들의 진상이 제대로 알려지기 시작한 이래로는 훨씬 더 각광을 받고 있다는 점이다. 그네들과 함께 살았던 몇 명의 프랑스 선교사들은 "불만에 대하여 어떤 원만한 행위조차도 하지 않는 법을 아는 일"이라 하였다. 그네의 씨족은 120~150여 영혼들로 구성되어

---

117) 각주: 러시아 지리학회의 「Izvestia」(1880), 101면 참조. Maklay의 비망록에서 발췌한 내용보다 미개인의 일상생활을 더욱 상세하게 투시한 여행록은 별로 없다.

있는 점에서 파푸아인과 똑같은 원시적 공동체주의의 행태로 산다고 할 수 있으며, 또한 모든 일을 공동으로 함께 나누고 자기네 노인들을 지극정성으로 모시는 점에서도 물론 그렇다. 이들 가운데서는 평화가 곧 승리의 주인이다.[118]

에스키모와 그네들의 가장 근연족인 투링킷족(Thlinkets), 콜로시족(Koloshes) 및 알루티족(Aleoutes)을 통하여 우리는 빙하기에 인간이 할 수 있었던 행태를 가장 근사하게 설명할 수 있는 근거를 찾아내고 있다. 이네들의 도구는 구석기인의 도구와 거의 다름이 없어서 아직도 이들 종족 가운데 일부는 어로활동을 할 줄 모르며, 고작 작살 비슷한 도구로 단순히 물고기를 찍어 내는 수준에 있다.[119] 이네들은 쇠(철)의 사용을 알고 있으면서도 쇠를 유럽인에게서 구하고 있으며, 파선된 배에서 얻고 있다. 이네들의 사회조직은 이방인의 제약이 적용되던 "공동혼인제"시대에 이미 출현되어 있었지만 매우 원시적이라 할 수 있다. 이네들은 가족 단위로 살지만 남편과 아내를 가끔 교환함으로써 가족의 유대가 깨어지기도 한다.[120]

그러나 가족은 씨족으로 합쳐지기 때문에 달리 어떻게 할 수가 있겠는가? 서로의 단합된 힘으로 강력한 세력을 만들지 못한다면 어

---

118) 각주: L. F. Martial의 「Mission Scientifique au Cap Horn」(Paris, 1883). vol. i, 183~201면 참조.

119) 각주: Captain Holm의 「Expedition to East Greenland」 참조.

120) 각주: 호주에서는 씨족 전체가 모두 아내들을 서로 간에 교환하는 것으로 보인다. 참사를 해소시키기 위하여 하는 짓이다. Post의 「Studien zur Entwicklungsgeschichtt des Familienrechts」(1890) 342면 참조. 보다 형제애를 돈독히 나눌수록 참사에 대처하는 특효가 있을 수 있다는 그네들의 사고방식에서 비롯된다.

려운 생존경쟁을 어떻게 유지할 수 있겠는가? 그들의 행태는 그런 이유로 성립된다. 씨족의 유대는 북동부 그린란드의 경우에 생존경쟁이 가혹한 곳에서 가장 가까워진다. "연립가옥"은 이네들의 일상적인 살림집이 되고 여러 가구가 한꺼번에 같이 살지만 조그만 누더기의 털가죽으로 나누어 가림으로써 서로 간에 분할이 되고 앞쪽으로는 공동의 통로를 내고 있다. 때때로 집 모양을 열십자로 하기도 하는데 이럴 경우에는 공동의 불씨를 가운데 위치에 두어 관리한다. 이들 연립가옥의 한 군데에서 한겨울을 가깝게 보냈던 독일의 탐사대는 "평화를 깨는 다툼이란 애당초부터 없고 긴긴 겨울 동안에 이 좁은 공간을 사용하는 문제로 분쟁이 일어나는 법도 없다. 꾸짖는 일이나 불친절한 말을 뱉어도 이것은 경범죄로 간주되며 이런 일이 '닛쏭(Nithsong)'이라 하는 법 절차를 밟지 않고 행하여졌을 때 특히 그렇다"고 보고한 바 있다.[121] 가까운 공동생활이나 상호 의존하는 독립관계로 여러 세기에 걸쳐 불만이 없었던 양식이었으며 곧 에스키모 생활 특징으로 자리 잡힌 공동의 이익을 위한 깊은 존중의 바탕에서 기인한 것이다. 보다 큰 에스키모의 공동체에서조차도 "공동의 의견으로만 진정한 재판석이 형성되었고, 일반적인 형벌은 모든 사람들 눈앞에서 부끄러움을 느끼게 할 모욕을 주는 방식으로[122] 집

---

121) 각주: Dr. H. Rink의 「The Eskimo Tribes」 26면(「Meddelelser om Grönland」 vol.xi, 1887) 참조.
122) 각주: Dr. Rink. loc. cit. 24면 참조. 로마법을 숭상하며 자란 유럽인들은 부족의 권위가 갖는 힘을 이해하는 예가 드물다. Rink 박사는 "실제로 그것은 예외가 아니지만 그런 규범의 에스키모 가운데서 10년이나 20년을 함께 머물었던 백인들은 그네들의 사회성이 자리하는 전통적 사고에 대한 지식에 어떤 구구한 사실증언도 하지 않고 묵묵히 귀국하기 일쑤이다. 그렇게 하는 요지는 백인들은 그들 자신이 선교사건

행된다"는 것이었다.

　에스키모의 삶은 공동주의에 기초한다. 사냥과 어로로 얻어지는
것들은 씨족에 귀속된다. 그러나 부족에 따라서는, 특히 서부의 덴마
크인에게서 영향을 많이 받았던 곳에서는 사유재산이 그네들의 조직
안으로 침투해 들어왔다. 그러나 그네들은 개인적인 부의 축적 때문
에 야기될 불편 즉, 쉽게 그네들의 부족을 멸망으로 끌어들일 우려
를 분명히 다스릴 근본적인 방책을 마련하고 있다. 어느 한 사람이
부자가 되면 그는 그의 씨족 식구들을 거창한 잔치 자리에 초대 소
집하고, 배불리 먹인 다음에 그의 모든 행운을 그들에게 배분한다.
달(Dall)은 유콘(Yukon) 강에서 알레온테(Aleonte) 가족이 이런 방식
으로 총 10자루, 10벌의 가죽옷, 200개의 목걸이, 10장의 늑대 모피,
200장의 비버모피, 그리고 500장의 검은담비모피를 분배하는 광경을
목격하였다. 잔치가 끝나자 식구들은 그네들의 잔치 자리에 옷을 벗
어 던지고 그네들에게 주었던 진기한 가죽옷으로 갈아입은 다음, 동
족의 부자에게 몇 마디 즉, 그네가 다른 어느 누구보다 현재는 더욱
가난할지라도 그네는 친구애를 성취하였다는 인사말을 건네는 것이
었다.123) 이와 같은 부의 분배는 에스키모의 정상적인 습관으로 보
이며 연간에 취득한 모든 것을 내보인 다음 일정한 계절을 정하여
이런 행사를 벌이는 것 같다.124)

또는 무역상이든 관계없이 가장 볼품없는 유럽인이라도 가장 뛰어난
향토민보다 훌륭하다는 독설적인 의견에 굳어져 있기 때문이다."고 한
바 있다. 「The Eskimo Tribes」 31면 참조.
123) 각주: Dall의 「Alaska and its Resources」(Cambridge, U.S., 1870) 참조.
124) 각주: Dall은 Alaska에서, Jacobsen은 Bering 해협의 근교인 Ignitok에서

필자의 소견으로는 이들 분배 양식이 상당히 오래된 관습을 그리고 있으며 개인재산이라는 첫 습관 밖의 사건인 동시에 출현한 사례의 이야기일 것이다. 그러나 실제로 개인재판이 등장하였다면 일부 사람의 풍요를 형성시키는 많은 식구들이 괴로움(갈등)을 겪은 후에야 씨족 식구들 사이의 균등성을 위한 재분배 방식들이 건의, 대두되었을 것임에 틀림없다.

토지의 정기적인 재분배와 수많은 부족들(셈족, 아리안족 등)과의 오랜 역사 속에서 발생하였던 모든 부채의 정기적인 포기는 오랜 관습의 재현을 불가피하게 하였을 것이다. 또한 죽은 사람을 매장하거나 그 무덤을 파헤치거나 이런 모든 행위는 죽은 사람의 개인적 요구 탓이며, 이런 경우는 모든 원시인에게서도 발견되는 행태로서 결과적으로는 처분요구 행태의 기원이 똑같을 수밖에 없다. 실제로 죽은 사람에게 개인적으로 예속되는 모든 것들은 불태워지거나 그의 무덤에 파묻히지만 고기잡이배나 공용의 어로 용구와 같이 씨족 공동이면서 그에게 속했던 것들은 아무것도 손댈 수가 없다. 파괴가 가능한 것은 개인적 소유물에 한정된다. 시대가 흘러서 이런 관습은 종교적인 행사로 바뀌고 행태에는 신비스러운 해석이 부여되면서 공동의 의견만으로는 일반적인 주장을 강요할 수 없을 것으로 판단될 때, 종교에 의하여 처분 명령으로 처리되게 되었다. 또한 결과적으로는 죽은 사람의 소유물이 태워지는 단순한 관습(중국의 경우)으로

─────────────────

이런 장면을 목격하였다. Gilbert Sproat는 Vancouver 인디언에 대하여 이런 모습을 기술하였고, 정기적 행사를 언급하였던 Rink 박사는 "개인이 치부한 축적재산의 주요 사용처는 치부를 정기적으로 분배하는 행사비이다"고 하면서 평등 관계를 유지하기 위하여 같은 목적인 "재산의 분배"에 관한 언급을 하기도 하였다(전게서 31면 참조).

바뀌게 되었거나 또는 무덤에 그의 소유물을 형식적으로 옮겼다가 매장 절차가 끝난 다음에 집으로 옮겨 갔다. 이는 칼이나 십자가 또는 공적인 느낌의 어떤 표지 따위와 같은 물건에 대하여 아직도 유럽인들이 취하는 관습과 같다.125)

에스키모의 부족이 갖는 도덕심의 높은 경지는 일반적인 문헌에서도 자주 등장하여 왔다. 그럼에도 불구하고 알루트인의 행태에 대한 다음 언급은 거의 에스키모에 유사한 것으로 전체적으로는 미개인의 도덕심을 그대로 잘 나타낸다고 하겠다. 이들 글은 가장 저명한 러시아의 선교사 베니아미노프(Veniaminoff)가 10년간을 알루트인과 함께 생활한 뒤에 기술한 내용이다.

"그네들의 주요 행태는 인내심(작가의 표현임)이다. 엄청난 일이다. 매일 아침마다 꽁꽁 언 바다에서 목욕을 할 뿐만 아니라 해안에 벌거벗은 채 서 있고 칼날 같은 언 바람을 맞지만 넉넉하지 않은 식사로 힘든 일을 할 때마저도 그네들의 극기하는 행태는 상상할 수 있는 모든 상황을 초월하는 것이었다. 먹을거리가 없어서 기근이 계속되는 동안에는 알루트인이 우선적으로 아이들을 먼저 돌보며 어른들이 가진 모든 것을 아이에게 내주고 그네는 단식을 한다. 그네는 훔치는 경향이 없다. 이 점은 최초의 러시아 이민자들에 의하여 확인된 바이다. 그러나 절대로 훔치지 않는다는 뜻은 아니다. 어떤 알루트인이라도 때때로 무엇인가를 훔친 사실을 고백하게 되지만 그

---

125) 각주: 붙임 글-1의 Ⅷ 참조.

내용은 거의가 푼돈에 지나지 않는다. 그 모두가 그렇게 천진난만하다. 어린애에 대한 부모의 집착은 비록 말이나 귀여워하는 행동으로 표현하는 일은 없지만 대신에 어루만져 주는 일로 나타낸다. 알루트인은 어려운 일에 닥쳐서야 약속을 만드는 경향이 있지만 한번 서약을 하면 어떤 일이 있어도 약속을 이행한다.

알루트인 한 사람이 마른 생선을 선물로 베니아미노프에게 만들어 주었다. 그러나 서둘러 헤어지면서 해변에서 그걸 잊고 말았다. 그는 그 선물을 집으로 가지고 돌아갔다. 그 선물을 선교사에게 보낼 수 있을 그 뒤의 기회는 1월이었는데, 실제로 11월과 12월은 알루트인 거류지에 대단한 식량기근의 재난이 있었다. 그러나 그 선물 생선은 어느 주민 누구에 의해서도 손 타지 않았고, 그 뒤인 1월에 현지로 보내졌던 것이다. 그네들의 도덕심 경지는 다양하고 심오한 것이다. 피할 수 없는 죽음을 두려워하는 일은 수치스러운 것으로 여겨진다. 적에게 사정을 하거나 적을 죽여 본 일조차 없이 죽는다거나 물건을 훔친 죄인이 되는 일, 항구에서 배를 뒤집히는 일, 폭풍우가 치는 바다에 나가기를 겁내는 일, 식량재난이 났을 때에 책무를 피하여 긴 여행길에 오르는 집단의 향도가 되는 일, 부정한 약탈품을 나눌 때 탐욕을 드러내는 일(이런 일이 있게 되면 모든 사람들이 분배받은 전부를 탐욕스러운 그에게 몰아줌으로써 수치를 느끼게 한다), 아내에게 공공의 비밀을 누설하는 일, 한 사냥터에 둘이 있으면서 상대에게 최고의 공을 돌리지 않는 일, 자신의 행위(특히 독창적인 일)를 뽐내는 일, 남을 무시하여 비난하는 일 등도 같은 식으로 거론할 수 있다. 또한 사정하며 비는 일, 다른 사람 앞에서 아내를 애무하는 일, 또는 아내와 춤추는 일, 개인적으로 흥정하는 일(판매는 언제나 제삼자를 통하여 이루어져야 하며 가격은 제삼자가 정함)도 마찬가지이다. 여인들에게는 바느질하기, 춤추기 및 여타의 여성에게 부여되는 일 등속을 제대로 할 줄 모르는 데 대한 수치, 또는 남편과 아이를 애무하거나 모르는 사람 앞에서 남편에게 말을 거는 일조차도 수치로 여긴다."126)

이런 내용이 알루트인의 도덕이며 그네들의 이야기나 전설을 통하여 늘어놓는다면 그 이상의 설명도 가능할 것이다. 필자도 한마디 첨언코자 하는바, 베니아미노프가 1840년에 기술하였던 내용이다. 그의 기록에 의하면 지난 세기 이래로 60,000명 주민 가운데 단 한 건의 살인죄가 범해졌을 뿐이며, 1800명 알루트인 가운데서는 단 한 건도 범법자가 40년 동안에 없었다는 것이었다. 우리가 알루트인의 삶 속에 꾸짖고 비난하며 거친 단어를 쓰는 법칙이 없음을 추호도 모르고 있었던 점을 반성해 본다면, 이런 기록쯤은 결코 이상스럽게 느껴지지 않을 것이다. 그네들의 아이들은 싸움조차도 하는 일이 없고, 서로 간에 말로 다투는 일조차 없다. 그네들이 하는 법칙의 말 모두는 "네 엄마는 수놓을 줄도 모른다!"거나 "네 아빠는 한쪽 눈이 애꾸로구나!"라는 정도에 지나지 않으니 말이다.127)

---

126) 각주: Veniaminoff의 「Memoirs relative to the District of Unalashka (Russian)」 3 vols.(St. Petersburg, 1840) 참조. 이들 책에서 영어로 발췌한 내용이 Dall의 「Alaska」에 게재되어 있다. 호주인의 도덕심에 관한 유사한 이야기가 「Nature」 xiii, 639면에 게재되어 있다.

127) 각주: 몇몇의 작가들(Middendorff, Schrenk, O. Finsch 등)은 거의 모두가 같은 말로 Ostyak인과 Samoyede인을 묘사하였다. 술 취한 때에도 그네의 싸움이 신경 쓸 정도가 아니라 했다. "100년 동안에 Tundra에서는 단 한 건의 살인죄만 있었다"거나 "그네의 어린애는 결코 싸우

그러나 미개인의 생활양식은 여러 모로 유럽인을 황당하게 하는 것이었다. 부족 간에 일치단결하거나 원시적인 동족 관념이 서로에게 힘을 몰아주는 탁월한 감성의 발달 정도가 너무도 대단하여서 어떠한 진실의 서약을 하면서라도 이런 사실을 증언하기에 부족함이 없다. 아직도 이네들의 미개적 유아 살해 관습이나 경우를 살펴 가면서 노인들을 포기하고 또는 피의 보복원칙에 맹목적으로 따르는 행태에 대해서는 이해가 미진한 바 없지 않다. 유럽인의 마음에는 처음 보는 모습에 의구심을 가지게 만드는 것 같지만 현실로 공존함을 재론하지 않을 수 없다. 필자는 이미 알루트인의 아버지가 여러 날 여러 주일에 걸쳐서 어떻게 굶주리고 가진 모든 먹을거리를 자식에게 제공하며 부시맨의 어머니가 자식을 뒤쫓아 노예의 길을 어떻게 선택하는지 곧바로 설명한 바 있다. 필자는 미개인이 그네들 자식과의 관계에서 드러내 보이는 진정으로 부드러운 사이에 관한 이야기로 지면을 메우고 싶다. 오다 가다가 힐끗 보고 지나치는 여행자들은 이네들이 우발적인 행동을 하는 것으로만 계속하여 언급하고 있다. 한쪽으로는 어머니의 지고한 사랑에 관한 이야기가 있고, 다른 곳에선 뱀에 물린 아이를 들쳐 메고 숲길을 사정없이 달리는 아버지의 이야기가 있다. 또는 몇 년 전에 제물로 바쳐지게 됨으로써 태어난 뒤 어렵게 살려내었던 자식을 잃고 비통해하는 부모의 슬픔을 선

지 않는다"거나 "Tundra에는 몇 년 동안 어느 것도 남겨 둘 수 있다. 음식이나 Gin(술)이라도 거기에 손대는 이가 결코 없다"거나 하는 그런 내용들이다. Gilbert Sproat는 뱅쿠버 섬의 아트(Aht) 인디언에 대하여 "싸울 수 없는 두 신중한 향토민(원주민) 사이"라 하였고, "싸움이란 그네의 아이들에게서도 매우 드문 일"이라 하였다(Rink, 전게서). 그리고 그 밖의 것들도 참조 바람.

교사들에게서 들을 수도 있으며, "미개인"이라 불리는 그네들의 어머니가 일상적으로는 제 자식을 4살이 될 때까지 강보에 쌓아 키운다거나, 뉴헤브리디스(New Hebrides: 호주의 동방 태평양의 산호섬들)의 이야기이긴 하지만, 특히 사랑하는 자식을 잃게 된 어머니나 숙모가 저세상까지 따라가 죽은 아이를 양육하겠다고 스스로 목숨을 끊게 된다는 이야기를 들을 수 있다.[128] 끊임없는 그런 이야기들이다.

이런 사례들은 수없이 많기 때문에 이네들 사랑에 충만한 부모들이 유아 살해를 저지른다는 사실을 알게 되었을 때, 그 숨겨진 깊은 뜻이 무엇이든 간에 그런 행태는 종족으로서 부여되는 의무거나 기왕에 낳은 자식이라도 잘 키워야 하겠다는 생각으로 또는 극복하기 힘든 가난의 여파로 생겨난 것임을 이해하게 된다. 미개인들은 내규적으로 일부 영국의 작가가 묘사하였던 바와 같이 "할당받지 않고는 번식하지 않는다." 그러나 이와는 달리, 그네들은 백방을 다하여서 출산율을 낮추기 위한 수단을 동원한다. 유럽인은 분명히 이네들을 무절제한 것으로 보았지만, 실제의 총체적인 이네들 절제력은 유아 살해에 이르는 수단으로 부과되고, 이에 불만 없이 복종하는 정황이다. 그럼에도 불구하고 원시부족은 그네의 어린애들을 모두 다 양육해 낼 수가 없다. 반면에 그네가 생존을 해 낼 정규적인 수단들을 넉넉하게 확보하게 되자마자 그네들의 유아 살해는 즉시 지켜지지 않게 되었다는 정보가 알려지게 되었다. 전반적으로 부모들은 마땅

---

128) 각주: Gerland와 Waitz의 「Anthropologie」 V. 641면을 Gill이 인용한 내용임. 또한 630~640면을 참조하면 부모로서의 사랑이나 자식으로서의 사랑에 관한 수많은 사례들이 인용되어 있음.

찮지만 규정에 따르다가 문제가 없게 되자 곧 제 아이들을 구제할 수 있는 최선의 절충안을 수용케 된 것이다.

필자의 친구인 엘리 렉클러스(Elie Reclus)가 매우 적절히 지적하였듯이[129] 이네들은 출생에 길(吉)한 날과 불길(不吉)한 날을 만들어서 길한 날의 출생숫자를 줄였고 또 그네들은 불길한 출생의 판결을 단 몇 시간 동안이라도 지체하려고 발버둥 치면서 자위하기를 "어린 애는 하루만 살았더라도 자연의 삶(부여받은 천수)을 모두 산 것임에 틀림없다"고 하는 것이었다.[130] 그러면서 숲에서 울려오는 어린 것의 울음소리를 지켜 듣고 만일 소리를 들었다면 종족에 대한 불운한 행위를 용서받는 것으로 여겼다. 즉, 그네가 아이를 생산하지 못하게 되거나 또는 아이를 불가피하게 지우지도 못하게 되면 이네들 각자는 규범의 판결을 받을 필요도 없이 조용히 사라져서 오히려 처참한 죽음을 당하게 마련이므로 그러기보다는 숲 속에 아이를 내맡기게 하는 길을 택한다. 무식하지만 잔인하지는 않게 유아 살해를 유지해 왔던 이네들 미개인을 선교사는 설교로 도덕적이게 하는 대신에 베니아미노프의 성공 대책사례에 따르고자 하였다. 그는 노년에 이르도록 매년 낡은 보트에 몸을 싣고 오호츠크(Okhotsk) 바다를 건너가거나 그가 사는 툭치스(Tchuktchis) 지역 안을 개수레로 떠돌아다니면서 그네들에게 빵과 어로 도구를 제공하고 있었다. 따라서 그는 먹을거리를 할당하고 구하게 하는 수단을 주어서 진정으로 유아 살해 처방을 필요 없게 하여 단절시켰다고 말할 수 있다.

---

129) 각주: 「Primitive Folk」(London, 1891) 참조.
130) 각주: 「Gerland」전게서. v.636면 참조.

피상적인 목격자들이 이네들을 "어버이 살해자"로 묘사한 것도 이와 다를 바 없다. 노인을 내다 버리는 관습은 일부 작가들이 그런 것으로 고수하여 왔던 것처럼 그렇게 널리 퍼져 있지는 않았음을 우리는 알게 되었다. 이 관습은 말할 수 없이 많은 갈등을 번복하면서 거의 모든 미개족들이 가끔 행한 것이고, 이럴 경우에도 그 동기는 어린애를 가져다 숲에 버리는 행위와 마찬가지였다. 미개인이 제 종족에게 짐이 되고 있다는 생각이 들 경우, 또는 매일 아침에 저에게 할당된 먹을거리가 마치 어린아이의 입에 든 것을 빼앗은 결과로 어린애가 제 아빠만큼 배고플 텐데 이를 참을 수 없으리란 생각이 들 경우 그네들이 심적 갈등을 겪기 때문에, 그네들은 배고플 때 소리쳐 운다. 또는 매일 젊은이의 어깨에 얹혀서 돌무더기 해변을 넘어 가야 하거나 또는 아무도 없는 숲 속으로 옮겨질 수밖에 없을 때 거기 미개인의 땅에는 병자의 마차도 없고 마차를 끌어 갈 티끌조차 없는 곳에 내던져진다. 그제야 옛날의 러시안 시골사람들로부터 오늘날까지도 전해 내려오는 말 "Tchujoi vek zayedayu, pora na pokoi!" 즉, "지금 나는 다른 사람의 몫을 축내는 인생을 살고 있구나! 이제는 물러나야 할 시간이구나!"를 되뇌기 시작한다. 그러면서 그는 죽어 가는 것이다. 그는 마치 병사가 이와 같은 처지에 놓여서 하는 바를 행한다. 즉 전쟁터에의 참전을 인정받기 위해서는 더욱 앞으로 전진을 해야 하는데 더 이상 움직일 수는 없고 그대로 뒤쳐져 있다가는 죽음을 면치 못한다는 사실을 알게 되었을 때 그 병사는 제일 친한 병사친구에게 자리를 뜨기에 앞서 자기를 죽여 주는 최후의 봉사를 호소하게 된다. 그 병사친구는 손을 부들부들 떨면서라도 죽어 가는 친구의 몸에 총을 겨눈다. 그러고는 미개인이 하듯 그 짓을 하는 것이다. 노인은 스스로 죽기를 바란다. 스스로 공동체를 향한 마지막 의무를 주장하면서 부족의 승낙을 받으면 그는 자신의 무덤을 스스로 파고, 친지들을 마지막 고별연에 초대한다. 그의 아버지가 그렇게 하였고 이번은 자기 차례인 것이다. 그래서 애정의 인사를 마지막으로 하고 친지들을 떠나는 것이다. 미개인들은 죽음을 그의 공동체에 대한 의무행위로 늘 생각해 왔기 때문에 모팟(Moffat)이 가르쳤던 대로 구제되기를 거부할 생각조차 하지 않는다.

한 여인이 그녀의 남편 무덤 위에 제물로 바쳐지게 되지 않을 수 없는 지경에서 선교사들에게 구출되어 한 섬으로 옮겨졌지만 그녀는 야밤에 도주하여 바다의 품으로 뛰어들었고 헤엄쳐서 부족에게로 돌아가 무덤 위에서 죽음을 맞았다고 한다.[131] 이 일은 그네들에게 일종의 종교행위로 굳어졌던 것이다. 그러나 율법에 따라 미개인들은 타인의 삶은 싸움(전쟁) 때문이 아니라면 어떤 이유로도 다투기를 꺼리므로 그네들은 아무도 스스로 나서서 다른 사람의 피를 흘리게 하지 않으며 거짓으로 꾸며진 어떤 종류의 계략에도 걸려들지 않으려 한다. 대부분의 경우 그네들은 노인에게로 일상적인 먹을거리의 정상적인 할당량 이상을 준 뒤에 숲에다 안치한다. 극지대 탐험가들은, 사고가 생겼을 경우, 더 이상 구제하여 돌아가기 어려운 동료에게 이런 방식의 처치를 한다. "며칠이라도 더 살기 바란다! 그러면 기적 같은 구원의 손이 있을 수도 있다!"는 뜻일 것이다.

서구 유럽의 과학자들이 이런 사실을 극복하고자 하였지만 전혀

---

131) 각주: Erskine이 Gerland와 Waitz의 「Anthropologie」 v.640면을 인용한 것임.

그들에게 먹혀들지 않았다. 부족의 도덕심을 고차적으로 높이려는 생각만으로 그네를 설득시킬 수 없었는데, 그런 까닭은 곧 그네들이 전적으로 옳게 관찰한 사람들의 판단에 오히려 의구심을 가졌다는 데 있다. 이런 결과는 오히려 진실의 양면 즉, 부모와 유아 살해를 포기하는 부족의 양면적 도덕성을 양립시켜 설명하고자 노력하는 것만큼도 효과가 없었던 것이다. 유럽인들에게 이해가 안 되는 일이었던 것이다. 그러나 유럽인들이 자신들을 더없이 우호적이고 자신의 아이들을 더없이 사랑하며 자신의 처지가 불운한 잘못된 것으로 판단이 되면 소리쳐 울며 눈물짓는 감동적인 사람들인 반면에 먹을 것을 찾아 배회하면서 죽어 가고 있는 아이들의 빈민굴 곁에서도 아무렇지도 않게 살고 있다. 즉 유럽인들은 마치 돌 세례를 받으며 유럽에 살고 있는 격이다.

이런 양심적인 진실상을 그 당시 미개인들에게 말하였더라도 미개인은 또한 그 진실을 이해하지 못하였을 것이다. 필자도 퉁구스(Tungus) 친구들에게 우리의 개인주의적 문명을 이해시키려고 노력하였지만 얼마나 헛된 일이었는지를 잘 기억하고 있다. 이들 친구들은 도무지 바뀌려 들지 않았고 너무나 환상적인 제안을 하기만 하였던 것이다. 미개인이 악과 선에 관한 모든 상황을 부족의 만장일치적인 방식으로만 판단한다는 사실은 미개인이 만장일치의 몰가치를 잘 아는 유럽인을 이해할 수 없게 한 것이고, 정상적인 유럽인 또한 미개인을 이해할 수 없게 만든 요인이었다. 그러나 유럽의 과학자들이 모두가 한 사람의 식량분도 가지지 못하여 굶주려 죽을 지경인 부족 가운데에서 함께 살아 보았더라면 며칠 지나지 않고도 그네들의 행태가 어떤 동기에서 이루어진 것인지를 아마도 이해할 수 있었을 것이다.

또한 미개인들에 있어서도 만일 그네들 누구 하나가 유럽인 속에서 함께 살고 같은 교육을 받아 보았더라면 아마도 쉽게 유럽인이 서로 이웃과 다르지 않고, 왕립선교단들이 "유아 살해"를 금지시키거나 "돌집은 돌과 같은 찬 마음을 만든다"고 말하는 러시아 시골 사람들을 이해할 수 있었을 것이다. 다만 우선은 돌집에 살아 보아야 했을 것이다.

식인풍습에 대하여서도 유사한 평가가 이루어질 수 있을 것이다. 파리인류학회에서 최근에 주제로 다루어지는 동안 주목을 받았던 모든 사실들을 살펴보면, 그래서 "미개인"에 관련된 논문에 산재하고 있는 수많은 부수된 평가를 보면 이런 식인행위가 냉엄한 필요성에 강박되어 대처함으로써 생존에 이바지시키는 짓이었다. 그러나 피지나 멕시코에서는 취해지는 비율까지 고려하게 만드는 미신과 종교에 의하여 보다 더 통제 발전되기도 하였다. 이 지경에 이르도록 수없이 많은 미개인들은 보다 더 진전된 부패 상태의 시체들을 게걸스럽게 먹어 왔으며 절대적인 기아의 경우에는 그들 가운데 몇몇이 시체를 파내어 먹고 전염병이 만연한 상태에서도 인육에 의존하여 먹을거리를 해소하였던 것이 사실이다. 이 이야기는 확실하게 드러난 사실들이다.

그러나 우리가 우리 자신을 원시인들이 경험하였을 음습하고 추운 기후와 손이 닿을 곳에는 채소가 거의 없는 빙하기로 옮겨 놓아 본다면, 또는 아직도 압박원주민 사이에서 괴혈병이라는 무서운 참화를 우리가 치르게 되어서 알고 있는 한에는, 그리고 신선한 고기와 피밖에 건강회복을 시킬 것이 없음을 가정한다면, 또한 원천적으로 곡물먹이동물(granivorous animal)이었을 인간이라도 빙하기 동안에는 별수 없이 육식을 하는 존재였다는 사실을 인정해야 할 것이다. 그 당시에는 사슴이 얼마든지 뛰어놀았지만 가끔은 북극지방으로 대이동을 하고, 경우에 따라서는 여러 해에 걸쳐 전혀 제 땅에 나타나지 않기도 한다는 사실을 그네들도 알고 있었을 것이다. 이럴 경우에는 그네들에게 마지막 남은 먹을거리도 없어진 셈이었다. 이와 같은 시련기의 식인습관은 유럽인에게서도 불가피하게 나타났었던 일이고, 같은 현상이 미개인들에게서 나타났던 것이다.

오늘날까지 그네들은 제 동족들의 죽은 시체를 게걸스럽게 먹는 일이 있으며, 그래서 죽을 수밖에 없었던 다른 이들의 시체를 먹었을 것임에 틀림없다. 노인은 죽어야 제 부족에게 마지막 남은 도움을 주게 되리라고 확신하며 죽었다. 이런 까닭으로 식인관습은 신성한 원리와 하늘의 계시에 따른 행태의 하나로서 일부 미개인들에 의하여 재현되고 있는 것이다. 그러나 뒤에 와서는 그럴 필요가 없어지게 됨으로써 미신적 행태로 남게 되었다. 적대관계에 있는 종족은 용기를 전수시키기 위하여 먹고, 다음 세대에 이르러서까지도 적의 눈과 심장이 그런 목적하에서 먹히고 있었다.

반면에 또 다른 부족에게서는 이미 헤아리기조차 힘들게 다양한 무속적 신앙이나 넓게 뿌리내린 신화, 인간의 피에 굶주린 사악한 마귀 따위들이 출현해서 이네들의 신을 진정시키기 위한다는 명목으로 인간들을 제물로 바치게 하고 있었다. 이와 같은 종교적 양상을 띠고 나타난 식인관습은 더없이 저주스러운 또 다른 특성이라 할 수 있다. 멕시코는 잘 알려진 사례를 낳았다. 또 피지는 왕의 신분이 피지배자 가운데 어느 존재를 골라서 먹을 수 있던 곳으로서 무속신앙인의 권력적인 계급제, 황당하게 복잡한 신학,132) 그리고 독재정치의 빈틈없는 세력과 현상이 우리들에게까지 알려져 있다. 필연적으로 발상되었던 식인관습이 세월의 흐름에 따라 하나의 종교적 조직 행위로 바뀌게 되었고, 이런 양태는 이미 오래전까지 존속하다가 관습이 되어 영위해 오던 많은 원시종족 가운데서 점차 사라지게 되었으나 신화적인 진화의 단계에까지 이르지는 못하였다. 유아 살해(패기) 관습이나 부모의 고려장 관습에 대하여서도 같은 식의 평가를 하지 않을 수 없다. 경우에 따라서는 아직도 옛날을 재현시키는 방편으로 또는 지난 시대의 종교적 전통의 하나로 이네들에 의하여 유지되고 있기도 하다.

필자는 가장 잘못 판정된 결론의 한 근거를 만들었던 또 다른 원시 관습을 설명하는 것으로 이야기를 일단락 짓기로 하겠다. 즉 피의 보복을 실천하는 관습을 말한다. 미개인들은 피 흘린 대가를 피로 보상받아야 한다는 강한 생각에 사로잡혀 살았음에 틀림없다. 어느 한 사람을 죽였으면 그 살인자는 틀림없이 죽어야 마땅하고 어느 한 사람이 상처를 받으면 그 가해자의 피도 흘려져야 마땅하다는 것이다. 이 규율에는 어떤 예외도 없고 동물에게까지도 마찬가지로 적용된다. 따라서 사냥꾼이 동물의 피를 흘리게 한 채로 마을에 돌아오면 사냥꾼도 피를 흘리도록 처벌을 받는다. 이런 방식이 "정의"에 대한 미개인들의 논리였고, 이제껏 서구의 유럽인들이 살인자에게 이의 없이 취하는 관념과 같은 것이다. 이제, 범인과 피해자 두 사

---

132) 각주: W. T. Pritchard의 「Polynesian Reminiscences」(London, 1866) 363면 참조.

람이 모두 한 씨족에 속하는 경우를 상정하면 부족과 피해자가 이 사건을 부결하게 된다.[133] 그러나 범인이 다른 부족에 속할 경우에는 몇 가지 이유를 들어서 그 부족이 보상하기를 거절하게 되면 피해자 부족이 보복 절차를 결정짓게 된다. 원시부족은 매사의 개인적인 일도 씨족의 일로 취급하여 부족의 의사에 좌우되기 때문에 제각각의 행동에 대해서도 씨족의 책임이라는 생각을 쉽게 하는 경향이었다. 따라서 의무적인 보복 절차가 범인의 씨족이나 친척 가운데어느 한 사람에게 집행될 수도 있다.[134] 그러나 이런 사건은 가끔씩밖에는 일어나지 않는 일이어서 범죄사건 이상으로까지 말미가 확대되기도 한다. 상처를 처벌하는 과정에서도 자칫 범인을 죽이거나 의도 이상의 상처를 낼 수도 있어서 이 처벌이 새로운 마찰의 불씨로

---

133) 각주: 그러나 죽음에 이른 피해일 경우에는 아무도 처형자의 입장에 서지 못한다. 모두가 나름대로 돌을 던지거나 손도끼를 던지지만 결정적인 강타를 주지는 않도록 주의하며 던진다. 다음 시대에 이르러서는 무속신앙자가 예리한 칼로 희생의 상처를 주는 처벌로 바뀐 것이었다. 그러나 뒤에까지도 고용된 교수형 집행인제가 성립된 문명이 있기 전까지는 왕이 그 역할을 하기도 하는 것이었다. 침례교회는 이 주제에 대하여 「Der Mersch in der Geschichte」 iii, "Die Blutrache" 1~36면에 깊은 고찰을 하였다. 이 종족의 관습으로 남아 있는 것에 대하여 필자는 최근까지 군대집행관으로 살아남아 있었던 E. Nys 교수에게서 이야기를 들었다. 19세기 중엽에는 12명의 병사들이 총을 쏘는 총살제였는데, 이들 12명은 11명의 실탄장전자와 1명의 비장전자로 구성되어 발사케 하였다. 이들 12명은 누가 비장전자였는지를 모르기 때문에 제각각은 자기가 살인자는 아닐 것이라는 생각으로 양심적 고통을 피하는 위안을 받을 수 있었다는 것이었다.

134) 각주: 아프리카나 또는 어느 곳에서도 널리 퍼져 있는 관습으로 만일 무엇을 잃어버리게 된 경우라면 다음 차례의 씨족이 똑같은 물건으로 되돌려 주고 도둑을 찾아내게 된다. A. H. Post의 「Afrikanische Juris-prudenz」(Leipzig, 1887). vol.177면 참조.

비화된다. 그래서 원시율법은 보복행위를 "눈에는 눈, 이빨에는 이빨, 그리고 피에는 피"로 국한하려는 집행의 조심성이 뒤따르게 되었다.135)

　그러나 많은 원시인들은 이런 마찰(불화)이 예상보다 턱없이 드문 현상이기 때문에 오히려 즐겨 밝히는 경향이었음에 주목할 만하다. 어떤 부족에게는 이런 일들이 비정상적인 사건비율밖에 일어나지 않는 반면에, 특히 이방인의 침투가 잦았다. 고지대에 몰려 사는 산악부족, 즉 코카서스의 산속 부족이나 특히 보르네오의 이네들인 다약족에게는 이런 경향이 있었다. 뒤쪽에서 이야기되겠지만 다약족은 이런 문제로 분란이 너무나 기대되는 조건에 살기 때문에 젊은이들은 적의 머리를 베어 오기 전에는 혼인도 못 하고 나이신고(성년선언)도 할 수 없게 되어 있었다. 이런 무시무시한 행태가 최근의 영어판으로 충실하게 묘사되어 있다.136)

　그러나 이런 처사는 많은 집행상의 갈등을 겪게 한 것으로 보였

---

135) 각주: 이런 주제의 많은 중요 관점이 서술된 M. Kovalevsky 교수의 「Modern Customs and Ancient Law(러시아 판)」(Moscow, 1886). vol. ii 참조.

136) 각주: Carl Bock의 「The Head-Hunter of Borneo」(London, 1881) 참조. 그러나 오랫동안 보르네오의 총독을 지냈던 Hugh Law 경의 말에 따르면 "이 책에 쓰인 머리사냥이 전체적으로 한결같지 않다"고 한 점을 지적하고자 한다. 또한 필자의 정보도 Ida Pfeiffer(오스트리아의 탐험가, 1797~1858)와 똑같은 동정심 어린 용어로 다약족을 언급하여야 한다는 것이다. Mary Kingley도 Fans와 공감적 문구를 똑같이 구사하여 「서부아프리카」에 관한 책을 썼으며, Fans는 앞서서 가장 "무서운 식인관습"이라는 표현을 했던 작가임을 부연하고자 한다.

다. 더구나 이런 가상된 표현의 "머리사냥꾼"이 전적으로 개인적인 충동으로 저질러지는 것이 아니라는 사실을 알게 되면 다약족의 "머리사냥"도 전혀 다른 관점으로 받아들여지게 된다. 그들 사냥꾼은 그가 제 종족에 대한 도덕적 의무라는 생각 아래서 행동하는 것으로서 마치 유럽의 재판관이 "피에는 피!"라는 분명히 그릇된 원칙에 똑같이 뒤따라 저주받을 살인자를 교수대 집행인에게 건네주는 것과 다를 바가 없다. 다약족이나 이들 재판관 모두는 동정심이 발동하여 살인자에게로 움직여 가면 후회 막급한 느낌마저 받게 될 것이다. 이야말로 왜 다약족은 정의감이 발동되면 처형하게 되는 살인자들과 실제로는 전혀 다른, 가장 동정심 어린 사람들처럼 묘사되는지를 그네를 아는 모든 사람들에게 알도록(이해하게) 하는 이유일 것이다. 따라서 칼복(Carl Bock)은 이와 같은 머리사냥의 끔찍한 장면을 그려 낸 마찬가지 작가로서 다음과 같이 묘사하고 있다.

"도덕심에 대해서는 다약족이 문명의 척도로 보더라도 높은 경지에 있음을 확인하고 싶다. ……도둑이나 강도 행위는 그네들 어디에서도 알려지지 않는다. 또한 그네들은 매우 진실하다. …… 만일 내가 언제나 전체적인 진상을 추구하지 않았다면 나 또한 적어도 그네들에게서는 진실 이외의 어떤 것도 얻지 못하였을 것이다. 나는 말레이(Malay)족에 대하여서도 똑같은 말을 하게 되길 바란다."

복(Bock)의 고백은 이다 파이퍼(Ida Pfeiffer)의 다음 설명으로 완전히 확증되게 되었다. 그녀의 글은 "나는 그네들 가운데를 더 오래 즐겨 여행하고 싶었다. 그네는 평상시에 정직하고 선량하며, 내가 아는 어떤 다른 나라에서보다도 훨씬 더 내성적임을 알게 되었다."[137]
소톨체(Stoltze)도 이들에 대한 묘사에서는 거의 같은 말을 사용하였
다. 다약족은 흔히 일처제로 살며, 아내에게 잘 대하는 생활이다. 이
네들은 대단한 사회성을 지니고 있어서 모든 씨족 식구들이 아침마
다 모두 나와서 크게 나뉘어 어로나 사냥 또는 채마밭 일을 하는
것이었다. 이네들의 마을은 큰 거처들로 지어져 있어서 각 거처마다
십여 가족이 기거하지만 때로는 수백 명이 어울려 평화롭게 삶을 나
누기도 한다. 이네들은 주부의 뜻을 높게 받들고 아이들을 좋아하며
어느 하나라도 병이 들면 여인네들이 번갈아 가며 간호하는 것이었
다. 규율에 따라서 먹고 마시는 일에 매우 점잖다. 이런 모습이 진
정한 일상생활 속의 다약족이라 할 수 있다.

  미개인의 삶에 대한 이야기를 더 하게 되면 장황하고 지루한 말
의 되풀이가 될 것이다. 우리가 이르는 곳마다 이와 같은 협동사회
적 행태가 눈에 띄고 이와 같이 일치단결된 그네의 정신을 느끼게
된다. 우리가 과거 시대의 어둡던 곳을 파고들고자 노력하게 되면
거기에서 이와 같은 종족의 삶이 보이고 이와 같은 남자들의 집합체
가 눈에 뜨이지만, 그러나 상호협동이란 관점에서는 원시적일 수밖
에 없다. 따라서 다윈이 남성의 사회성이 드러내는 질적 수준에서
그의 보다 진보된 진화의 주요인을 파악하였던 것은 아주 옳은 일이

---

137) 각주: Ida Pfeiff의 「Meine Zweite Weltrieze」(Wien, 1856). vol. i , 116
　　면 참조. 또, Müller와 Temminch의 「Dutch Possession in Archipelagic
　　India」는 Elisée Reclus가 「Geographie Universelle」 x iii에 인용하였으
　　므로 참조 바람.

었으나 다윈의 추종자들이 사실을 왜곡되게 대조시켰던 내용은 전적
으로 그른 것이었다.

"인간은 힘이 약하고 두 발의 속도가 느리며, 그리고 자연적으로
부여받은 무기(싸움의 기능)의 결여에 대한 소유의 욕구 등이 평균
수준 이상이었는데 이런 까닭은(그는 다른 서술에서 주로 또는 집단
의 이익을 위하여 예외적으로 구비한 것까지 평가하였음) 첫째로 그
네들의 지능적인 능력에 의한 것이었고 둘째로는 그네의 사리적 활
동의 질적 수준에 의하여 동료들로부터 도움을 주고받게 하는 데서
기인한 것이다."[138]

지난 세기까지 "원시인"과 그네들의 "자연 상태에서의 삶"에 대하
여 고찰이 되었다. 그러나 이제는 과학을 하는 사람들이 특히 몇몇
과학자들 때문에 이들의 인식이 극도의 반대쪽 지경까지 이끌려 가
서 잘못하다간 인간의 인간적 기원보다도 동물적 기원을 증명해 내
지나 않게 될 것인지의 우려가 생겼다. 그러나 동물의 삶이 가지는
협동사회적 관점에 익숙하질 못하였기에 미개인에 대한 인식을 온통
상상조차 하기 어려운 짐승의 형태로 덮어씌우기 시작하고 말았다.
더욱이 이러한 데서 빚어진 갈등은 루소의 사상보다도 더 비관적인
수준이었던 것임에 틀림없다. 원시인은 미덕의 이상형이 아니듯이
"원시성"의 이상형도 아닌 것이다. 다만 원시인은 그네들의 어려운
생존경쟁에 더없이 필연적인 수단의 하나로 정교하고 유지력 있는

---

138) 각주: 「Descent of Man」 2판, 63 및 64면 참조.

한 질적 상태에 있을 뿐이다. 그네는 부족들과 더불어 스스로 존재하고 이제야 이를 수 있게 된 수준까지는 결코 달성할 수조차 없던 낮은 질적 수준만으로도 분별력 있게 살아올 수 있었던 것이다.

이제까지 설명한 바와 같이 원시족은 부족의 모습과 각양각색의 행태로 지금의 삶을 풍요롭게 특징짓고 있지만 별로 보람 있는 것으로는 인정받지 못한 채 다만 부족의 필연적인 일로만 알고 따르는 것이었다. 저들의 전체적인 행위는 무엇이 부족에게 이익이나 손해가 되는 선과 악인지에 관하여 다만 공동적인 체험을 하였던 결과만으로 확립된 밑도 끝도 없이 타당하다는 불문율의 맥락에 따라 통제되고 있었다. 물론 저들의 타당한 율법에 근거를 두는 논리지만 때로는 지극히 잘못된 것일 수도 있다. 그런 대부분은 미신에서 유래하고, 원시인이 하는 어떤 짓이라도 무차별하게 행동하는 즉각적인 결과만을 보기 때문이다.

그네는 자기들의 간접적이거나 숨겨진 결과를 미리 예측할 줄 모르기 때문에 벤탐(Bentham)이 문명적인 법률가를 질책하였던 그런 결점에 대해서도 그 진의를 모른 채 단순히 우왕좌왕하는 것이었다. 그러나 그릇되거나 말거나 간에 미개인은 공동의 율법이 지시하는 바에 불편을 무릅쓰면서도 복종하게 된다. 문명인이 성문화된 법의 내용에 따르는 것보다 그네들이 모호한 상태에 있을지라도 저들의 관습율법에 더욱 철저히 복종한다. 공동의 율법은 그네의 종교이며 그네들 삶의 관습 그 자체이다. 씨족의 생각은 언제나 그네들 각각의 마음에 살아 있으며 씨족의 이익을 위하여 스스로 절제하고 스스로 희생하는 일이 일상적으로 재현된다.

만일, 원시인이 부족의 율법 가운데 하찮은 것 하나쯤을 위반한다면 여자들의 비웃음 정도로 취급받게 되지만 만일에 위반사항이 중대한 것이라 생각되면 부족에게 참사가 닥칠지 모른다는 공포감으로 주야간에 고통을 받는다. 만일에 씨족 가운데 어느 하나에게 실수하여 상처를 입히게 되어서 모두의 가장 큰 재앙을 부르게 된다면 정말 비참한 상황으로 번질 것이다. 범법자는 숲으로 쫓겨나서 즉시 자결토록 요구되며 그렇지 않을 경우에는 부족의 이름으로 육체적인 고통이 부과되거나 어느 정도의 출혈처분을 부과받는 것으로 사면되게 마련이다.139) 부족 안에서는 모든 것이 공동으로 나뉜다. 어떤 먹을거리 한 조각도 모두에게는 함께 나뉜다. 만일 원시인이 숲 속에 홀로 있었던 경우라도 크게 3차례를 소리쳐서 그의 목소리를 듣고 먹을거리를 함께 나눌 수 있는 누구라도 부르기 전에는 어쨌든 홀로 먹기는 시작조차 할 수 없다.140)

간단히 말해서 부족 안에서의 율법은 "전체를 위한 개인"의 입장을 최고로 지향하며, 이는 각개의 가족이 부족의 단위를 깨부수지 못하는 한 지금껏 유효하다. 그러나 그 율법은 이웃의 씨족이나 부족 또는 상호방어를 약정하게 된 다른 세력 누구에게까지도 확대되지는 않는다. 각 부족이나 씨족은 독립된 단위이다.

포유류 동물이나 새들에게 있어서와 마찬가지로 영토는 분립된 부족 사이에 대략적으로 나뉘어 있지만 분쟁이 일어났을 때를 제외하

---

139) 각주: Bastian의 「Mensch in der Geschichte」 iii, 7면 또는 Gray의 전게서 ii, 238면 참조.
140) 각주: Miklukho-Maclay, 전게서의 "same habit with Hottentots" 참조.

고는 그 경계가 철저하게 지켜진다. 이웃의 영토에 들어갈 일이 생기면 누구든 나쁜 의도가 없음을 먼저 밝혀야 한다. 파수꾼 한 사람이 소리쳐서 외인의 접근을 알리고, 그 외인이 신뢰감을 받으면 허락이 된다. 만일 집 안으로 들어가려고 한다면 입구에 손도끼를 맡겨 두어야 한다. 그러나 어떤 부족도 외인에게 먹을거리를 나누도록 강요하는 경우는 없다. 비록 나누게 되든 또는 안 되든 간에 말이다.

따라서 원시인의 삶이란 두 가지 다른 행위로 구분되며 이들 각각은 두 가지 서로 다른 윤리적 해석을 붙여 나타난다. 부족 안의 친척과 부족 밖의 친지로 구분되어서 마치 서구의 국제법과 마찬가지로 "부족 간의 율법"은 일반율법과 전면적으로 매우 다르게 적용된다. 따라서 분쟁이 발발하면 지지를 기반으로 하여 수많은 불평불만에 대한 가장 격렬한 잔인성이 동원될 수도 있다. 도덕성에 대한 이와 같은 이중의 개념은 인류의 전반적인 진화 과정을 통하여 진전되며, 그리고 오늘에 이르기까지 유지되고 있다. 유럽인은 윤리의 이중관념을 배제시키는 데 있어서 폭넓지도 않고 또는 일정한 속도도 아닌 소극적 방편으로 어느 정도의 진보를 실현시키고 있다. 그러나 최소한 이론적으로라도 유럽인이 국가 위에 군림하거나 부분적으로는 다른 국가까지도 영향할 어떤 일치된 생각을 확대시킬 대안을 가지고 있는 반면에 스스로의 국가나 자신의 가족 안에서까지도 의견을 일치시키는 유대관계만은 별로 양성해 오지 않았다는 사실부터 밝혀야 할 것이다.

씨족 가운데에서 분립된 가족의 형태는 기존의 단위를 어쨌든 괴롭히게 마련이다. 단일의 분립된 가족은 독립된 재산과 부의 축적을 의미한다. 우리는 에스키모가 어떻게 불편을 해소하는지 앞서 살핀 바 있고, 또 부족 단위를 유지시키기 위하여 집중적인 헌신을 한다는 의미에서 여러 가지 서로 다른 조직(마을협동체, 조합 등)을 시대별로 쫓아가는 것은 가장 재미있는 연구의 한 가지일 것이다. 그럼에도 불구하고 일을 맡은 그 기능체는 의도를 깨뜨리게 된다. 반면에 지극히 멀리 떨어진 시대에 나타났던 지능의 최초 발단은, 그네들이 마술로 혼돈될 경우, 부족에 대항하여 쓰일 수 있는 개개인의 손아귀 속의 힘으로 변하게 된다. 그네들은 세심하게 비밀을 간직해왔고, 마술과 무속 및 신앙의 비밀사회에서 동기를 유발시키는 정도의 행위에 대하여서도 우리는 모든 원시인들을 주목하고 있다.

　같은 무렵에 세상의 다른 곳에서는 전쟁과 침략의 역사를 통하여 군대적 권위를 창출하였고, 군인들의 계급제를 만들어 집단이나 떼거리별로 막강한 세력을 형성케 하였다. 그러나 인간의 삶에는 어느 시대에도 정상적인 생존 상태로서의 시대가 전쟁들로 점철되었던 적은 없다. 군대가 서로 간의 충돌로 괴멸되고 무속신앙이 대량학살에 덩달아 춤추는 반면에 많은 사람들은 일상생활을 지속하면서 매일의 근면 활동에 묶이게 되었다. 대부분의 삶을 그렇게 추적하고 자신의 사회조직을 유지시키는 수단을 연구하며, 그 수단이 자신들의 평등과 상호부조 및 상호협동의 개념을 공동율법으로 하는 데 있음을 규명하는 일은 가장 흥미로운 일 가운데 하나였다. 짧게 표현해서, 비록 이런 결론을 국가의 조직 가운데 가장 난폭하고 바람직하지 않은 신정(神政)이나 독재정치의 체제에 국한하여 적용할지라도 이는 역시 최선의 방편이 될 것이다.

갈래 IV

미개사회의 상호부조

삶의 바로 첫발자국을 뗀 이래로 표출되었던 본연의 협동사회성에 깊이 심취되어 보지 않고는 원시인에 대한 연구를 할 수 없다. 인간 사회의 발자취는 초기와 후기의 석기시대 양쪽의 유적에서 발견되었고, 삶의 양상이 신석기 인간과 여전히 같은 데 머물고 있는 미개인(원시인)을 살피게 됨에 따라 우리가 알게 되었던 것은 그네들이 연약한 힘을 한데로 묶어서 공동으로 삶을 즐기고 발전하기 위하여 오랜 옛날의 씨족 조직으로 똘똘 뭉쳤었다는 사실이다. 자연 속에서는 인간도 예외가 아니다. 인간도 또한 생존경쟁 속에서 서로를 가장 잘 돕는 존재들에게 최선의 생존 기회가 부여된다는 상호부조의 일대 원리에 적용되는 것이다. 이런 내용이 앞의 갈래들에서 밝혔던 결론이다.

그러나 우리가 최고의 문명 단계에 이르자마자, 그리고 그 당시의 상황에 대하여 말할 수 있을 열쇠를 지닌 역사를 조감하게 되자마자 우리는 이들이 내포하는 갈등과 대립의 특성에 접하여 황당함을 맛보게 되었다. 옛날의 오래된 인연들은 철저하게 끊어진 것으로 보인다. 나무(종족)의 가지(계보)는 다른 가지(계보)와 비교하여 갈라지고, 부족은 부족끼리, 개인은 개인끼리 서로 싸우며, 치열한 힘겨루기 싸움의 혼돈된 경쟁으로부터 인간이 이룩한 일이란 또한 계급제로 나뉘고, 독재의 폭군 밑으로 노예화하며 저들마다 나라를 따로 세워 항상 서로 간에 전쟁으로 대처할 준비를 하게 된 것들이었다. 이와 같은 인간의 역사를 손에 들고 염세적 철학자는 기세 있게 장담하기를, "전쟁과 탄압정치가 바로 인간 본연의 진짜 정수라거나 인간의 전투적이며 약탈적인 본능은 평화를 촉구할 강력한 권위에 의해서만 확실하게 제한될 수 있다. 따라서 때가 도래할 것에 맞추고 인간 세상을 위한 최선의 삶을 구현시킬 선택된 소수의 고매한 사람들에게 기회를 주어야 한다"는 것이었다.

지금도 역사적인 시대의 일상생활에 대한 정보가 곧바로 초창기 연구소의 참을성 있는 많은 학자들에 의하여 연대기(年代記) 정리가에게 제공되고 재빠른 등재가 이루어지지만, 그 결과는 전혀 예상을 벗어난 엉뚱한 것처럼 보인다. 대부분 역사가들이 선입견과 역사의 극적인 특성에만 골 깊은 편견으로 좌우되기 때문이다. 이런 이유는, 습관적으로 읽어 보는 데 그치던 바로 그 문헌들이 경쟁에 대처하는 인간 삶의 부분적 고민을 과장하거나 또는 평화로운 분위기를 얕보는 의견 정도 이상의 아무것도 아닌 것이기 때문이었다. 즉 밝고 화창한 날들은 비바람과 폭풍에 가려져서 제 모습을 잃었던 것이다. 오늘 이 세상에서도 미래의 역사가들이나 언론, 사법, 정부기관과 소설가나 시인에게 마련하여 제공하는 거추장스러운 기복들은 이와 같은 일방적인 간섭으로 흠집이 나고 있는 실정이다. 우리는 후손들에게 모든 분쟁이나 전쟁, 또는 모든 항쟁의 가장 단순한 기록, 모든 격렬한 시합이나 사건 및 갖가지 개인적 고통의 단순 기록을 건네주지만, 우리의 어느 누구도 스스로의 체험을 통하여서만 알게 되는 각종 상호협력과 협조의 실천 흔적에 대한 전수란 거의 없는 형편이다.
우리의 일상생활, 즉 협동사회적 본능과 행태의 진정한 진수가 무엇으로 창출되는지 거의 신경조차 쓰지 않고 있다. 따라서 과거에 대한 기록이 터무니없이 부적절하더라도 놀랄 만한 일이 아니다. 나이든 연대가들은 사소한 전쟁이나 당사자들을 집요하게 괴롭힌 하찮은 재난도 연대기로 만드는 데 절대로 실수하는 법이 없다. 그러나 소수의 사람들이 싸움의 덕을 챙기는 동안에 수많은 사람들은 평화롭게 근면하는 공익을 지키고 있는데도 이네들 대다수의 삶이 무엇인지에 대해서는 주의를 기울이지 않아 왔다. 영웅에 대한 서사시나 인물의 기념비적 기록, 또는 평화에 대한 논문 따위의 이들 모든 역사적 기록문들도 위와 다를 바 없는 마찬가지의 헛된 것들이다. 평화에 대한 약정 위반은 따지지만 평화 자체에 대해서는 언급조차 하지 않는다. 따라서 최선의 사려 깊은 역사가들은 혼신의 노력을 바쳐서 왜곡된 시대상을 가차 없이 그려 내고, 분쟁과 단합 사이의 진정한 몫에 대해서는 가급적 가리고자 한다. 또한 이제는 과거의 유적에 숨겨져 있는 수많고 하찮던 진실과 우발적으로 나약하여서 빚어졌던 사건들의 간략한 연대기로 잠입하여 보자. 그래서 비교인류학의 도움을 받아 이들 진실을 재해석하고 인간을 갈라 세우는 것이 무엇인지에 대하여 충분히 귀를 기울인 다음에 인간을 결합시켜 세워 왔던 제도나 세울 조직을 하나씩 돌로 쌓아 건설해 보자.

잘못된 오랜 역사는 새로운 노선에 맞추어져서 다시 쓰여야 할 것이다. 그래서 이들 두 조류[141]의 인간생활을 재조명하고 이들 각각의 조류가 인류의 진화에 기여하였던 몫을 재평가해야 한다. 그러나 일상적으로 우리는 후자의 조류를 너무나 무시하면서 그 선도적 역할을 무시하여 가려 버리는 쪽으로 최근까지도 엄청난 대처 작업을 하는 데만 급급하였다. 잘 알려진 시대의 역사로부터 당시에 재

---

141) 역주: 개인과 조직, 분리와 단합, 경쟁과 상조, 전쟁과 평화 등등의 대조적 조류.

현되었던 상호협력의 역할을 찾아내기 위하여 우리는 대다수 인간의 삶을 어느 정도 밝혀 낼 수 있을 것이다. 그렇게 함으로써 우리는 고대의 이집트, 그리스, 또는 로마시대까지 되돌아가서 간략하게나마 구분된 연구를 할 수 있게 될 것이다. 왜냐 하면, 실제로 인간의 진화에는 일목요연한 특성이 없었기 때문이다. 주어진 장소나 주어진 인종의 범위 안에서는 여러 차례씩의 문명이 발상되었다가 종식을 고하는 한편 인종을 달리하는 여타의 새로운 문명이 등장하는 현상이었다. 그러나 제 나름의 신선한 발상으로 그 시작은 항상 미개인에게서 나타났던 동일한 씨족 조직에서 다시 출발하는 것이었다. 따라서 만약에 오늘날 우리 자신의 문명화를 최후로 시작한 것이, 그 경우에 로마인들이 "미개인"이라 부르던 사람들 사이에서 오늘날의 첫 세기를 다시 시작한 것이라면, 우리는 가문(부계씨족, 순계)에서 시작되었던 반면에 오늘날 우리 시대에 형성된 조직으로 연계되면서 총체적인 진화를 하게 되었을 것이다.

오늘날의 과학을 숭상하는 사람들도 대략 2000여 년 전에 모든 나라들이 아시아에서 유럽으로 몰려들었고, 결과적으로 서구의 로마제국을 일으켜 세웠던 이들 미개인들이 왜 집단적으로 대이동을 하게 되었는지에 대한 역사적 사실에서는 그 원인을 밝히지 못하고 있다. 그러나 지리학자들에게 자연스레 제시된 이유의 하나는 중앙아시아의 사막에 세워졌던 인구 조밀한 도시의 몰락을 직시한 데서 얻어졌거나 또는 지금에 이르러 흔적도 남지 않게 된 옛날의 강변과 오늘날엔 단지 연못 정도의 규모에 지나지 않게 줄어든 광대한 호수를 추적하면서 얻어졌다고 할 수 있다.

그 원인은 사막화이다. 옛날에는 있지도 않던 최근의 한발(사막화)과 같은 현상으로서, 이는 지금도 놀라운 속도로 진행되고 있는 현실이다.[142] 당시 인간들로서는 속수무책이었다. 북서부의 몽고나 동부 터키스탄의 주민들은 물이 더 이상 그네들을 지켜 주지 않는다는 사실을 알게 되자 저지대로 뻗어 있는 광활한 계곡을 내려갈 방법 외에는 어떤 길도 열려 있지 않았기 때문에 평원의 주민들을 서부로 이끌어 나갔던 것이다.[143] 이들이 가문의 계통에 계통을 나누며 유럽으로 향하고, 새로운 계통이 함께 움직이며 새로운 땅, 즉 다소라도 영구 정착할 장소를 찾아 서쪽으로 또는 동쪽으로 여러 세기에

142) 각주: 선신세기(鮮新世紀) 이후 시대의 호수에 대한 수많은 흔적이 지금은 사라졌지만, 중앙·서부·북부아시아에서 발견되고 있다. 카스피 해에서 현재 발견되는 같은 종족의 조개무지가 Aral 호로 가는 지름길의 극동아시아 표토에서 발견되고 카잔에 이르는 북부에서 최근에 발굴되었다. 카스피 만의 흔적들은 아무르 강의 옛 주거지에서 이전에 발견되었고, Turcoman영토를 가로지르고 있다. 잠정적으로, 규칙적인 지구의 진동으로 흔적의 소실이 분명히 일어났다. 그러나 전체적으로 보아서 사막화의 진전은 분명하며 이전에는 상상조차 하기 힘든 속도로 진전되었다. 비교적 습지에 속하던 남서부 시베리아에서도 믿을 만한 조사사업이 이루어져서 최근에 Yadrintseff에 의하여 기록이 출간되었다. 기록에 의하면, 마을 조직이 80년 전인 이전과 같은 규모로 성장하였고, 그곳은 Tchany그룹의 한 호수 저지대였다. 반면에 같은 그룹의 다른 호수들은 대략 50년 전까지 수백 평방마일에 이르던 지역이었지만, 지금은 단지 연못만 한 규모의 흔적만 남아 있을 뿐이라 한다. 간단히 말해서 북서부 아시아의 사막화는 수 세기에 걸쳐서 일정한 속도로 진행된 것이며, 우리가 이전에 관습적으로 말하던 당시의 지리적 단위를 대신하여 나타내고 있다.

143) 각주: 따라서 총체적인 문명화는 사라져 버렸고 이 사실은 몽고의 Orkhon 에서 Lukchun대공항 때에 엄청난 실증자료 발굴로 입증되었다(Dmitri Clements 인용).

걸쳐 이주를 하였던 것이다. 이러한 집단이동을 하는 과정에서 여러 부족들이 뒤섞이게 되었으며 이주자는 원주민에 섞이고 우랄알타이족은 아리안족과 섞였다. 설혹 협동사회적 조직이 고향 땅에서 앞서 이룩되었던 것이라 하여도 유럽과 아시아에 자리 잡았던 민족들과 계층을 새로 만드는 과정에서 모조리 파괴되었다고 하여서 놀라울 게 없는 일이다. 그러나 그네들은 망가지지 않았고, 새로운 삶의 조짐에 맞도록 단순히 보완적으로 바뀌는 변화만을 겪었던 것이다.

처음으로 로마인과 접촉하였던 튜톤족, 켈트족, 스칸디나비아인, 슬라브인 및 기타 부족은 사회조직의 과도기적 상태에서 살게 되었다. 사실이든 또는 꾸며진 일이든 간에 공통의 기원을 가졌던 것으로 알려진 사람들끼리의 씨족 연합조직은 수천 년의 천이 과정을 통하여 그네를 함께하도록 지켜 주는 역할을 하였다. 다만 이들 연합조직은 혈통이나 씨족 자체 안에 독립된 가족이 없었던 동안만 그네들의 목적에 맞추어 준다는 베풂을 약속할 수 있었다. 그러나 이미 설명하였던 여러 가지 이유들 때문에 독립된 가부장제의 가족이 서서히, 그러나 지속적으로 씨족 조직 안에서 싹트게 되었고, 장기적으로는 개인적인 재산과 세력의 축적을 인정케 하였으며 이들 두 가지의 세습화를 받아들일 수밖에 다른 도리가 없게 하였다. 미개인의 빈번한 이주와 이에 연루되어 일어나는 전쟁들은 오직 혈통을 분할하여 독립된 가족 조직으로 태어나게 만드는 촉진 역할을 하였을 뿐이다. 반면에 계속되는 계통분리와 이네들의 이방인 혼성 결과는 혈족관계 (kinship)에 근거를 두는 이들 연합조직의 과도한 해체를 수용할 유일한 기능으로 작용하게 되었다. 따라서 미개인들은 한편으로는, 그네들의 씨족이 부유한 가족들의 느슨한 집합체로 해체되는 과정을 지켜보는 입장에 처하였다. 특히 이들 가족은 신앙적으로 제도화한 기능이나 부유한 군대의 명성을 통합함으로써 자체의 권위를 다른 가족들에게까지도 행사할 수 있으리란 것을 미개인들은 알게 되었다. 또는 어떤 새로운 원칙에 기반을 두는 새로운 유형의 조직을 창출해 내는 과정을 지켜볼 수밖에 없는 입장에 세워진 것이었다.

혈족의 계통분리로 생긴 대부분의 조직들은 해체되는 운명에 저항할 힘이 없었기 때문에 깨어지고 역사에서 사라졌다. 그러나 보다 세력이 큰 조직들은 해체되지 않았다. 그네들은 "마을공동체"(village community)라는 새로운 조직을 만들어 어려운 숙제를 극복함으로써 다음의 15세기 이후까지 함께 존속할 수 있었다. 공동의 "영토"라는 개념은 공동의 노력으로 마련하고 지켜지는 것으로서 세심하게 유지되었으며, 공동체의 멸망으로만 사라지는 개념을 지녔던 것이다. 공동으로 섬기는 신(神)들은 점차로 조상들이 의미하던 특성을 상실하게 되었고, 영토적 지역 특성으로나 보존되게 되었다. 즉 주어진 지역의 신이나 신령의 격으로 남게 되어서 "지역"(the land)은 거기 거주하는 사람들의 특성으로 분별되었다.

영토적인 연합체들은 옛날의 혈족연합체를 대신하여 육성되었고 이들 새로운 조직은 새롭게 주어진 환경 위에서 많은 이점을 주었던 게 사실이다. 즉 가족의 독립을 인정케 하였고 심지어는 가족제를 부추기기도 하였다. 마을공동체는 가족을 폐지시킨 속에서 진행되었던 모든 간섭권을 폐기시켰고, 그 결과로 개인적 행동에 훨씬 많은 자율권을 부여하였으며 출신이 서로 다른 사람들 사이에서 만들어지는 연합 결성의 원칙에도 결코 가혹할 필요가 없게 되었다. 또한 동시에 행동과 사고의 최소한 결속을 유지케 하였다. 반면에 이네들은 마법사나 토속신앙인 및 전문적이거나 탁월한 군 출신자 따위의 지배세력을 주도하는 소수파들에게 맞설 만큼 충분히 강한 세력을 구축하였던 것이다. 결과적으로 이네들은 미래지향적인 조직의 기초적인 세포 단위로 자리 잡게 되고, 다른 여러 종족단체(국가)들과 함께 마을연합체는 현재까지도 이때 형성시킨 특성을 유지해 오게 되었다.

마을공동체는 슬라브족의 특수한 현상이 아니었고 고대 튜톤족의 어떤 형태도 아니었다는 사실은 이제 잘 알려지게 되어서 거의 재론할 여지조차 없다. 마을공동체는 색슨족과 노르만족의 시대를 통하여 영국에서 이룩된 제도로서 부분적으로는 지난 세기까지도 존속되었었다.144) 이 조직은 옛 스코틀랜드나 옛 아일랜드 및 옛 웨일스의 협동사회조직 아래서 저변조직으로 존재하고 있었다. 프랑스에서는 우리 시대의 첫 세기부터 튀르고(Turgot: 프랑스의 정치가・철학자, 1727~'81)의 시대까지 존속하였던 "마을 민회(民會)"145), 즉 농경지

---

144) 각주: 만일 필자가 Nasse, Kovalevsky 및 Vinogradov(근대의 전문가들 이름만 지명함)의 의견에 따른다면, 그리고 Seebohm(Denman Ross 씨는 완벽성 때문에만 거명할 수 있음)의 의견을 따르지 않는다면 그 이유는 단지 이들 세 작가에 대하여 깊이 알고 의견의 친교가 있기 때문만이 아니라 마을공동체에 대한 전체적인 완벽한 지식을 존중하기 때문이기도 하다. 인용하고 싶었던 사항은 Seebohm의 여러 유명한 저서에서도 많이 있었다. 여전히 상당한 정도로 거론하는 유사한 명성은 Fustel de Coulanges의 최대로 매력적인 문장에도 있다. 물론, 그의 고전에 대한 의견과 열정적인 해석은 그 스스로에 한정된 것이다.
145) 역주: Folkmote는 앵글로-색슨시대의 도시나 촌에서 조직・운영되었던

를 공동 소유하고 공동 배당을 하던 조직이었다. 뒤르고는 민회를 "너무 말썽 많은 것"으로 인식하고 그 조직을 철폐시켰던 인물이다. 이탈리아에서는 마을공동체가 로마법을 재현시켰고, 로마제국의 멸망 이후에 되살아났다. 마을공동체의 이념은 스칸디나비아인, 슬라브인, 핀란드인(Finn: Pittäyä이거나 또는, 아마도 Kihla-kunta 등의 형태), 코우르족 및 리보니아(Live)족에게 율법이었다. 인도에서는 과거와 현재, 또는 아리안이건 비아리안이건 간에 마을공동체가 헨리매인 경의 "신기원 창출"(epoch making)이라는 저술 작업을 통하여 잘 알려졌고, 엘핀스톤(Elphinstone: 영국의 역사가·정치가, 1779~1859)은 아프간에서 같은 작업을 하였다.

또한 우리에게 발견된 사례들로는 몽고족의 "오우러스"(oulous), 카빌(kabyle)족의 "타다트"(Thaddart), 쟈바인의 "데사"(Dessa), 말레이인의 "코타"(Kota) 또는 "토파"(Tofa), 그리고 에티오피아와 수단, 아프리카 내륙, 남북 아메리카의 원주민이 존속시키던 여러 이름의 조직을 들 수 있고, 태평양 군도의 크고 작은 모든 부족들이 영위하던 조직을 들 수 있다. 간단히 말해서 어느 한 인종이나 어느 한 나라라도 마을공동체의 시대를 존속시켜 오지 않았던 사례를 우리는 알 수가 없다. 이런 사실로 보아서 유럽의 마을공동체가 맹렬하게 확대되었다는 데 따른 이론에 대하여 심증이 간다. 이 조직은 노예(농노)제도에 앞서는 역사를 가지며, 가혹한 무력 행위로도 결코 꺾지 못했던 힘을 가졌다. 이는 곧 진화의 우주적 현상이었고 씨족 조직에서 자연적으로 발상된 존재였으며, 적어도 이들 모든 하층으로의 계

민회(民會).

통분리 발전과 함께 역사의 한편에서 역할을 하였거나 아직도 하고 있는 것이다.[146]

이들 조직은 자연적으로 발상된 것이었고, 그 조직 구성은 한결같이 일정할 수는 없는 것이었다. 규정상 그 조직은 공동으로 세웠을

---

146) 각주: 마을공동체에 관한 문헌은 너무 방대하여서 대표적인 것만 언급한다. Henry Maine 경, Seebohm의 저서와 Walter의 「Das alte Wallis」(Bonn, 1859)는 스코틀랜드, 아일랜드, 웨일스의 정보로서 잘 알려져 인기가 있다. 프랑스에 대해서는 P. Viollet의 「Precis de l'histoire du droit francais: Droit」(Prive, 1886)과 「Bibl. de l'Ecole des Chartes」에 게재된 그의 논문, Babeau의 「Le Village sous l'ancien regime」(18세기에는 mir였음)(3판, 1887), Bonnemére의 「Doniol」 등이 있다. 이탈리아와 스칸디나비아에 대해서는 주요 업적으로서 Laveleye의 「Primitive Property」와 K. Bücher의 독일서사시가 있다. Finn에 대해서는 Rein의 「Forelasningar」 i. 16면과 Koskinen의 「Finnische Geschichte」(1874) 및 논문들이 있다. 리베인과 코우르인에 대한 정보로서는 Lutchitzky 교수의 「Severnyi Vestnik」(1891)이 있고 튜톤족에 대해서는 유명한 Maurer 및 Sohm(Altdeutsche Reichs – und Gerichts – Verfassung)의 저서 외에 또한 Dahn(Urzeit, Völkerwanderung, Langobardische Studien), Janssen, Wilh. Arnold 등의 저서가 있다. 인도에 대해서는 H. Maine와 그의 이름이 표시된 저서, John Phear 경의 「Aryan Village」가 있고, 러시아와 남부 슬라브인 대해서는 Kavelin, Posnikoff, Sokolovsky, Kovalevsky, Efimenko, Ivanisheff, Klaus 등(1880까지의 Copious bibliographical index로서 Russ. Geog. 학회의 「Sbovik Svedeniy ob obschinye」에 수록됨)을 참고하라. 일반적으로 결론을 참조할 것으로는 Laveleye의 「Propriete」, Morgan의 「Ancient Society」, Lippert의 「Kulturgeschichte」, Post, Dargun 등이 있으나 또한 M. Kovalevsky의 강연록인 「Tableau des origines et de l'evolution de la famille et de la propriete」(Stockholm, 1890)이 있다. 더욱 많은 논문들이 거론되어야 하겠지만 그들의 논제는 P. Viollet가 「Droit Prive」 및 「Droit Public」에 훌륭하게 나열시켜 게재하였으므로 참조할 수 있다. 그 외의 부족에 관한 사항을 후속하는 내용을 참고하라.

가족들 사이에서 이룩된 연합체이고 공동으로 일정한 영토를 소유하고 있었다. 그러나 몇 가닥의 특성이나 특정한 환경에 제약되어 있었기 때문에 이 가족들은 새로운 가족 보양의 새로운 틀 갖추기에 앞서서 숫자를 불리는 과정을 살았고 이렇게 다섯, 여섯, 일곱 세대를 같은 지붕 아래서, 또는 같은 칸막이 안에서 공동의 집과 공동의 가축을 소유하며, 또한 공동으로 바닥에 주저앉아 음식을 나누면서 살아왔던 것이다. 이 경우, 인종학에서 밝히고 있는 바와 마찬가지로 그네들은 "동업가족"(joint family)이나 "통합가정"(undivided household)을 지켜 왔던 것이고, 이런 과정은 지금도 여전히 중국, 인도, 남부 슬라브족의 "자드루가"(Zadruga)와 때로는 아프리카, 아메리카, 덴마크, 북부 러시아와 서부 프랑스에서 목격되기도 한다.[147)]

다른 가계분리나 다른 환경으로부터는 제대로 특성 파악이 되었던 사례가 아직 없으며, 가족들이 같은 비율로 육성되지도 않았다. 손자

---

147) 각주: 몇몇 저자는 "동업가족"을 씨족과 마을공동체의 중간시대 산물로 간주하는 경향이 있다. 또한 많은 경우의 마을공동체가 통합가정에서 성장하였다는 데는 의심의 여지가 없다. 그럼에도 불구하고 필자는 동업가족을 새로운 질서에서 생긴 것으로 생각한다. 우리는 가문 안에서 그 형태를 보고, 반면에 동업가족들은 같은 혈통에 속하거나 하나의 마을공동체 혹은 하나의 Gau에 속하지 않았던 사례가 어느 시대에도 나타나지 않았음을 확인할 수 있다. 필자는 최초의 마을공동체가 직접, 그리고 서서히 태동되었으며 인종적 및 지역적 환경에 따라 구성되었고, 공동가족이나 또는 공동 및 단순 쌍방의 가족 또는 특히 새로운 정착의 경우에 오직 단순 가족이건 간에 그런 성격을 띠었다고 생각한다. 이런 견해가 맞는다면 순계(부계씨족) 혈통과 혼성가족(confound family) 및 마을공동체로 이어지는 구성 논리를 내세울 수 없으며, 혼성가족의 구성원은 다른 두 체제와 마찬가지의 인종적 가치를 가지지 못한다고 할 수 있다. 부록IX를 참조하라.

들, 또는 때때로 아들이 되기도 하지만, 결혼을 하게 되면 즉시 집을 떠나고, 그들 각각은 그 자신의 새로운 세포(가정)를 키워 가게 되었다. 그러나 공동이든 아니든, 함께 모아졌든 숲 속에 흩어졌든 간에 가족들은 마을공동체로 뭉쳐져 유지되었고, 몇몇의 마을은 부족으로 모였으며 이들 부족이 연합체로 단합되었던 것이다. 소위 "미개인"이라 불리던 부족 가운데 발전하여 형성된 협동사회조직이 바로 이런 것이며, 이 시기가 곧 이네들이 유럽에서 다소라도 영구 정착을 시작하던 때였던 것이다.

가문이나 씨족 조직이 제각각의 움막에서 독립된 가부장제 가족의 존재로 육성되기 이전에 이미 매우 오랜 진화가 태동되고 있었다. 그러나 이런 육성 과정이 있은 후에도 재산의 상속을 할 수 없다는 점만은 알고 있었다. 개별적으로 개인에 속할 수 있을 다소의 물질은 그의 무덤으로 가져가 소실케 되거나 그와 함께 매장되는 게 고작이었다. 이와 대조적으로 마을공동체는 가족의 범위 안에서 사적인 재산의 축적과 상속 승계의 절차가 완벽하게 인정되는 것이었다. 다만 재산은 가축이나 도구, 무기, 거주하는 집과 같은 동산적(動産的) 재산의 형식을 부여하여 배타적으로 소유할 수 있었다. 이런 동산적 재산이란 "불태워 소실시킬 수 있는 모든 유사품"으로서 모두 다 같은 테두리에 속하는 것들이었다.[148]

토지에 속하는 사유재산은 마을공동체로서도 어떤 종류의 털끝 하나 인정하지 않았고, 할 수도 없었으며, 현재에도 법으로 인정하지

---

148) 각주: Stobbe의 「Beiträg zur Geschichte des deutschen Rechtes」 62면 참조.

않는다. 토지는 부족 즉 계통 분리된 전체 혈족의 공동재산이었고 마을공동체 자체도 부족들이 마을의 배정분을 재분배하도록 불평하지 않는 한 부족의 영토 가운데 일부만을 소유하는 것이었다. 숲을 벌채하고 초원을 파헤치는 일도 공동체가 주도하거나 또는 최소한 여러 가족의 공동 작업으로 이루어지며, 언제나 공동체의 승인하에서 이루어졌다. 벌채된 지역은 일정한 기간, 즉 4년, 12년 혹은 20년 동안 각 가족에게 맡겨졌고 그 기간이 지난 뒤에는 그 땅이 공동으로 소유하는 농경지의 한 부분으로 다루어졌다.

"영원한" 사유재산이라거나 혈통이 이를 소유하는 것이 원리였던 것과 흡사하게 마을공동체의 소유원리도 또한 종교적 개념에는 합치되지 못하였다. 따라서 로마인의 원칙을 곧바로 수용하였던 로마법이나 크리스천 교회법은 오랜 기간에 걸쳐서 땅에 속하는 사유재산이 소유될 수 있다는 생각을 미개인들에게 심어 줄 목적으로 설득할 필요가 있었다.149) 지금은 이런 재산이나 소유권이 시간 제약을 받지 않는 것으로 인정되고 있는데도 불구하고 별도의 토지 소유자는 황무지나 숲 또는 목야지의 경우 공동 소유 및 공동경영자로 존속하고 있기도 하다. 더구나 러시아의 역사를 통하여 특히, 별도로 떨어져 사는 몇몇 가족들이 이방인으로 취급되는 부족의 소속토지를 소

---

149) 각주: 초기 미개인시대에 야기되었던 토지의 사유재산화의 몇 사례는 Batavian과 Gaul의 Frank인과 같은 가계에서 발견되며 로마제국의 영향하에서 한동안 실재하였다. Inama‒Sternegg의 「Die Ausbildung der grassen Grundherrschaften in Deutschland」Bol. 1.(1878)과 또한 Besseler의 「Neubruch nach dem älteren deutschen Recht」 11‒12면을 참조하라. 이는 Kovalevsky가 인용하여서 「Modern Custom and Ancient Law」 (Moscow, 1866)로 출판함. i 권 134면 참조.

유하게 되었을 경우에는 즉시 일치단결하여 마을공동체를 구성하고 3대나 4대쯤 되었을 때에 하나의 공동체 기원에서 비롯되었음을 확정하는 절차를 밟는 사례가 있었던 것으로 안다.

조직에 따라서는 씨족사회 시대 이래로 연유된 것도 있지만, 일련의 총체적인 조직은 몇 세기에 걸쳐서 지속되었던 공동 소유권에 바탕을 두고 진보한 것이며, 이 진보는 로마나 비잔틴 양식으로 조성된 국가의 통치 아래서 미개인들을 교화시키는 데 절대로 필요한 과정이기도 하였다. 마을공동체는 공유하는 땅 가운데서 각자가 배당받은 지분을 보증하는 조직으로서의 의미뿐만 아니라 공동의 문화와 형성 가능한 상호협동, 난폭한 침해의 방어, 정보의 확대 발전, 국가적인 연대, 도덕적인 개념의 수호, 마을이나 부족 또는 연합체 및 민회에서 판가름하지 않을 수 없는 사법적·군사적·교훈적·경제적 대응책의 수시 변동성을 다루기 위해서도 그 존재는 중요한 것이었다. 공동체는 혈통의 영속 조직으로서 모든 기능을 후대에 계승시킨다. 공동체는 "우주"(universitas) 즉 그 자체로서 하나의 완벽한 세계, 즉 "공산체"(mir)[150]인 것이다.

공동으로 하는 사냥과 어로, 그리고 과수원이나 과실수의 농장(plantation)을 공동으로 경작하는 일들은 고대로 이어져 오는 가문의 율법 활동이었다. 공동으로 경영하는 농경 활동은 미개인들의 마을공동체에서 율법으로 유래시킨 것이다. 진실로, 이런 영향에 대한 직접

---

150) 역주: mir는 러시아의 원시촌락 공산체임.

적인 증거는 드물고, 고대에 관련된 자료에서도 우리는 고작 켈트-이베리안(celt-iberian) 가운데 하나였던 리파리(Lipari) 섬의 주민과 수에보(Suev)족에 연관되어 있는 디오도러스(Diodorus)나 줄리어스 캐자르(Julius Caesar)에 인연된 기록 정도밖에 찾을 수가 없다. 그러나 공동 경작이 일부 튜톤족이나 프랑크족(Franks) 또는 고대의 스코틀랜드(Scotch)나 아이리시(Irish) 및 웨일스(Welsh)에서 실현되고 있었음을 증명하는 확인 근거는 결코 부족하지 않다.[151]

이런 현장 가운데 오랫동안 잔존하였던 곳은, 간단히 따져 보아도 수없이 많다. 거의 완전히 로마화하였던 프랑스에서조차도 공동 경작은 모르비한(Morbihan; Brittany)에서 5~20년 전까지 관행되고 있었다.[152] 고대의 웰쉬족이나 이들의 혼성족의 성전(cyvar) 경작이나 또는 마을 성역의 사용을 목적으로 배당되었던 땅의 공동 경작은 문명의 흔적이 거의 없던 코가서스 부족에게서도 놀랄 만큼 보편화되었고, 이런 유형의 행태는 러시아의 농민들에게도 매우 일상적인 것이었다.[153] 더구나 브라질, 중앙아메리카와 멕시코의 많은 부족들이 그네의 농경지를 공동으로 경작하고 이런 관습은 말래이족이나 뉴칼레도니아(New Caledonia) 사람들 및 여러 갈래의 흑인 계보 등에까

---

151) 각주: Maurer의 「Markgenossenschaft」, "Histor. Taschenbuch"(1883)에 게재된 Lamprecht의 「Wirthschaft und Recht der Franken zur Zeit der Volksrechte」, 그리고 Seebohm의 「The English Village Community」 ch. vi, vii 및 ix 참조.

152) 각주: Letourneau "Bulletin de la Soc. d'Anthropologie"(1888) vol. xi, 476 참조.

153) 각주: Walter의 「Das alte Wallis」323면, Dm. Bankradze와 N. Khoudadoff가 게재된 "Russian Zapiski of the Caucasian Geogr. Society", x iv. Part I을 참조하라.

지 널리 확산되어 있었다.154) 간단히 말해서, 공동 경작은 비록 유일한 대책이었다고 할 수는 없겠지만. 원시 농경의 행태로서 많은 아리아족, 우랄알타이족, 몽고족, 흑인들, 홍색 인디언들, 말래이족 및 멜라네시아족에게 관행이 되었던 범우주적 방식이었던 것으로 판단할 수밖에 없다.155)

그러나 공동 경작은 공동 소비의 필요성 때문에 부과되는 일은 아니다. 씨족 조직에 대하여 이미 말하였던 바와 같이 마을로 귀가하는 어선들은 과일과 생선을 가득 싣고 와서 이 모든 먹을거리를 모든 움막과 함께 여러 가족이나 젊은이들이 기거하는 "연립주택"(long-house)에 골고루 분배하여 제각각 화덕 바닥에서 조리하고 먹게 한 것이다. 또한 음식을 친척이나 집안의 긴밀한 범위에 국한하여 제각각 함께 나누는 습관은 씨족 삶의 초창기부터 유래하는 것이었다. 거기에서 마을공동체의 규범이 되었다. 공동으로 키운 먹을거리일지라도 일상적으로는 가정마다 나눈 다음에 남는 것은 공동 활용을 대비하여 예축하여 왔다.

---

154) 각주: Bancroft의 「Native Races」, Waitz의 「Anthropologie」 iii, 423면, "Bull. Soc. d'Anthropologie"(1870)에 게재된 Montrozier의 글 및 Post의 「Studien」 등 참고.

155) 각주: Annam의 마을공동체에 관한 Ory, Luro, Laudes 및 Sylvestre의 수많은 연구들은 독일이나 러시아에서와 같은 행태의 농경이 있었음을 증명하는 것들로서, Jobbe-Duval이 "Nouvelle Revue historique de droit fransais et étranger"(10월호 및 12월호, 1896)에 게재하였던 글에서 이들 글을 일별하고 있다. Heinrich Cunow는 「Die Soziale Verfassung des Inka-Reichs」(Stuttgart, 1896)에서 잉카의 세력이 구출되기 이전에 있었던 페루의 마을공동체에 관하여 뛰어난 연구결과를 제시하였다. 여기에는 토지의 공동 소유와 공동문화 공유에 대한 내용이 기술되어 있다.

그러나 공동의 음식은 전통적으로 싱싱하고 정갈하게 다루어졌다. 즉 조상의 추도나 신앙적인 제사, 경작의 시작이나 마무리 행사, 생일이나 혼례식, 장례식과 같은 매번 필요한 기회마다 공동체는 미리 먹을거리를 요량하여 함께 음식을 나누게 하였다. 이런 습관은 현재에 이르러서도 이들 나라에서 "추석 만찬"(harvest supper)으로 잘 알려져 전래되다가 사라지게 된 것이다.

반면에 오랜 전통 속에서 농경지가 공동으로 경운되고 파종되던 곳에서는 거기에서 유래되어 다양한 농사일이 여전히 그렇게 지속되어 왔고 또한 답습됨으로써 공동으로 이루어 가는 일로 굳어져 왔다. 공동의 땅 가운데 어떤 곳은 다양한 공동의 필요성, 즉 가난을 구제하거나 공동의 창고를 보충하거나 또는 종교적 축제에 대비할 목적에 알맞도록 지금도 여전히 제 나름의 다양한 경작 작업을 공동으로 행하고 있다. 관개수로는 공동으로 파고 보수를 한다. 공동용의 목초지에서는 공동체의 주관으로 풀베기가 이루어지는데, 러시아 농민들이 목초지에서 공동으로 하는 풀베기 작업의 광경을 보면, 남자는 낫질하는 데서도 서로에게 지지 않으려는 경쟁을 벌이고, 반면에 여자들은 베인 풀을 뒤집어 말리고 이를 묶어서 노적가리로 던져 쌓는 경쟁을 하는데, 이는 최선의 감동적인 광경의 하나로서, 모름지기 인간이란 어떤 일을 할 수 있고 어떤 일을 해야 하는지 말해 주는 것이다.

이런 경우, 건초는 각 가정별로 나뉘며, 어느 누구도 이웃집의 건초더미에서 건초를 허락 없이 가져갈 수 없도록 하였음에 틀림없었으며 특히 코카스족의 오셋트(Osste) 부족이 준수하던 이 대목의 제한규정은 가장 의미 있는 일이었다. 뻐꾸기가 울면 봄이 오고 목초지가 곧 풀로 다시 옷을 입게 됨을 알린다. 이때부터는 누구든지 건초가 부족하다면 가축을 먹일 건초를 필요한 만큼 이웃집의 건초더미에서 가져갈 권리를 가지게 된다.[156] 인간의 본성이 얼마나 참지 못하는 개인주의로 되어 있는 것인지를 증명이라도 하듯이 옛날의 공동 소유권을 이렇게 재부활시킨 것이었다.

유럽의 여행자가 태평양의 한 작은 섬에 이르러, 얼마쯤 떨어진 곳의 야자수 숲을 발견하고 이에 이르러 아연실색할 수밖에 없었던 광경이 있었다. 거기에는 조그만 마을로 가는 통로가 큰 돌들로 깔려 있었으며 신발도 신지 않은 원주민들이 아무런 불편도 없이 나다니는 것이었다. 그 길은 마치 스위스 산간지의 "옛길"(old road) 그대로였다. 이런 길은 유럽 전 구석마다 "미개인"이 남긴 흔적으로 나타났던 것으로, 어느 누구라도 거칠기 짝이 없고 인구가 희박한 구석진 산골까지 가려면 이런 길로 여행할 수밖에 없었다. 이런 길은 빈번하게 교류가 이루어지는 곳으로부터 멀리 떨어져 있던 곳에 있었다. 유럽은 대략 2천여 년 전까지 이런 곳에 놓여 있었던 곳으로서 즉 숲과 늪지로 황폐해진 곳을 정복하기 위하여 미개인 집단이 구축해 놓았음에 틀림없다. 이와 같은 엄청난 역사를 보고서야 이네의 위력을 충분히 인식할 수 있었다. 아무런 도구도 가진 게 없고 실제로 나약할 수밖에 없던 독립된 가족들이라면 이런 곳을 결코 만들어 낼 엄두조차 못 가지는 것이며 오직 거칠게 훈련된 힘만이 이런 일들을 극복하고 성취해 낼 수밖에 없었을 것이다.

---

156) 각주: Kovalevsky의 「Modern Custom and Ancient Law」. i. 115면 참조.

마을공동체는 함께 일하면서 거친 숲과 빠져 드는 늪지 및 끝없이 펼쳐진 초원지대를 정복하는 데 통달할 수 있었을 것이다. 거친 길과 나룻배, 겨울철이면 떠내려가 버리고 봄철 홍수철이 지나면 다시 세워야 하는 통나무 다리, 마을의 울타리와 목책담, 영토를 구분 짓는 흙집 보루와 조그만 탑들, 이런 모든 것들이 미개인 공동체가 관여하여 이루어 낸 일거리의 전부였다. 공동체가 이런 것들을 엄청나게 늘려 가게 되면 새로운 싹(집단의 시원체)을 틔워 나누게 마련이었다. 새로운 집단은 거리를 벌려 세워졌고, 단계를 거듭하면서 숲과 초원을 개척하며 인간의 통치 아래로 끌어들인다. 유럽의 나라들을 만든 모든 내력은 그네가 정한 바로 이러한 마을공동체의 새싹 내기에 따른 것이었다.

오늘날에도 러시아의 농민들은, 비참하게 완전히 망가지지 않는 한, 집단으로 이주하여 공동으로 땅을 갈고 집을 짓는바, 아무르 강 둑이나 마니토바(Manitoba)에 정착하였던 역사가 그러하였다. 영국에서도 아메리카를 식민지화하기 시작하던 무렵에, 그네들은 옛날의 방식으로 되돌아가서 마을공동체를 형성하였던 것이다.[157]

마을공동체의 위력은 곧 미개인이 혹독한 자연과 싸워 극복하는 주된 대응책이었다. 또한 한없이 갈등을 주는 환경에서 유독 쉽게 이득을 챙기는 영리한 자들이나 힘이 센 사람들의 행패에 그네들이 대처할 수 있는 연대책이기도 하였다. 단순히 충동적으로 싸우고 죽이기를 일삼는 사람들 정도로 미개인들을 연상하지만 이런 평가는

---

157) 각주: Maine의 「Village Communities」(New York, 1876) 201면에 인용한 Palfrey의 「History of New England」. iii. 13면 참조.

"피에 굶주린" 미개인으로 폄하하는 짓보다 더할 것이 없는 잘못된 것이었다. 반면에 진정한 미개인들은 광범위한 조직 아래에 살면서 어떤 행동이 부족이나 공동체를 위하여 유익하고 손해가 되는지를 주입식으로 배우고, 이들 조직은 시나 노래, 교훈이나 표어(구호), 또는 재판이나 경고를 통하여 삶의 지침을 대대손손으로 승계시키는 수준에 있었다. 연구해 보면 볼수록 마을로 단결된 그네들의 철저한 연대는 더욱 잘 이해가 된다. 개인들 사이에서 일어나는 어떤 다툼도 공동책임제로 다루어졌고, 심지어는 싸우는 동안에 해소될 수 있는 잘못된 언행도 공동체나 그 조상에 대한 불손행위로 간주되는 정도였다. 이들은 개인과 공동체의 양자 간에 합의를 통하여 바꿀 수 있는 규칙에 의하여서만 구제될 수 있었고[158] 만일 그 다툼이 싸움과 상처를 수반하며 끝내게 된 경우에는 곁에서 지켜본 사람이나 말리지 않았던 사람마저 곧 상처를 내었던 방조죄인으로 취급되었다.[159]

사법처리 집행은 이와 같은 정신에서 부과되었다. 어떤 분쟁도 첫 단계로는 중재인 앞으로 고소되어서 대부분 해결되게 마련이었으며, 미개인 사회에서는 중재인의 역할이 그만큼 중요한 것이었다. 그러나 사건이 이런 절차만으로는 해소되지 못할 만큼 무거운 내용일 경우에는 "판결"을 내리게 되는 민회 앞으로 이송되며, "조건부 형식"으로 언도가 내리게 된다. 말하자면 "잘못이 증명될 경우에 이러저

---

158) 각주: Königswarter의 「Etudes sur le développement des sociétés humaines」 (Paris, 1850) 참조.
159) 각주: 이런 내용은 최소한 고대 슬라브족 등의 "튜톤족 율법"에 가장 근사한 생각을 담았던 관습법, 즉 Kalmuck족의 법이라고 할 수 있다.

러한 보상이 부과된다"는 것이었고, 그 집행은 서약한 6 또는 12명 배심원의 인정 또는 거부권으로 그 잘못이 증명되어야 발효되는 것이었다. 법 집행에 따르는 고민이 있다면 그것은 양 갈래 배심원의 어긋난 판결이 나는 경우이다. 이천 년 이상의 세월에 걸쳐 승계되어 왔던 이런 법 집행 절차는, 그 역사의 깊이가 말하듯이, 공동체의 모든 구성원 사이에 맺어져 있는 연대감이 얼마나 끈끈한 것이었는지를 암시한다. 더구나, 자신들의 도덕적 권위를 쥐고 있는 민회의 결정을 거부할 수 있는 권력은 어디에도 있을 수가 없었다. 오직 가능한 대행의 길이 있었다면 그것은 공동체가 반란죄로 수배를 할 수 있는 것이지만 이 또한 반대급부가 있었다.

민회에 따를 수 없는 사람은 스스로 부족을 포기하고 다른 부족으로 옮겨 가겠다는 선서를 할 수 있는데, 이보다 더 무서운 협박은 없었다. 이런 선서는 마치 어느 한 구성원에게라도 불행을 초래할 수밖에 없는 부족에게는 온갖 종류의 불운이 올 것임에 틀림없다는 저주의 예언을 하는 것과 흡사하기 때문이었다.160) 관습법의 옳은 판정에 불복하는 반란행위란 이른바, 헨리 메인(Henry Maine)이 늘 입버릇처럼 되뇌던 "법과 도덕 및 진실"이라는 것으로서 그 당시의 서로 간에는 결코 분리시켜 생각할 수 없었기 때문에 "상상조차 할 수 없는" 일이었다.161) 공동체의 도덕적 권위라는 것이 이처럼 막강한 것이었기 때문에 이보다 훨씬 세월이 흐른 뒤의 시대에 이르러 마을공동체가 봉건 영주의 손으로 넘겨졌을 때까지도 사법처리의 권

---

160) 각주: 이런 관습은 아직도 아프리카나 그 밖의 많은 부족에게서 실현되고 있다.

161) 각주: 「Village Communities」, 65-68면 및 199면 참조.

력만은 똑같이 전수되었다. 다만 봉건 영주와 그의 집행관에게 허용되었던 것은 "세금"에 대한 것으로서, 공동체를 위한 벌금(the fred)을 스스로 인정케 하고 징수케 하려는 행위를 관습법에 따라 앞서 언급하였던 조건부 판결로 대체해 주는 내용이었다.

그러나 오랜 세월에 걸쳐서 영주 자신은 공동체의 황무지를 공동 소유하고 경영할 수 있도록, 즉 공동체 사건으로 다루도록 탄원하기에 이르렀던 것이다. 즉 영주는 귀족이거나 성직자로 된 민회에 탄원할 수밖에 없었다. 그 내용이 "Wer daselbst Wasser und Weid genusst, muss gehorsam sein" 즉 "여기의 물과 초지에서 이득을 취하는 사람이 지키지 않으면 안 될 의무"에 관한 옛사람의 가르침에 있었기 때문이다. 농민들이 영주 아래서 농노로 전락된 뒤까지도 영주는 민회가 소집되면 꼼짝없이 그들 앞에 불려 세워지는 형편이었다.[162]

사회정의에 대한 인식은 미개인이라 하더라도 원시인과 크게 다를 바는 분명 없었다. 살인자는 살인자로 체포되어 사형되어야 하고, 가해자는 같은 정도로 가해되어야 하며 잘못을 저지른 가족은 관습법의 판결을 준수하도록 감시받아야 한다는 생각을 지녀 오고 있었다. 이런 생각은 성스러운 의무감으로서 암암리에 처리되지 않고 백주에 공개적으로 다루어져야 하는, 조상에 대한 의무로서 널리 승복되어야 하는 율법이었다. 따라서 대하소설이나 영웅적 서사시 모두의 가

---

162) 각주: Maurer의 「Gesch. der Markverfassung」(29항, 97면)은 이 주체에 대하여 단언적이다. 그의 소신은 "공동체의 모든 구성원이 공유자이기도 했던 세속적의 사무관과 소유지와 상관이 없는 공동체의 이방인일 수도 있는 영주제를 사법부에 복종토록 제의하였다."(312면) 이런 생각은 15세기에 이르기까지 지역별로 실행·유지되었다.

장 감동적인 교훈이 곧 정의에 영광이 돌려지는 그런 것인 까닭이기도 하였다. 신들 자신도 그런 일을 돕는 데 스스로 함께하였다. 그러나 이 개인의 정의감이 갖는 우세한 실태가 한편으로는 봉건제에서 유래하는 사람들에게 구속력을 나타내며, 다른 한편으로는, 보복을 하는 대신에 보상체계를 제기함으로써 "피에는 피, 상처에는 상처"라는 잔인한 사고를 근절시키게 되는 것이었다.

미개인의 행동강령이란 판결에 쓰일 목적으로 나열한 공동의 율법과 규정을 한데 모은 것으로서, "첫 단계는 허락하는 데서 출발하여 다음으로는 장려하고 마지막으로는 강요하는" 일종의 복수를 대신하는 보상제도였다.163) 그러나 보상을 세금으로 집행하거나 부자들에게 무슨 짓이든지 하고 싶은 대로 할 수 있게 하는 일종의 백지위임장(carte blanche)으로 인식되고 이에 따라 처리하는 사람들 때문에 보상제는 전적으로 잘못 인식되고 있었다. 배상금(wergeld)은 벌칙금이나 프레드 벌금(fred)164)과 전혀 다른 성격을 갖는 것이었지만 관행적으로는 어떤 적극적인 범법에 대하여서도 가혹하였기 때문에 범법자에게는 어떤 재범의 여유를 주지 않았음이 분명하다. 살인의 경우에는 흔히 "18번에 걸쳐 18마리의 암소!"라는 식으로 범법자에게는 모든 가능한 재물 취득현실성의 한계를 초과하는 수준이었다. 왜

---

163) 각주: Königswarter, 전게서 50면, J. Thrupp의 「Historical Law Tracts」 (London, 1843), 106면 참조.

164) 각주: Königswarter는 "fred"가 선조에게 사죄해야 하는 희생에서 유래한 것으로 표현하였다. 나중에 그 돈은 평화를 파기한 대가로 공동체에 지불되었고, 그 뒤에도 여전히 공동체의 권리를 스스로 지키기 위하여 벌과금을 책정할 경우에 재판관이나 왕 또는 영주에게 지불하도록 하였다.

냐하면 18이라는 셈의 판단 이상을 할 줄 모르는 오세띠(Ossete)인들의 보상 개념(실제 개념은 최대한을 의미하는 개념)에 지나지 않는 것이었다. 다른 한편으로 아프리카 부족들은 상대가 어린 나이일 경우에는 "800마리 암소나 100마리 낙타"라는 식의 판결을 내리거나 가난한 부족의 경우는 "416마리의 양"이라는 식이었던 것이다.[165] 가장 전형적인 경우에는 처벌이란 명목으로 보상금을 전혀 내지 않을 수 있었던 적이 있다. 즉 살인자라도 반성을 통하여 그를 수용하도록 피해자 가족을 설득하는 외에 다른 조항은 없기도 하였다.

오늘날까지도 코카서스에서는 불화가 종결되는 마당에 이르면 범법자는 종족 가운데 가장 나이든 여인의 가슴에 두 입술을 맞추게 됨으로써 피해자 가족의 모든 사람에게 "젖형제"(milk-brother)로서의 새 삶을 시작하게 된다.[166] 어떤 아프리카 부족들은 딸이나 자매를 주어서 그 가족 가운데 어느 누구와 혼인토록 하고, 또 어떤 부족은 남자를 죽였던 죄과의 결과로 과부가 된 부인과 혼인토록 지켜지며, 이들 모든 경우에 범법자는 새롭게 가족원이 되므로 모든 중대사항에 대하여 그가 내는 의견을 비로소 가족 권리의 하나로 채택되도록 하였다.[167]

---

165) 각주: Post의 「Bausteine」와 「Afrikanische Jurisprudenz」(Oldenburg, 1887), vol. i. 64면 및 Kovalevsky의 전게서. ii. 164-189면 참조.

166) 각주: O. Miller와 M. Kovalevsky가 "Vestnik Europe"(1884) 4월호에 게재한 「In the Mountaineer Communities of Kabardia」 참조. 무간초원의 Shakhseven족에서는 피의 분쟁은 언제나 두 대립 측 쌍방의 혼인 관계로 끝을 낸다(Markoff의 「the Zapiski of the Caucasian Georg. Soc.」 xiv. i의 21면 참조.

167) 각주: Post는 「Afrik. Jurisprudenz」에서 아프리카 미개인 가운데 뿌리를 내리고 있는 평등 개념을 설명하는 일련의 근거를 제시하고 있다. 이

인간의 삶을 등한히 하는 행태와는 달리, 특히 미개인들은 뒷날에
야 비로소 알려진 로마나 비잔틴의 영향하에서 세속법 및 교회법이
집행되던 가공스러운 형벌 같은 것들에 대해서는 추호의 생각조차도
못 하던 것이었다. 왜냐하면, 만일 색슨(Saxon)족의 관습법에서는 방
화범이나 무기강도범에게까지도 사형죄를 비교적 자유롭게 허용하였
던 반면에 또 다른 미개인의 관습법은 어느 한 친척의 폭로죄나 공
동체의 신에 대한 신성모독죄에 대해서도 마치 신에게 사죄할 어떤
다른 수단도 없는 것처럼 배타적인 처벌을 단호히 하였을 것이기 때
문이다.

이런 모든 행태는, 앞에서 일별하였듯이, 미개인에 대하여 "도덕적
인 방탕인"쯤으로 연상하였던 바와는 너무나 거리가 먼 실상이다.
이와 대조적으로, 우리는 초기의 마을공동체 안에 정교하게 체계화
시켰던 그네들의 심오한 도덕 원리에 찬탄하지 않을 수 없다. 이런
도덕심은 웰시(Welsh)의 구호(표어)집이나 아서(Arthur)왕의 일화집,
브레톤의 기록집,[168] 고대 독일의 일화집 등등에서 발견되었고, 아직
도 현대적 미개인에 대한 기록에서 발견되고 있다. 죠지 다생(George
Dasent)은 「불탄 Njal의 이야기」라는 영웅담의 서론에서 북쪽 사람의
소양(quality)에 대하여 소설에서 표현하듯이 다음과 같은 요약을 정
확하게 한 바 있다.

자료들은 또한 미개인의 일상법에 대한 심각한 모든 조사 사항을 덧
붙이고 있는 셈이다.
168) 각주: E. Nys의 「Etudes de droit international et de droit politique」에
나오는 "Le droit de la Vieille Irlande"와 "Le Haut Nord"(Bruxelles,
1890) 참조.

"자기 앞에 놓인 일이라면 적이든 마귀든 또는 운명이든 두려움 없이 벗어부치고 남자답게 해치운다. 어떤 행위든 활달하고 당당하며, 동료나 친지에게는 겸손하고 관대하며, 적[동태(同態)복수법 아래에 있는 사람들]에게는 엄격하고 혹독하게, 그러나 의무에 얽매여 해 내는 일이라 하더라도 싸움에 들면 잠깐 쉴 겨를도 없이 해치웠고, 휴전협정을 하거나 남의 악담을 퍼뜨리지도 않고 험구를 하지 않는다. 비록 적일지라도 먹을거리나 잠자리를 구걸해 온 사람을 내치는 법은 없다"고 생각한다는 것이었다.[169]

이와 같거나 더한 원칙은 웰쉬(Welsh)의 영웅서사시나 격언집에 상통하고 있다. 적이나 친구를 가릴 것 없이 "온유한 천성과 평등한 원칙에 따라" 행동하고 "잘못을 고치는" 행동은 남자로서 최고의 의무이며, "악한 것은 죽고, 선한 것은 산다"는 말로 시의 작법을 설명한다.[170] "입술로 동맹할 것을 말하는 것이 명예롭지 않은 일이라고 한다면, 세상은 넋 빠진 바보임에 틀림없다"고 브레론(Brehon)의 법은 말하고 있다. 이런 정도의 칭송을 받은 뒤에 겸손한 무속주의자 모르도비안(Mordovian)은 그의 관습법 원리에 한술 더 뜨는 "이웃 간에는 암소와 우유 통이 공용"이라는 표현을 덧붙인 것이다. 또한 "암소는 너와 우유를 구하는 사람을 위해서 젖이 짜인다"거나 "아이의 몸은 매를 맞아 붉게 물들지만 때린 사람의 얼굴은 수치심으로 붉게 물든다.[171]"라는 등등의 말을 덧붙인 것이다. 더욱 많은 설명이

---

169) 각주: 「Introduction」 xxxv면 참조.
170) 각주: 「Das alte Wallis」 343~350면 참조.
171) 각주: 러시아 지리학회의 "인종학 Zapiski"에 게재한 Maynoff의 「Sketches

"미개인"을 표현하고, 그네가 따르는 행태의 유사한 원칙들을 대상
으로 하여서 이야기될 수 있을 것이다.

　옛날의 마을공동체에 대한 이야기를 하나만 더 특별히 해 보고자
한다. 서로 공감대를 함께하는 사람들끼리 그 구성 범주를 점차 넓
혀 간 현상이다. 부족 간에 모여서 줄기(근간)를 이룬 사실뿐만 아니
라 줄기들이 합치고 심지어는 근원이 다른 종족 간에도 모여 연합체
를 이룬 것이다. 어떤 공동연합체는 너무 가깝게 결속이 되어서, 반
달인(Vandals)을 예로 들면, 연합체를 벗어나 라인 지역으로 이주하
였고 그곳에서 다시 스페인과 아프리카로 건너가 이후 40년간 내내
연합체 안에 있던 저들의 땅과 마을을 내팽개쳐 두게 되었지만, 연
합체가 외교 경로를 통하여 그들의 귀향이 포기되었음을 확인하기까
지는 그네들의 재산(소유권)을 손대지 않았던 것이다.
　또 어떤 미개인들은 일부의 동료들이 공동영토의 전선에 배치되어
방어전을 펼치고 있는 동안에 다른 동료들은 공동의 땅을 도맡아서
경작해 주는 사례도 있었다. 여러 근간(줄기) 사이의 연합체에서도
이런 일은 아주 일상적이었다. 시캄버족(Sicambers)은 이웃의 체루스
크족(Cherusques)과 수브족(Sueves)을 합병하고, 콰드족(Quades)은 알
란족(Alans)·카르프족(Carpes) 및 훈족(Huns)과 통합을 하였던 사마
르족(Sarmates)을 하나로 합병하였다. 차후에 유럽 안에서 국가로 점
차 발전하였던 원리를 이해하겠지만, 이미 이보다 오래전인 당시에
나라(state)와 흡사한 어떤 형태가 미개인에 의하여 점유되던 대륙의

---

of the Judical Practices of the Mordovians」(1885), 236 및 257면 참조.

한쪽에서 태동되고 있었던 것이다. 이런 국가적 실체들은 프랑스의 메로빙거 왕조(Merovingian France)[172]나 11-12세기의 러시아와 같은 거대한 세력들로서 국가 이름을 부르지 않을 수 없는 일이기도 했던 때문이겠지만 이들의 실체는, 고작 언어의 공동체 정도거나 특별한 가계(family)에게서만 선출되는 군주제도의 작은 공화국이라는 체면치레 정도만으로 자신들의 결속 상태를 묵인받고 있는 것이었다.

분쟁이란 어떻게 하더라도 피할 수 없는 일이었다. 집단이주란 곧 전쟁을 의미하는 것이었다. 그러나 헨리 메인(Henry Maines) 경은 국제법상 전쟁의 기원에 관한 획기적인 연구를 통하여 이를 충분히 입증한 바 있는 즉, "인간은 전쟁을 미연에 방지할 어떤 노력은 하지 않고 전쟁이라는 악마에 순종하여 어쩌면 그렇게도 난폭하고 바보 같은 짓을 하여 왔는지 모르겠다"고 하였다. 이와 동시에 인간이 얼마나 위대한가를 표현하면서 "얼마나 많은 고대의 조직들이 전쟁의 길을 막아서거나 또는 다른 해결책을 제시하기 위하여 인내를 하였던가 알 수 있다"고 하였다.[173] 인간이란 진실로 생각보다도 호전적인 존재는 결코 아니므로 미개인들도 일단 정착생활이 시작되면 전쟁 냄새가 풍기는 모습을 순식간에 일소하고 새로운 지침에 대비하기 위하여, 또는 특정한 명예나 동맹관계를 입증하기 위하여 전사들의 집단을 인솔하는 군주를 받아들이게 되는 것이었다. 이네들은 전쟁보다도 평화로운 근로를 선호하였지만, 인간 실존의 그 평화라

---

172) 역주: 메로빙거 왕조는 프랑스에서 486년부터 751년까지 존속.
173) 각주: Henry Maine의 「International Law」(London, 1888), 11-13면 및 E. Nys의 「Les origines du droit international」(Bruxelles, 1894) 참조.

는 것은 동맹관계의 거래를 특히 요구하는 원인이 된다. 즉 이런 특정 요구는 뒷날에 이르러 인류역사상의 봉건사회나 "국가(states) 시대"의 무수한 전쟁을 불러일으키는 동기가 되었다.

역사적으로 볼 때, 미개인의 조직에 생명력을 잠재우기는 너무 어려운 일이었다. 매 단계마다 역사가들은 이네들이 자신의 의지만으로 실효를 거두기가 불가능하다는 일종의 맥 빠진 현실성에 봉착하게 된다. 그러나 오늘날에도 수많은 종족들은 과거의 미개인 조상들이 지녔던 특성을 거의 그대로 지니고 있는 특정 사회조직 속에서 살고 있다는 점을 간과하지 않는다면, 오히려 과거사에 폭넓은 서광이 있다고 하겠다. 이런 점에서, 우리가 과거의 미개인 가문으로부터 국가조직의 시대를 거슬러 가 보면 태평양 군도나 아시아의 초원지대 및 아프리카의 대평원지야말로 지금까지의 인류가 삶을 통하여 보여 주었던 각종 가능한 중간시대의 본보기들로 갖추어진 진짜 역사박물관이라 할 수 있을 것이다. 따라서 이런 본보기의 몇 사례를 살펴보자.

만일 몽고의 부리에이트족(Buryates), 특히 러시아의 영향력을 효과적으로 피할 수 있었던 레나(Lena) 고원지, 즉 쿠딘스크(Kudinsk) 초원에서 이네들이 형성하였던 마을공동체를 예로 든다면, 이네들 미개인은 목축과 농경 사이의 과도기적인 상태를 살고 있는 가장 대표적인 사람들일 것이다.[174] 이들 부리에이트족은 지금도 "통합가족"(joint

---

174) 각주: 1862년에 시베리아로 추방되었던 러시아의 역사학자인 Schapoff
Kazan 대학교수가 그네들 조직에 관하여 훌륭한 묘사를 동부시베리아

family), 즉 제 나름의 특별한 아들이라도 일단 혼인을 하게 되면 별도의 움막에 가서 살아야 하고, 이런 움막집은 같은 공간 안에서 적어도 3세대가 함께 기거하게 된다. 이런 통합가족은 주어진 들판에서 함께 일하고 자기들의 통합가구를 공동으로 소유하며, 일정한 송아지 운동장(송아지를 출산하기 위하여 부드러운 목초를 가꾸는 울타리 쳐진 조그만 땅)은 물론 모든 가축도 공유한다. 규정상 취식은 각 움막마다 따로 하지만 고기를 구울 경우에는 20~60명에 이르는 통합가구의 모든 식구들이 함께 모여 잔치로 치르며 먹게 된다.

떼거지를 이루어 사는 일종의 통합가구나 불의의 사건으로 파멸된 통합가구의 잔속들로 이루어진 같은 마을의 소수 소가족들은 함께 (oulous) 모여서 마을공동체를 형성한다. 이런 올러스가 몇 개씩 모여서 부족을 이루는데 쿠딘스크 초원에는 이들 46개 부족 또는 씨족이 하나의 연합체로 단합된 행태를 이루고 있다. 규모가 작고 인접해 있는 연합체들은 특정한 필요성 때문에 종족이 다르더라도 자연발생적으로 통합된다. 이네들은 땅을 올러스 또는 차라리 연합체 공동으로 지녔을 뿐이지만 결코 개인적인 소유란 생각할 수도 없는 것이었다. 만일에 필요성이 제기된다면 영토 자체는 부족의 민회에서 올러스별로 구분 지어 재배정이 되거나 연합체의 민회에서 46개 부족 간에 재배정이 되는 것이다. 특기할 만한 점은, 비록 3세기에 걸쳐서 러시아의 통치 아래 있긴 했지만, 동부 시베리아의 250,000명 부리에이트족 전체를 동일한 하나의 조직으로 다스리고 있으며, 러시아 정부도 이를 잘 알고 있다는 데 있다.

지리학회의 「Izvestia」. Vol. v.(1894)에 게재하고 있다.

그랬음에도 불구하고 특히 러시아 정부가 그네들 사이에서 직접 선출된 타이샤(Taishas: 왕자 대우), 즉 세금징수 책임자이면서 자체의 행정수반이고 러시아와의 상업적 관계상 대표자를 내세우면서 내면적으로 차등을 두고 대접하게 된 이래로 부리에이트족 사이에서는 행운(재물권)의 불평등 상태가 급속히 전전되었다. 부귀에 연계된 소수인의 몫이 커지고 반면에 많은 대다수의 가난이 번지면서 부리에이트 농토의 러시아인 점유 비율이 점차 커지게 되었다. 그러나 부리에이트인, 특히 쿠딘스크의 그네들에게 있어서 법에 선행할 만큼 관습화되어 있는 정서는 오히려 어느 한 가족이 가축을 잃게 될 경우에 부자 가족들은 불행하게 된 가족이 재기할 수 있도록 몇 마리씩의 소와 말을 각출하여 주는 관습에 있었던 것이다. 식구가 없는 가난한 사람은 동족의 움막에서 취식하며, 그가 어느 움막에라도 들어가 취식하는 관습은 동정이 아니라 일종의 권리로 주어지는 것이기 때문에 당연히 불 옆의 따뜻한 자리를 차지하고 음식은 언제나 철저하게 동등한 양을 분배받으며, 취식을 한 그 자리에서 잠자게 되는 것이었다.

이와 마찬가지로 시베리아를 정복하였던 러시아인들은 부리에이트족의 공동화한 저력에 의하여 너무나 숱한 공격을 받게 됨으로써 별수 없이 이네들에게 "부랏스키"(Bratskiye) 즉 "형제족"(the brotherly ones)이라는 명칭을 부여해 주었다. 이를 모스코(Moscow)에 전갈하였다. 즉 형제족이라는 명칭 부여가 뜻하는 바는 곧 "그네들과는 무엇이든지 공유하고, 그네들이 소유하게 되는 것은 어떤 것이든 함께 나눈다"는 내용이었다. 지금까지도 이런 원칙에 따라 레나(Lena) 부리에이트인들은 러시아 백성들에게 밀이나 가축을 팔거나 건네주게 될 경우에도 올러스의 모든 가족이나 부족이 저마다 밀과 가축을 함께 내어서 전체의 명분으로 팔게 된다. 더욱이 올러스는 저마다 필요한 경우에 대비한 곡물 비축을 하고 있었으며 공동의 제빵 오븐(옛날 프랑스 공동체가 쓰던 4조식 허드레품)을 지니고 있었다.

특히 인디언 공동체의 대장장이와 같은 자체의 대장장이를 일원으로 보유하고 있었지만 공동체 안에서는 결코 보수를 주는 일이 없었다.[175] 그는 보수를 바라고 일할 수 없으며 만일 여가를 이용하여 부리에이트 땅에서 옷치장에 쓰일 조각품이나 은 세공품을 만들어 팔 경우에는 외래 씨족의 여인에 국한하여 파는 때가 있지만 동족의 가족인 여인에게는 선물로 거저 줄 수 있을 뿐이었다. 공동체 안에서는 팔고 사는 행위를 할 수 없고, 이 규칙은 철저한 것이어서 혹간 부자인 가족이 일꾼을 고용할 경우라도 이는 다른 씨족이나 또는 러시아인 가운데서 데려 와야 하는 것이었다. 이런 관습은 부리에이트인에게 전혀 특기할 바가 못 되는 것임에 틀림없고, 아리안이나 우랄알타이인과 같은 오늘날의 미개인에게도 너무나 널리 보편화된 행태로서 우리네 공통의 조상들에게 있던 범인류적인 현상의 하나였음에 틀림없다.

연합체 안에서의 단결심은 부족들이나 그들 민회에 공동 이익을 가져와서 자체의 생명력을 유지케 하였고, 일반적으로 민회들의 유대관계로 지속되는 일종의 축제의식과 같은 것으로 표현이 되었다. 그러나 이와 같은 정서는 아바(aba)나 공동수렵과 같이 매우 오랜 과

---

175) 각주: Henry Maine 경의 「Village Communities」(New York, 1876) 193～196면 참조.

거의 풍습으로서 또 다른 조직에게 전수되어 유지되어 오고 있다. 매년 가을이면 쿠딘스크의 46개 씨족은 이런 공동수렵 터에 모여서 그때에 수렵한 것들을 모든 가족들과 함께 나눈다. 더구나 국가적인 아바에서는 전체 부리에이트 공동체들의 단결을 재확인하기 위하여 시간 경과에 따라 소집회의를 한다. 이럴 경우, 바이칼 호수의 동서 편으로 수백 마일에 걸쳐 흩어져 사는 모든 부리에이트 부족은 제각각의 대표적인 사냥꾼을 파견한다. 수천 명이 함께 모이는데 제각각 한 달 내내 먹을 것을 휴대하게 된다. 그러나 누구라도 모든 다른 사람들과 동일한 양을 분배받아야 하기 때문에 가져온 것을 한데로 모으기에 앞서서 장로(elder)를 선출하면 그에 의하여 요량이 된다 (항상 "손으로" 요량되며, 저울질은 옛 관습에 대한 모독행위로 간주된다). 그런 다음에 사냥꾼들은 20명씩의 무리로 나뉘고 치밀하게 짜인 계획에 따라 사냥이 시작된다. 이와 같은 아바에서는 전체 부리에이트 나라들이 한때에 강력한 연합체로 단합되어 있던 무렵의 영웅서사시적인 전통을 재현하는 꼴이다. 이런 공동체의 수렵 형태는 홍인종 인디언이나 우수리 강(Ussuri; kada) 제방 부근의 중국인들에게서도 나타나는 아주 일상적인 것들이다.[176]

프랑스의 두 탐험가가 아주 적절하게 묘사한 바 있는 생활 방식의 카빌(Kabyle)족은 농경문화에서 지금껏 한 수 앞선 진보를 보이는 미개인이었다.[177] 관개시설이 되고 시비(施肥)가 이루어지는 그네

---

176) 각주: Nazaroff의 「The North Ussuri Territory」(Russian; St. Petersburg, 1887) 65면 참조.
177) 각주: Hanteau et Letourneux의 「La Kabylie」 3 vols.(Paris, 1883) 참조.

들의 농경지는 말할 것도 없고 언덕으로 이어진 모든 유용한 구석까지도 땅은 삽으로 경작되는 정도였다. 카빌인들은 자신의 역사에서 수많은 굴곡의 변천사를 잘 알고 있어서 한동안은 전래된 무술만 (Mussulman) 율법에 의존하였으나 여러 가지 불리한 점이 뒤따르면서 다시 150년 전의 종족 관습법으로 되돌아가기도 하였다. 이에 연유하여 그네의 토지 소유기간제는 복합된 규정에 얽매이게 되고 땅의 사유재산화가 공동 소유제에 병행하여 나타나게 되었다. 아직도 이네들 현재의 조직에 기초가 되는 것은 타달트(Thaddart)라는 마을공동체로서 일상적으로는 여러 통합가족(kharoubas)으로 구성됨으로써 원천 부족과 이방의 소가족으로 된 집합체를 구성토록 요구하고 있다. 몇몇 부락은 씨족이나 부족(árch)으로 분할되고, 몇몇 부락은 함께 연합체(thakébilt)를 만들며, 몇몇 연합체는 경우에 따라서 주로는 군사적 방어의 목적하에서 대규모 조합을 이룩하기도 한다.

카빌인들은 젬마(djemmâa)나 마을공동체의 민회 이외에는 어떤 권위기능도 알지 못하고 산다. 어떤 나이의 남자라도 야외 또는 돌 좌석으로 배치된 특정 건물 안에서 개최되는 한 자리를 차지하게 되며, 젬마의 의사결정은 분명히 만장일치제였다. 즉 모든 참석자가 동의하여 채택할 때까지 토론이 계속되거나 몇 개 안으로 설득시킬 수 있을 때까지 계속되는 행태였다. 마을공동체에는 결정을 강요하는 어떤 권위도 인정되지 않으며, 이런 체계는 마을공동체가 현존하는 어디에서도 실행에 옮겨지는 인간의 한 행태이다. 또한 현재까지도 전세계 각지의 수백만 인간들에 의하여 그네들이 가는 어느 곳에서도 실행으로 옮겨지고 있다. 젬마는 집행부에 장로, 필경사 및 재무관을 임명하고 자체의 세금을 징수하며 또는 공공의 필요에 따른 공유지의 재분배나 각종 노무(노동)를 관장하여 집행한다. 일거리가 클 때에는 공동으로 분담한다. 길 놓고 사원을 세우거나 공동우물을 파고 배수로를 파며 침입자로부터 방어를 위한 탑을 세우고 울타리를 세우는 등속의 일은 마을공동체에 의해서 이루어진다. 반면에 고가도로나 대사원 및 대형의 시장 터 개설 같은 공사일은 부족이 맡았다. 공동의 문화에 대한 많은 유적들이 끊임없이 출현되고 있으며 마을의 남녀노소가 총동원되어 이룩했던 집들도 계속 출토되고 있다.

이런 모든 사실은 "서로 돕는 일"이 일상적인 일이었고, 이런 공동 작업은 농경지를 경작하거나 수확 따위의 일을 할 때마다 지속적으로 소집되어 이루어졌던 것이다. 숙련된 일에 있어서도 각 공동체는 나름의 대장장이를 두고 공동의 땅을 배분하여 제 몫의 농사일을 하면서도 공동체를 위한 별도의 숙련된 일을 하게 하였고, 특히 경작할 계절이 다가오면 가가호호를 방문하면서 특정 대가가 없이도 농구나 쟁기를 수선해 주도록 하였다. 특히나 새로운 쟁기를 제작하는 일에는 돈으로 보답하는 어떤 짓이나 또는 다른 어떤 행태의 대가도 있을 수 없는 오직 신성한 업무로만 취급토록 하였다.

이미 사유재산을 가지게 된 카빌인은 분명히 서로 간에 부자와 가난뱅이의 둘로 나뉘어 있었다. 그러나 모두는 서로가 가깝게 얽혀 살기 때문에 가난이 어떻게 초래되는지를 알게 되고, 이런 가난은 누구에게라도 닥칠 수 있는 사고쯤으로 생각하게 되었다. "어느 누구라도 거지의 누더기를 걸치지 않게 되거나 죄인으로 전락하지 않을 운명이 있다는 말을 하지 말라"는 러시아 농민들의 격언이 있다.

카빌인들은 이 격언을 실천하기 때문에 빈부의 사람 간에도 외양에 있어서는 아무런 차이를 드러낼 수 없었으며, 가난한 사람이 "도움"을 요청하면 부자는 그의 땅에서 일해 주고, 마찬가지로 가난한 사람은 때가 되면 상대방에게로 가서 일해 주게 된다.[178]

더구나 젬마는 일정한 야채밭과 곡물포를 별도로 비치하고 공동으로 경작게 하는데 이 땅은 가난한 동족들을 돕기 위한 용도로 정해져 있는 것이다. 이와 유사한 관습이 계속 발굴되고 있다. 가난한 가족이 고기를 살 수 없게 될 경우, 공동의 재정으로 이들에게 공급할 고기가 정규 구매되거나, 젬마에게 헌납됨으로써 공동의 올리브 기름 그릇을 채우는 데 쓰이지만, 또한 고기를 자력으로 사지 못하는 이들에게 동등한 분량으로 나뉘어 배급되기도 한다. 또는 시장이 열리지 않는 날에 개인적인 용도 때문에 가족별로 양이나 불깐 소를 잡게 되면, 그 사실이 마을의 공지가에 의하여 모두에게 선전되는데 이런 관습은 병약자나 임산부로 하여금 우선적으로 필요한 부분을 필요한 만큼 취할 수 있게 하는 데 목적이 있었다.

카빌인들은 상호협조의 정신이 삶에 배어 있어서 만약에 그들 가운데 어느 하나가 외지에 나가 있는 동안에 도움이 필요한 다른 카빌인을 만나게 되면 비록 자신의 행운이나 생명을 잃게 될 위험에

---

178) 각주: "도움"이나 "어려움"의 요청에는 일종의 음식이 공동체에 헌납되어야 한다. 필자는 죠지아에 사는 코카시언 친구의 말을 빌리고 있는바, 가난한 자가 도움을 요청할 경우 부자에게서 한두 마리의 양을 빌려 먹을거리를 마련하는데 이에 대하여 공동체는 그가 빚을 갚을 수 있도록 그가 속한 소속원의 일량에 더하여 많은 먹을거리를 제공해 준다. 이와 유사한 관습이 모르도비안(Mordovian)인에게서도 나타나고 있다.

처할지라도 그를 돕고 나서는 데 주저하지 않는다. 이런 도움의 행위가 취해지지 않게 되면 도움을 무시당하여 고통을 받은 사람의 젬마가 불만이유를 고소할 수 있고, 돕지 않은 사람 편의 젬마는 즉시 실덕(失德)을 인정케 될 것이다. 따라서 우리는 중세기 상인들의 조합을 연구하는 학자들에게나 친숙하던 이들 관습을 쉽게 받아들이게 된다.

카빌의 마을에 들어서는 모든 이방인이라면 겨울철의 경우, 기거할 권리가 주어지고, 데리고 있는 말에게는 24시간 동안 공유지 땅에서 목초를 뜯기게 할 수 있다. 그러나 필요한 경우에는 거의 제한 없는 도움을 받을 수도 있다. 따라서 1867~68년 사이의 재난기 동안에 카빌인들은 혈통을 따지지 않고 그네의 마을로 피난하였던 어떤 사람이라도 받아들여 굶기지 않았던 것이다.

델리(Dellys) 지역에서는 알제리 전 지역과 심지어는 모로코에서 옮겨 온 12,000명 이상의 난민들을 이런 관습으로 구제하였다. 알제리 전역에서는 많은 사람들이 굶주려 죽어 갔지만 카빌의 땅에서는 이런 바탕에 근거하여 어느 한 사람 굶어 죽은 예가 없었던 것이다. 젬마는 스스로 필요한 일을 구하여 찾고, 정부의 어떤 노력도 결코 기대하지 않으면서 안정 기조를 구축하며, 결코 티끌만 한 어떤 불평도 없이 이런 일들을 자연적인 의무쯤으로 여기며 실천해 온 것이다.

유럽의 정복자들은 온갖 수단의 경찰력을 동원하여 몰려드는 이방인들이 가난 때문에 저지르는 도둑질이나 범법 행위를 억제하고자 안간힘을 다 썼지만 카빌인의 영토에서는 이런 어떤 수단도 애당초부터 필요하지가 않았다. 젬마에게는 어떤 특별하게 도움이 될 것도 없는 사람들에 대한 생색이 애당초 필요하지 않은 것이었다.[179]

필자는 두 가지 다른 가장 흥미로운 카빌인의 생활 양상에 대하여 서는 어쩔 수 없이 이상스러운 행태의 하나로 기술할 수밖에 없다. 이른바 아나야(anaya)와 소프(cofs)라는 두 가지이다. 아나야란 전쟁의 경우에 공동우물이나 운하 굴착, 또는 사원 건립이나 시장 터 및 도로 개설 따위의 일에 베풀어지는 보호 시책을 말한다. 아나야(anaya)로 지정된 장소에서는 전쟁의 악마를 퇴치시키고 논쟁을 억제시키기 위한 양쪽의 조직들이 만들어지게 된다. 따라서 시장 터는 아나야로서 특히 전선에 세워져서 카빌인이나 이방인을 함께 출입토록 유도한다. 어느 누구도 시장의 평화를 감히 깨뜨리지 못하게 되지만, 그런데도 훼방 행위가 일어난다면 시장 터 마을에 몰려들었던 이방인에 의하여 불법행위는 즉시 진압되게 된다. 여인네들이 마을에서 샘터로 오가는 도로 또한 전쟁 중에는 아나야로 개설되는 따위의 방침인 것이다.

소프는 집단들에 널리 확산되어 있는 제도로서 중세의 조합(Bürgschaften)이나 길드(Gegilden)의 일부 특성을 지니고 있을 뿐만 아니라 상호방호를 위해서나 지성적·정치적·정서적인 목적을 위한 특성을 지니며, 결코 마을이나 씨족 또는 연합체와 같은 영토적 속성을 띠는 기구의 어떤 기능으로도 해소할 수 없는 기능이다. 소프는 어떤 영토적 제약도 받지 않으며, 여러 마을의 식구들, 심지어는 이방인 식구들마저도 소집을 하고, 삶에 어떤 가능한 돌발사태가 일

---

179) 각주: Hanoteau et Letourneux의 「La Kabylie」 ii. 58면 참조. 이방인에 대한 이와 유사한 모습은 몽고인의 율법이기도 하다. 집으로 피신을 받아 준 몽고인은 이방인이 거기에서 피해를 받게 될 경우 이방인에게 완벽한 피의 대가를 지불하게 된다(Bastian의 「Der Mensch in der Geschichte」 iii. 231면 참조).

어나더라도 그네들 모두를 보호하는 기능을 갖는다. 마찬가지로 이들 기능은 별도의 영토적 분할을 통하여 전선에 온갖 수단의 상호친화적 의도를 표방하면서 영토분할의 목적을 관철하려는 전쟁을 막을 보조책으로서 해결 수단의 한 행태를 지닌다. 자신의 삶을 최선의 것으로 여기는 것이 인지상정이듯이 혹시라도 개개인 취향과 생각을 존중받을 개방된 어떤 국제적 조직을 만들어 보겠다고 한다면 그들 미개인의 조상에게서 배워야 하겠다.

코카서스의 산악인들은 이와 유사한 삶을 설명하는 지극히 교육적인 또 다른 분야를 제공한다. 오세티(Ossete)족의 오늘날 관습들, 즉 그네들의 통합가족이나 공동체, 또는 사법적 개념들을 연구하는 데 있어서 코발레프스키(Kovalevsky) 교수는 그의 탁월한 업적인 「현대의 관습과 고대의 율법」(Modern Custom and Ancient Law)이란 책자를 저술한 바 있다. 이를 통하여 그는 과거 미개인의 특이성과 봉건주의의 기원에 관한 이와 유사한 경향을 한 단계씩 추적해 들어갈 수 있었던 것이다. 다른 코카서스인의 계통에서는 몇 개 근원의 가족들이 모여 선구적 공동체를 만들었던 사례가 있다.

이들은 결코 부족이 관여하지 않았던 것으로서 이런 마을공동체의 기원도 간혹 일별하게 된다. 이런 경우는 주민들이 "공동체와 동업조합"을 이룩할 공동서약을 하였던 것으로 유명한 "케부소르"(Khevsoure)족의 마을 같은 곳에 대하여 최근에 알려지고 있다.[180] 다른 코카서

---

180) 각주: N. Khoudadoff가 코카서스 지리학회의 「Zapiski」 xⅳ. ⅰ.(Tiflis, 1890) 68면에 게재한 "Notes on the Khevsoures" 참조. 그네들은 또한 그네 자체 공동체의 소녀와는 혼인하지 않을 것을 서약하였으므로 결

스 다제스탄(Daghestan)에서는 두 부족 사이에 봉건적 관계가 싹튼 사실을 보여 주게 되는데, 두 부족 모두 같은 시기에 마을공동체(또는 이교도의 "계급" 구분 흔적까지도 있는)를 유지함으로써 미개인들에 의한 이탈리아나 고울(Gawl Gallia 지방: 오늘날의 프랑스와 벨기에 및 북이탈리아를 지칭하는 로마시대의 호칭임)의 정복 때 취해졌던 행태의 산 증거로 제시된다. 자카탈리(Zakataly) 지역의 여러 개 조지아(Georgia)인과 탈타르(Tartar) 마을들을 정복해 승리를 거둔 부족이었던 레진(Lezghine)인들은 피정복인들을 별도 가계(독립가족)의 통치권 아래로 두지 않았다. 현재 3개 마을에 12,000개 가구를 포함하여 20개 이내의 조지아인과 탈타르 마을을 공유하는 봉건적 씨족으로 구성되어 있다.

정복자들은 씨족에 예속된 그네들 자신의 땅을 분할시켰고, 씨족은 그 땅을 가족들마다 균등 분할하였다. 그러나 줄리어스 캐자르에 의하여 조장되었던 관습으로 현재까지 실천되고 있는 그네들 지류의 젬마 역할은 방해하지 않았다. 이른바 젬마는 매년 공동영토의 일부만은 함께 경작해야 하는 것으로 결정하고, 다른 일부의 땅은 가족의 숫자만큼의 개수로 나누어 부지로 분배하였다. 다만 노동자 계급이 레진족(Lezghines: 땅의 사유제 체제에서 살며, 봉건 영주의 일반적 소유권 아래에 살던) 가운데서 자연 발생적으로 형성되었던 반면에 영토를 지속적으로 공동 소유하였던 조지아 영주하에서는 별도로 형성되지 않았다는 점만은 특기할 만하다.[181]

국은 옛날 이방인의 율법으로 현저히 되돌아가고 있음을 나타낸 것으로 볼 수 있음.

181) 각주: Dm. Bakradze의 「Zapiski」 x iv. i. 264면에 게재된 "Notes on

코카시안 산악인의 관습법에 있어서도 그 대체적인 내막은 롱고바드(Longobard: 최종적으로 이탈리아에서 정착한 게르만족의 한 종족)인이나 살릭프랑크(Salic Frank: 라인 하구의 사하라 부근에 정주한 게르만족의 한 종족)인과 크게 다를 바 없었으며, 그 특성 가운데 어떤 것들은 옛 미개인의 사법처리 방식을 그대로 전수한 것처럼 보인다. 매우 독특한 성격이 드러나는 점은 죽음을 부르는 싸움을 억제하기 위하여 최선을 다 기울임으로써 일례로, 키브소어(Khevsoure)인은 싸움이 촉발되면 그 즉시 칼을 빼어 들지만, 만일 어느 여인이라도 달려 나와서 머리에 둘렀던 천 조각(머리두건)을 그들 가운데로 벗어 던지면 즉시 칼을 거두어 칼집에 넣고 싸움을 그치게 된다. 이때의 여인네 머리두건은 아나야인 탓이다.

만일에 싸움이 제시간에 멎지 않고 살인을 하기에 이르면 그 보상금이 너무나 엄청나게 커서 가해자는 피해자의 가족이 용서하지 않는 한 제 인생을 완전히 망치게 된다. 또 만일에 별것도 아닌 사소한 일로 칼을 뽑아 부상을 입히게 된다면 가해자는 종신토록 친지로 간주되는 기회를 잃게 된다. 이런 모든 사건에서는 중재자가 나서서 일처리를 하게 되는데, 이 중재자는 해당된 씨족 식구 가운데서 뽑힌 심판관의 역할을 한다. 사소한 사건에는 6명, 보다 심각한 사건에는 10~15명이 선발되며, 러시아의 참관인이 판정의 절대부당 여부를 감시하게 된다. 남자들은 그 자리에 뽑히는 일반적 명망을 인정받는 탓에 선서를 면제받고 단순히 증언하면 되는 것으로 보인다. 대체로 간단한 공판 절차로 충분하며 중대한 사건에서는 더욱

---

the Zakataly District" 참조. 통합단체(joint team)란 오셋티족에서와 마찬가지로 Lezghine족에게서도 일반적 양상이었음.

단순하게 처리한다. 즉 키브소어족은 스스로의 죄를 자인하는 데 결코 주저하는 법이 없다(필자의 말뜻은, 물론, 키브소어족이 아직도 문명에 물들지 않았다는 데 있다). 서약은 주로 소유권에 관련된 사건의 논쟁과 같은 사건의 진상을 간결하게 밝히는 데 덧붙여서 일종의 감사하는 마음까지 가지게 한다는 뜻을 담게 된다. 논쟁을 통하여 처벌 여부가 결정 날 경우에는 최대의 신중함을 바쳐서 처리해야 하기 때문이다. 이런 모든 행태가 코카서스 미개인 사회를 특성 짓는 것이지만 결코 동족으로서의 특권을 공정하게 생각하거나 존중되도록 바라는 탓이지 결코 뽐내는 마음에 기인하는 것은 분명 아니다.

아프리카 인종 계통에 대하여서는 필자로서도 그네들 조직을 비교 연구한 바 있던 주요 결과마저 여기에서 재론하기를 포기할 수밖에 없을 정도이다. 그네는 초기 마을공동체부터 폭군적인 미개인의 독제 통치까지의 모든 가능한 과도기적 상태에 서 있는 지극히 흥미롭고 광범위한 다양성 사회의 사례를 내보이고 있는 탓이다.[182] 말로도 족하겠지만, 비록 가장 잔학한 폭군왕정하에서도 마을공동체의 민회와 그네들의 관습법은 광범한 범주의 사건에 주권체(막강한 권력의 실체)로 남겨져 있다. 한 나라의 법은 왕(군주)에게 비록 단순충동적인 일종의 사형 조처나 또는 왕의 구미를 충족시킬 단순한 희생 조처까지도 허용하고 있었다. 그러나 백성들의 관습법만은 다른

---

182) 각주: Post의 「Afrikanische Jurisprudenz」(Oldenburg, 1887), Münzinger 의 「Ueber das Recht und Sitten der Bogos」(Winterther, 1859), Casalis 의 「Les Bassoutos」(Paris, 1859); Maclean의 「Kafir Laws and Customs」 (Mount Coke, 1858) 등 참조.

미개인과의 사이나 조상들 사이에서 이미 실존하고 실현되었던 상호부조의 공동 연계조직으로 끊임없이 유지되고 있는 실체였다. 보르누(Bornu)・우간다(Uganda)・에티오피아(Abyssinia; Ethiopia)와 같이 일부 한층 더 우호적인 인종계열들은, 특히 보고스(Bogos)인이라면 더욱 말할 필요도 없지만, 관습법의 특색이 너무나 우아하고 진묘한 느낌을 불러일으킨다.

남과 북의 양대 아메리카 원주민들의 마을공동체도 마찬가지 특색을 지니고 있다. 브라질의 투피(Tupi: 아마존 하류와 브라질 연안에 거주하는 인디언)족은 모든 씨족 식구들이 옥수수와 타피오카[183] 밭을 공동으로 경작하면서 "연립가옥"(long house)에 모여 사는 것으로 목격되었다. 아라니(Arani)인은 공동 경작을 하며 살지만 문명적으로는 한결 더 진보되어 있으며, 오우카가스(Oucagas)족도 또한 마찬가지이다. 이네들은 원시적 공산주의 체계 아래서 교육된 바 있었고, 훌륭한 도로망까지 구축된 연립가옥에 살며, 다양한 가내공업을 일으켜 살고 있어서 중세 초기의 유럽 수준에 결코 뒤떨어지지 않는다.[184] 이들도 앞의 지면에서 사례를 들어 서술하였던 유사한 관습법 아래 살고 있다.

또 다른 세상을 말래이족의 봉건주의에서도 찾아볼 수 있다. 그러나 이들의 봉건주의는 최소한 토지의 부분적인 공동 소유제와 부족의 몇몇 네가리아(negaria)라는 공동체 가운데 시행되었던 토지의 재분배로 인하여 봉건의 실권을 잃게 되었고 결국엔 네가리아나 또는

183) 역주: 카사바속의 타피오카 작물로서 전분을 제공하는 뿌리작물임.
184) 각주: Waitz. iii. 423면 참조.

마을공동체를 뒷받침하지 못하고 말았다.185) 미나하사(Minahasa)의 알푸루(Alfuru)족에게서는 작물의 공동 윤작(communal rotation)을, 위안도트(Wyandot)인의 인디언 계열에서는 부족 내에서의 정기적인 토지 재분배제도 및 토지의 씨족 경작체계를, 그리고 모슬 조직과 같은 강력한 힘으로도 아직껏 옛날의 조직을 전부 파괴시킬 수 없었던 스마트라(Sumatra)의 전체 지역에서는 토지에 대한 소유·운영권을 지키고, 특히 허가를 받지 않고 얻은 어느 토지의 일부도 황폐화시키지 못하는 책임 속의 통합가정(joint family; suka)과 마을공동체(kota)를 사례로 목격할 수 있다.186)

이 이야기에 앞세워 할 말은, 앞에서 간단히 소개한 바 있던 이들 마을공동체의 특성으로서 반복되는 갈등과 전쟁에 대하여 상호간에 공동 방어하고 억제하는 모든 업무 처리가 순조롭게 진행되었다는 것이다. 또는 그 이상이기도 해서 토지의 공동 소유가 더욱 철저하게 유지될수록 더욱 효과적이고 더욱 원만하게 이들 습관이 유지되었다는 것이다. 드스튜어(De Stuers)가 긍정적으로 확인한 바는 어디에서든 정복자들이 마을공동체를 덜 유린한 곳일수록 재물의 불평등 문제는 줄어들었고 동태복수법(lex talionis)이 인정되는 곳에서의 통치는 덜 잔인하였다. 반면에 이와 대조적으로 마을공동체가 전체적으로 괴멸권 속에 들게 되면 어디에서나 "주민들이 독재의 폭군 지배에 가장 참을 수 없는 압제의 고통을 받았다."187) 이는 지극히 당연

---

185) 각주: Post의 「Studien zur Entwicklungsgeschichte des Famillien−Rechts」 (Oldenburg, 1889), 270면 참조.

186) 각주: Post의 「Studien」 290면에 인용된 Powell의 「Annual Report of the Bureau of Ethnography」(Washington, 1881) 및 Bastian의 「Inselgruppen in Oceanien」(1883) 88면 참조.

한 일이다. 이들 부족 계보들은 자체의 부족 연합체(tribal confederation)를 만들어 유지하면서 고차원의 발전 단계에 반석을 이룩하고, 옛날의 단결체와 연계성을 몰수당했던 다른 부족 계보보다 더욱 풍요로운 문화를 가지게 되었음을 바이츠(Waitz)가 밝혔을 때에는 단지 이네들도 진보될 수 있다는 가능성을 피력한 데 지나지 않는 것이었다.

더 이상의 설명을 한다는 것은 공연히 장황한 반복에 지나지 않을 것이므로, 단언을 한다면, 어떤 날씨에 사는 어떤 인종이든 미개인의 삶이란 철두철미하게 이와 같은 것이었다. 인류에게서 일어나는 진화의 일정 과정은 놀라우리만큼 비슷한 것이다. 씨족 조직이 실제로 별도의 가족에 의하여 대내적으로 공격을 받을 경우, 또는 이주한 씨족으로부터 능지처참의 피해를 당하거나 근원이 다른 이방인들에게 편입되는 운명의 대외적 공격을 받게 될 경우에도 마을공동체는 영토적 개념에 충실하면서 명맥을 유지해 오게 되었던 것이다. 이렇게 하여서 생긴 새로운 조직은 이전에 설명하였던 씨족 조직에서 자연적으로 태동된 것으로서, 이들 미개인으로 하여금 생존경쟁에 굴복하였을 외딴 가족으로 괴멸되지 않고 가장 지난한 시련의 역사를 통하여서도 살아남도록 허용하였던 것이다.

새로운 조직 아래서는 새로운 문화 행태가 싹터 나왔고, 새로운 농업은 이제까지 엄청나게 불어난 인구 문제를 헤어나지 못하던 시대적 과제를 해결하였으며, 가내공업은 고차적인 완성 단계에 이르렀다. 거친 자연에는 도로망이 뚫리고 원천적 집합체가 떨어뜨린 떼

---

187) 각주: Waitz가 인용한 De Stuers의 기술 내용(v.141면) 참조.

거리에 점유되면서 유용하게 다듬어졌다. 공적으로 받들어지는 장소는 말할 필요도 없고, 시장이나 요새지들이 새로 구축되었다. 현명한 조직의 의미가 세워져서 전체의 인종 계보로, 또는 다양한 출신들로 이룩된 몇몇 인종계보로 확산됨으로써 서서히 그 정체가 정밀하게 다듬어져 왔다. 사회 정의에 대한 옛날의 개념은 단지 보복으로 처벌되는 데 지나지 않았지만, 서서히 그리고 철저하게 보완되었고, 잘못된 부분을 개정하려는 생각이 보복제일주의를 대체하게 되었다.

현재까지도 인류의 삼분의 이나 또는 그 이상의 일상생활에 기본법으로 적용되고 있는 관습법도 이들 새로운 조직 아래서 다듬어지게 되었다. 물론 사유재산의 축적을 위하여 각종 시설이 늘고, 이에 비례하여 세력을 키우게 된 소수의 정예인력이 다수의 횡포를 막을 수 있는 새로운 관습체계(행동 강령)를 수립하게 되었다. 이런 것들이 곧 상호부조를 실현시키려는 다수인들의 의도로 채택된 새로움들인 것이다. 뿐만 아니라 경제적·지능적 및 윤리적 발전도 이들 새로운 행태의 인기 몰이 조직 아래서 인간적으로 성취되고 있었으며 그 정도가 너무나 놀라운 정도에 이르고 있었다. 때문에 국가라는 것은 뒷날 실체로 태동될 시대적 요청을 받게 됨으로써 소수 정예인들의 유도활동에 따라 사법적·경제적·행정적 기능의 모두를 어렵지 않게 장악할 수 있었다. 이런 기능은 마을공동체가 이미 모든 자체 구성원의 공동 이익을 위하여 실현시킨 바 있었던 역사적 내용과 같은 것이다.

갈래 V

중세 도시의 상호부조(1)

인류역사에서 사회성(社會性)[188]과 상호부조의 필요성은 인간 고유 본성의 하나이기 때문에 인류가 소가족으로 분리 고립되어 상호 투쟁하는 생존방식이란 발견할 수 없다.

이와 반대로, 앞의 갈래Ⅱ에서 살펴본 바와 같이 현대의 연구결과, 인류는 선사시대의 바로 첫 시작부터 무리를 지어 친족(gentes), 씨족, 또는 종족을 이루어 동일 조상을 받드는 같은 후손이라는 생각을 지니고 그렇게 오늘까지 살아온 것이다. 수천, 수만 년 동안 인류는 비록 이러한 조직을 강제하는 권력기관은 없었지만 이런 조직 하에 상호 결속(結束)되어 왔다.

이 조직은 그 뒤의 모든 인류 발전에 커다란 영향을 미쳤다. 또한 동일 후손이라는 유대가 대규모의 민족 이동[189]으로 인하여 느슨해

---

188) 각주: 저자가 의도한 원문(原文)의 Sociability는 사람들이 화목하여 친교를 맺고 선린(善隣) 관계로 서로 도와주고 도움을 받는 즉, 상호부조(相互扶助)하는 의미로서 쓰였기 때문에, 우리가 흔히 생각하는 사회성보다 더 구체적이고 능동적 의의를 지니고 있음. 사전에는 사교성(社交性), 군거성(群居性), 사회성(社會性) 등으로 정의되어 있는데 이 번역에서는 우리에게 보다 친숙한 어휘를 택하였음. 저자는 진화의 요인이 우리가 통상 생각하는 생존경쟁과 약육강식이 아니라 상호 부조하는 사회성(Sociability)에 있다고 역설하며 역사의 흐름을 짚어 가는 방식으로 예증(例證)하면서 논리를 전개하고 있음.
189) 각주: 서양에서는 역사상 4~6세기의 게르만 민족의 대이동을 뜻함. 즉, 서기 375년 훈족(Hun族)의 서진(西進)에 따라 고트족(Goth族)이 남하(南下)하면서 연쇄적으로 동고트(東Goth), 서고트, 부르군트(Burgund) 등 동게르만인(東German人)이 이탈리아, 스페인, 북(北)아프리카로 이주하여 건국을 하였지만 곧바로 쇠망하였다. 한편, 프랑크(Frank), 앵글, 색슨 등 서게르만(西German)이 세운 나라는 오랫동안 존속(存續)하였다. 또한 9세기에는 노르만인(Norman人) 등 북(北)게르만인 대이동이 있었음.

지고, 한편으로는 씨족 내부 자체가 분가됨으로써 오래 지속되어 온 그 단결성이 무너지게 되었고, 인류는 그 사회적 특성을 발휘하여 새로운 형태의 결합조직인 마을공동체를 영토라는 기반 위에 탄생시켰다.

이 제도로 인해 다시 한번 인류는 수많은 세기(世紀)에 걸쳐 결속하여, 제반 사회제도를 더욱 발전시켰고 그리하여 역사상 가장 어두운 시기190)마저도 빠져나감으로써, 상호유대관계가 느슨한 단순집합의 가족과 개인으로 해체되지 않고, 인류 진화의 발걸음을 계속하면서 수많은 부차적(副次的) 제반 사회제도를 만들어 내어, 그 일부는 오늘날까지도 명맥을 잇고 있다.

이제 우리는 영속(永續)하는 상호부조라는 동일한 성향이 발달해 가는 과정을 따라가 보아야 하겠다. 로마제국이 몰락 뒤 새로운 문명을 시작하는 소위 미개인191)들의 촌락공동체를 예로 들어, 우리는 중세에, 특히 중세의 길드 및 중세의 도시 민중들이 원하여 사회성(社會性)으로 나타났던 새로운 양상을 연구해 보아야 하겠다.

---

190) 각주: 서양에서는 게르만 민족의 침입으로 로마제국이 무너지기 시작한 5세기부터 동(東)로마제국이 멸망한 15세기 중엽의 시기를 중세(中世)라 하며 이 시기를 통상 중세의 암흑시대로 부르고 혼란과 혼돈의 역사시대로 보고 있음.

191) 각주: 미개인(未開人)으로도 번역됨. 여기 서양역사에서는 문명화가 되지 않은 미개(未開)에 한층 더하여 문명을 파괴, 약탈하는 사람들의 뜻으로 쓰여 왔음.

흔히 서로 으르렁대고 싸우는 짐승쯤으로 비유되는 미개인들의 모
습과는 달리, 기원 후 1세기의 이들은(그 많은 몽고인들,192) 아프리
카인들,193) 아랍인들194) 등등처럼-이들은 아직도 그 당시의 미개인

---

192) 각주: 서양에서는 몽고인들이 극히 미개하고 잔인한 공포의 대상이 되
는 미개인으로 많이 기술되고 있는데, 이는 13세기 초 몽고 제국의 서
구 정벌 과정에서 그들이 받은 처참한 패배의 결과에서 비롯됨. 즉 몽
고의 칭기즈칸이 1206년에 세운 몽고 제국은 유럽 정벌군을 일으켜
수베데이 장군의 지휘 아래 1241년에는 폴란드군, 독일군(실레지아,
보헤미아)을 격멸시키고, 그 뒤 바투와 함께 10만의 헝가리군을 섬멸
하였다. 그 결과 온 유럽의 실제 전투력이 모두 궤멸되어 전 유럽인은
속수무책으로 공포에 떨었고, 유럽 각국은 곧 정복되어 멸망될 위기에
처했었다. 그러나 몽고황제(오구다이칸)의 죽음으로 몽고 기병이 발길
을 돌림으로써 유럽은 구원될 수 있었음. 그 뒤 유럽은 몽고인을 파괴
와 약탈의 미개인으로 격하시켜 서술하여 기억함.

193) 각주: 유럽인들이 역사적으로 조우한 아프리카인들은 주로 북아프리카
의 주민들로서 특히 기원전 3세기부터 2세기에 걸쳐 로마제국과 패권
을 다투다 멸망한 칼타고(현재의 알제리, 튀니스 지역 일대)는 유명하
며, 그 뒤에 기원후 8세기 초부터 이베리아 반도에 침입하였던 북아프
리카의 이슬람교도들을 무어(Moor)인으로 불렀다. 이들은 모로코의 모
리타니아(Mauritania), 알제리, 튀니지 등지에 사는 베르베르인을 주체
로 한 여러 부족의 총칭으로, 11세기에는 알모라비드(Almorarvid), 알
모하드(Almohad) 등의 이슬람교 국가를 세울 정도로 번성하였다. 이들
은 그 뒤 점차 쇠퇴하여 15세기에는 스페인 왕국에 의하여 이베리아
반도에서 축출되었다. 유럽의 신장에 따라 그들은 이후부터 미개한 미
개인으로 취급되었다.

194) 각주: 아랍인들은 이슬람교를 창시한 마호메트(571?-632년)가 태어난
지금의 사우디아리비아와 이락, 예멘 등지의 종족을 지칭한다. 이들은
예언자 마호메트의 등장으로 거대제국을 후계자 칼리프(Caliph)가 아
시아, 유럽, 아프리카에 세웠으며 15세기까지 존속하였다. 이 제국은 8
세기에는 이베리아 반도(스페인, 포르투갈)를 정복할 정도로 강성해져
서 유럽정벌을 시작하였다. 732년 프랑스에 출병했으나 투르·푸아티
에의 전투에서 프랑코 왕국의 샤를마뉴 대제(Charle magne大帝)에게

들처럼 산다.) 전쟁보다 평화를 한결같이 더 좋아하였다. 다만 예외적인 몇몇 종족들은 민족 대이동기에 불모의 사막 또는 고지대로 내몰려져 그들보다 처지가 나은 이웃 종족들을 주기적으로 약탈할 수밖에 없었다─이들과는 별도로, 대부분의 튜톤족[195]이나 색슨족, 켈트족,[196] 슬라브족[197] 등등은 새로운 정복지에 삶의 터전을 마련하자마자(농사짓는) 삽을 잡거나 가축을 방목하는 생활방식으로 되돌아갔다. 최초의 미개인 사회의 규약을 보면 이들은 서로 싸우는 무리가 아니라 평화로운 농업공동체들로 이루어진 사회였다. 이들 미개인들은 나라를 마을과 농가로 뒤덮었다.[198]

패퇴(敗退)하여 저지당하였다. 이 정벌전을 계기로 유럽인에 대한 이슬람교 국가 및 아랍인의 위상은 크게 높아졌다.

195) 각주: 튜톤(Teuton)인은 인도·유럽인 가운데 게르만 종족의 하나로서 독일, 스칸디나비아, 화란 및 영국 남부의 주민을 주로 말한다.

196) 각주: 켈트(Celt)족은 유럽 인종의 하나로서 일반적으로 키가 크고 머리털은 금발 또는 붉은 밤색으로서, 역사적으로 게르만 민족의 대이동 뒤 영국, 프랑스 등으로 흩어져 그들과 동화되었다. 그러나 아일랜드의 켈트족은 아직도 그 민족성을 잃지 않고 유지하고 있다.

197) 각주: 슬라브(Slave)족은 유럽의 동부 및 중부에 사는 아리안계 민족의 총칭으로서 5-7세기에 발칸·보헤미아, 남(南)알프스에 이주한 백색 인종이다. 성격은 대체로 소박, 강건하며 인내심이 강하다. 주로 농경 생활을 하며 종교는 그리스 정교와 가톨릭을 믿는다. 현재는 동슬라브(러시아인·우크라이나인·벨로루시인 등), 서슬라브(폴란드인·체코인·불가리아인 등), 남슬라브(슬로베니아인·세르비아인·크로아티아인·불가리아인)로 크게 구분되고 있다.

198) 각주: 아놀드(W. Arnold)는 그의 저서 "독일민족의 이주 및 정착"의 431쪽에서 현재 독일 경작지의 절반에 이르는 땅이 6세기에서 9세기에 걸쳐 경작되었다고 주장하였다. 니쯔(Nitzsch)(독일민족의 역사, 라이프치히, 1883년, 제1권)도 같은 견해를 보였다.

그들은 숲을 베어 내고, 계곡의 여울에 다리를 놓아 이전에는 사람이 살지 않았던 황무지에 정착하였다. 또한 이들은 불안한 전쟁행위를 제멋대로 모아든 사람들로 이루어진 혈맹단(血盟團), 전사단(戰士團) 또는 수탁자에게 맡겨 버리고 임시 족장들 중심으로 뭉쳐지게 되었는데, 족장들은 그 부족을 지키기 위하여 상무정신, 무기및 전투기술을 제공하였지만 노심초사하여 마음 편히 있을 수만은없었다. 전사(戰士) 집단들은 오가며 부족 내의 가족 간 분규를 처리하였다. 그러나 부락민 대부분은 계속해서 땅을 갈아 농사를 지을뿐으로 지도자가 될 사람들이 촌락공동체의 독립성을 간섭하지 않는한 결코 그들 존재에 대해서는 개의치 않았다.[199]

유럽 대륙의 새로운 점유자들은 현재까지도 수억에 이르는 많은사람들에게 유효한 토지임대와 적절한 경작제도들을 발전시켜 제공하고 있다. 이들은 과오를 범한 징벌로서 오래된 과거의 피비린 내나는 종족식 보복 방식 대신에 오히려 보상제도를 만들어 내었다.이들은 산업의 기초를 최초로 습득했던 것이다. 또한 마을을 목책으로 둘러싸거나 탑과 흙으로 성채를 세워 외부침입 때마다 보수를 하게 마련이었지만 결국은, 탑과 성채의 방어를 전사집단에 맡겨 버렸던 것이다.

미개인들은 바깥 세계가 상상하던 그들의 전쟁본능 때문이 아니라바로 그 평화애호심 때문에 그 뒤 오히려 군사지도자에게 종속되는원인을 제공하게 되었던 것이다.

---

199) 각주: 레오(Leo)와 보타(Botta), "이탈리아역사", 프랑스어판, 1884년, 37쪽.

부(富)의 축적 면에서, 무사집단 조직의 생활방식은 농부가 농업공동체에서 밭 가는 것보다 훨씬 쉽다는 것쯤은 누구나 알 수 있다. 오늘날에도 (아프리카) 마타벨 부족은 단지 평화를 위해서라면 값비싼 대가를 지불할 각오가 있는데도 불구하고 이를 도외시하는 무장세력들은 때때로 총을 쏘며 쳐들어와 가축을 약탈해 간다.

고대의 형제애가 현시점의 우리들보다 꼭 더 양심적인 것은 아니었다. 가축, 철(당시 고대에는 극히 고가였음),[200] 그리고 노예들은 이러한 방식으로 약탈되었다. 비록 약탈물 대부분은 서사시로 많이 읊조려지던 영광의 잔치판 현장에서 탕진되었지만, 그래도 강탈한 재물의 일부는 부의 축적에 이용되었다. 황무지는 많았고, 필요한 가축과 연장만 있다면 경작할 사람은 결코 모자라지 않았다. 마을이 온통 병해충, 불, 또는 새로운 침입 이주자로 파괴되면, 때로는 주민들은 마을을 포기하고 새로운 보금자리를 찾아 어디로든 찾아 나섰다. 유사한 상황에 처할 경우, 러시아에서는 아직도 그렇게 행동한다. 그리고 전사단의 전사가 영세농에게 새로운 삶을 시작할 몇 마리 가축과 비록 쟁기 자체는 아니라도 그것을 만들 쇠, 외부침입자로부터의 안전보장에 더하여 수년간의 각종 채무면제와 같은 조치만 해 준다면, 이들은 그 땅에 정착하였다.

---

200) 각주: 칼 한 자루라도 훔치면 벌금은 15solidi였으며 제분기의 철 부속품은 45solidi였다(이 주제에 관해서는 Raumer의 Historisches und Taschenbuch 1883년 52쪽에 소개된 Lamprecht의 프랑스 경제와 법 참조). 강변소유자 법에 따르면 기사(전사)의 칼, 창 및 철갑옷은 적어도 암소 25마리 또는 자유민의 2년간 노동의 값어치에 해당되었다. 갑옷만으로도 살리 지족(支族: 프랑크 부족의 하나)의 법상으로는(Michelet가 인용한 Desmichels) 밀 36부셀(1부셀은 35.238 L)에 맞먹는 가치를 지녔다.

그리고 흉작이나 병충해와의 힘든 싸움을 겪고 나서 빚을 갚기 시작할 때가 되면 그때부터는 그 영지의 보호자를 섬기는 단순한 농노관계로 전락하였다.

의심의 여지 없이 부(富)는 이러한 방식으로 축적되었고 권력은 언제나 부를 따라다닌다.201) 그럼에도, 기원 후 6세기와 7세기에는, 그 당시의 삶을 꿰뚫어 볼수록, 우리가 더욱더 상세히 알게 되는 사실은 소수 지배자의 권력 구축에는 부와 군사력 이외에 제3의 요소가 더 필요했다는 것이었다. 그것은 바로 군중에 의하여 평화가 유지되고 또한 그들이 정의라고 생각한 것을 확립하려 열망하는 법과 정의로서, 이 요소는 동료 집단의 수장(首長)들, 왕, 대공(大公), 공작(公爵) 및 이와 유사한 존재들이 이삼백 년 뒤에 가서야 획득할 수 있었던 그러한 권력을 그 당시에 이미 그들에게 가져다주었던 것이다.

과거 씨족사회 단계에서는 잘못을 범하면 그에 합당한 보복을 해주는 것만이 정의라고 보던 동일한 사상이 자라났고, 그에 뒤따른 제도(制度)의 역사를 마치 붉은 실로 꿰기라도 한 것처럼 면면히 이어져 왔으며, 이제는 군사적 또는 경제적 차원을 뛰어넘어, 왕과 봉

---

201) 각주: 오랫동안 족장들의 주요 재산은 그들이 다스리던 영토였으며, 그 백성의 일부는 포로노예들이었지만 대부분은 위와 같은 방법으로 채워졌다. 재산의 기원에 대해서는 스테른에그(Inama Sternegg's)의 '독일의 영주권형성', 슈몰러(Schmoller)의 '탐사', 제1권, 1878년, 단(F.Darn)의 '선사시대의 독일민족과 로마민족, 베를린, 1881년, 마우어(Mauer)의 '촌락제도' 귀쪼(Guizot)의 '프랑스역사 소고(小考)', 마인(Maine)의 '촌락공동체', 보타의 '이탈리아역사', 세봄(Seebohm), 비노그라도프(Vinogradov), 그린(J.R.Green) 등 참조.

건 영주가 딛고 서 있는 권위의 바탕으로 되었다. 과거 미개시대의 촌락공동체는 언제나, 실은 현재의 미개인들도 그러하지만, 그 당시의 정의 개념에서 비롯된 분쟁을 신속히 끝내는 것을 최우선 관심사로 삼았다. 분규가 일어나면 공동체는 즉각 개입하여 민회에서 경위를 듣고 난 뒤 잘못을 범한 사람이 피해자 또는 그 가족에게 배상해 줄 액수를 결정하였다. 동시에 마을의 평화를 깨뜨린 위약금도 정하여 공동체에 지불하도록 하였다. 내부갈등은 이런 방법으로 쉽게 가라앉힐 수 있었다.[202]

그러나 서로 다른 두 부족 사이나 또는 부족 연맹 사이에서는 분쟁을 막기 위한 모든 수단방법에도 불구하고 양쪽 당사자가 판결에 따르게 할 수 있을 정도로 공정하고 고대법에 해박한 중재자나 판정관을 구하기가 어렵다는 데 문제가 있었다. 그 어려움은 사건별로 상이한 부족 및 연맹의 관습법이 서로 달라 배상할 액수가 서로 맞지 않을수록 가중되었다. 따라서 관례에 따라 재판관은 원래의 고대법을 간직해 온 명망 있는 가문이나 부족 중에서 뽑았다. 노래, 삼제가(三題歌, 삼화음의 노래), 영웅담, 기타 등등의 방법으로 구전되어 온 고대법 그리고 이런 방식으로 보존해 온 법은 대대로 소중하게 전승된 하나의 기술, 하나의 비전(秘傳)이기도 한 셈이었다.

따라서 아이슬란드나, 여타 스칸디나비아 지역들에서는 모든 부족의 민회에서, 판정자로 뽑힌 사람(Lövsögmothr)이 민중을 깨우치기 위하여 암기한 고대법을 낭송하곤 하였다. 또한 아일랜드에서도 이

---

202) 각주: 헨리 메인 경의 '국제법'(1888년, 런던) 참조.

미 알려진 바처럼 해박한 고대관습 지식으로 명성이 높은 특수 계층의 사람들은 그에 따라 재판관으로서의 권위를 향유하였다.203) 또한 러시아 연대기에는 러시아 서북부의 일부 종족은 부족 간 다툼으로 혼란이 커지게 되자 노르만족204)205) Varingiar(재판관)에게 재판관과 전사단(warrior scholae) 지도자의 자리를 맡아 달라고 간청하기로 하였다. 그런데 그 뒤 200년 동안 공작이나 대공(大公)들은 언제나 동일한 노르만족 가족 중에서 선출되었으므로, 앞의 슬라브족들은 노르만인들이 법을 더 잘 안다고 신뢰하였으며 그런 이유로 다른 슬라브 혈족(Kins)들도 이와 다를 바 없이 노르만인을 인정하게 되었다는 점을 우리 또한 이해할 수밖에 없다. 이와 같은 경우 룬 문자(옛날 북유럽 민족이 쓴 글자, 역자 주)를 소유하고 이용하여 고대 관습을 전승할 수 있었던 노르만 일족에게는 결정적으로 유리하였다.206)

---

203) 각주: '아일랜드의 고대법 개론'이나 나이(E.Nys)의 '국제법 개론'(1896년) 86쪽 참조. 오세트인(오세티아, Ossetia 지방 아리아계 종족의 사람으로서 그들의 종교는 이슬람교와 그리스도교의 특징을 모두 가지고 있음)들 가운데서는 가장 오래된 촌락 출신의 재판관이 특히 명성을 누렸다(코발렘스키의 '현대관습과 고대법', 모스크바. 1886년. 217쪽, 러시아어판).

204) 각주: 이러한 개념(태니스트리 제도의 개념과 관련)은 동 시기의 삶에서 중요한 역할을 했다고 생각해도 무방하다. 그러나 이러한 연구 방향은 아직도 정해지지 않고 있다.

205) 역주: 8-12세기에 걸쳐 유럽에 맹위(猛威)를 떨친 북(北)게르만인의 하나로서 이 시기에는 바이킹(Viking)으로 불렸다. 매우 호전적이고 모험을 감행하여 유럽 각처, 특히 북부 및 서부 해안을 무대로 하여 약탈, 침략 행위를 감행했으나 후에 프랑스 노르망디 지역에 주로 정착하였으며 영국에도 정주함. 영국의 정복왕 윌리엄은 바로 이 노르만족의 노르망디 공이었다.

206) 역주: 태니스트리제, 켈트인 부족 사이에 족장이 살아 있는 동안에 후

그러나 다른 경우, 그 종족의 모계(係)라고 여겨지는 종가(宗家) 격의 지파 한 사람이 재판관으로 역할을 해 달라는 요청을 받았다거나 또는 그들의 판결이 옳았다는 신뢰를 받았다는 사실은 별로 없다.

반면 후대에 이르러 재판관으로 뽑히는 경향이 뚜렷해진 기독교 사제들은 그 당시의 보복이 결코 정의로운 행위가 아니라던, 지금은 잊혀진 기독교의 근본교리를 여전히 지키고 있었다. 그 당시의 사제들은 교회 문을 열어 피비린내 나는 복수에서 도망친 자들의 피난처가 되게 했으며, 또한 기꺼이 범죄사건의 중재자로 나서서 눈에는 눈, 이에는 이라는 고대 부족의 원칙에 언제나 반대하였다. 한마디로, 고대관습의 역사를 꿰뚫어 갈수록, 권력의 기원이 결과적으로는 무력에 있다는 이론의 근거를 잃게 하였다. 심지어는 후에 압제의 원천이 되었던 그 권력조차도, 정반대로, 그 기원은 대중의 평화애호에 있었던 것임을 알게 하였다.

이 모든 경우, 배상금의 절반에 상당하는 위약금(fred)은 민회의 몫이 되었고, 까마득한 옛날부터 촌락공동체의 공공 이용 및 방위에 쓰였다.

커바 일족(북아프리카의 베르베르207)족의 하나)과 일부 몽고족에서는 아직도 동일한 의도(탑의 설립)가 보인다. 또한 심지어 몇백 년 뒤 프스코프(Pskov, 러시아 도시)와 프랑스 및 독일의 여러 도시에서도 벌과금이 도시 성벽 수리에 계속 쓰였다는 직접증거가 있다.208)

계자를 특정 고귀한 집안에서 선임하는 제도.
207) 역주: 북아프리카의 알제리, 튀니지, 모로코의 모리타니아 등지에 사는 종족을 말함.

따라서 아주 자연스럽게, 제(諸) 벌과금은 재판관에게 넘겨졌으며, 그에 따라 재판관은 영토 방위를 책임진 전사집단을 유지하고 판결을 집행하게 되었다. 이것은 8세기와 9세기에 재판관으로 선출된 추기경이 담당했을 때에도 모두가 따르는 관습이 되었다.

오늘날 소위 사법권과 행정권이라는 것의 결합은 이렇게 그 씨가 뿌려졌다. 그러나 이 두 가지 기능에 대한 대공 또는 왕의 역할은 아주 제한되어 있었다. 그는 민중의 지배자도 아니었고(주권은 여전히 민회에 속했음) 심지어 군대의 사령관도 아니었다. 민중이 무기를 들면, 별도의 선출된 사령관이 지휘하였다. 그 사령관은 왕의 신하가 아니라 왕과 대등한 존재였다.[209) 왕은 그의 영지 안에서만 주인이었다. 실제로, 미개인의 언어에서, Konung, Koning 또는 Cyning은 라틴말의 rex(왕)와 동의어로서 한 무리의 임시 지휘자 또는 수장이라는 뜻 외에는 없다.

소선대(少船隊)의 사령관이나 심지어는 단 한 척의 해적선 선장도 역시 코눙(Konung)이었으며, 오늘날에도 노르웨이에서는 고기잡이의 지휘자가 놋콩(Not-Kong) 즉 그물의 왕이라 불린다.[210)

---

208) 각주: 범죄행위의 속전(贖錢)으로 파괴되는 가옥은 성벽축조에 쓰인다고 서기 1002년의 성(聖) 쿠엔틴 헌장에 분명히 언급되어 있다. 독일 도시의 세금도 같은 운명에 처해졌다. 프스코브시에서는 성당이 벌과금의 수납은행이었으며, 성벽 축조 비용은 이 기금에서 충당되었다.

209) 각주: 솜(Sohm)의 '프랑크족(族)의 법-및 재판제도', 23쪽 또는 니쯔(Nitgsch)의 '독일 민족역사', 78.

210) 각주: 이 주제에 관한 훌륭한 참고 자료로는 씨어리(Augustin Thierry)의 '프랑스역사주해서', 제7장 참조. 이교도(또는 이방인)의 성서 일부 번역본은 극히 유용하다.

뒷날에도 왕의 품격에 부쳐진 존칭은 아직 없었으며, 혈족에 대한 배신은 사형을 받았지만, 왕이라면 시해했더라도 배상금을 지불하면 해결할 수 있었다. 왕은 단지 자유민보다 값이 더 많이 든다는 것이었다.[211] 그리하여 크누(또는 카누트)왕이 그 자신의 전사집단(schola) 가운데 한 명을 상해한 경우, 영웅서사시에서는 그가 동료를 소집하여 그곳에서 무릎을 꿇고 용서를 구하였다. 그는 일반배상액의 9배를 지불하기로 동의한 뒤에야 용서를 받았으며, 그중 3분의 1은 부하 손실 보상금으로 그의 몫이 되었고, 3분의 1은 피살자의 친척에게, 마지막 3분의 1(the fred)은 전사집단의 것이 되었다.[212] 교회와 로마법 추종세력의 이중적인 영향력 아래, 그 당시까지도 통용되던 관념이 실제로 완전히 바뀐 다음에야 왕이라는 칭호에 경칭을 써야 한다는 생각을 갖기 시작하게 된 것이었다.

그러나, 이제 갓 보여 준 요소들로부터 나온 권력이 점차 신장해 가는 과정을 따라가기에는 분량이 제한된 이 저서가 받아 주지를 않는다.

예컨대 역사학자들 즉, 영국의 그린 씨 부부, 프랑스의 시어리

---

211) 각주: 앵글로-색슨(Anglo-Saxon)법으로는 귀족의 36배 이상이었지만 로사리(Rothari) 법전에서는 왕의 시해는 사형을 받았다. 그러나(로마 제국의 영향과는 별도로) 이러한 새로운 조치가 롬바드법에 도입되었는데(646년)-레오와 보타가 언급한 바와 같이-왕을 피의 복수로부터 보호하기 위해서였다. 그 당시의 왕은 그 자신이 내린 판결의 집행자(부족민이 이전에는 그들 자신의 판결의 집행자였듯이)였기 때문에, 특별조치로 보호받아야 했다. 로사리법 이전에는 여러 명의 롬바드족 왕들이 연이어 시해되었기에 더욱더 그러하였다.

212) 각주: 카우프만의 '독일 역사', 제1권. "원시시대의 독일인", 133쪽.

(Augustin Thierry), 미슐레(Michelet) 및 뤼세르(Luchaire), 독일의 카우프만(Kaufmann), 얀센(Janssen), 아놀드(W.Arnold) 심지어는 니츠(Nitzsch)도, 이탈리아의 레오(Leo) 및 보타(Botta), 러시아의 코스토마로프(Kostomaroff) 및 그들 추종자들, 그리고 기타 많은 사람들이 그에 대하여 언급한 이야기로 충분하다. 이들은 한때 자유의 몸이었던 인민대중이 단지 자기네 방위군의 일부 생계를 책임지기로 동의한 뒤, 점차 이들 보호자의 노예로 전락하게 된 이유를 보여 주었다. 또한 교회 또는 영주에게 건네준(권한의) 위임이 어떻게 (뒤에) 자유민에게 필요악이 되었고 (뒤에) 영주와 추기경 소유의 성(城)이 어떻게 도둑놈들의 소굴이 되었으며, 한마디로 어떻게 봉건제도가 성립되었고 또한 십자군이 십자가를 지닌 노예들을 해방시킴으로써 어떻게 처음으로 민중해방이라는 충격을 주었는가를 알게 하였다.

이 모든 것을 이 자리에서 재언할 필요는 없는바, 우리의 주목적은 민중의 상호부조 제도라는 건설적(창의적) 재능을 따라가는 데 있기 때문이다.

미개인의 마지막 자유의 흔적들도 사라져 가는 것처럼 보이고, 또한 유럽이 수천에 달하는 소영주의 지배하에 들어가 과거 문명발생시 미개 단계에서 추종했던 그러한 신정국가(神政國家) 및 독재국가의 성립이나 오늘날 아프리카에서와 같은 미개 전제국가의 성립 쪽으로 나가고 있을 때에, 유럽은 다른 운명의 길을 선택하였다. 그것은 한때 고대 그리스 도시국가가 밟았던 길과 유사한 노선을 지속하는 것이었다. 우리들은 거의 알아차릴 수 없었고 역사학자들 또한 장기간 이해하지 못했던 데 모두 이의가 없는 바지만, 도시 주민집단들은 최소단위 마을조차도 그들의 어깨를 짓누르는 세속 및 성직 영주의 멍에를 벗어 던지기 시작하였다.

성시(城市)는 영주의 성(城)에 항거하여 처음에는 도발을, 뒤에는 공격을 함으로써, 마침내 성을 파괴하였다. 이 운동은 사방으로 전파되어, 유럽 전역의 마을에 모두 퍼져 백 년도 채 안 되어 자유도시들이 지중해 연안, 북해, 발틱 해, 대서양, 스칸디나비아의 피오르드(fiords)에 이르기까지 나타나게 되었다. 아페니노 산맥(이탈리아)의 자락에도, 알프스 산맥, 흑림(黑林), 그램피안 산맥 및 카르파티아 산맥(중부유럽), 러시아 대평원, 헝가리, 프랑스 및 스페인 등지의 모든 곳에서 똑같이 반란이 일어났는데 그 특징, 발생단계 및 결과도 모두 동일하였다. 민중들은 성벽 뒤에서 보호를 다소 받을 수 있거나 기대를 할 수 있다면 어느 곳에서나, 공동선서단(共同宣誓團), 우의(友誼)단체, 친목(親睦)단체를 설립하여 하나의 공동이념 아래 뭉침으로써 상호부조와 자유라는 새로운 삶을 향하여 힘차게 전진하였다.
그렇게, 그들은 삼, 사백 년 만에 유럽의 면모 그 자체를 바꿔 버릴 정도로 큰 성공을 거두었다. 그들은 국가를 아름답고 화려한 건물들로 뒤덮어 그 비할 바 없는 미(美)와 표현성으로 자유시민 조합의 재능을 잘 보여 주었다. 또한 이들은 후대에게 예술 전반, 산업 전반을 물려주었는데 기실 오늘날 문명의 그 모든 업적과 미래 약속조차도 단지 이를 조금 더 발전시킨 것에 지나지 않는다. 또한 이러한 엄청난 결과를 불러일으킨 힘들이 무엇인지를 살펴보고 지금 우리가 알아낸 바 그것들은 한 개인의 영웅적인 재능이나 거대한 국가의 막강한 정부조직, 또는 통치자의 정치능력이 아니라, 촌락공동체에서 작동하는 상호부조라는 바로 그 동일한 흐름에서 찾을 수 있다. 이 상호부조는 동일한 정신으로 고취되어 새로운 모델의 골격을 갖춰 태어난 새 형태의 조합인 '길드'로 중세에 되살아나 보강되었다.

이때까지는 봉건주의가 결코 촌락공동체의 해체를 의미하지는 않았다는 점이 잘 알려져 왔다. 비록 영주가 소작농들의 강제 노예노동에 성공하고 그와 동시에 과거 촌락공동체가 가졌던 권리(세금, 소유권, 유산세, 결혼세)를 그의 것으로 바꾸어 놓았지만, 그럼에도 소작농들은 촌락공동체의 기본권을 지켰다. 토지 공동 소유와 독자 사법권을 말한다. 옛날에는 왕이 파견한 사신이 마을에 오면, 농민들은 한 손에는 꽃을 또 다른 손에는 무기를 들고 맞이하면서 물었다. 어떤 법을 시행할 작정인가? 마을의 법으로 할 것인가, 아니면 그가 지닌 왕의 법인가? 첫 번째 경우라면 사신에게 꽃을 건네고 받아들였다. 반면 두 번째 경우에는 항거하였다.213)

이제 와서는 그들은 거부할 수 없기 때문에 왕이나 영주의 관리(官吏)를 받아들였다. 그렇지만 그들은 민회의 사법권을 지켜서 육, 칠 명 또는 열두 명의 판사를 지명하여, 민회의 주재하에 중재자 또는 재판관으로서 영주가 임명한 판사와 함께 임무를 수행하도록 만들었다. 대부분의 경우 관리는 판결문을 확인하고 관습에 따른 벌과금을 부과하는 것밖에는 할 일이 없었다. 독자사법권이라는 이 귀중한 권리가 그 당시에는 독자행정과 독자입법을 의미했는데 실제로 온갖 투쟁을 겪으며 지켜 낸 것이었다. 심지어는 칼 대제(大帝)214)의 율사

213) 각주: 단(F.Dahn) 박사의 '게르만 민족과 로마민족의 기원', 1881년. 베를린. 제1권. 96쪽.

(律士)들도 이를 철폐할 수 없었다. 이들은 그 사실을 그저 인정할 수밖에 없었다. 그와 동시에 공동체의 소유지와 관련된 모든 문제에서 민회는 주권을 지켰으며(마우러가 보여 준 바처럼), 토지임대 문제에서는 때때로 영주 본인에게 양보하라고 주장하기조차 하였다.

봉건제도가 확대되어도 이 저항은 없어지지 않았다. 촌락공동체는 그 자신의 기반을 지켰다. 9세기와 10세기에는 노르만족, 아랍국, 헝가리족 침입의 결과 군사조직인 전사단(戰士團)이 국토방위에 별 도움이 안 되는 것으로 알려지자, 온 유럽에 걸쳐 돌 벽과 성채로 촌락을 요새화시키는 운동이 일어나기 시작하였다. 수천에 달하는 중심 성채(城寨)가 촌락공동체의 힘으로 그래서 건설되었다. 따라서 일단 방벽을 세워 공동의 이해관계가 이 새로운 성소(聖所) — 마을의 방벽 안 — 에서 창조되자, 이들은 곧바로 이제부터는 외부 침입은 물론 내부의 적 즉, 영주의 잠식도 물리칠 수 있다는 것을 깨달았다. 새롭고도 자유로운 삶이 요새화된 성채 안쪽에서 발생하기 시작하였다. 마침내 중세 도시가 탄생한 것이었다.[215]

---

214) 역주: 프랑크의 왕 샤르마뉴(Charlemagne)이며 이베리아 반도를 넘어서기 서기 742년 프랑스를 쳐들어온 이슬람교군을 푸아티에와 투르 전투에서 물리쳐 그 공으로 후에 프랑크의 왕으로 추대되었음(서기 768~814년).

215) 각주: 만일 내가 마우러(Maurer) 씨가 오랫동안 주장해 왔던 견해를 이렇게 따른 것이라고 한다면(독일의 국자제도의 역사, 엘랑겐, 1869년), 그것은 그가 마을공동체가 중단되지 않고 중세 도시로 진화했으며, 또한 그 견해만이 공동체운동의 보편성을 설명해 줄 수 있음을 완전히 증명해 주었기 때문이다. 사뷔(Savigny)와 아이히혼(Eichhorn) 및 이들 추종자들은 로마제국의 municipia(중세의 촌락공동체 개념에

역사상 어느 시기도 10세기와 11세기처럼 민중의 건설적 힘을 더 잘 묘사해 주지 못하는데, 이 당시 성시(城市)와 시장은 봉건 영주들이라는 숲 속에 파묻혀 있는 수많은 오아시스로 비유되며, 민중은 영주의 멍에에서 벗어나기 시작하면서 서서히 미래의 도시조직을 만들어 내고 있었다. 그러나 불행히도 특히, 이 시기의 역사에 대해 정보가 모자란다. 우리는 그 결과는 알지만 업적을 이룬 방법에 대해서는 아는 바가 별로 없다. 성벽의 보호막 뒤에서 도시의 민회들은 꽤 독자적으로 또는 상위의 귀족이나 상인가족들 주도하에 성의 방위군 사령관과 최고재판관을 선출하는 권한 또는 최소한 이들 지위를 원하는 자들 중에서 뽑을 수 있는 권한을 획득하고 유지하였다.

이탈리아에서는 생긴 지 얼마 안 된 코뮌(지방자치단위)들은 통치자(보호자, defensors) 또는 영주(domini)를 계속 바꾸거나 물러나게 하였으며, 거부하면 전쟁도 불사하였다. 동방에서도 사정은 똑같았다. 보헤미아에서는, 부자와 빈자 모두 똑같이 선거에 참여하였다.216) 한

해당)가 결코 완전히 소멸된 적은 없었음을 확실히 증명해 주었다. 그러나 이들은 미개인들이 도시를 갖기 전 살아갔었던 촌락공동체 시기(時期)(Village-community period)에 대해서는 아무런 설명도 하지 않았다. 사실은 이렇다. 즉 인류가-그리스, 로마 또는 중세유럽-새로운 문명을 시작할 때면 언제나, 동일한 단계를-종족, 촌락공동체, 자유시, 국가-밟았으며 후자는 전 단계에서 자연스레 진화해 나왔다. 당연히, 이전 문명의 경험은 결코 상실된 적이 없다. 그리스(그 자신은 동양 문명의 영향을 받았음)는 로마에 영향을 주었고, 로마는 유럽 문명에 영향을 미쳤다. 그러나 이들 각자는 그 출발은 종족이라는 점에서 동일하다. 그런데 유럽 각국은 로마제국의 국가 연장체(延長體)라고도 또한 말할 수 없다.

216) 각주: 코바렙스키(M. Kovalevsky)의 '러시아의 현대관습과 고대법(일체스터(Ilchester) 강연집', 런던, 1891년, 강연4).

편 러시아 도시의 민회(ugeches)들은 정기적으로 대공(大公) 또는 소공(小公)을 선출했지만 언제나 동일 루릭가(Rurik家)와 계약을 맺게 되었는데, 만일 그가 불만을 드러내면 해고하였다.[217] 그와 동시에 이들은 로마 소도시의 전통적인 영향을 어느 정도 받지 않았다고 할 수는 없지만 결국은 미개인 촌락공동체의 연장(延長)인 셈이었다.

서유럽과 동유럽의 대부분 도시에서는 그들이 선출한 주교를 수호자로 여기는 경향이 있었다. 수많은 주교들이 앞장서서 성시의 영주가 부과하는 여러 조세부담으로부터 면제를 지켜 주고 자유를 옹호해 주었으므로 그들 사후에 그 도시의 성인 및 특수 수호인으로 여겨졌다. 윈체스터의 '성(聖) 유텔레드(Uthelred)', 아우크스부르크(Augsburg)의 '성(聖) 울릭(Ulrik)', 라티스본(Ratisbon)의 '성(聖) 울프강', 꼴론(Cologne)의 '성(聖) 헤리버트(Heribert)', 프라하의 '성(聖) 아달버트(Adalbert)' 등등과 수많은 대수도원장과 수도승들은 민권을 옹호한 행적으로 인해 수많은 도시에서 성인이 되었다.[218] 따라서 새로운 수호자가 세속인이든 성직자이든, 이들의 보호 아래 시민들은 민회

---

217) 각주: 상당한 연구가 진척되고 나서야 소위 위델뉘(Udyelnyi)기(期)의 이러한 특징이 바이레프(Byelaeff)의 '러시아역사 이야기', 코스토마로프의 '러시아 자치(自治)의 기원' 및 특히 세르기에뷔치(Sergievich)의 '봐이궤와 왕자(王者)'(The Vyeche and the prince) 같은 저서들에 의해 정립되었다. 이 시기에 대하여 상당한 정보를 원하는 영국 독자라면 전술(前述)한 코발렘스키의 저서, 람봐우드(Rambaud)의 '러시아역사', 그리고 요약본으로는 쳄버(Chamber) 대사전(大事典) 최종판의 '러시아조(條)'를 참조.

218) 각주: 패라리(Ferrari)의 '이탈리아 역사', 257쪽, 칼센(Kallsen)의 '중세 독일국가들', 갈래 1(Halle, 1891년).

의 독자사법권과 독자행정권을 완전히 획득하였다.[219]

　모든 해방 과정은 공동의 대의에 대한 헌신이라는 일련의 눈에 보이지 않는 행위에 의하여 진행되고, 서민 출신의 사람들이 이룩하였으며, 바로 이들은 역사 기록으로 발굴되지 않은 익명의 영웅들이었다. 민중은 새로 생긴 성시(城市)에서 일어난 신의 평화라는 경이로운 운동을 통하여 귀족가문들의 끝없는 가족분규를 억제하고자 노력을 기울였고, 주교와 시민들은 성벽 안에 구축한 그들의 평화를 귀족층에게까지 확대하고자 하였다.[220]

　이미 그 시기에는, 이탈리아의 상업도시들, 특히 아말피(Amalfi)에서는 이미 844년 이래 집정관을 선출했으며, 10세기에는 빈번하게 바꿀 수도 있다[221]는 불문(不文)관습법에 기초한 해상법과 상법을 만

---

219) 각주: 런던 민회(民會)에 관해서는 곰(G.L.Gomme)의 훌륭한 저서('지역의 제관습(諸貫習)', 런던, 1886년. 76쪽)를 참고. 그런데 여기서 한 가지 언급하지 않을 수 없는 것은 왕의 도시(Royal cities)의 민회는 그 외의 곳과는 달리 결코 독립을 달성할 수 없었다는 점이다. 왕들과 교회들이 모스크바와 파리 시를 미래왕국의 왕권을 위한 발상지로 선택했다는 점은 더욱 명확한데, 이유는 이들 도시에 매사의 주권을 행사하는 민회의 전통이 없었기 때문이었다.

220) 각주: 루쉐(A.Luchaire)의 프랑스 코뮌 또한 크룩콘(Kluckohn) "Geschichie des Gottesfrieden" 1857년, 세미콘(L.Semichon)의 La Paix et la treve de Dieu, 제2권, 파리. 1869년판에서 코뮌운동이 그 제도에서 발생했음을 보여 주고자 했다. 실제로는, 귀족들의 노략질과 노르만족의 침입에 대항하여 방어를 위해 Louile Gros 아래 시작된 연맹(동맹)처럼 Treuga Dei는 철저한 민중운동이었다. 이 최후의 동맹에 대해 언급한 유일한 역사가는 뷔타리스(Vitalis)인데, 그는 이것을 인민공동체라고 하였다('프랑스역사의 고찰', Thierry의 제4권'Euvres' 파리, 1868년 191쪽 및 주해).

221) 각주: 패라리. 152, 263쪽, 기타.

들었으며 그 뒤 전 유럽의 모델이 되었다. 라벤나(Ravenna)는 동업자 조직을 만들어 내었고, 980년에 첫 혁명을 일으킨 밀란 시는, 거대한 상업중심지가 되어 11세기 이후 무역권의 완전 독립을 누리고 있었다.222) 부뤼케(Brügge)와 헨트(Ghent) 도시도 역시 그러하였다. 프랑스의 도시들 또한 마알(Mahl) 또는 포룸(forum)이라는 꽤 독립적인 조직을 두었다.223) 그리하여 이미 이 기간 중 오늘날에도 우리가 선망해 마지않고 또한 그 시대의 지적 운동을 웅변으로 입증해주는 예술장식의 작품이 이 도시의 건축공사에서 시작되었다. "바시리카 건축양식은 그 당시 거의 전 유럽에서 일신되었다"고 그래버(R. Glaber)는 연대기에 썼으며, 중세 건축 중 가장 우수한 기념비의 일부는 이 시기에 기원을 두고 있다. 경이로운 브레멘(Bremen)의 고대 교회는 9세기에 지어졌고, 베니스의 성(聖) 마가 성당은 1071년 완공되었으며, 아름다운 피사의 사탑은 1063년에 완공되었다. 실제로, 지적 운동은 12세기의 르네상스224)225) 및 12세기의 합리주의라고 묘사되었으며 대개혁(중세유럽의 독일에서 로마 교황청 및 기독교 교안의 비리와 부정에 항거하여 마르틴루터가 주도한 1517년의

---

222) 각주: 페렌스(Perrens)의 '플로렌스 역사', 188쪽, 패라리. 283쪽.
223) 각주: A.Thierry의 "Cssai sur l'histoire du Tiers 'Etat", 1875년, 414쪽, 주해.
224) 역주: 이탈리아에서 14세기 말부터 16세기 초에 걸쳐 일어나, 뒤이어 온 유럽을 휩쓴 예술 및 문화상의 혁신운동을 말함. 중세 기독교의 속박에서 벗어나 개인과 개성의 해방 및 존중과 자연인의 발견 등을 주제로 하였다. 봉건제를 거꾸러뜨린 상공도시의 상층 시민이 그 보호자 및 추진자로서 미술 문예 등에서 새 분야를 개척하였다. 16세기에 알프스 이북에 영향을 끼쳐 종교개혁과 결부되었다.
225) 각주: F.Rooguain의 '12세기의 르네상스'(파리, 1875년. 55−117쪽)

종교개혁을 뜻함, 역자 주)의 선행(先行) 단계226)도 이 시기에 시작되었으며, 이 당시에는 모든 도시들이 아직 방벽으로 둘러싸인 조그만 촌락의 단순한 집결체였다.

하지만 이들 도시는 촌락공동체 원리 이외의 다른 요소가 커 가는 자유와 계몽의 이들 중심지에서 12세기와 13세기에 힘을 발휘할 수 있었던 사상적 또는 행동적 통일을 기하고 이런 일은, 주도권을 쥐기 위하여 필요하였다. 직업, 기술, 예술이 다양화되고 또한 원거리 교역이 늘어나면서, 새로운 형태의 조합이 요구되었는데, 이렇게 필요한 새로운 요소는 길드로 해결되었다. 이러한 조합에 대하여 수많은 서책이 쓰였으며, 길드의 이름 아래 형제애와 우정으로 만들어지는 조직들, 즉 러시아에서는 드루제스토바(druqhestva), 미네(mine), 아르텔(artel)이, 세르비아와 터키에서는 에스나이프(esnaifs), 러시아 그루지야에서는 암카리(amkari) 등등이 중세기에 무섭게 발전하여 도시 해방에 극히 중요한 역할을 하였다.

그러나 역사학자들은 60년이 지나서야 이 제도가 갖는 보편성과 진정한 성격을 이해하게 되었다. 오늘날에 와서야, 수백에 달하는 길드의 정관이 발간, 연구되고 로마 시대의 콜레기아(collegia)나 그 이전 시대의 그리스 및 인도의 조합과도 연관되었다는 사실이 알려짐으로써227)228) 이들 형제애는 혈족과 촌락공동체에서 작용했던 동일

---

226) 각주: N.Kostomaroff의 "12세기의 합리주의자들"(논문집 및 연구, 러시아어 판)
227) 각주: 길드의 보편성에 관한 아주 흥미로운 사실들이 J.M.Lambert(Hull, 1891년)의 "2천년의 길드 생활"에 나타난다.
228) 각주: '그루지아의 Amkari에 관하여'는 코카사스 지리학회 연보(年報) 제14권 2호, 1891년의 '트랜스코카서스의 Amkari의 조직' 참조.

한 원리가 더욱 진전된 것과 다름없다는 주장을 확신할 수 있었다. 그 무엇도 배 위에서 이루어진 임시 길드처럼 중세의 우호정신을 잘 묘사해 주지는 못한다. (독일의) 한자동맹의 함선 한 척이 항구를 떠나 반나절 일정을 항해하게 되면서, 선장(schiffer)은 승무원과 승객 모두를 갑판에 모아 놓고 다음과 같이 보도되었던 연설을 하였다.

그는 말하길 "우리가 이제 하느님과 파도의 자비에 맡겨져 있으므로, 각자 모두 동등할 수밖에 없습니다. 또한 우리는 폭풍우, 높은 파도, 해적 및 기타 위험에 노출되어 있으므로, 규정을 엄수하여야 항해를 무사히 마칠 수 있을 것입니다. 이런 연유로 우리는 순풍과 행운을 빌어 마지않는 것이며, 또한, 해상법에 따라, 심판관의 자리를 맡을 인물을 지명하게 될 것입니다."

따라서 승무원들은 한명의 재판장(Vogt)과 4명의 배심원(scabini)을 판사로 선출하였다. 항해가 끝나면 재판장(Vogt)과 배심원(scabini)은 그들의 임무를 마치고, 다음 같은 연설을 승무원에게 하였다.

"배 위에서 일어났던 일은, 우리 각자 서로 용서하고 또한 없었던 일로 생각해야 합니다. 우리가 옳다고 믿어 판결한 것은 정의를 위해서였습니다. 이 때문에 우리는 여러분 모두에게 정직한 정의의 이름으로, 각자에게 품었던 적대감을 모두 잊어버리고, 빵과 소금을 걸고서라도 결코 기분 나쁘게 생각하지 않겠노라고 맹세하기를 간청하는 바입니다. 그러나 만일 어느 누구도 부당한 처사를 당했다고 생각되면, 해가 지기 전에 육지 재판장에 항소하여 정의를 요청해야만 합니다."

상륙한 뒤 벌과금을 포함한 기금은 항구의 재판장에게 넘겨져 가난한 사람들에게 나눠주었다.[229]

이 간단한 비유적 서술만큼 중세의 길드 정신을 잘 묘사해 주는 것은 아마 없을 것이다.

일군(一群)의 사람들 - 어부, 사냥꾼, 지방순회 외판상인, 건축업자, 또는 정착한 수공업자들이 - 공동의 목표를 달성하기 위하여 모여들면 유사한 단체들이 나타나게 마련이었다. 그리하여, 배 위에서는 선장에게 해군과 같은 권위가 주어졌다. 그러나 바로 그 공동의 기업 성공을 위하여, 배에 탄 사람들 모두 부자와 빈자, 주인과 몸종, 선장과 선원 모두 상호 동등하다는 데에 동의하였으며, 단지 하나의 인간으로서, 서로 돕게 되었고 또한 그들 모두는 선출한 판사 앞에서 향후 일어날 가능성이 있는 분규를 해결하자고 동의하였다. 말하자면 다수의 기술자들 - 석공, 목수, 석수, 등등 - 이 큰 성당을 짓기 위하여 모였다면, 이들 모두는 정치조직을 가진 도시에 속하지만 또한 각자는 그 이상으로 그들의 동업조합에 속하였다. 그 밖에도 그들은 공동의 기업조직 아래 결속되었고, 이를 어느 누구보다도 잘 인식하여, 비록 임시지만 더욱 긴밀한 유대 아래 하나의 단체로 뭉쳤다. 그들은 성당 건축을 위하여 길드를 세웠다.[230] 우리는 오늘날까지 커바일 부족(북아프리카의 Berber족의 하나)의 쇼프(Cof)에서 똑같은 양상을 본다.[231] 커바일 부족은 촌락공동체로 있다. 그러나 이 조합조직만으로는 정치적, 상업적 및 개인적 욕구를 모두 충족시

---

229) 각주: 피카드(Fichard)의 프랑크푸르트 논총(論叢)(Frankfurter Archiv) ii. 245에 나와 있는 분데러의 "여행기" 내용을 얀센이 '독일민족역사. i. 355'에서 인용.

230) 각주: 엔넨(Leonard Ennen) 박사의 '쾌른 성당', 쾌른, 1871년, 46쪽, 50쪽.

231) 각주: 전장(前章) 참조.

킬 수 없어, 그래서 보다 긴밀한 형제애 관계의 쇼프(Cof)가 조직된 것이었다.

중세 길드의 사회적 특성에 대해서는, 어떠한 길드 법령에서도 이에 대하여 묘사할 수 있다. 그 보기로, 덴마크의 일부 초기 길드의 규약집(skraa)에 쓰여 있는 것을 읽어 보면, 먼저 길드 안에서는 전반적으로 형제와 같은 느낌이 들도록 해야 한다고 말하고 있다. 그 다음에는 형제 사이 또는 형제와 외부인 사이에 일어나는 분규의 경우, 독자사법권과 관련된 제반 규정을 적고 있다.

그리고 나서 소속 조합원의 사회적 의무를 나열하고 있다. 만약 한 조합원의 집이 불타거나, 배를 잃거나, 순례 길에 피해를 당했다면, 동료 조합원이 모두 와서 도왔다. 만일 어느 조합원이 중병에 걸리면, 두 명의 조합원이 그의 곁에서 완쾌될 때까지 간호했으며, 임종을 맞이하면 동료 조합원들은 매장을 해 주어야만 했다. 이 규정은 실제로 돌림병인 페스트가 창궐하던 그 당시로는 큰일이었다. 또한 교회와 무덤까지 따라가 장례를 치러 주었다. 그의 사후 자녀를 돌보아 주어야 한다면 조합원들은 그렇게 하였다. 미망인은 십중팔구 길드의 자매가 되었다.232)

이 두 가지 주도적 특성들은 어떤 목적으로 형성되었든 단체마다 나타난다. 어느 경우이든, 회원들은 서로 형제, 자매로 부르고 대하였다.233) 길드 앞에서는 모두 다 동등하였다. 그들은 재산 일부[가축,

---

232) 각주: Kofod Ancher 지음 'Omgamle Danske Gilder Ogderes Undergang', 코펜하겐. 1785년. Knu길드의 법규.
233) 각주: 길드 조직 내 여성의 지위에 대해서는, 툴민 스미스(Toulmin Smith)

땅, 건물, 예배장소, 또는 "주식(공채증서)"]를 공유하였다. 모든 형제 조합원들은 옛날의 묵은 분규를 모두 버린다고 맹세하였다. 다시는 언쟁을 벌이지 않으며, 상호 채무관계를 지지 않으며 언쟁이 분규로 번지거나 또는 동업조합의 재판소가 아닌 다른 곳에서 송사를 내지 않겠다고 동의하였다. 또한 형제조합원이 외부인과 언쟁이 생기면, 선악을 따지지 않고 지원하기로 동의하였다. 이는, 그가 먼저 남을 공격했다고 부당한 비난을 받았다거나 혹은 실제 가해자였다거나 간에 그들은 그를 지지하고, 사태를 평화롭게 마무리하는 것이었다.

그가 남몰래 공격하지 않는 이상—그런 경우 무법자로 취급되므로—조합원은 그의 편이었다.[234] 만약 피해자의 친척이 그 가해에 대해 즉각 보복을 원한다면, 조합원들은 그에게 타고 달아날 말을 마련해 주거나, 혹은 보트나 배 젓는 노, 칼 및 불을 켜기 위한 부싯돌 쇠를 제공하였다. 만일 그가 시내에 머무르게 되면, 12명의 조합원이 수행하며 지켜 주었다. 또한 그러면서 배상금을 주선하였다. 그들은 재판정에서도 조합원의 진술이 맹세코 진실하다고 옹호했으며, 또한 만일 유죄라고 밝혀지더라도 그가 파산하여 적정보상을 못하여 노예가 되는 일이 없도록 하였다. 그들은 배상금을 모두 물어 주었는데,

---

양이 부친저(父親著) "영국의 길드"에 대하여 언급한 개론서 참조. 1503년의 캠브리지 법규(281쪽) 중에는 다음과 같은 아주 긍정적인 법 조문이 나와 있다. "이 법규는 모든 형제자매의 공동 동의하에 만들어 졌다."

234) 각주: 중세에는, 은밀한 공격만 살인으로 취급되었다. 훤한 대낮에도 피투성이의 복수는 정의였다. 분쟁 중에 사람이 죽더라도 가해자가 그 행위에 대하여 회개하거나 보상을 해 줄 의향을 나타낸다면 살인죄가 되지 않았다. 이러한 구분의 깊은 자취가 현대 형법, 특히 러시아에서 여전히 남아 있다.

그것은 고대에 혈족들만이 하던 것과 같았다. 다만 그가 길드의 동료나 타인의 신의를 저버렸을 때라면, 조합에서 제명되고 추방되었다.[235]

이러한 사상들이 조합정신을 주도하여 중세의 삶 전반을 점차 차지하게 되었다. 실제로 우리는 모든 있음 직한 직종별 길드에 대하여 알고 있다. 노예 길드,[236] 자유민 길드 또는 노예와 자유민의 길드, 사냥·어업 또는 항해무역을 목적으로 설립된 길드가 만들어지고, 드디어 특정 목표가 달성되면 해체되었다. 또는 어떤 조합이나 직종의 경우에는 수 세기에 걸쳐 지속된 길드도 있었다.

그런데 인생이 추구하는 목표가 끊임없이 더욱 다양화되는 그 비율만큼, 길드 또한 다양화되었다. 그러므로 길드로 단결한 것은 상인, 수공예업자, 사냥꾼 및 소작농뿐만 아니었다. 또한, 성직자나 화가 또는 초등학교 및 대학교의 교직자 길드와 예수 수난극 공연, 교회의 건축, 어떤 유파비법(流派秘法)의 기술전수, 특별 레크리에이션 활동을 위한 길드 심지어는 거지, 사형집행인, 타락한 여인들의 길드가 있었으며, 이들 모두 독자적인 사법과 상호부조라는 동일한 이중원리 위에 성립되었다.[237]

---

235) 각주: 코포트 앵커, 이 소책자에는 후기 연구자들이 놓쳐 버린 많은 정보가 들어 있다.

236) 각주: 이들은 노예반란의 중요한 몫을 담당했으며, 그러므로 9세기 후반에는 연이어 여러 차례 금지되었다. 당연히, 왕의 금지명령은 죽은 문서(文書)가 되었다.

237) 각주: 중세의 이탈리아 화가들 또한 길드를 조직했으며, 그것은 다음 세기에 예술원이 되었다. 만일 이탈리아 각 도시, 즉 Padua, Bassano, Treviso, Verona 등등의 여러 학파가 비록 베니스의 영향을 받았다고

러시아는 그 건국 과정 자체가 이제 막 싹트는 단계의 촌락공동체의 작업에 불과하였고 사냥꾼이 어부의 길드를 만들거나 무역업자가 길드(러시아어 artels)를 만드는 과정에 불과하였다는 것을 보여주는 긍정적 증거가 얼마든지 있다.[238] 이 나라는 오늘날까지도 길드(artels)로 뒤덮여 있다. 이러한 일부 이야기들만으로도 그동안 길드를 연구해 온 일부 초기 학자들의 견해가 얼마나 잘못되었는지를 보여 주는데, 그들은 길드 조직의 핵심이 단순한 연례축제적 성격에 있던 것으로 생각하고 싶어 하였던 탓이다.

그러나 실제로, 공동식사는 언제나 축제일이었고, 또는 축제의 이튿날이었으며, 시의회의원 선거일이었고, 법령 개정을 토의하는 날이었으며, 또한 아주 흔히 조합원들 사이에 일어난 언쟁을 판결하는 날이었다.[239]

하지만 지금까지도 이들을 구분 짓는 이탈리아 예술의 수많은 다양성에 깊은 인상을 받았다면, 그것은 리히터(J.Paul Richter)가 말한 바와 같이, 각 시(市)의 화가들이 별개의 길드에 소속되어 여타시의 길드와 우호관계를 갖지만 결국은 남다른 삶을 살아갔기 때문이었다. 가장 오래된 길드 법규로 알려진 베로나(Verona)법은 1303년으로 올라가며, 그럼에도 그 이전의 오래된 법규의 사본일 뿐임은 명백하다. "우호의 도움이 필요하면 무엇이든 간에", "도시를 지나가는 여행객들이 알고자 하는 문제에 대하여 알려 줄 수 있는 정보와 같은 그들에 대한 환대", 그리고 "어려움에 처한 경우 위로해 주는 의무" 등이 회원의 준수사항이었다("Nineteenth Century", 1890년 11월 및 1892년 8월).

238) 각주: Artels에 관한 주요 저서는 '브리타니카 백과사전, 제9판 84쪽의 "러시아" 난에 열거되어 있다.

239) 각주: 실례로 참고저서로는, 툴민 스미스('영국의 길드', 1870년, 런던, 274-276쪽)의 저서에 "선거일은 전체 공통의, 중요한 날이었다"라고 나와 있음. 혹은, 콜도(Ch.M.Colde)의 '상인 테일러가(家)의 길드' 초기사(初期史)(런던, 1888년, 45쪽); 등등. 서약 갱신에 대해서는, 파펜하

또한 길드에 대한 충성을 새롭게 다짐하는 날이기도 하였다. 공동식사는, 마치 고대 부족 집회의 축제처럼 또는 뷰라트족(시베리아 동부의 몽고족: 역주)의 축제(aba)처럼, 또는 교구의 축제처럼, 또한 추수감사절의 만찬처럼, 단지 조합원 간의 결속을 공고히 하는 것이었다. 이것은 씨족사회의 공유시대를 상징한다. 이날만은 적어도 모든 것이 공유였다. 모두 동일한 식탁에 앉아 동일한 음식을 들었다. 심지어 훨씬 후대에 런던의 어느 길드의 구빈원(救貧院) 수용자들도 이 날만은 부유한 시의원의 옆자리에 앉았다. 여러 연구가들은 고대 색슨족의 프리츠길드(frith길드: 좁은 강어귀의 길드)와 소위 사회적 또는 종교적 길드를 구분했는데 실제로 상술한 의미로는 어떤 것이라도 프리츠길드(frith길드)일 수 있고[240] 또한 어떤 것이라도 종교적

임(Pappenheim)의 저서 "고대 덴마크 사격클럽"(Breslau, 1885년, 67쪽)에서 언급한 욤바이킹(Jomsviking) 무용담을 참조. 길드가 처벌의 대상이 되면서, 그들 중 다수가 법규에다가 단지 식사일(日)이나 그들의 신성한 의무를 명기하고, 사법기능은 애매하게 기술했을 가능성이 매우 높다. 그러나 그 기능은 훨씬 뒤에도 사라지지 않았다. "누가 나의 재판관이 되겠습니까"라는 질문은 의미를 잃게 되었는데, 왜냐하면 국가가 그들의 사법기능을 국가관료제도로 대치한 것이기 때문이다. 그러나 중세에는 이것에 제1의적(第一義的) 중요성이 있었는데, 독자사법권은 독자행정권을 의미했기에 더욱 그러하다. 색슨족[※] 및 덴마크인의 "길드-형제단(兄弟團) (Guild-Bretheren)" 또는 "Brodrae"를 라틴어 Convivii로 번역하여 위와 같은 혼란을 또한 조성했음이 틀림없다는 것을 말할 수밖에 없다.

※ 역주: 독일 엘베 강 하구 인근에 살던 고대 독일 종족의 하나, 민족대이동기인 5-6세기에 영국일부를 침공, 점령함.

240) 각주: 프리츠(Frith)길드에 대해서는 그린(J.R.Green) 부부의 저서 '영국정복'[※](런던, 1883년, 229-230쪽)의 훌륭한 구절을 참조.

※ 역주: 프랑스의 노르망디 공(公)이 1066년 영불해협을 건너 해롯(Harod) 왕을 물리치고 지금의 잉글랜드 지방을 정복하여 정복왕 윌리엄이 되

일 수 있었다. 이는 촌락공동체나 도시가 어느 특별한 성인의 수호를 받는다는 의미에서 사회적이고 종교적이기 때문이라는 것이다.

길드 조직이 아시아, 아프리카 그리고 유럽의 광대한 지역에 퍼져 있고, 또한 수천 년의 세월을 견뎌내며 유사한 여건에서 되풀이하여 나타났다면, 그 조직은 단순히 회식모임이거나 특정한 날에 기도하러 교회에 가거나 또는 장례를 하는 우의단체(友誼團體) 이상인 것이다. 그것은 인간 본성 깊숙이 자리 잡은 욕구에 답한 것이다. 또한 그것은 후에 국가가 관료제도와 경찰에 전용(專用)한 제반 특성을 모두 구현한 것이며, 또한 그 이상의 것이기도 하였다. 그것은 모든 인간사 및 어떤 여건에서 "행위와 조언"으로 상호 부조하는 하나의 연대였으며, 그리고 정의를 유지하는 조직이었다. 국가와 차별화되어 유지되는 조직이었기에, 이 연대에는 모든 경우 국가 간섭이 갖는 본질적 특성인 형식적 요소 대신에 인간적이고 형제애적인 요소가 들어 있었다. 심지어 길드의 재판정에 출두하여 길드 조합원은 그를 잘 아는 사람들 앞에서 심문에 답하였으며 또한 그들의 일상 직무보다 더 적극적으로 공동식사 장소에서나 조합의무 수행 시 우선하여 그를 지지하였다. 이들은 진정으로 그와 동등하였고 같은 조합원이었을 뿐으로, 법이론가도 아니고 타인의 이해관계를 조정하는 변호사도 아니었다.[241]

이 제도는 개인의 주도권(initiatives)을 빼앗지 않으면서 조합이 원하는 바를 아주 잘 충족시켜 주었기에 전파, 확대, 강화될 수밖에

었고 노르만 왕조(1066-1154년)를 열었음.
241) 붙임 글-1 X참조.

없었다는 점이 명백하다. 어려운 점은 촌락공동체의 조합들을 간섭하지 않으면서 연합하여 이들 모두를 하나의 조화로운 전체로 연합할 수 있게 해 주는 그러한 기능 형태를 찾아내는 것이었다.

그리고 이러한 형태의 결합(combination)을 찾아내고, 일련의 유리한 여건이 조성되어 시(市)의 독립을 선언할 수 있게 될 때, 그들은 지금 같은 철도, 전신 및 인쇄술을 가진 금세기(今世紀)에서조차도 찬탄을 자아낼 수밖에 없는 일관된 사상을 지니고 실천하였다. 시 당국들은 수백의 헌장에다가 해방을 명기하여 우리에게 전달하였고, 또한 이들 어떤 경우에서도 일관되고, 비록 해방의 진척 정도에 따라 세부사항에서 수많은 상이점이 있기는 하지만, 동일한 사상이 주도하고 있었다. 시 당국은 스스로 소촌락공동체 및 길드 양자(兩者)의 동맹체로서 자리매김을 하였다.

"시에서 친교를 맺고 살아가는 모든 시민들은" 이렇게 프랑드르백작, 필립이 에이레(Aire)(영국, 북잉글랜드주의 서부 욕크셔에 있음 역주) 자치시의 시민들에게 1188년 넘겨준 헌장에 적혀 있다. ―"유용하고 정직하기만 하다면 우리는 각자를 동포로서 도와줄 것임을 신념과 맹세로서 약속하고 확인한다. 어느 누구든 말이나 행위로 남에게 피해를 주었다면, 그로 인해 피해를 입은 자는 그 자신이든 또는 그의 편 사람이든 복수하지 말지어다." "그가 소송을 제기하면 가해자는 12명의 선출판사가 중재자로 선고한 바에 따라 배상을 해야 한다. 또한 가해자나 피해자가 세 차례의 경고를 받고서도 그 결정을 따르지 않는다면, 우호관계는 끝나고 위증자가 될 것이다."242) "공동체의 구성원 각자는 도움을 간청하는 자에게 성의껏 정의롭게 그를 도우고 자문을 해주어라"-라고 아미앵(Amiens)과 아베뷔(Abbeville) 헌장문에 적혀 있다. "공동체의 접경 안에서는 모두 능력에 따라 서로 도와주며, 또한 어느 누구도 다른 사람의 소유를 빼앗거나 세금이 부과되는 고통을 받지 않을 것이다"라고 소송(Soissons), 꼼피엥(Compiegene), 셍리(Senlis) 및 기타 동일한 타입의 헌장에 쓰여 있다.243) 또한 동일한 주제로 저마다 차이는 있지만 그런 식으로 계속된다.

공동체에 관하여 놀겐(Guilbert de Norgen)이 정의한 바는 "상호부조한다는 맹세이다." 새롭고도 몹시 싫은 이 말이지만 그 말에 의해 농노들은 모든 노예제도에서 해방된다. 그 말로 인하여 이들의 범법에 대하여 단지 법에 정한 벌금만을 선고할 수 있다. 이 말로 인하여 노예들이 언제나 부담해 온 부과금의 의무는 끝이 났다.244)

똑같은 해방의 물결이, 12세기에 유럽 대륙의 곳곳에, 부유한 도시와 가난한 시읍 모두에 몰아쳤다. 그런데 이탈리아 도시들이 해방을 쟁취한 첫 번째 도시라고 관례처럼 말한다면, 우리는 이 운동을 퍼뜨린 핵심 지역을 놓치게 된다. 너무나 자주 중부 유럽의 조그만 도시가 동 지역의 운동을 주도하였으며, 또한 큰 집단들(큰 도시들)은 소시(小市)의 헌장을 모범으로 삼았다. 그리하여, 로리(Lorris)라는

242) 각주: '프랑스 국왕 법령집', T.xii.562; Aug.Fhierry의 '프랑스 역사 고찰', 196쪽, 1205판에서 인용
243) 각주: A. Luchaire, '프랑스의 꼼뮨', 45-46쪽.
244) 각주: 루쉐(Luchaire)의 'Guilbert de Nogent'에 나오는 'De vita sua' 14쪽에서 인용.

소시의 헌장이 프랑스 서남부의 83개 소도시에서 채택되었으며, 보몽 (Beaumont)의 헌장은 벨기에와 프랑스의 5백여 소도시와 도시의 모델이 되었다. 도시들은 이웃의 헌장 복사본을 구하기 위하여 특별 대리인을 파견하였으며, 헌법은 이 모델을 기초로 하여 제정되었다. 하지만 이들은 단지 베끼기만 한 것은 아니었다. 도시들은 영주로부터 받아 낸 제반 양보에 맞추어 독자적 헌장의 틀을 갖추었다. 그 결과, 역사학자가 말한 바와 같이, 중세 공동체의 헌장은 그 고딕건축 양식의 교회나 대성당과 똑같은 다양성을 보였다. 그들 모두에 흐르는 동일한 주도적 사상들은 도시 안의 교구와 길드의 융합을 상징하는 대성당과 같이 또한 끝없이 다양하고 풍부하면서도 동일한 세부장식을 갖추었듯이, 독자의 사법(권)은 핵심점이었고, 또한 그것은 독자의 행정을 뜻하는 것이었다.

그러나 코뮌은 단지 국가의 한 자치단위가 아니었다. 그런 애매모호한 말은 그 당시까지는 아직 만들어지지 않았다. 그것은 그 자체로 하나의 나라였다. 코뮌은 전쟁과 평화를 결정할 권리를 가졌으며, 또한 이웃 코뮌과 연합하고 동맹을 맺을 권리도 있었다. 주권을 가지고 독자적으로 일을 처리했으며, 거기에는 어떠한 혼란도 없었다. 최고 정치권력은 전적으로 민주포럼에서 결정할 수 있었으며, 프스코프(Pskov)의 경우에서와 같이, 코뮌은 대사를 파견하고 접견했으며, 조약을 체결하고, 대공(大公)을 임명 또는 해고하며, 또는 그들 없이 수십 년을 지속하기로 하였다. 물론, 정치권력은 손꼽히는 부유한 상인들이나 심지어 귀족들이 전횡(專橫)하거나 찬탈하기도 하였는데, 바로 수백에 달하는 이탈리아와 중부 유럽 도시에서 일어난 경우가 바로 그러하였다. 그럼에도, 원칙은 동일하였다.

도시는 하나의 나라였다. 그리고-더욱 주목할 점은-도시권력이 소수의 부유한 상인들이나 심지어 귀족들에게 찬탈당했을 때에도, 도시 내부의 생활과 민주적인 일상생활은 사라지지 않았다는 것이다. 그들은 소위 말하는 국가의 정치권력에는 별로 의존하지 않았다. 겉으로는 비정상처럼 보이는 이런 수수께끼는 중세 도시가 중앙집권 국가가 아닌 데에 있었다. 도시가 처음 형성되고 나서 수 세기 동안 그 내부 기구조직으로 볼 때는 국가라고 말하기는 어려웠는데, 왜냐하면 중세기에는 현재와 같은 중앙집중 영토국가는 물론 중앙집권체제를 몰랐기 때문이다.

각 그룹에는 독자적인 주권의 몫이 있었다. 도시는 통상 4개의 지구(quarters)로 나뉘거나, 또는 5~7개의 구역(section)으로 나뉘어 중앙에서 방사상으로 배치되었으며, 각 지구 또는 구역은 도시에 널리 퍼진 (수공업) 동업자 또는 (지적) 직업에 해당되었는데, 그럼에도 불구하고 상이한 사회계층과 신분의 주민이 포함되어 있었다. 즉, 귀족, 상인, 수공업자, 또는 심지어 반노예 상태의 사람 또한 각 구역 또는 지구는 꽤 독립적인 집합체로 조직되어 있었다. 베니스에서는, 섬마다 독립적 정치공동체가 있었다. 섬마다 독자의 동업조합을 조직했으며, 독자의 소금조합이 있었고, 독자의 사법과 행정, 독자의 포럼을 가졌다. 또한 총독이 도시의 지명을 받았다 해도 그 조직 내부의 독립성은 조금도 달라지지 않았다.[245]

꼬롱에서는 주민들이 나뉘어 동업길드(Geburschaften) 및 주민길드

---

245) 각주: Lebret의 베니스역사 i.393, 또한 Marin의 '이탈리아 역사'(1844년 프랑스어 판) t.i.500를 Leo및 Botta가 인용

[Heimschaften(vieiniae)], 즉 두 개의 길드로 분리되었는데, 이는 프랑스 시기 때부터 기원한다. 각 길드는 독자의 판사 및 통상 열두 명의 선출된 배심원(sentence-finders), 행정관과 민병대 또는 지역 군사령관을 두었다.[246] 영국 정복(프랑스의 노르망디 공(公)이 1066년 영불해협에서 영국왕 해롯(Harod)을 전사시키고 잉글랜드를 차지하여 노르만왕조를 세우고 1066-1154년까지 존속: 역자 주) 이전의 초기 런던 시에 관하여 한 이야기는 그린 씨의 말에 따르건대, 런던 성벽 안 지역 일대에 수많은 소규모 무리들이 여기저기 흩어져 있었고, 각자 독자의 삶과 제도, 길드, 재판관할지역, 종교집회소 등등이 단지 서서히 서로 합쳐져 도시적 통합을 이루게 되었다.[247]

또한 러시아 도시의 연대기를 보면 노브고로트(Novgorod)와 프시코프(Pskov) 두 도시 모두 지역에 관하여 비교적 풍부하게 서술됐는데, 우리는 구역(section: konets)이 독립된 거리(ulitsa)로 구성되었고, 각 거리는 주로 어떤 조합의 수공업자들이 주민의 다수를 차지하긴 했으나 상인과 지주(토지 소유자)들도 있는 별도의 공동체였음을 알 수 있다. 거기에는 범죄 발생 시 조합원 모두가 공동으로 책임지는 제도가 있었으며, 독자의 사법과 행정을 거리의 대표(street alder men)가 펼쳤고, 독자의 인장(국새)이 있었으며, 필요하다면, 독자의 포럼(forum, 공개토론 회의장)을 두었다.

독자적인 선출성직자와 공동생활 및 공동기업이 있듯이 독자적인

---

246) 각주: W.Arnold 박사의 독일자유시의 제도역사 1854년. 제2권. 227 이후. Ennen의 퀘른 시의 역사, 제1권.228-229, 또한 Ennen과 Eckert가 발행한 문서.
247) 각주: 영국의 정복, 1883년, 453쪽.

시민군도 두었다.[248]

중세 도시는 이처럼 이중의 동맹체처럼 보인다. 모든 세대주가 단결하여 조직한 소규모 영역조합들-거리, 교구, 구역(section) 길드, 또 하나는 개인들이 서약하여 만든 직업별 길드로서, 전자(前者)는 도시의 촌락공동체에 기원을 두고 형성되었으며, 후자는 새로운 여건에 의하여 그 이후에 나타났다.

자유, 독자의 행정, 평화의 보장이 중세 도시의 주목표였다. 또한 동업자 길드에 대해 말해 본다면 우리가 현재 본 바와 같이, 그 주요 기반은 노동이었다. 그러나 중세경제학자는 생산에 모든 관심을 기울이지는 않았다. 그들은 실용성에 입각하여 소비가 보장되어야만 생산을 할 수 있다는 것을 알았다. 그러므로 빈자와 부자 공동 모두의 식주(食住) 우선 해결이 각 도시의 기본원칙이었다.[249]

시장에 가지 않고 식량과 기타 생활필수품(석탄, 목재, 기타)을 구입하거나 또는, 한마디로 독점하는 행위(타인을 배제하고 극히 유리한 조건에서)는 전적으로 금지되었다. 모든 물품은 시장에 출하하여 누구나 살 수 있도록 제공되어야 했으며, 철시의 종이 울린 뒤에야 끝이 났다. 그러고 나서 소매상들만이 (팔리고) 남은 나머지를 살 수 있었으며, 또한 그 이윤조차도 정직한 이익이어야만 했다.[250]

---

248) 각주: Byelaeff의 '러시아 역사', 제2권 및 제3권.
249) 각주: W.Gramich의 "13세기에서 15세기 빌즈부르크 시의 제도와 조직 역사"(빌즈부르크, 1882년 판, 34쪽).
250) 각주: 빌즈부르크 시(市)에서는 석탄을 실은 배가 입항하면, 도착 후 8일간은 소매로 석탄을 팔아야만 했으며, 각 가구당 50바구니 상당의

더구나, 철시 후 제빵업자가 옥수수를 도매로 산 경우, 시민 누구
나 가용(家用)으로 옥수수 일정량(약 16말, 약288 L, 8부셀: 역자 주)
을 그 거래가 끝나기 전에 도매로 살 권리가 있었다. 또한 그 반대
로, 제빵업자는 어느 시민이 되팔 목적으로 옥수수를 구입했다면 똑
같은 권리 행사를 하였다. 첫 번째 경우, 옥수수는 마을 방앗간에서
정해진 품삯으로 제분하여 마을 공동의 오븐에서 빵을 구웠다.[251]
요컨대 도시가 궁핍하면, 시민 모두가 다소의 차이는 있지만 고통을
받았다. 그러나 천재지변과는 상관없이, 자유도시가 존재하는 한, 어
느 누구도 오늘날 우리가 불행히도 흔히 보는 경우와는 달리 그들
가운데에서는 굶어 죽는 사람이 없었다.[252]

물량이 배정되었다. 잔여물량은 도매로 팔렸고, 소매상은 정당한 (또는
정직한) 이윤만 받아야 했으며, 악덕행위(폭리와 같은 부당한 이익)는
엄금되었다. 그라미히(Gramich) 시나 런던 시(Ochenkowski 씨가 'Liber
albus' 161쪽에서 인용) 또는 사실상 모든 시가 동일하였다.

251) 각주: 화그니에르(Fagnieg)의 "13세기 및 14세기 파리 시의 산업 및
산업계급 연구"[1877년 파리, 155쪽(Seg.)]에 따르면 빵과 맥주에 매긴
세금은 일정량의 옥수수에서 만들 수 있는 빵과 맥주의 양을 세밀하
게 검증한 뒤 이루어졌음은 말할 필요조차 없다. 아미앵 문서보관소에
는 위의 사례에 대한 회의록이 있다(A.de Calonne, 同市, 71쪽, 93쪽).
또한 런던 시도 동일(Ochenkowski의 '영국의 경제발전', 등. 1879년 예
나, 165쪽).

252) 각주: 그로스(Gross)의 '길드 상인'(1890년 옥스퍼드, 동서(同書) 135).
그의 문서에 의하여 이러한 관행이 영국의 리버풀(동서, 148 - 150), 아
일랜드의 워터포드(Waterford), 영국 웨일즈의 니스(Neath) 및 영국 스
코틀랜드의 린리스고우(Linlithgow)와 서소(Thurso)에도 있었음이 증명
되었다. 그로스의 문서는 또한 그 구입 후 분배가 상인계층 시민뿐만
아니라 모든 시민과 공동체 전체를 위한 것이며, 또는 서소 시의 17세
기 법령에 나와 있는 바와 같다. 즉, "기술(旣述)한 시(市)의 상인, 조
합원 및 주민들에게 필요와 능력에 따라 동등하게 각자의 몫을 제공

하지만 이런 제반 규정들은 후기 도시 생활에 관한 것이었으며, 초기에는 도시 자체가 시민의 용도로 모든 식량을 구입하곤 하였다. 최근 그로스(Gross)가 발간한 서류에는 이 점에 대하여 긍정하는 편이었으며 또한 다음과 같은 취지로 내린 결론을 전적으로 뒷받침해 준다. 즉, 생활필수품인 화물은 시 공무원이 도시의 이름으로 구입하여, 소매상인들에게 할당하였으며, 시 당국이 구입을 거부하는 한 어느 누구도 항구에 하역한 물품을 구입할 수 없었다.

그는 부언하기를, 이 관행은 영국, 아일랜드, 웨일즈 및 스코틀랜드에서 꽤 많이 이루어진 것 같다고 하였다.[253] 우리가 찾아낸 바로는 심지어 16세기에도 "옥수수를 공동 구입했는데 이는 모든 상품과 이익이 런던 시, 의회 및 시의 거주민 모두의 것으로 똑같아야 하나니"라고 시장이 1565년에 써놓은 바와 같다. 잘 알려진 바처럼 베니스에서는, 모든 옥수수 거래를 도시가 관장하였다. 각 지구는, 수입품을 관장하는 위원회가 보낸 곡식을 받는 즉시, 가구당 할당량을 각 가구에게 보내 주게 되어 있었다.[254] 프랑스의 아미엥시(市)는 소금을 구입하여 실비로 모든 시민에게 배급해 주곤 하였다.[255] 그래

하기 위하여"라는 것이었음.

253) 각주: 크로드(Colde)의 '상인 테일러가(家)의 길드 초기사(初期史)'(1888년 런던, 동서 361.) 부록10과 또한 그 뒤의 부록에는 1546년에 동일한 구입이 이루어졌음을 보여 준다.

254) 각주: 씨브라리오(Cibrario)의 '단테 시기의 이탈리아 경제사정'(1865년 파리 시, 44쪽).

255) 각주: 드까론(A.de Calonne)의 '15세기 프랑스 북부의 공동체 생활(도시생활)'[1880년, 파리 시, 12-16쪽.], 1485년에 동시는 상당량의 옥수수를 화란의 앤트워프(Antwerp) 시로 보내는 수출을 허가하였는데, "동 시의 주민들은 언제나 아미엥시의 상인 및 시민과 협조할 태세가

서 오늘날에도 우리는 많은 프랑스의 마을에서 시장 터(市場)(halles)를 보게 되는데 이것은 전에는 마을의 옥수수 및 소금 창고였었다.[256] 이 관습은 러시아의 노브고로트와 프스코프에서 정례화되었다.

시민 용도의 공동구입과 관련된 모든 문제와 이것이 만들어진 방식에 대하여 그 시대를 연구하는 역사학자들은 아직 그에 상응한 적절한 관심을 보이는 것 같지가 않다. 그러나 새로이 각광을 받을 수 있는 아주 흥미 있는 사실이 여기저기에 보인다. 즉 그로스의 문서 중 킬케니 조례의 1367년 조(條)에는 물품의 값을 결정하는 방식이 들어 있다. "상인과 선원들은"라고 그로스(Gross)는 썼는데, "서약을 하고 물품의 원가와 운송비를 알려 주었다. 그리고 나서 시장과 두 명의 사려 깊은 인사가 물품의 구입 값을 지정하였다." 이와 똑같은 규정이 터소(Thurso) 시에서는 "해로와 육로"의 운송상품에 적용되었다. 중세기에 통용됐던 바로 그 무역개념과 이러한 값의 지정 방식은 아주 잘 들어맞았으므로 이는 곧 전(全) 유럽 전체의 현상이었음에 틀림없다.

제3자가 가격을 결정하는 방식은 아주 오래된 관습이었다. 그래서 도시 안의 모든 거래교환에 대한 값의 결정을 "사려 깊은 사람들에게" 라 명시하고 그리하여 파는 자와 사는 자에게가 아니라 제3자에게 맡기는 이 방식은 확실히 널리 퍼진 관습이었다. 다만 이러한 업무처리 방식은 훨씬 더 오래전의 무역 역사와 이어지는데 ― 즉, 도시 전체가 주산물의 무역을 관장하며 상인들은 단지 도시의 수탁인, 즉

되어 있기에"라 명시되어 있었음(같은 문서. 75-77쪽 및 문서).

256) 각주: 바보우(A.Babeau)의 '양샴레짐(구체제)의 촌락'(1880년, 파리 시).

트라스터(이사)로서 도시가 수출하는 물품을 판매할 뿐이었다. 그로스(Gross)가 또한 발간한 워터포드(Waterford) 시의 조례에 쓰인바 "모든 종류의 상품에 대하여서는 그 상품이 무엇이든 간에 시장과 소상인은 당분간 도시의 공동구입자가 되며, 도시의 자유시민들에게 동일하게 배분한다(다만 자유시민과 거주자의 개인물품만은 예외로 한다)"는 것이었다.

이 조례는 도시와 외부와의 거래 모두를 대리인들이 했음을 인정하였다는 말 외에는 설명할 길이 없다. 더구나, 노브고로트(Novgorod)와 프스코프(Pskov) 시의 경우에서 보는 바와 같이 직접증거도 있다. 머나먼 지역에 대상(隊商)을 보낸 것은 바로 주권을 가진 노브고로트(Novgorod)와 프스코프(Pskov)였다.

또한 우리가 아는 바로는, 중세 유럽 중부와 서부의 거의 모든 도시에서 동업조합들은 하나의 주체로서 모든 소요 원자재의 구입과 제작, 생산품의 판매를 시 공무원을 거쳐 하였으며, 그러므로 외부와의 무역거래가 이와 달랐다고 말하기는 어렵다. 다음과 같은 이유로 더욱 그렇다. 즉 13세기까지 잘 알려진 바와 같이, 도시의 상인들이라면 모두 다 그들 중 어느 상인이 해외에서 계약을 맺고 부채를 졌다면 동일 주체로서 그 책임을 져야 한다고 간주했을 뿐만 아니라 도시 전체도 상인 각자의 부채에 책임이 있었다. 독일 라인 강 유역의 도시들은 12세기 및 13세기에 가서야 이 의무를 폐기하였다.[257]

마지막으로 그로스(Gross)가 발간한 입스위치(Ipswich)라는 언급할

257) 각주: 에넨(Ennen)의 '쿼른 시(市)의 역사', 491, 492 또한 같은 책 187쪽 참조.

만한 서류에서 밝혀진바, 이 도시의 상인 길드의 구성원은 도시의 자유를 누리며, 길드에 할당금을 지불하고자 하는 모든 사람들이며, 그리고 전체 공동체는 모두 다 상인 길드의 유지 개선방안 및 어떤 특권을 줄 것인가를 토의하였다. 이렇게 본다면 입스위치(Ipswich)의 상인길드는 통상의 민간 길드라기보다는 도시의 트러스트 같은 기구처럼 보인다.

요컨대, 중세 도시에 대하여 알면 알수록, 그것은 어떤 정치자유를 보호하기 위한 단순한 정치기구가 아님을 더욱 잘 알 수 있다. 그것은 촌락공동체 차원을 초월한 훨씬 큰 규모 차원에서 상호부조, 소비, 생산 및 사회공동생활을 하기 위한 긴밀한 조합을 조직하는 시도였다. 또한 그것은 민중을 국가 간섭으로 짓누르지 않고 오히려 예술, 수공예, 과학, 상업 및 정치조직에서 각각의 개별 그룹에 속한 개인들이 창조적 재능을 충분히 발휘할 자유를 부여해 주기 위한 것이었다. 이러한 시도가 어느 정도 성공했는가는 다음 장에서 중세 도시의 노동조직 및 도시와 그 주변 소작농들과의 관계를 분석함으로써 가장 잘 알 수 있다.

갈래 VI

중세 도시의 상호부조(2)

중세 도시들은 외부 입법가의 의도에 따라 미리 구상된 계획하에 설립된 것이 아니었다. 도시는 각자 말 그대로 자생 자장하였다. 여러 상이한 세력들 간에 일어난 투쟁의 결과는 언제나 달라서, 그들 간의 상대적 힘의 크기, 투쟁 기회, 주변 환경에서 얻은 지원 정도에 따라 적응 및 재적응을 거듭하였다. 그 때문에, 도시마다 내부의 조직과 운명이 달랐다. 각 도시는, 그 하나하나가, 시대별로 달랐다. 하지만, 유럽의 도시 전체를 조감해 보면, 지역 및 국가적 불일치는 사라지고, 우리는 불현듯 이들 가운데에서 놀라운 유사성을 발견하게 된다. 비록 각 도시의 발전이 독자적이었고 조건도 달랐지만 말이다.

스코틀랜드 북쪽의 조그만 도시는 주민이 거친 노동자 및 어부였다. 부유한 플랑드르 도시는 전세계에 뻗친 상업, 사치, 오락애호와 활기찬 삶을 가진 도시였다. 동방과의 교역으로 부를 축적하고 성벽 안에서 고상한 예술 취미와 문명을 키운 이탈리아 도시나 러시아의 늪과 호수지역에 사는 가난하고 농업이 주업인 도시들, 이들 모두에 비추어 공통된 점이 없어 보인다.

그럼에도 불구하고, 이들 조직을 주도하는 노선(路線)과 조직에 활력을 불어넣는 정신에는 가족과 같은 유사성이 강하게 느껴진다. 어디에서나 동일한 소공동체들과 길드의 동맹, 모시(母市) 주변의 동일한 "소읍", 동일한 민회 및 동일한 독립의 상징표지를 볼 수 있다. 도시의 방위 책임자는 그 이름과 직무는 달랐지만, 동일한 권한과 이익을 대변하였다. 식량 공급, 노동과 상업이 매우 유사한 노선 위에서 이루어졌다. 유사한 대의(大義) 아래 대내외 투쟁을 하였다. 아니, 투쟁에 이용한 바로 그 신조(信條)는 또한 연대기, 조례, 두루마

기법전에 쓰인 바와 같이 똑같았다. 그리고 건축기념물들은, 그 양식이 고딕이든, 로만이든 비잔틴이든 상관없이, 동일한 열망과 동일한 이상을 표현하였다. 이들은 동일한 양식으로 구상되고 지어졌다.

많은 상이점은 단지 시대의 차이점이며, 이러한 자매도시들 간의 실제 불일치는 유럽 각지에서 반복되어 나타난다. 통일된 주류사상과 동일한 기원에 의하여 상이한 기후, 지리적 상태, 경제력, 언어 및 종교상의 차이는 상쇄되어 버린다. 이 점이 중세 도시가 서로 뚜렷이 구분되는 문명 상(相)을 가진 도시라고 말할 수 있는 이유이다. 그리고 지역적 및 개별적 차이점들을 고집하는 연구를 모두 환영하면서도, 우리는 모든 도시가 공유하는 주도적 발전노선을 여전히 볼 수 있다.258)

---

258) 각주: 이 주제에 관해서 엄청난 분량의 문서가 있다. 그러나 중세 전체를 다룬 저서는 아직 없다. 프랑스의 코뮌에 대해서는, 씨어리(Augustin Thierry)의 '프랑스 역사의 문헌 및 고찰'이 여전히 고전이며, 루쉐(Luchaire)의 '프랑스의 꼼뮨'은 동일 주제에 관한 뛰어난 추가 저작이다. 이탈리아의 도시에 관해서는, 시스몽디(Sismondi)의 거작(巨作)인 '중세 이탈리아 공화국들의 역사'(1862년, 파리판(版), 16권.), 레오(Leo)와 보타(Botta)의 '이탈리아 역사', 패라리(Ferrari)의 '이탈리아 혁명' 및 헤겔(Hegel)의 '이탈리아의 도시제도의 역사'들이 일반정보를 알려 주는 중요한 것들이다. 독일에 대해서는 마우어(Marer)의 '도시 제도(制度)', 발트홀트(Barthold)의 '독일도시역사' 및 최근 저서로 헤겔(Hegel)의 '독일 민족의 도시와 길드'(제2권, 1891년, 라이프치히(Leipgig), 그리고 칼센(Otto Kallsen) 박사의 '중세의 독일 도시'(Die dertschen Stadte im Mittelalter, 제2권, 1891년, 할레(Halle) 시), 그리고 또한 얀센(Janssen)의 '독일민중역사'(Geschichte des deutschen Volkes, 제5권, 1886년) 같은 저서는 곧 영역판(英譯版)이 나오리라는 희망을 가져 본다(프랑스 역판(譯版), 1892년). 벨기에에 대해서는, 바우터스(A.Wauters)의 '공동체의 해방'(제3권, 1869-78년, 브루셀판(Bruxelles)). 러시아에 대해서는, 바이에렙프(Byelaeff), 코스토마로프(Kostomaroff) 및 세르기에뷔치의 저작

의심의 여지 없이 초창기 미개인 시대부터 기원하는 시장의 장터에서 만들어진 보호제도는, 물론 전부라 할 수는 없지만, 중세 도시의 해방에 중요한 역할을 했었다.

초기에 미개인들은 촌락공동체 안에서 거래란 것을 몰랐다. 낯선 사람들과의 거래는 오로지, 어느 일정 지점에서, 어느 일정한 날에만 하였다. 또한, 두 종족 사이에 있을지도 모르는 어떤 분규로 인한 살해의 위험 없이 외부인이 교환 장소에 올 수 있도록, 시장은 언제나 모든 종족을 특별 보호하였다. 그 장소는 마치 예배장소가 주는 그늘처럼 신성한 곳이었다. 커바일 부족에게 그곳은 여전히 아나야(annaya)로서 여인들이 우물에서 물을 길어 나르는 이정표 같은 곳이었다.259)

들. 그리고 마지막으로, 영국에 대해서는, 보다 광지역의 도시에 관한 가장 우수한 저작의 하나로서 그린(J.R.Green) 여사의 '15세기의 소시(小市) 생활(제2권, 1894년, 런던)'이 있다. 더욱이나 영국에는 이미 잘 알려진 풍부한 지방 역사, 여러 편의 일반 역사와 경제역사 저서가 있기에 필자는 이 장과 전 장에서 아주 자주 언급했었다. 하지만, 이 풍부한 문서들의 구성을 보면 도시, 특히 이탈리아와 독일의 도시 역사를 주로 하여 별도로, 때로는 경탄할 정도로 상술하고 있다. 길드와 조합의 경제적 중요성은 시간(市間)동맹(한자동맹, 중세 독일 북부 여러 도시의 정치적, 상업적 동맹으로서 중세상인조합 중 규모가 가장 크고 유명한 것 중의 하나. 역자 주)이나 공동체 예술로 믿기 어려울 정도로 풍부한 정보가 이 두 번째 범주의 저서들에 포함되어 있는데, 이들 중에서 보다 중요한 것만 위에 말한 쪽수에 열거하였다.

259) 역주: Annaya는 서로의 이해관계와 희망을 공감하려는 목적으로 신성을 명분삼아 만든 공간생활대.

심지어 부족 간 전쟁 중일지라도 무기를 지니고 다닐 수 없었다. 어떠한 분규에 따른 처벌도 사람들이 거래를 하러 온 장소에서나, 그 장소의 일정 범위 안에서는 행할 수 없었다.[260] 또한 만일 사고 파는 사람들이 모인 잡다한 무리들 속에서 다툼이 일어났다면, 시장을 보호하는 조직－공동체의 재판소, 또는 주교의 판결, 영주 또는 왕의 재판관에게 소송을 제기해야 했다. 거래하러 온 외부인은 손님이었으며, 바로 그 이름으로 계속 행세했다. 대로상에서 조금도 거리낌 없이 상인을 강탈하는 영주라도 시장에 세워 놓은 막대기, 즉 관할권을 존중했는데, 이 막대기에 걸려 있는 왕의 무기나 장갑 또는 지역수호성인의 상이나, 단순히 십자가는 보호자가 왕이냐, 영주냐, 지역교회인가 또는 민회인가에 따라 결정되었다.[261]

---

260) 각주: 쿠리셸(Kulischer)은 '원시무역론'(인간심리학회지, 제10권, 380)이라는 훌륭한 논문에서 또한 지적하기를 헤로도토스(그리스 역사가, 484－425 B.C, 역사를 저술: 역주)에 의하면 Argippaeans은 신성불가침하다고 생각되었는데, 이는 스키타이인(옛날 흑해와 카스피 해 북방에 있던 민족으로 기마병을 이용하여 강력한 제국건설: 역주)과 북방 종족 간에 무역거래가 그들 영토에서 이루어졌기 때문이다. 도망자(범법자도)도 이 영역에서는 면죄였으며, 그들은 이웃의 재판관 역할을 가끔 요청받기도 하였다. 붙임 글－1. X1 참조.

261) 각주: 최근, 관할권 및 관할권법에 대한 토론이 다소 이루어졌는데, 이것들은 아직도 명확하지 못하다[죄플(Zopfl)의 '독일 왕국 및 법의 고대 관습법', iii, 29참조 칼센(Kallsen)의 동일책자, 316]. 상기(上記)한 해명이 보다 그럴듯하지만, 그러나 당연히 더욱 연구를 하여 검증을 받아야만 한다. 스코틀랜드 표현방식인 머셋십자가(Mercetcross)가 교회관할권의 상징표지로 여겨질 수 있지만 그러한 사례를 주교의 시(市)와 민회(民會)가 주권을 행사하던 곳에서도 볼 수 있다는 것 또한 명백하다.

시장(市場)의 사법권한이 자의든 타의든 간에 도시 자체에 허용된 경우라면 시장 장터의 특별사법권으로부터 도시의 독자사법권에 이르기까지 그들의 커 온 방식을 이해하기 쉽다. 그리하여 이러한 도시자유의 기원은, 많은 경우 찾아낼 수 있는 즉, 그 뒤의 도시 발전에 피할 수 없는 뚜렷한 발자국을 남겼기 때문이다. 그것은 공동체의 상인 측에 압도적인 우선권을 주었다. 그때에 도시 안에서 집을 소유하고 시유지를 공동 소유한 자들은 아주 빈번히 상인길드를 조직하여 도시의 무역권을 손에 넣었다.

또한 비록 애초에는 모든 시민이 빈부차이 없이 상인길드의 일원이었으나, 무역거래 그 자체는 도시의 이사회(Trustee)가 시의 총무역을 책임지고 수행한 것 같으며, 길드는 점차 일종의 특권체가 되었다. 길드는 자유도시로 곧 떼 지어 몰려드는 외부인들의 가입을 시기하여 막았으며, 해방 당시 시민이었던 소수의 가족이 무역거래 결과로 생긴 우위를 지켰다. 이렇게 상인과두정치가 성립될 위험은 명백하였다.

그러나 이미 10세기와 그 뒤의 2세기 기간 중에는 더욱더, 주요 산업의 동업자들 또한 길드를 조직하여 상인들의 과두정치적 성향을 견제할 만큼 강력하였다. 동업 길드는 그 당시 생산품의 공동판매자였고, 원료의 공동구매자였으며, 조합원들은 상인인 동시에 수공업 기능공들이었다. 따라서 자유도시의 생활이 시작될 바로 그때부터 이루어진 오래된 동업조합이 가진 우월성으로 인하여 육체노동은 그 뒤 도시에서 누렸던 고위직을 보장받았다.[262] 사실상, 중세 도시에서 육체노동은 결코 열등의 상징이 아니었다.

그 반대로, 촌락공동체 시절에 지녔던 높은 존경의 흔적을 지니고 있었다. 비전(秘傳)의 육체노동은 시민들에 대한 신성한 의무로 간주되었다.[263] 그 밖의 어느 직업 못지않은 영예스러운 공공기능, 오늘날에는 아주 우스꽝스러워 보이는 공동체에 대한 정의의 사상, 생산자와 소비자를 향한 "올바름"의 사상이 생산과 교환에도 흐르고 있었다. 무두장이(제혁업자), 통매장이(통제조업자) 또는 구두제조업자가 하는 일은 "정의롭고" 공정해야만 한다고 그 당시 그들이 적은 기록에 나와 있다. 수공업 기술자들이 사용하는 목재, 가죽, 또는 실은 "올바른 것"이어야만 하였다. 빵은 "정의롭게" 구워져야 했으며, 기타 등등이었다.

이 중세의 언어를 현재의 우리 시대 말로 옮겨 보면 가식적이고 부자연스럽게 보인다. 그러나 그때는 자연스럽고 가식 없이 사실 그대로였는데 왜냐하면 중세의 기술자들은 미지의 구매자를 위해 제작

---

262) 각주: 상인길드 전체에 관해서는 그로쓰의 철저한 연구저서인 '길드상인'(1890년, 옥스퍼드, 제2권) 참조. 또한 그린(Green) 여사의 '15세기의 소시(小市)생활'(제2권 제58, 10장) 그리고 도렌(A.Doren)의 같은 주제에 대한 '셔몰러(Schmoller)의 탐구' 제12권에서 리뷰한 것 참조. 전장에서 보여 준 고찰에 따르면 거리는 애초에 공동체적이었다고 하는데 이것이 옳다고 증명된다면, 길드상인은 도시 전체의 이익을 위한 상업을 위임받은 기구였으며, 단지 점차 그들 자신들만의 무역거래용 상인길드로 변해 갔다는 그럴듯한 가정을 제시해 볼 수도 있을 것이다.
263) 각주: 한편 이 나라의 상인 탐험가들, 노보고로드 시의 자유식민개척자 및 상인과 Mercatipersonati들에게 그들만의 새로운 시장과 새로운 상사의 지사가 열려져 있는 셈이 되는 것이었다. 전체로 보아, 중세 도시의 기원은 개별 단체의 탓으로 돌릴 수 없다고 보아야만 된다. 그것은 다각도에서 다수 단체들의 활동결과였기 때문이다.

하거나, 또는 미지의 시장에 생산품을 내다 팔기 위해 일한 것이 아니었다. 첫째, 그는 그가 속한 길드를 위해 제작하였다. 서로를 잘 알며 조합의 기술을 잘 아는 형제 같은 사람들을 위하여, 또한 각 생산품의 값을 지정함으로써 조합원들은 생산품에 부여된 제조기술 또는 노동의 진가를 인정하였다. 그래서 개별의 제작자가 아닌 길드가 공동체에서 판매할 물품을 제공하였으며, 이번에는 그 공동체가 동맹을 맺은 우호공동체에 이들 물품을 수출하고 품질 보증을 섰던 것이다.

이러한 조직에서는 각 조합의 의도가 불량 물품을 제공하지 않는 것이었으며 또한 기술적 결함품이나 조악품은 전체 공동체와 연결된 문제가 되었는데 왜냐하면 조례에 쓰여 있듯이 "이들로 인해 공공신뢰가 무너질지 모르기 때문"이었다.[264] 생산은 이처럼 하나의 사회 의무였고 전체 공동체가 관리했으며 육체노동은 자유도시가 살아 있는 한 오늘날 같은 퇴행 상태로 결코 전락될 수 없었다.

명장과 도제의 차이 또는 대가와 미숙련공의 차이는 중세 도시에도 애초부터 존재하였다. 그러나 이것도 처음에는 단지 나이와 기술의 차이였지 부와 권력의 차이는 아니었다. 7년간의 도제 수업을 마치고, 뛰어난 솜씨로 그 지식과 능력이 인정되면 그 자신이 명장이 되었다. 그러나 훨씬 뒤인 16세기에는 왕의 권력으로 도시와 조합조직이 파괴되고 그때로부터 대물림이나 재물 덕분에 명장이 되는 일이 나타나게 되었다. 그러나 이 시기는 중세산업과 예술의 전박적인

---

264) 각주: 얀센(Janssen)의 '독일민중의 역사', 동 책자(同冊子), 315, 그라미히(Gramich)의 '뷜쯔부르크' 그리고, 실제로는 모든 법령집.

쇠퇴기(衰退期)이기도 하였다.

중세 도시의 초기 번영기간 중 고용 여지는 많지 않았으며 고용 인원은 훨씬 더 적었다. 직조공, 활 제작공, 대장장이, 제빵업자의 일 기타 등등은 조합과 도시를 위해 행해졌다. 또한 조합원들이 건축업에 고용되면 이들은 임시 협력체(현재 러시아에서 아직도 행해지는 것처럼)로서 일하였고 임금은 도급제였다. 대가(大家), 명장의 일감이 확대되기 시작한 것은 훨씬 뒤의 일이었다. 그러나 심지어 이 경우에도 근로자의 임금은 오늘날보다 훨씬 좋아 이 나라(영국)보다 높았으며 현세기(19세기) 전반기 유럽 전역의 지급액보다 훨씬 많았다. 영국의 독자들은 로저스(Thorold Rogers) 덕택에 이 개념에 친숙하다. 대륙(유럽) 또한 마찬가지인데 이는 폴게(Falke)와 쉔버크(Sehönberg)의 연구 및 이따금 문득문득 나타나는 많은 사실들로 알려진 바와 같다.

심지어 15세기에도 석공, 목수 또는 대장장이의 임금이 아미앵(Amiens)에서는 하루 4솔(또는 수, 프랑스의 옛 화폐단위, 루블의 20분의 1, 1794년 폐지: 역자 주)(sols)이었는데 이는 48파운드(1파운드는 약 450g)의 빵 또는 작은 암소 값의 8분의 1에 해당하였다. 색스니(Saxony)에서는 건설 근로자의 임금은, 폴케(Falke)의 말을 빌리자면, 6일치 임금으로 양 세 마리와 구두 한 켤레를 살 수 있을 정도였다.[265] 근로자가 대성당에 낸 기부액 또한 이들의 상대적 부유함을

---

265) 각주: 팔케(Falke)의 '역사적통계', I. 373 – 393, 및 ii. 66, 얀센(Janssen)의 '역사', I. 339에서 인용. 브라뷔냐(J.D.Blavignac)의 '스위스 프리부르 시(스위스 서부의 주)의 성 니코라스 성당 건축비용 내역서'도

증언해 주며 어떤 동업조합들이 낸 엄청난 기부금액이나 또는 이들이 축제와 가장행렬 행사에 낸 기부금은 말할 필요조차 없다.[266] 실제로 우리가 중세 도시에 대하여 알면 알수록 도시가 그 생애의 최고 절정에 있었을 때와 같은 그러한 번영의 여건을 구비하고 있었으며 그러한 존경을 노동이 구가했던 시기는 어느 때도 없었음을 더욱 확신하게 된다.

그 이상이다. 현재의(19세기~20세기 초) 극단주의자들이 열망하는 많은 것들이 이미 중세기에 실현되었을 뿐만 아니라 오늘날 유토피아로 묘사되는 많은 것들이 그때에는 당연시되었다. 일은 즐거워야 한다고 말하면 지금은 조롱거리가 되지만 "사람은 누구나 그의 일을 즐겨야만 한다"라고 중세의 '구텐베르크'판 조례에는 적혀 있다. "또한 어느 누구도 아무 일도 하지 않는다면 타인이 애써 일하여 만든 것을 자기 것으로 할 수 없으니 이런 법률은 근면한 노동의 방패 역할을 하기 때문이다"[267] 하루 8시간이라는 현재의 모든 담합에 대

유사한 결론에 도달한다. 아미앵에 대해서는, 드깔론(De Calonne)의 '공동체의 삶', 99쪽 및 부록 참조. 중세 영국의 임금 및 빵과 고기로 환산한 가치를 철저히 평가하고 도표로 표현한 것을 보려면, 스테펜(G.Steffen)의 훌륭한 기고문 곡선도표인 '19세기(1891년 판)' 및 '영국의 임금체계역사에 대한 연구'(스톡홀름, 1895년) 참조.

266) 각주: 쉔버크(Schönberg) 및 풀케(Falke)의 저작물에서 나타나는 다수의 사례 중 하나만을 인용하면, 라인 강변 크산텐(Xanten) 소시(小市)의 16명 제화공들은 교회의 칸막이(교회 성가대석 주위의 장식) 및 제단 건립용으로 각각 75굴드와 12굴드를 헌금했는데, 이 돈을 현재 가치로 환산하면 최대 10배가 될 것이다.

267) 각주: 얀센의 동서(同書) I. 343에서 인용.

한 훼르드난드 1세의 제국(帝國) 석탄 광산에 대한 조례를 상기하면 좋을 것이다. "옛날에 그러했던 것처럼" 그리고, 또한 토요일 오후의 작업은 금지되었다.

얀센(Janssen)의 말을 들어 보면 작업 시간 연장은 아주 드문 반면 작업 시간 단축은 일상적이었다. 독일에서는 15세기에 로저의 말에 의하면 "근로자들은 일주에 48시간만 일하였다."[268] 우리가 현대에 와서 획득했다고 생각하는 토요일 반휴일제 역시 실제로는 중세의 오래된 관례였다. 그날 공동체의 대부분은 목욕 시간이었으며 한편 수요일 오후는 장인(匠人)[명인과 도제의 중간에 해당하는 기능공, 직인]의 목욕 시간이었다.[269] 또한 학교급식은 존재하지 않았음에도 불구하고 - 아마도 굶는 학생이 없었기 때문일 것이다 - 목욕 값 내기가 벅찬 아이들에게 그 지급은 여러 지역에서 관례였다. 노동집회 역시 중세기의 정례화된 특징이었다. 독일의 어느 지역에서는 동일 업종의 조합원들이 소속 공동체는 달랐지만 해마다 모여 그들의 직업과 도제 수련기간, 순례의 해, 임금 기타 등등에 관한 문제점을 토의하곤 하였다. 또한 1572년 '한자동맹'의 소시(小市)들은 물품의 품질에 관한 시(市) 조례를 조합원들이 반대하지 않는 한 정기회합

---

268) 각주: '역사의 경제해석'(1891년, 런던, 303쪽).

269) 각주: 얀센, 동서(同書) 참조. 또한 슐츠(Alwin Schultg) 박사의 '14세기 및 15세기의 독일생활'(대형판, 빈, 1892년, 67쪽) 참조. 파리에서는, 노동시간이 어떤 직종은 겨울에는 8 - 9시간, 여름 10 - 12시간으로 차이가 있었다. 모든 작업은 토요일과 대략 25일 정도의 날에는 호우 4시에 끝났으며, 일요일과 공휴일(30여 일 정도)에는 휴무였다. 일반적인 결론은 중세노동자는 현시대 노동자보다, 전체로 보아, 작업시간이 더 짧았다[마틴 성(聖) 레옹(E.Martin Saint - Leon)의 '조합(組合)(corporation)의 역사', 121쪽].

을 갖는 권리와 어떤 결의를 내리든 그 권리를 공식 인정하였다. 그
러나 노동대집회들 중 일부는 한자동맹처럼 국제적이었으며 사례로
제빵 기술자, 주물 기술자, 대장장이, 무두장이, 제검 기술자 및 통
제조업자들의 집회가 열렸다고 알려졌다.270)

물론, 조합조직은 길드를 통해 조합원들을 세세히 감독할 필요가 있
었으며 특별 감독관을 언제나 지명하였다. 그런데 가장 특기할 사실
은 시생활(市生活)의 삶이 자유로운 한 감독에 대한 불평은 들을 수
없었다는 점이다. 한편, 국가가 개입해서 관료제도 확립을 위하여 길
드의 재산을 몰수하고 그 독립성을 무너뜨리자 그 원성은 이루 말할
수 없이 높았다.271) 그 반대로, 중세의 길드 시스템하에서 실현된 모든
기술 분야의 엄청난 진보는 이 시스템이 개인의 주도권(initiatives)에
장애가 되지 않는다는 최상의 증거이다.272)

---

270) 각주: 스티다(W.Stieda)의 저서 "한자동맹 역사기록장"(1886년, 121쪽)
의 "14세기와 15세기 도시산업의 한자동맹". 쇤버그의 "조합의 경제적
의의" 또한, 로쉘(Roscher) 저서도 일부 참조.

271) 각주: 스미스(Toulmin Smith)가 스미스(Smith) 양의 저서 "영국 길드 개
론"에서 인용하였던바, 왕들이 저지른 길드 약탈에 대한 가슴 적시는
구절 참조, 프랑스에서는 (영국과) 동일한 길드에 대한 왕의 약탈 및
길드 사법권 폐지가 1306년부터 시작되었으며, 1382년에 최후의 일격
이 내려졌다(파그니에즈, 동서(同書), 52－54쪽).

272) 각주: 아담스미스와 그 동시대인들은 국가의 무역 간섭과 국가 신설(新
設)의 무역독점에 반대하는 글을 쓸 때 그들이 무엇을 규탄하는지를
잘 알고 있었다. 불행히도, 그들 추종자들은 (식견이) 절망적일 정도로
천박하여 중세 길드와 국가 간섭을 동일 포대주머니에 집어 던져 넣
어, 베르사유 칙령과 길드 규약 간의 구분을 없애 버렸다. 쇤버크
(Schönberg, 유명한 '정치경제' 학파의 편집자)처럼 이 주제를 깊이 연
구했던 경제학자들은 결코 그러한 오류에 빠지지 않았음은 말할 필요
조차 없다. 그러나 최근까지도, 위에 말한 형태의 산만한 토의가 경제

사실 중세 길드는 중세의 교구나 거리 및 지역구와 같은 시민의 조직체가 아니라 국가기구의 통제하에 있었다. 그것은 어떤 주어진 업종과 관련된 사람들 모두의 조합이었다. 원료구매자, 제품 판매자, 그리고 기술자들 즉, 명장(名匠), 동료 및 도제들이 마찬가지였다. 업종의 내부조직은 그 모임이 여타 길드에 피해를 주지 않는 한 길드는 독립적이었는데, 만일 문제가 일어나면 길드의 길드인 도시로 가져갔다. 그러나 거기에는 그 이상의 것이 있었다.

길드는 자체의 사법권과 자체의 군대, 자체의 공회(公會), 자체의 투쟁전통, 영광, 독립은 물론, 타 도시의 동업 길드와 독자적 관계를 갖고 있었다.

길드는 한마디로 절대 불가결한 생명기능체에서만 나올 수 있는 완전한 유기생명체였다. 도시에 전쟁이 일어나게 되면 길드는 별도의 단위로서 나타나 자체무기로 무장을 했으며(또는 독자의 총포를, 그 이후 시대에는 길드가 멋지게 총포를 구비하였음.) 자체의 선출 지휘관의 통제를 받았다. 길드는 한마디로 스위스 연방에서 오십 년 전의 우리(Uri) 공화국이나 제네바 공화국처럼 동맹의 한 독립단위였다. 그러므로 중세 길드를 현대의 동업조합에 대한 국가 주권 같은 특징은 모두 상실하고 부차적 중요성을 갖는 두어 개 기능으로 쪼그라든 기능체와 비교하는 것은 마치 플로렌스나 브뤼케 도시를 나폴레옹 법령하의 무위도식하는 프랑스 코뮌이나 까테리나 2세의 도시법 지배하의 러시아 소시(小市)와 비교하는 것과 다를 바 없다. 둘 다 선출 시장이 있지만 후자에는 동업협동체도 또한 있었다. 그러나

적, 학문적으로서 계속되었다.

차이점이 있다. 플로렌스와 러시아의 폰테니-레-오이(Fontenay-les-
oies) 혹은 짜레보코샤이스크(Tsarevokokshaisk) 간의 차이나 그리고
베네치아 공작과 상급기관 관리 앞에 모자를 들어 인사하는 오늘날
의 시장 사이에 존재하는 모든 차이와 같다.

중세 길드는 독립을 유지할 능력이 있었다. 또한 후에 가서, 특히
14세기에 곧 알려질 여러 원인의 결과로서 오래된 도시생활이 심대
한 변화를 겪었을 때, 젊은 조합들은 시정운영에서 그들의 정당한
몫을 쟁취할 만큼 강함을 입증하였다. 대중은 소규모 조합을 결성하
여 증대되는 과두정치 체제의 손에서 권력을 쟁취하고자 궐기함으로
써 그래서 대부분 목적을 달성하여 또다시 새로운 번영의 시대를 열
었다.

참으로, 어떤 도시의 경우에는 봉기가 유혈 끝에 분쇄되고 또한 1306
년의 파리 시와 1371년의 꼴로 시에서처럼 근로자들은 집단 참수되
었다. 이 경우 그 도시의 자유는 급격히 쇠퇴하고 점차 중앙권력의
압제를 받게 되었다. 그러나 대부분의 소시들은 충분한 활력을 보존
하여 새로운 삶과 힘을 갖고 혼란에서 벗어났다.[273] 그들이 받은 보
상은 다시 젊어진 새로운 시대였다.[274]

---

273) 각주: 이탈리아 플로렌스에서는, 세븐 마이너 아-츠(Seven mimor arts)
가 1270-82년에 혁명을 일으켰으며, 그 결과는 페렌스('플로렌스의
역사', 1877년, 파리, 제3권)와 특히 지노카포니('플로렌스 공화국이야
기', 제2판, 1876년. i .58-80쪽 독일어 역)을 참조할 것.

274) 각주: 반대로, 리옹에서는 소조합운동(小組合運動)이 1402년에 일어났
으나, 후자는 패배하여 그들 독자의 판사를 지명하는 권리를 상실하였
다. 양측(兩側)은 외견상 타협하였다. 로스토크(Rostock)에서는 동일한
운동이 1313년에 일어났다. 취리히에서는 1336년, 1363년에는 베를린,

새로 태어난 생명이 그 모습을 드러낸 것은 찬란한 건축기념물과, 새로운 번영의 시대와, 급속한 기술발전 및 발명 그리고, 르네상스와 종교개혁으로 이어진 새로운 지식운동이었다.

중세 도시의 운명은 자유를 쟁취하고 유지하는 악전고투의 연속이었다. 참으로, 이러한 치열한 투쟁기간을 거치면서 강하고 집요한 부류의 촌민(村民, 읍민, 소시민)들이 나타났다. 참으로, 이러한 투쟁을 통하여 모시(母市, 여기서는 국가 차원의 모국(母國)에 해당되는 개념: 역자 주)에의 사랑과 숭배정신이 배양되었으며 또한 중세 코뮌이 이룩한 위대한 업적은 그러한 사랑의 직접적인 결과였다. 그러나 자유를 향한 투쟁에서 코뮌이 치러야 했던 여러 희생은 참혹했으며, 그리하여 코뮌의 내부운명에 깊은 분열의 자취를 남겼다. 동시다발(同時多發)의 좋은 조건하에서도 단 한 번으로 자유획득에 성공한 도시는 아주 희소했으며 그나마도 대개는 그와 똑같이 쉽게 자유를 상실하였다.

1374년에는 브라운슈바이크Braunschweig), 그리고 다음 해에는 함부르크, 그리고 1376-84년에 뤼벡 등등이었음을 참조. 슈몰러(Schmoller)의 '조합투쟁시대의 스트라스부르크 및 스트라스부르크의 전성기'(?Bluthe), 브렌타노(Brentano)의 '현시대의 노동조합', 제2권, 1871-72년. 라이프치히 판, 바인(Eb. Bain)의 '상인과 동업조합', 26-47쪽, 75쪽 등, 1887년. 애버딘(Aberdeen) 판, 영국에서 동일한 투쟁에 관한 그로스(Gross)의 의견에 대해서는, 그린(Green) 여사의 '15세기의 도시생활(Town Life)'의 ii. 190-217을 참조. 또한 노동질의에 관한 장(章)과 그리고 실제로는, 이 지극히 흥미진진한 책 전부. 브렌타노의 '조합투쟁에 관한 견해', 특히 '영국길드논(論)'에 대한 그의 견해는 그 주제의 고전이 되었으며, 또한 그 이후의 연구에서 계속 반복 확인된다고 말할 수 있다.

한편으로 많은 도시들은 계속해서 오십 년, 백 년 또는 흔히 그 이상 투쟁한 뒤에야 자유로운 생존권을 인정받았으며 그 뒤 백 년이 더 지난 뒤에야 굳건한 터전 위에 그 자유를 세울 수 있었다. ─ 12세기 헌장은 그러므로 자유를 향한 디딤돌의 하나에 지나지 않았다.275) 실제로 중세 도시는 봉건제도에 굴복하게 된 국가 속의 성채(城砦) 오아시스였으며 자체 무력을 사용하여 독자적 공간을 마련하여야 하였던 것이다.

전장(前章)에서 간단히 언급했던 여러 원인의 결과, 각 촌락공동체는 점차 성직(聖職)이나 세속(世俗) 영주의 멍에를 짊어지게 되었다. 그 집은 성으로 변했으며 그 전우(戰友)는 이제 불량배 집단이 되어 농민을 강탈할 태세가 언제나 되어 있었다. 농민은 주 3일간 영주를 위해 봉사하고 나서도 온갖 부당한 세금을 바쳐야만 밭에 씨를 뿌리고 추수하며 다소나마 인생의 희로애락과 관혼상제를 치를 권리를 가질 수 있었다. 그런데 최악의 사태는 인근 영주의 무장불량배들이 농민을 계속하여 약탈했는데, 인근 영주는 그 농민들을 그가 적대하여 싸우고 있는 영주의 혈족이라 여기면서 분규에 대한 보복으로 그들과 그 가축을 습격, 강탈하기로 하는 것이었다.

도시 주변의 목장, 밭, 강, 길 그리고 토지에 딸린 사람 모두가 영주의 손아귀에 있었다. 영주인 남작에 대한 촌민들의 증오심은 그들

---

275) 각주: 단 하나의 예시를 든다면 캄브라이(Cambrai)는 907년 첫 혁명을 일으켰고, 그리고 서너 차례의 저항 투쟁 끝에, 1076년 그 시의 헌장을 획득하였다. 이 헌장은 두 차례(1107년과 1138년) 폐지되었다가 다시 두 차례 권리회복을 하였다(1127년, 1180년). 총 223년에 걸친 투쟁 끝에 독립권(리옹, 1195년에서 1320년까지)을 쟁취하였다.

이 서명을 강요한 상이한 헌장에 나온 글들 속에서 극히 특징적으로 나타난다.

하인리히 5세는 1111년에 스파이어 시(市)에 허용한 헌장에 서명해야만 했는데 여기에는 소도시를 최악의 빈곤의 구렁텅이로 몰아넣은 무섭고도 저주스러운 양도불능의 소유권으로부터 촌민들을 풀어준다고 되어 있었다.

1273년경 쓰인 바욘(Bayonne) 조례에는 다음과 같은 구절이 들어 있다. "민중은 영주보다 우선이다. 민중이야말로 어느 누구보다 다수의 존재로서 평화를 열망하기 때문에(약자를 보호하고) 힘센 자들을 제어하며 굴복시키기 위하여 영주를 만들었다" 등등(Giry, Etablissements de Rouen, i. 117. 루쉐가 인용, p.24). 로버트 왕의 서명을 받기 위하여 제출된 헌장도 그 특징은 똑같았다. 왕은 거기에 다음과 같은 말을 써 넣어야만 하였다. "짐(朕)은 암소나 기타 짐승을 빼앗지 않을지니라. 짐은 상인을 잡아 가두거나 돈을 빼앗거나 배상금을 물게 하지 않을지니라. 성모영보 대축일(3월 25일, 천사 가브리엘이 예수의 탄생을 성모 마리아에게 알린 기념일)로부터 모든 성인(聖人)의 날(고(古), 가톨릭. All-hal-lows로도 불림. 11월 1일)에 이르기까지 짐은 말이나 노새나 망아지를 목초지에서 빼앗아 가지 않을지니라. 짐은 방앗간을 불태우거나 밀가루를 빼앗지 않을 것이니라. 짐은 도적들을 옹호하지 않을지니라" 등등(Pfister가 이 문건을 간행하고 루쉐가 복간하였음). 베산꽁(Besancon)의 추기경인 유구(Hugues)가 허용한 헌장에서 그는 소유권 때문에 생긴 모든 비행, 불법행위들을 철폐하지 않을 수 없었는데 이것 또한 특성은 동일하였다.[276] 기타 등등.

자유는 그러한 환경에서 유지될 수 없는 것이었고, 도시들은 성벽 바깥 세계와 전쟁을 치르지 않을 수 없었다. 시민들은 사절을 파견하여 촌락에서 반란을 이끌었기에 결국 그들은 촌락을 조합으로 받아들였으며 귀족에 대항하여 직접 전쟁을 벌일 수 있었다.

토지가 봉건 영주들의 성으로 빽빽이 들어찼던 이탈리아에서 양측의 전쟁은 자못 영웅적인 면모를 띠고 치열하게 전개되었다. 플로렌스는 77년간 일련의 혈전을 벌여 귀족으로부터 도시 주변의 농촌지역을 해방시키고자 했다. 그러나 목표를 일단 쟁취하자(1181년) 모든 것이 새로 시작되어야 하였다. 귀족들이 다시 집결하였던 것이다. 이들은 그들만의 연맹을 구성하여 소도시의 연맹에 대항하였으며 황제나 교황으로부터 새로운 지원을 받아 전쟁을 130년이나 더 지속하였다. 동일한 사태가 로마, 롬바르디아 및 이탈리아 전역에 걸쳐 일어났다.

이들 전쟁에서 시민들은 용기, 대담무쌍, 불요불굴의 위용을 보여 주었다. 그러나 이들 수공업자의 활과 (전투용) 도끼만으로는 갑옷으로 무장한 기사와 벌인 전투에서 언제나 우위를 차지한 것은 아니었으며, 수많은 성이 시민들의 독창적인 수공기구와 인내력을 견디어 내기에 이르렀다. 그런데도 플로렌스나 보로냐 같은 도시들과 프랑스, 독일 및 보헤미아의 수많은 소도시들은 주변의 촌락을 해방시키는

---

276) 각주: 투티(Tuetey)의 저서 '몽베리아드의 경쟁사회론(論) 제2집, ii 129 이후의 "시민권 조항: 프랑스꼼뮨(Comte)" 참조.

데 성공하였으며 이들의 노력은 유례없는 번영과 평화로 보상을 받았다. 다만 여기에서도, 힘과 추진력이 떨어지는 소도시에서는 공업자 모두가 전쟁으로 기진맥진하여 이해득실을 오판하고, 농민의 목숨을 가지고 거래를 하는 일조차 벌어졌다. 이들은 영주가 도시와 친선을 맺도록 만들었다. 영주의 성은 해체되었으며 영주는 도시성벽 안에 집을 짓고 거주하기로 동의하였으며 성 안에서는 모두가 공동시민이 되었다. 그러나 영주는 그 대신 농민에 대한 권리의 대부분을 유지하게 됨으로써 실질적인 농민의 부담은 일부밖에 경감되지 않았다.

시민들은 그들의 식량을 책임지고 있는 소작농에게 동등한 시민권을 주어야 한다는 것을 이해하지 못하였기 때문에 도시와 농촌 간에 소작제도가 뿌리깊이 존속(存續)하고 있는 상황을 볼 수 있었다. 어떤 경우에는 농지의 소유주만 바뀌어서 도시 당국이 영주(남작)로부터 소유권을 사서 시민들에게 되팔아 버리는 일도 있었다.277)

계속 유지되던 노예제도는 훨씬 뒤 13세기 말경 조합혁명이 일어나서 마침표를 찍게 되었고, 몸종제도 또한 철폐되었으며 동시에 농노도 토지에서 해방되기에 이르렀다.278) 이러한 치명적인 정책의 결

277) 각주: 이탈리아에서는 이러한 사건이 가끔 있었던 것 같다. 스위스의 경우, 베른(Bern) 시는 심지어 쑨(Thun)과 불돌프(Burdofr) 소시(小市)를 버리게 되기도 하였다.
278) 각주: 이러한 일은 적어도 투스카니(Tuscany) 지역의 시(市)들(플로렌스, 루카, 시에나, 보로냐 등등)의 경우에 해당되며, 이런 경우의 시(市)와 소작농 간의 제반 관계는 아주 잘 알려졌었다. 루치쯔키(Luchitzkiy)는 '플로렌스의 노예제도 및 러시아 노예'(1885년도 키에프대학교 이스베스챠)를 썼으며, 루몰(Rumohr)의 '(이탈리아 중부) 토스카나 시

과는 도시 스스로도 곧 감지했음을 굳이 부인할 필요는 없다. 국가는 도시의 적이 되었다.

성과 성 사이의 전쟁은 또 다른 나쁜 영향을 주었다. 도시들은 일련의 상호전쟁에 몰입하게 됨으로써 최근까지 받아들여지던 결론, 즉 소도시들은 그들끼리 질시하고 서로 전쟁을 하기 때문에 독립을 잃었다는 결론이 생기게 되었다. 특히, 제국주의(帝國主義) 역사학자들이 지지한 이 결론이었지만 현대의 연구결과로 볼 때는 오히려 심각한 역사명예적 손상을 입고 말았다. 확실히 이탈리아의 도시 간 전쟁에서 보여 준 적대감은 어찌해 볼 수 없이 다루기 힘든 과정이었다.

그러나 그 외의 어느 곳도 이와 같은 정도의 전쟁양상을 보인 곳은 없었다. 또한 이탈리아 자체도 도시 간 전쟁에는 특히 초기의 전쟁에는 특별한 원인이 있었다. 이들 전쟁은(Sismondi와 Ferrari가 이미 보여 준 바처럼) 단지 봉건 영주의 성과 전쟁을 계속 벌인 것이었으며, 자유 시 및 동맹이 갖추어야 했던 원칙은 불가피하게 봉건주의, 제국주의 및 교황주의와 맹렬한 전쟁을 벌일 수밖에 없었다.

주교, 영주 또는 황제의 멍에를 일부만이라도 벗어 던질 수 있었던 많은 소도시들은 단지 이들 귀족, 황제 및 교회에 의하여 오히려 자유도시에 적대하게 되었으며 이들의 정책은 도시를 분열시켜 서로 싸우게 만드는 것이었다. 이러한 특수상황(부분적으로 독일에서도 또한 반

(市) 거류지의 무산자(無産者) 기원'(1830년 판)을 정독하고 음미하였던 바 있었다. 도시와 소작농 간의 관계에 관한 전반적 문제는 이제까지 해 온 것보다 훨씬 더 많은 연구를 요한다.

영됨)은 왜 이탈리아의 소도시들 가운데 일부만이 교황과의 전쟁에서 황제의 지원을 바랐는지, 또 다른 한편으로는 여타 도시들은 황제에 대항하기 위하여 교회의 지원을 바라다가 결국은 기베린 당원(중세 이탈리아 호엔슈타우펜 황제의 추종자: 역자 주)과 교황단원(중세 이탈리아의 독일황제파에 대항한 교회옹호파: 역자 주)이라는 두 파로 분열되기에 이르렀던 이유를 잘 설명해 준다. 또한 그와 똑같은 분열 양상이 각각의 도시마다 나타났는지 그 이유를 보여 준다.279)

이들 전쟁이 가장 치열하던 바로 그때에 이탈리아 대부분의 도시들이 실현한 어마어마한 경제발전280)과 소도시들 간에 아주 쉽게 체결된 친선(조약)은 이들 투쟁의 성격을 훨씬 잘 보여 줌으로써 상기 이론은 그 근거를 더욱더 상실하게 된다. 이미 1130~1150년 사이에 강력한 동맹이 존재하였다. 또한 수년 뒤 후레데릭 바바로싸가 이탈리아를 침입하여, 귀족들이나 이들의 뜻을 같이하는 도시들의 지원을 받았고 이로써 밀라노로 진군하였을 때에는 많은 시민들이(시의 자유와 상호부조를 주창하는) 민중운동가들의 연설을 듣고 열광하였다.

크레마, 피아첸사, 브레시아, 톨토나 시(市) 등이 구원차 왔었다. 베

---

279) 각주: 패라리의 일반론은 때때로 너무나 이론에 치우쳐서 언제나 옳다고 볼 수는 없다. 그러나 도시 전(戰)에서 귀족이 한 역할에 대한 그의 견해는 광범위한 검증된 사실에 근거한 것이었다.

280) 각주: 피사 시(市)나 베로나(Verona) 시(市)처럼 남작들이 내건 대의명분(大義名分)에 집착한 그러한 도시들만이 이러한 전쟁에서 패배하였다. 남작의 편에서 싸웠던 수많은 소시(小市)들에게는, 전쟁의 패배는 또한 해방과 진보의 시작이기도 하였다.

로나, 파두아, 비첸사 및 트레비사 시(市)의 길드들이 내건 깃발들이 도시의 캠프 속에서 나란히 나부끼며 황제와 귀족들의 깃발에 대항하였다. 이듬해 롬바르드 동맹이 결성되었고, 육십 년 뒤 다수의 도시가 더 참가하여 훨씬 더 강화되었으며 동맹체 군자금의 절반씩을 제노아와 베니스에 보관, 계속 유지하는 기구를 결성하였다.[281] 투스카니에서 플로렌스가 또 다른 강력한 연맹을 지향하면서 여기에 루카, 볼로냐, 피스토이아 등이 속하게 됨으로써 이런 계기로 또한 중부 이탈리아의 귀족들을 거꾸러뜨리는 데 중요한 역할을 하였고, 한편으로는 보다 소규모인 동맹체들이 통상적으로 발생하고 있었다. 확실히 사소한 질투심에 있었던 데는 의심의 여지가 없으며 또한 불화가 쉽게 조성되기도 했지만, 소도시들이 자유를 공동 방어하기 위하여 함께 단결하는 것만은 막을 수 없었다. 개별 도시들이 소국가로 바뀐 뒤에 가서야 그들 사이에 전쟁이 터졌는데, 이는 국가가 우위를 점하거나 식민지를 쟁탈하려는 경우 항상 그랬었던 것과 다를 바가 없었다.

유사한 동맹이 독일에서도 동일한 목적으로 결성되었다. 콘라드(Conrad)의 후계자 치하에서 토지가 귀족 간 지루하기 짝이 없는 분규의 대상이 되었을 때, 웨스트파리아[282]의 소도시들은 기사들에 대

---

281) 각주: 패라리, ii, 18, 104, 레오와 보타, i.432.
282) 역주: 독일의 노르트라인베스트팔렌 주(州) 북동쪽의 지역 명칭. 뮌스터(Munster)가 중심인 낙농업 지역과 루르 탄광(炭鑛)의 일부 포함. 철광의 채굴과 함께 독일의 주요 공업지대의 하나임. 역사적으로 1648년 30년 전쟁 끝에 이 지역의 뮌스터와 오스나브뤼크(Osna bruck) 두 곳에서 평화회의가 열렸던 유명한 역사적 사건의 현장임. 독일명칭은 원래

항하여 동맹을 체결하였는데 조약의 하나가 "물건을 계속 훔쳐 은닉하는 기사에게는 돈을 결코 빌려 주지 않는다"는 것이었다.[283] "기사와 귀족들이 약탈로 생계를 꾸려 가거나 의도적으로 살인을 한다면"이라고 볼름서 쪼른(Wormser Zorn)이 불평한 것처럼 라인 강변의 도시들(마인즈, 쾨른, 스파이어, 슈트라스부르크 및 바젤)이 주도하여 동맹을 결성하자 곧 육십을 헤아리는 도시 동맹체로 발전되어 도적들을 제압함으로써 평화를 유지하게 되었다.

그 후 3개의 "평화지역"(Augsburg, Constance 및 Uim)으로 분리된 수아비아(Suabia)의 소도시 동맹도 그 목적은 동일하였다. 이러한 동맹은 심지어 와해되어, 중재자라고 여겨지던 왕과 황제 및 교회 간의 불화가 들끓었고, 결과적으로 도둑 기사들에 대하여 아무 손도 못 쓸 만큼 무력하였다. 그때에 평화와 동맹을 재확립한 추진력이 다름 아닌 바로 그 도시로부터 나올 수밖에 없었을 정도로 와해 상태는 장기간 지속되었다. 드디어 도시가—황제가 아니라—실제로 민족국가적 통일을 일구어 내었다.

소촌락들 중에서 위와 같은 목적의 유사한 동맹체가 결성됐으며, 루

베스트팔렌임. 이 평화조약은 유럽 각국에서 30년 전쟁을 끝내기 위하여, 1645년부터 관계된 열강이 베스트팔렌의 주도인 뮌스터 및 오스나브뤼크에서 협의하여 조인하였음. 그 내용은 열강들이 종교적 분쟁을 끝내고 스웨덴과 프랑스는 영토를 확장하였고 또한 신성 로마제국 의회에서 참가권을 얻었으며 독일 제후(諸侯)는 영토의 주권을 완전히 인정받은 것으로서 독일은 분리되었음. 네덜란드와 스위스는 정식으로 독립국의 인정을 받았음.
283) 각주: 팔케(Joh.Falke) 지음 '독일 해상 및 무역 열강(列强)으로서의 한자동맹'(1863년 베틀린, 31쪽, 55쪽).

쉐가 이 주제에 기울인 관심 덕분에 우리는 곧 그에 관한 많은 사실을 알 수 있으리라 기대하게 된다. 촌락들은 플로렌스 시 주변의 영지에서 단결하여 소규모 동맹을 만들었으며, 또한 노브고로트(Novgorod)와 프스코프(Pskob) 시의 속령도 그러하였다.

프랑스의 경우, 17개의 소작농 촌락으로 이루어진 동맹체가 존재했다는 것을 긍정케 하는 증거가 있으며, 거의 백 년(1256년까지)이나 라옹(Laonnais) 지역에 존재하였고, 열렬한 독립투쟁을 벌였다. 세 개의 농민공화국이 더 있었는데, 라옹(Laon) 및 쇼송(Soissons)과 유사한 헌장을 제정하였으며, 라옹(Laon)의 인근에 있었던 그들은 영역이 서로 인접했으므로 해방전쟁을 상호 지원해 주었다. 대체로, 류쉐(Luchaire)의 견해로는 그러한 다수의 동맹체들이 12세기와 13세기에 발생한 것에 틀림없으나, 관련 서류가 대부분 일실되었다는 것이다. 당연히, 성벽의 보호가 없는 그들을 왕과 영주는 손쉽게 분쇄할 수 있었다. 그러나 소도시 동맹의 지원과 주위 산맥으로 보호를 받을 수 있게 되는 유리한 여건이라면 그들 농민 공화국들은 스위스 연방과 같은 하나의 독립단위가 되었다.[284]

평화 목적상 도시 간의 동맹은 아주 흔한 일이었다. 해방 기간에 걸쳐 확립된 관계는 그 뒤에도 중단되지 않았다. 때로는, 독일의 한

---

284) 각주: 라옹(Laonnais) 시의 코뮌은 멜빌(Melleville)의 연구('라옹시 꼼뮨의 역사', 1853년 파리판) 전까지는 라온(Laon)의 코뮌과 혼동되었는데, 루세(Luchaire)의 저서 75쪽을 참조할 수 있고 초기 농민 길드 및 이후의 노동조합에 대해서는 빌만(R.Wilman)의 "웨스파리엔 지역 농촌의 사격클럽"(Henne－am－Rhyn의 문화사, iii. 249에서 인용한 문화사의 시대, 제9판. Bd.iii을 참조할 수 있다.).

소도시인 스카비니(Scabini)에서 새롭고 복잡한 사건에 대한 판결을 내려야 할 경우에 판결문을 모른다고 선언하고 타 도시로 사절을 파견하여 판결문을 얻었다. 프랑스에서도 사정은 같았다.[285] 폴리 시와 라벤나 시는 서로 각 도시의 시민들에게 귀화와 시민권을 허용하였다. 두 소도시 간 또는 한 도시 안에서 분규가 발생하면 그 중재자로 초빙된 제3의 코뮌에 일임하는 것이 그 시대 정신이었다.[286]

도시 간의 무역조약은 관례였다.[287] 포도주 거래에 이용되는 술통의 생산과 규격을 관장하는 조합이나 청어 "조합" 등등은 플랑드르 한자 시(市)와 그 뒤에 있는 북독일의 대(大)한자 시(市)와 같은 거대한 상업동맹의 전 단계에 불과했으며, 이들의 역사만으로도 그 당시의 사람들에게 침투되었던 동맹정신을 설명하려면 수많은 페이지가 필요할 것이다. 한자동맹[288]에 의하여 중세 도시가 17세기 초의 모든 국가들보다 국제 교류와 항해의 발전 및 해상 발견에 대하여 더욱 많은 기여를 했다는 것은 덧붙일 필요도 없다.

한마디로, 소규모 영역 단위 간의 동맹뿐 아니라 개인들도 해당

---

285) 각주: 루셰(Luchaire). 149쪽.
286) 각주: 마인cm(Mainz)와 보름스(Worms) 같은 중요한 두 시(市)는 정치 분규를 협상(중재)에 의하여 해결하였다. 아베빌(Abbeville)에서 내전이 발발하자, 아미앵 시가 1231년 중재자로 나섬(루셰, 149).
287) 각주: 예를 들면, 스티다(W. Stieda)의 '한자동맹의 조약' 114쪽.
288) 역주: 중세유럽에서 13-15세기에 도시의 상인조합이 해상운행의 안정 보장, 공동방어, 상권 확대 등을 목표로 하여 독일 북부연안의 여러 도시와 발트 해 연안의 여러 도시를 엮어 모음으로써 이루어진 강력한 유럽 도시연맹을 뜻함. 한자동맹은 동시대 동맹 중 가장 강력하고 대표적인 것이었음.

길드 내에서 공동의 목표를 추구하여 단결하였으며 또한 도시 간 및 도시 그룹 간의 동맹은 그 시대의 삶과 사상의 핵심 바로 그 자체였다. 그러므로 현세기 20년대의 첫 5년간(1920~25년)은 인류 생애에 걸쳐 모두 표명(表明)되고 가능한 모든 한도(限度)까지 수행된 동맹과 제휴의 원칙에 따라 상호부조를 거대규모로 확립하려는 엄청난 시도의 시기였다고 묘사할 수 있다. 이 시도는 큰 성공을 거두었다. 이전에는 분열되었던 사람들도 단결하였다. 그들은 커다란 자유를 확보하였으며 그들의 힘은 열 배로 늘어났다. 배타주의가 그 많은 기관들에서 생겨났고, 또한 수많은 불화와 질시의 원인이 엄존하던 그때에 드넓은 유럽 대륙의 산재하던 도시들이 수많은 공동목표를 수행하기 위하여 동맹을 맺을 태세가 되어 있었다는 것을 보는 것은 즐거운 일이었다.

물론 이네들도 오랜 기간이 지난 뒤에는 보다 강력한 적들 앞에 무릎을 꿇었다. 상호부조 원칙을 넓게 이해하지 못하고, 이들은 치명적 실수를 저질렀던 것이다. 그러나 이들은 그들 자신의 질투 때문에 멸망한 것이 아니었으며 또한 그들 간에 동맹정신이 결여케 되었던 것도 그들 잘못만은 아니었다.

인류가 중세 도시에서 이룩한 새로운 운동의 성과는 엄청난 것이었다. 11세기 초 유럽의 소도시들은 비참한 오두막집들로 이루어진 조그만 집결체로서 꼴사납고 저급한 교회밖에는 도시 미관을 꾸며 주는 것이 없었으며, 교회 건축가들은 건물에 아치 장식을 하는 방법조차 알지도 못하였다. 기술은 거의 일부 직조술(織造述)이나 야금술이 고작이었으며 아직 요람기에 머물고 있던 참이었다. 학문은 수도원 몇 군데서나 찾아볼 수 있었다. 350년 뒤에 이르러서야 유럽의 바로 그런 모습이 일신되었다.

대륙에는 부유한 도시가 점점이 들어섰으며 그 자체가 예술 걸작인 탑과 성문으로 아름답게 장식된 장엄하고도 두꺼운 성벽으로 둘러싸여 있었다. 대성당은 장엄한 양식으로 설계되고 호화롭게 장식되어 오늘날 우리가, 비록 헛되지만, 도달하고 싶던 순수한 형태와 대담한 상상력을 보여 주었다.

미술공예는, 만일 그 당시 예술가의 창조적 기술과 그 작품의 뛰어난 마무리 솜씨가 제작 속도를 능가한다고 평가할진대, 오늘날 우리가 많은 면에서 더 낫다고 말할 수는 없을 정도로 완성된 단계에 도달해 있었다.

자유도시의 해군은 지중해의 남북을 종횡으로 누볐다. 한 번만 더 시도했다면 그들은 대양(대서양, 인도양 등등)을 횡단했을지도 모른다. 대륙의 커다란 지역에 걸쳐 풍요가 빈곤을 대체하였다. 학문이 발달하고 전파되었다. 과학의 방법은 정교화되었다. 자연철학(물리학)의 기초도 놓였다. 또한 오늘날 우리가 그렇게도 긍지를 갖는 모든 기계발명품을 향한 길이 닦였다. 이러한 요술 같은 변화가 유럽에서 불과 400년도 못 되어 일어났던 것이다.

다른 한편으로, 자유도시의 상실이 유럽에 입힌 피해가 얼마나 되는지는 17세기를 14세기 및 13세기와 비교해 보는 것만으로도 잘 알 수 있다. 그 이전에 스코틀랜드, 독일, 이탈리아의 대평원(중북부 이탈리아)을 특징지었던 번영은 사라졌다. 도로는 형편없이 무너지고, 도시 인구는 격감했으며 노예노동이 들어서고 예술은 사라졌으

며 상업거래 자체도 쇠퇴하고 있었다.[289]

만일 중세 도시로부터 찬란했던 도시의 존재를 증언해 주는 문서를 물려받지 못했거나 또는 오늘날 유럽 전역, 스코틀랜드에서 이탈리아에 걸쳐, 스페인 제로나에서 슬로베니아 영역의 브레슬라우 (Breslau)에 이르기까지 나타나는 문화 흔적에 건축기술로 남은 기념물밖에 없다 하여도, 우리는 독립한 도시생활 시대는 서력기원 기간 가운데서는 18세기 말에 이르기까지에 한하여 인류 지성에서 가장 위대한 발달의 시대였었다고 결론을 내릴 수 있다. 예를 들어 자유롭고 창조적인 예술 특징을 지닌 수많은 탑과 높이 솟은 첨탑이 있는 뉴렘버그 시(市)를 그려 놓은 중세 미술작품을 보게 되면, 3백년 전에는 이 소도시가 초라한 오두막집들에 지나지 않았다는 것을 결코 상상도 할 수 없었으리라.

또한 저 멀리 동쪽 보헤미아와 지금은 죽은 소도시인 폴란드의 가리시아에 이르기까지, 전 유럽에 걸쳐 퍼져 있는 건축물의 세부장식물, 수없이 많은 교회의 세공장식물, 종탑, 성문 및 공동체의 가옥을 들여다볼 때 우리는 더욱더 경탄하게 된다. 이러한 기념물은 그와 같은 예술의 어머니인 이탈리아뿐만 아니라 온 유럽에 충만해 있었다.

모든 예술 가운데 건축이, 그 무엇보다도 사회적 건축이, 최고도로

---

289) 각주: 덴톤(Denten) 신부가 인용한 코스모인(Cosmo Innes)의 '중세 스코드랜드 초기사와 스코틀랜드'(동서, 68쪽, 69쪽) 참조. 람프레히트 (Lamprecht)의 '중세 독일 경제생활'을 슈몰러가 그의 연감(제12판)에서 리뷰한 내용 참조. 시스몽디(Sismondi)의 '(이탈리아 중부) 토스카니 농업서술' 226쪽 이후에 기술된 내용, 즉 플로렌스 시의 영토에 관해서는 그의 번영을 한번 훑어보는 것만으로도 인정할 수 있음.

발전했다는 바로 그 사실 자체가 의미심장하다. 무엇이었든 간에 높은 수준의 사회생활에서 비롯되었음이 분명하다. 중세 건축이 거둔 성과는 장엄함이었다. 저절로 발달한 수공예 기술 때문만은 아니었다. 건물마다, 건축 장식마다 이를 창안해 낸 장인들의 손길에서 얻은 경험에 의하여 돌, 쇠, 구리 또는 심지어는 단순한 통나무 조각이나 회반죽에서도 예술적 감명을 얻을 수 있음을 알고 있었기 때문만도 아니다. 각 기념물은 집단경험의 결과로서 축적된 비술(秘術) 또는 기술이라는 점 때문만도 아니다.[290] 그 위대성은 위대한 사상의 산물이기 때문이다. 그리스 예술처럼 그것은 도시에서 배양된 형제애와 동맹의 개념으로부터 튀어나온 것이다. 거기에 불요불굴의 투쟁과 승리를 거쳐야만 얻을 수 있는 불요불굴의 정신이 있다. 그러한 용기가 거기에는 나타나는데, 왜냐하면 용기는 도시생활 전반에 스며들어 있었기 때문이다.

대성당 또는 공동체의 집은 석공과 석수 모두 같이 지은 하나의 장엄한 유기체를 상징했기에 중세 건물은 한 사람이 구상하여 수천의

---

290) 각주: 에넷(John J. Ennett: 6개의 논고(論考), 1891년, 런던)은 중세 건축에 대하여, 뛰어난 논문을 썼다. 윌리스(Willis)는 휘월(Whewell)의 '귀납법역사(i.261－262)'의 부록에서 중세 건물의 기계학적 연관미(聯關美)를 지적하였다. "새로운 건축장식(방법)이 완성되었다"고 그는 기록하였는데, "기계학적 건축(양식)과 충돌하거나 통제하는 것이 아니라 보완하고 조화를 이룬 것이었다. 모든(건물의) 구재(構材), 모든 형태(形態)가 무게를 지탱해 준다. 그리고, 각양각색의 버팀기둥이 서로 떠받쳐 주어 그에 따른 하중(荷重)이 분산됨으로써 우리가 눈으로 볼 때는 비록 각 부분이 기묘하게 가느다란 면이 있음에도 불구하고 (건물) 구조의 안정성에 만족하게 된다." 도시의 사회생활에서 도약해 나온 예술의 성격을 이보다 더 잘 묘사해 줄 수는 없으리라.

노예가 맡겨진 몫을 하는 혼자만의 역작으로서 나타난 것이 결코 아니었다. 도시 전체가 기여하였다. 높이 솟은 종탑은 그 자체가 장엄하여 고동치는 도시 생활의 구조 위에 우뚝 솟아 있다.─파리의 철탑처럼 무의미한 구조물 위도 아니고 런던탑 다리처럼 추한 철 구조를 가릴 의도로 세워진 겉만 번지르르한 돌 구조로서도 아니다.

그리스 아테네의 아크로폴리스 신전처럼, 중세의 대성당은 승리한 도시의 위용을 찬양하고, 동업조합의 단결을 상징하며, 독자적으로 도시를 창조한 시민 각자의 영광을 나타내고자 하였다. 조합혁명을 성취한 뒤 빈번하게 도시는 새롭고 더욱 광대해진 동맹의 탄생을 표현하고자 성당을 신축하기 시작하였다.

이러한 거대한 사업을 수행하기 위하여 그들의 수중에 있는 자금은 기실 이와 걸맞지 않게 미미하였다. 꼴롱 대성당은 불과 500마르크의 예산으로 시작되었다. 100마르크의 헌금은 대기부로 특기되었다.[291] 또한 준공이 임박함에 따라서 기부금이 비교적 많이 쏟아져 들어오기도 했지만 연간 헌금액은 고작 5000마르크 정도였으며 14,000마르크를 초과한 적은 결코 없었다.

바젤 대성당도 마찬가지로 근소한 자금으로 지어졌다. 그러나 각 조합은 돌, 작업 및 (건축)장식 재능에서 각자의 몫을 다하여 공동기념물을 제작하였다. 길드는 거기에다 각자의 정치적 신조를 표명하여 도시의 역사를 돌과 청동 조각으로 풀이하여 기재하였고 "자유, 평등 및 박애(형제애, 우정)"의 원칙을 예찬하였으며[292] 도시의 동맹국

---

291) 각주: 에넨 박사: "쾌른 성당, 그 건설 및 준비"(1871년 쾨른)
292) 각주: 그 세 개의 동상은 파리 노트르담 성당의 외부 장식물에 속한다.

을 찬양하는 대신에 그들의 적들은 꺼지지 않는 불로 불살라 버렸다.

또한 길드마다 공동체의 기념물 위에 스테인드 유리 창문(색유리로 만든 창문)들, 그림들, 성문(城門)들−더구나 미켈란젤로가 천국의 문이라고 말할 가치를 지닌 성문들−혹은 건물의 가장 조그만 모퉁이마다 새겨진 돌 장식들로 너무나 화려하게 장식함으로써 그들의 사랑을 나타내었다.293)

소도시들, 심지어는 조그만 교구294)까지도 이러한 사업에서 그 거대한 건축물들과 겨루었으며, 라옹과 성쾐의 대성당들도 라임이나 브레멘의 공회, 또는 브레스로 민회의 종탑에 결코 뒤지지 않았다. "코뮌은 위대한 그의 정신에 맞춰 구상되고 시민 모두의 뜻을 모아 하나의 공동 대의(大意)로 통일되어 있지 않다면 어떤 공사(工事)도 이루어질 수 없다." 이와 같이 플로렌스 의회는 선언했다. 그리하여 이 정신은 모든 공동체의 공사에서 나타는데, 공동이용물 즉 플로렌스 주변의 운하, 테라스, 포도원 및 과수정원이나 또는 롬바르디아 평원을 종횡으로 가로지르는 관개수로(水路) 또는 제노아의 수도교(水道橋)가 그렇듯이 실제로는 도시가 이룩한 이와 동일한 종류의 공사라면 모두 같았다.295)

---

293) 각주: 중세 예술은 그리스 예술의 경우처럼 소위 국립 미술관 또는 박물관이라고 하는 그러한 골동품점 같은 것은 없었다. 공동체 기념물로서 그림을 그렸으며, 동상을 조각하고, 청동장식품을 만들어 알맞은 위치에 세워졌다. 그 예술은 거기에서 삶을 지속했고, 전체의 일부였으며, 또한 전체가 만들어 내는 분위기(인상)에 통일성을 부여하는 데도 일조를 하였다.

294) 각주: 에넷(J. T. Ennet)의 "제2논고(論考)", 36쪽과 비교.

295) 각주: 시스몽디, iv.172, Xvi.356. 테시노(The TEssino)의 물길을 연 대운하(Naviglio Grande)는 1179년, 즉 독립쟁취 뒤에 시작되어 13세기에

중세기의 모든 예술은 동일한 방식으로 발전했으며, 오늘날 우리 시대의 예술은 거의 다 그 당시에 생긴 예술의 연장선상에 지나지 않는다. 플랑드르 지역의 도시 번영은 양모로 직조한 섬세한 옷감에 기초를 둔 것이었다. 플로렌스가 14세기 여명기에 흑사병이 창궐하기에 앞서서 70,000에서 100,000판니(panni)의 양모로 짠 모직물의 가치는 금화 1,200,000프로린(1252년 플로렌스가 처음 주조한 금화: 역자 주)에 달하였다.[296] 귀금속의 조각, 주조기술, 고도의 야금술 등은 중세 "비전(秘傳)"의 창조물이었는데, (현대와 같은) 강력한 발동기를 쓰지 않고도 해당 기술 분야에서 손으로 할 수 있는 모든 일을 달성해 내는 데 성공적이었다.

"양피지와 종이, 인쇄와 조각술, 개량유리와 강철, 화약, 시계, 망원경, 항해사의 나침반, 개정달력, 십진 기수법(記數法), 대수학, 삼각측정법, 화학, 음악의 대위법(새로운 음악 창안에 해당하는 발명) 이들 모두는 (문명)정체기라고 극히 비하하여 명명되던 시기로부터 물려받은 유산이다."('귀납법의 역사', i. 252)

훼웰(Whewell)이 말한 이러한 발견의 어느 것도 새로운(학문) 원리를 예증한 것은 없다는 것은 사실이다. 그러나 중세는 실제로 새

완공되었다. 그 이후의 쇠퇴에 대해서는 Xvi.355를 참조.
296) 각주: 1336년 초등학교의 남녀 학생수는 8,000-10,000명, 7개 중학교의 남학생 수는 1,000-1,200명, 그리고 4개의 대학교에도 550-600명의 학생이 있었다. 30개의 병원에는 주민 90,000명에 1,000여 개의 병상이 있었다(카포니(Capponi), ii. 249). 권위 있는 학자들에 의하여 교육수준이 일반적으로 생각했던 것 이상으로, 대체로 보아 높았던 것으로 한 번 이상 제시되었다. 민주주의 제도하의 뉴렘버그(Nurenberg)시는 확실히 그러하였다.

로운 원리 발견 이상의 것을 해내었다. 이것은 오늘날 우리가 알고 있는 모든 역학(力學)에 관한 새로운 원리의 발견을 위한 발판을 마련해 주었다. 그것은 연구자가 사실을 관찰하고 그 결과를 추론하는 과정을 정규화하였다. 비록 귀납의 그 중요성과 그 힘을 아직 충분히 파악하지는 못하였지만 그것은 귀납법이었다. 또한 그것은 역학과 자연과학(물리학)의 기초를 놓았다.

프란시스 베이콘, 갈릴레오 및 코페르니쿠스는 로져 베이콘 학파 및 미카엘 스콧 학파의 직계 제자였으며 증기기관 또한 이탈리아의 대학교들이 수행해 왔던 공기의 무게에 대한 연구와 뉴렘버그의 특징인 수확 및 기술의 직접 산물이었다.

그러나 왜 굳이 중세의 학문과 기술진보를 고집하는 수고를 해야만 하는가? 중세 도시가 존재했던 4세기 사이에 걸쳐 창조해 내었던 것을 즉시 측정하기 위해서는 기술 분야 가운데 대성당이 증거가 되고 사상분야 가운데 이탈리아 언어와 단테의 시가 증거가 되는 것으로 충분하지 않을까?

중세 도시가 유럽 문명에 엄청난 기여를 했음은 의심의 여지가 없다. 그들은 유럽이 고대의 신정국가와 독재국가로 표류해 가는 것을 막아 주었다. 그들이 부여한 유럽의 다양성, 자립심, 주도권 및 현재 소유하고 있는 엄청난 지적 및 물질적 에너지는 유럽을 동양의 어떠한 새로운 침입이라도 막아 낼 수 있게 해 준 최선의 담보물이 되었다. 그런데 인간 본성 속 깊이 자리 잡은 욕구에 답하려 하였고 또한 생기에 가득 차 있던 이러한 문명의 중심들이 왜 더 이상 존속하지 못하였을까? 왜 그들이 16세기에 이르러 노쇠하고 무기력에 빠져 버렸는가? 그리고 그 많은 외부공격을 물리쳤을 뿐만 아니라 또한 내부의 투쟁에서도 새로운 용기를 얻었는데 왜 마침내 그 둘 앞에 무릎을 꿇었을까? 이 결과는 여러 원인의 작용인바 일부는 먼 과거에 뿌리를 두고 있으며 또 다른 일부는 도시들 스스로가 범한 잘못에 연원한다.

15세기가 끝날 무렵, 열강들이 고대 로마제국의 방식을 따라 이미 재건되어 나타나기 시작하고 있었다. 나라와 지역별로 어느 봉건 영주는 이웃 영주들보다 더욱 교활하게 무리를 지어서 때로는 더욱 거리낌 없이 성공적으로 더욱 드넓은 영지를 자기의 것으로 만들었고, 더 많은 소작농을 그의 토지에 붙들어 두었으며, 더 많은 기사를 휘하에 거느리고, 더 많은 재화를 그의 금고에 넣어 둘 수 있었다. 그는 일군(一群)의 지리적 위치가 좋은 촌락들로서 아직 자유로운 도시 삶의 훈련을 받지 않은 파리, 마드리드 또는 모스코바를 본거지로 선정하였다. 노예 노동을 동원하여 왕의 성시(城市)를 만듦으로써 촌락을 무상 배분하는 방식을 통하여 전쟁동료들을, 상거래 보호에 의하여 상인들로 끌어 모았다. 점차 여타 유사한 센터를 흡수하기 시작한 미래국가의 씨앗은 이렇게 뿌려졌다. 로마법에 정통한 법률가들이 이러한 중심에 모여들었다. (자치소읍) 시민 출신으로서 집요하고도 야망에 찬 이네들은 영주의 무도함과 소위 농민의 무법 모두를 증오하였다.

그들은 로마법전에는 알려진 바 없는 촌락공동체라는 바로 그 형태와 동맹주의라는 바로 그 원칙, 이 둘을 미개인의 유산이라고 배격하였다. 그들은 허구의 민중동의와 무력으로 뒷받침한 황제주의를 이상으로 삼아 그 실현을 약속하는 자들을 위해 헌신하였다.297)

기독교 교회는 한때 로마법을 거역하는 반역도였으나 이제는 협력자가 되어 그 방침에 순종했다. 신성 로마제국298)을 세운다는 시도는 실패라고 입증되었으므로, 보다 지적이고 대지(大志)를 품은 주교들은 이제는 이스라엘(천년왕국)의 왕들(십자군 전쟁시299) 예루살렘을 점령한 유럽 기사단의 왕: 역자 주) 및 콘스탄티노플(동로마제국수도, 오늘날 터키의 수도인 이스탄불: 역자 주)의 동로마300) 황제는

---

297) 각주: 랑케(L. Ranke)의 로마법의 핵심에 대한 훌륭한 고찰('세계역사', Bd. iv. Abth. 2, 20-31쪽)과 비교. 또한 시스몽디가 언급한 '왕국 건설(또는 왕권 확립) 때 법률가들의 역할'(프랑스 역사, 1826년, 파리판, viii. 85-99)과 비교. 이들 "현명한 박사와 민중의 소매치기"에 대한 민중의 분노는 초기 종교개혁운동의 설교에서 16세기 첫해에 전반적으로 폭발해 버렸다.

298) 역주: 영명(英名)은 The Holy Roman Empire. 독일왕 오토1세(Otto Ⅰ)가 서기 962년 2월 2일에 로마교황의 손으로 대관(戴冠)되어 세운 나라. 로마제국을 재건한다는 목적으로 세워졌고 1806년 8월 6일 프란츠(Franz) 2세가 나폴레옹에게 제위(帝位)를 뺏기기 전까지 독일제국의 정식 명칭.

299) 역주: 중세 서유럽의 기독교 왕국들이 회교도를 정벌한다는 명분으로 일으킨 전쟁이며 1096년부터 1291년까지 총 7회에 걸쳐 700만 명을 동원한 종교전쟁. 이 전쟁은 실패했으나 선진국이던 이슬람제국화의 교섭으로 교통, 무역이 발달하고 자유도시의 발생을 촉진했으며, 비잔틴문화와 회교문화의 자극을 받아 근세문명의 발달에 많은 기여가 되었음.

300) 역주: 동로마제국은 로마제국이 395년 동서로 갈리면서 지금의 터키 수도 이스탄불에 세운 나라로서 15세기 말(1453년) 오스만 터키제국에

왕(황)권을 복원하기 위하여 그들이 의지하는 자들을 지원하였다. 교회는 육일 승천의 지배자들을 정당화시켜 지상의 신의 대리인이라는 이름으로 왕관을 씌워 주었고, 그들을 보좌하면서 성직자들의 학문과 정치력을 발휘시키며, 축복과 저주를 내리고 부를 이용하고, 빈자에게는 동정심을 베풀었다.

　도시로부터 해방되지 못하거나 거부당했던 소작농들은 시민들이 기사들 간의 저주스러운 전쟁을 끝낼 능력이 없음을 알게 되자 그 전쟁 대가를 기꺼이 지불하려 했는데 — 이제는 그들의 희망을 왕, 황제 또는 대공(大公)에게 걸었다. 농민들은 그들을 도와 강력한 봉건 영주들을 무찌르는 한편 중앙집권국가의 성립을 도왔다.

　그리하여 마침내 몽고 제국301)과 터키제국302)의 침략, 스페인에서 무어인과의 성전303), 또한 증대하는 독립국들 간에 곧이어 터진 무

<hr />

멸망될 때까지 비잔틴문명을 꽃피웠음.
301) 역주: 몽고의 칭기즈칸(Chingigkhan, 1167-1227년)이 1188년 경 몽고 제국을 통일하고, 1206년 대위에 올라 창건한 동서양에 걸친 역사상 최대의 제국. 그의 사후에 중국에 자리 잡은 원(元) 등 4개의 칸국으로 분리되었으며 13-15세기에 걸쳐 멸망되었음.
302) 역주: 여러 터키제국이 있으나 서유럽 왕국과 천하 패권을 다투던 제국은 오스만제국으로서 14세기에 발흥하기 시작하여 15세기에 동로마 제국을 멸망시키고 오스트리아의 빈을 공격하는 등 강성했으나 16세기에 스페인에게 레판토해전의 패배를 기화로 17세기 말부터 쇠퇴하기 시작하여 제1차 세계대전 뒤 제정은 끝나고 민주공화정인 오늘날의 터키로 바뀌었음. 일명 오토만제국(Ottoman). 1299-1922년.
303) 역주: 무어인은 아프리카 서북부에 사는 베르베르인(Berber)과 아랍인과의 혼혈인 이슬람교도들로서 8세기에 스페인을 침략하여 정복한 뒤 11세기에 알모라비드(Almoravid), 알모하드(Almohad) 등의 왕국을 세우고 번영하였으나 1479년 건국된 스페인 왕국의 이사벨 1세에게(Isabel

수한 전쟁들-일 드 프랑스(ile de France)와 부르군디304) 사이의 전쟁, 스코틀랜드와 잉글랜드,305) 영국과 프랑스, 리투아니아와 폴란드,306) 모스크바와 트베르(Tver) 등등-은 똑같은 종말을 맞았다. 열강이 그런 모습을 드러내었다. 그리하여 도시들은 이제 느슨한 영주동맹뿐만 아니라, 마음대로 부릴 수 있는 노예군대를 가지고 강력한 체제를 구축한 중심국가와도 싸워야 했다. 최악의 사태는 도시 자체에서 생긴 내부 분열 증대로 독재정치가 자라나 지지를 받게 되었다는 점이다. 중세 도시의 기본 사상은 위대하였으나, 그 범위가 편협했다. 상호부조 정신은 조그만 조합으로 국한시키지 말아야 타당하였다. 그 주변으로 더욱 퍼져 나갔어야 했으며 그렇지 않을 경우 그 주변에게 흡수당할 터였다.

그런데 이 점에서 중세 시민들은 그 출발부터 끔찍한 실수를 저질렀다. 시민들은 보호를 받고자 성벽 안으로 몰려온 농민과 기술직공들을 제 몫을 다하는 도시건설의 조력자로 보는 대신에-실제로 그들은 그렇게 하였다-기존 구시민 가족과 신입 거주자로 확연히 가르

I) 멸망당함.

304) 역주: 지금의 프랑스 동남부 지방인 부르고뉴(앨명 버건디라고 불림)에 있었던 왕국으로서 7-9세기에는 왕국, 9-15세기에는 공국(公國), 프랑스 혁명까지는 주(州)였다. 프랑스 왕국과의 전쟁에 패하면서 점차 쇠퇴하여 멸망.

305) 역주: 영국은 잉글랜드왕국(앵글로 색슨족이 세운 왕국)과 스코틀랜드 왕국(스코틀랜드의 겔트계 민족이 세운 왕국)이 5세기 이래 서로 충돌 전쟁을 하였으며 1707년 합동법에 의하여 잉글랜드 왕국의 주도함으로써 두 왕국은 합방되었음.

306) 역주: 리투아니아(Lithuania)는 러시아 북서쪽(폴란드 동북쪽)의 발트 해 (海)에 면한 지역으로서 발트 삼국(三國)의 하나였으며 17세기 이전에는 폴란드 영토였다가 18세기에 러시아에 합병되었음.

는 선을 그어 버렸다. 전자는 공동체 공유의 무역과 토지에서 오는 모든 혜택을 받은 반면, 후자는 손기술을 자유로 이용하는 권한밖에는 없었다. 도시는 이렇게 함으로써 시민이나 평민 그리고 영구거주자와 단순거주자로 차별화되었다.[307]

전에는 공동체에 속했던 무역거래가 이제는 상인 및 기술직공 "가족"들의 특권이 되어 버려 결과적으로 그 다음 단계인 사유화 또는 포악한 트라스트[308]의 특권화가 불가피해졌다. 동일한 차별이 도시와 그 주변 촌락 사이에 생겼다.

코뮌은 농민을 해방시키려고 했지만 영주와 벌인 전쟁은 전기(傳記)한 바와 같이 농민해방보다는 도시 자체를 영주의 손에서 해방하는 전쟁으로 되어 버렸다. 도시는 농노에 대한 권리를 영주에게 넘겨주는 조건으로 도시를 더 이상 괴롭히지 말 것과 공동시민이 되라고 요구하였다. 그러나 도시가 "받아들여" 이제는 성안에 거주하게 된 귀족들이 바로 그 도시구역 안에서 그 해묵은 전쟁을 현실적으로 확대시키게 되었다. 이들은 수공예 기술자들과 상인들로만 구성된 재판소에 일임하기 싫어 길 위에서 해묵은 전쟁을 벌였다.

도시마다 이제는 각자의 명문귀족(colonnas and orsinis, overstolges 와 wises)이 생겨났다. 귀족들은 여전히 보유 영지에서 커다란 수입을 올리며 수많은 부하들에게 둘러싸여 도시 자체의 관습을 봉건제도화 하였다. 따라서 도시의 기술자 계층이 불만을 토하면 고대처럼 자체

---

307) 각주: 브렌타노는 구시민(舊市民)과 신규 이주자 사이의 분쟁이 일으킨 치명적 영향을 완전히 이해하였다. 미아스코우스키는 스위스 공동체에 대한 저서에서 촌락공동체도 동일했음을 시사하였다.

308) 역주: 법률적으로는 일정한 사람(수익자)을 위하여 타인(수탁자)이 토지, 재산에 대한 권원(權原)(신탁재산)을 보유하는 신임관계를 뜻함.

적으로 분규를 해결할 방도를 찾도록 하는 대신 귀족들은 칼과 부하
들을 제공하여 싸움으로 분규를 끝내게 하였다.

　대부분의 도시들이 저지른 최대, 최악의 치명적 실수는 부의 원천
을 상공업에 두고 농업을 등한시한 데 있었다. 그리하여 고대 그리스
도시국가가 한때 범했던 잘못을 중세 도시도 되풀이하여 그에 상응
하는 똑같은 범죄행위의 구렁텅이에 빠져 버렸다.[309] 그 많은 도시들
이 토지를 외면하면서 그에 적대적인 정책을 취하게 되었고 그에 따
라 에드워드 3세 치하[310]였던 북프랑스의 농민폭동 시기(1358년)[311]
와 허스(Huss)파(15세기 영국의 종교개혁자 John Huss의 신봉자: 역
자 주)의 전쟁과 독일의 농민반란 시기[312]에는 더욱더 악화되었다.
　그 반대로 이들 도시들의 상업정책은 원거리 무역에 치중하는 것
이었다. 식민지가 건설되었는데 이탈리아 도시국가는 동남아시아에,
독일 도시국가들은 동아시아에, 슬라브 도시국가들은 극동에 식민지

---

309) 각주: 동양에서 납치해 온 노예 무역은 이탈리아 공화국들에서는 15세
　　기까지 끊임없이 이어졌다. 독일 및 여타 지역에서도 이러한 흔적을 희
　　미하나마 볼 수 있다. 씨브라리오의 "Della Schiavitu e del servaggio"
　　(제2권, 1868년 밀란 판) 참조. 루키쯔키(Luchitzkiy) 교수의 "14세기와
　　15세기 플로렌스의 노예제도와 러시아노예"(1885년 키에프대학교의 이
　　스베스챠지(誌) 참조.

310) 역주: 영국의 잉글랜드 왕으로서, 에드워드 2세의 아들로서, 스코틀랜
　　드에 세력을 뻗쳤으며, (화란의) 플랑드르 지방의 실권을 얻기 위하여
　　프랑스 왕국의 왕위계승권을 주장함으로써 1337년 영불 간의 백년전
　　쟁을 시작함1312 – 1377년.).

311) 역주: 프랑스 북부지방의 농민이 귀족에 대항하여 1358년 일으킨 반란
　　을 뜻하며 귀족들이 이들을 비하하여 쟈크리(Jacgueries)라고 불렀음.

312) 각주: 그린(J. R. Green)의 '영국국민 역사'(1878년 런던 판, i.455).

를 확보하였다. 식민지 쟁탈전에 용병이 동원되기 시작하여 순식간에 지역방어 전쟁에서도 같은 방식의 전술이 유지, 동원되었다. 시민의 사기는 땅바닥에 떨어질 정도로 빚더미에 쌓였다. 또한 선거 때마다 악화일로를 걸은 내부투쟁으로 선거기간 중에는 식민지 쟁탈전이 소수가족의 이해상관에 불과하였다. 도시마다 빈부격차가 심화되어 16세기에 이르러서는 왕권이 오히려 가난한 사람들로부터 손쉽게 즉각적인 동맹과 지지를 받을 수 있었다.

그런데 공동체 조직들이 붕괴된 또 다른 원인이 아직 남아 있다. 그것은 위에 열거한 것들보다 더욱 명확하며 뿌리도 더 깊다. 중세 도시의 역사는 인류의 운명에 영향을 끼치는 "여러 사상과 주의(主義)"의 힘, 그리고 주류 사상이 심하게 변정될 때 나온 정반대의 결과가 어떠한지를 가장 눈에 띄게 보여 주는 사례의 하나이다. 자립과 동맹주의, 독자주권, 단일조직 단계에서 복합구조 단계에 이르는 정치기구의 설립 등은 11세기의 주류 사조였다.

그러나 그 이후 이 사상들이 전적으로 바뀌어 버렸다. 교황이었던 이노센트 3세[313] 이래 로마제국법의 추종자와 교회의 고위 성직은 긴밀히 제휴하여 고대 그리스의 사상, 즉 도시 성립의 기반이 되는 그 사상을 무력화시키는 데 성공하였다. 이삼백 년 동안 도시들이 교회의 설교, 대학교 강단의 학설, 판사들로부터 받은 가르침은 바로 강력한 중앙집권국가로부터 구원을 받아야만 한다는 것이었고 그 국가

---

313) 역주: 로마교황(재위 1198-1216년)으로서 갈등을 빚던 프랑스왕 필립 2세(Philip Ⅱ)를 파문(破門)시키고, 영국왕(John)과 싸워 굴복시켰으며, 십자군을 일으키는 등 교권(敎權)의 절정기를 구가했음.

는 신성에 준하는 권능(權能)을 갖는다는 것이었다.[314] 또한 단 한 사람만이 사회의 구원자일 수 있고 그래야만 한다는 것이었으며 공공구원체의 명목으로 그는 어떠한 폭력도 자행할 수 있다는 것이었다. 그래서 남녀를 말뚝에 묶어 태워 죽이고, 형언할 수 없는 고문을 하여 죽일 수 있으며, 지역 전체를 비참하기 짝이 없는 불행으로 빠뜨릴 수 있었다. 또한 이들은 왕의 칼과 교회의 불 또는 둘의 힘이 즉각 미칠 수 있는 곳이면 어디에서나 위의 취지를 목적으로 하여 대규모로, 이전에는 듣지도 보지도 못한 잔인한 교훈을 반드시 주었다.

이러한 교훈과 본보기를 통하여 강제로 대중의식 속에 반복 주입시킨 결과, 바로 그 시민정신은 새로운 형태를 갖추게 되었다. 시민들은 어떠한 권력기관이라도 공공안전을 위해서는 그 영향력이 무한하며 살인조차도 결코 잔인하지 않다는 것을 알아차리기 시작했다.

따라서 이러한 새로운 정신 방향과 일인(독재) 권력에 대한 신뢰로 인하여 예전에 살아 있던 동맹주의자 원칙은 사그라지고 또한 민중의 바로 그 창조적 재능도 죽어 버렸다. 로마정신(사상)이 승리했으며 이러한 상황에서는 중앙집권국가는 도시를 곧바로 먹어 치울 수도 있었다.

15세기의 플로렌스는 이러한 변화의 전형이다. 전에는 시민혁명이 새로운 출발을 알리는 신호였다. 이제 시민은 절망하여 항거를 해도 건설적인 아이디어를 더 이상 내지 못했다. 그 운동에서 싱싱한 새로

---

314) 각주: 볼로냐 율사(律士 또는 변호사)들이 이미 1158년 론캬리아(Roncaglia) 의회에서 표명한 이론이며 참조.

운 아이디어가 나오지 않았다. 시의회 의원의 수는 400명 대신에 1000명이 되었다. 상원의원은 80명에서 100명으로 늘어났다. 그러나 숫자의 혁명은 아무 효험이 없었다. 시민의 불만은 늘어나고 새로운 항거가 뒤따랐다. 구원자―전제군주―를 찾게 되었다. 그는 반역도들을 섬멸하였다.

그러나 공동체 조직의 해체는 어느 때보다 계속 악화일로를 걸었다. 그리하여 새로운 폭동을 겪고 나서 플로렌스 시민은 명망이 가장 높은 지에로니모 사보나로라(Gieronimo Savonarola)의 자문을 간청하였던바 이 수도승의 대답인즉 "오 나의 시민들이여! 그대들은 내가 국사를 돌볼 수 없다는 것을 잘 안다. 여러분의 영혼을 정화하고 그리고 만일 그러한 마음가짐을 가지고 도시를 개혁한다면, 플로렌스의 시민들이여, 여러분들은 온 이탈리아에 개혁의 문을 열게 될 것이다!"라는 것이었을 뿐이다.

사육제의 가면과 사악한 책들은 불태워졌으며 자선법과 고리대금업자 금지법이 통과되었다. 그리하여 플로렌스의 민주주의는 그때 그 상태에서 정지되고 말았다. 옛 정신이 사라져 버린 것이었다.

지나친 정부 신뢰의 결과 그들 스스로에 대한 신뢰는 끝장이 났다. 그들은 새로운 문제 제기도 할 수 없었다. 국가는 간섭만 했으며 그들의 마지막 자유까지도 짓밟았다. 그럼에도 상호부조의 흐름은 사람들의 마음속에서 죽지 않고 살아 있어, 심지어 패배한 뒤에도 계속되었다. 그 정신은 개혁의 첫 번째 선전자인 공산주의자의 호소에 호응하여 무서운 힘으로 다시 일어나, 대중이 종교개혁의 영감에 힘입어 시작하고자 희망했던 삶마저 실현시키지 못하고, 독재권력의 통치를 받게 된 뒤에도 심지어 계속 존재하여 왔다.

　오늘날에도 그 정신은 아직도 흐르고 있으며, 따라서 국가·중세 도시·미개족의 촌락공동체·원시 씨족 또는 이들 모두가 아니라 이들 모두를 지나 전진하고 있다. 언제라도 이 정신을 계도하는 인도적 개념이야말로 폭이 보다 넓고 깊다는 점에서 과거보다 한층 우월한 세상을 새로 표현할 수 있는 새로운 길을 찾아 나설 것이다.

갈래 Ⅶ

우리들의 상호부조(1)

인간의 상호부조 성향은 그 기원이 너무나 오래되었고 또한 인류의 모든 과거 진화와 아주 깊이 엮여 있기 때문에 역사의 허구 많은 흥망성쇠에도 불구하고 인류에 의하여 오늘날까지 유지되어 왔다. 이것은 평화와 번영의 시기에 주로 진화해 왔다. 그러나 제아무리 인류에게 재앙이 닥쳤다 해도, 모든 나라들이 전쟁으로 황폐해지고 또한 궁핍으로 많은 인명손실을 입거나 폭정의 멍에 아래 신음했어도, 이 동일한 성향(性向)은 계속해서 촌락과 소도시들의 빈민계층 사람들 속에 살아 있었다. 그것은 여전히 그네들을 하나로 뭉치도록 해 주었으며, 오랜 세월이 지나가자 이 성향을 무의미하고 감상적인 것일 뿐인 것으로 무시하고 전쟁과 파괴를 일삼던 소수의 지배층조차도 긍정적인 반응을 나타내었다. 그리고 인류가 새로운 발전 상(相)에 적응하여 하나의 새로운 사회조직을 강구해 내야 할 때마다 인간의 건설재능이 영속하는 그 동일 성향으로부터 새로운 출발을 위한 제 요소(諸要素)와 영감을 끌어내었다. 새로운 경제 및 사회제도, 새로운 윤리 체계 및 새로운 종교 모두가 대중만이 창조할 수 있는 한에서는, 그 원천의 기원은 동일한 것이다. 인류의 윤리적 진보는, 넓은 시각에서 볼 때, 인류의 신념과 언어 및 종족과는 상관없이 최종적으로는 어느 날 인류 전체를 끌어안기 위하여 상호부조의 원칙이 씨족 단계로부터 시작하여 언제나 보다 더 큰 무리의 종족 단계로 점차 이어지는 것처럼 보인다.

원시 씨족 단계를 지나 그 다음 촌락공동체 단계를 통과한 뒤, 유럽인들이 중세기에 강구해 낸 새로운 형태의 조직은 개인주도(initiative)의 허용 폭이 크다는 장점이 있었고, 또한 그와 동시를 사는 인간들이 가지는 상호부조의 필요성에 걸맞은 것이었다. 길드와 우애단체가 그물망처럼 뒤덮인 촌락공동체의 동맹이 중세기에 성립되었다. 이 새로운 형태의 조합 아래에서 이룩한 엄청난 성과들-복지제도, 산업, 예술, 과학 및 상업-에 대해서는 전술한 두 장(章)에서 다소 길게 논의한 바 있으며 또한 15세기가 끝나 갈 무렵 중세 공화국들이 적대적인 봉건 영주 관할 영토에 둘러싸여 농민 해방에 실패하고 점차 로마 황제주의라는 사상으로 쇠약해졌으며 결과적으로 강력해져 가는 군사국가의 먹이로 되는 운명에 처하게 된 사유를 밝히려는 시도가 또한 있었다. 그러나 전권(全權)을 장악하는 중앙집권 국가기관에 일임하기에 앞서서 이미 300년간에 걸쳐 일반 대중은 상호부조의 옛 바탕 위에 사회를 재건하려는 무서운 시도를 경험하였다. 종교개혁이라는 위대한 운동이 로마 가톨릭의 횡포에 맞서는 결코 단순한 항거가 아니라는 사실도 이때까지는 잘 알려져 있다. 그것은 그 자체로 건설적 이상이었고 또한 그 이상이라는 것은 다름 아닌 자유롭고 형제애적인 공동체에서의 삶이었던 것이다.

인민 대중의 호응을 주로 받았던 동 시기의 초창기 저술 및 설교들은 인류의 경제 사회적 동포애사상을 불어넣었다. 독일 및 스위스의 농민들이나 숙련공들 사이에 회람되어 읽힌 '12조문(條文)'과 이와 유사한 신앙서약에서도 개인 각자의 이해 정도에 따라 성서를 해석할 권리를 옹호했을 뿐만 아니라 또한 공동체 소유지는 촌락공동체에 돌려주어야 하고 봉건농노제는 폐지되어야 한다는 요구가 포함되어 있었다. 또한 그들은 언제나 형제애의 신념(信念)이라는 참된 신앙을 언급하였다. 그와 동시에 수천의 수많은 남녀가 모라비아의 공산주의자 단체에 가입하여 전 재산을 헌납하고 공산주의 원칙 위에 건설되어 번영한 수많은 정착지에서 살았다.315) 널리 전파된 이 시민운동은 천여 명씩을 능가하는 집단 학살을 시키고 나서야만 끝장을 낼 수 있었으며, 신생국가들은 이렇게 하는 방식으로 시민대중에 대하여 비로소 결정적인 승리를 확보하였다. 칼, 불 그리고 고문대를 가지고서 말이다.316)

그 다음 3세기 동안 유럽대륙 및 섬나라 영국의 왕국들(잉글랜드 왕국과 스코틀랜드 왕국: 역자 주)은 상호부조의 성향을 나타낸 이전의 모든 조직들을 체계적으로 제거해 버렸다.317) 촌락공동체주의자들은 민회, 재판소 및 독립행정권을 빼앗겨 버렸고 토지는 몰수되었다. 길드는 재산과 자유를 박탈당하였으며, 국가 관리(官吏)의 통

---

315) 각주: 이전에는 무시되었던 이 주제를 다루는 방대한 문헌이 독일에서 이제 많아지고 있다. 켈리의 저서, '(종교개혁시대의) 재세례파(再洗禮派)의 사도와 재세례파 역사', 코네리우스의 '루르 강안의 대성당 역사 (Geschichte des munsterischen Aufruhrs)', 얀센의 '독일민족 역사'가 주요문헌으로 거명된다. 이러한 방향의 방대한 독일의 연구결과를 영국 독자에게 소개해 주는 첫 시도가 리차드 히스(Heath)의 뛰어난 소책자를 통해 이루어졌다—"재세례파 흥망사: 즈비카우(Zwickau)에서 발원하여 뮌스티에서 몰락, 1521–1536", 1895년 런던판(침례교교본, 제1권)—여기에는 이 운동의 주도적 특징이 잘 드러나 있으며, 문헌인용도 완벽하다. 또한 카우츠키의 '종교개혁 시대의 중부 유럽 공산주의' 1897년, 런던 판 참조.

316) 각주: 우리가 사는 현시대에 종교개혁 운동의 강도(强度)와 그 운동을 탄압한 수단을 알아차린 사람은 별로 없다. 그러나 저 위대한 농민전쟁 직후를 기록한 사람들은 독일에서 농민이 패배한 뒤 학살된 농민의 수가 100,000에서 150,000명이라고 추산하였다.

317) 각주: 짐머만(Zimmermann)의 '대농민전쟁 통사(通史)' 참조. 화란에서 이 운동을 억압하기 위해 취한 조치에 대해서는 리차드히스의 '재세례파주의(再洗禮派主義)' 참조.

제, 변덕 및 뇌물관행하에 놓이게 되었다. 도시들은 주권을 박탈당하였고 그 생명의 내부 활력소들-민회, 선출 판사 및 행정, 독립교구와 독립길드-은 멸절(滅絶)되었다. 국가 기능이 이전의 유기적 통일체와 연계된 모든 것을 앗아 갔다. 이러한 치명적 정책과 그에 따라 일어난 전쟁으로 인하여 한때 번창하고 부유했던 지역 전체가 앙상한 모습을 드러내게 되었다. 부유한 도시는 별 볼일 없는 성시(城市)가 되었고 다른 도시와 연결되는 바로 그 도로 역시 무용지물이 되었다. 산업, 예술 및 지식은 쇠퇴했다. 정치교육, 과학 및 법률은 중앙집권 국가라는 사상에 예속되었다. 이전에는 시민들의 상호부조 요구를 구현(具現)하곤 했던 관습이나 제도는 국가 체제가 완비되면 허용되지 않는 것으로 대학교 및 교회에서는 가르치고 설교하였다. 국가만이 신민(臣民)의 조합 간에 맺어진 결합(유대)을 대표할 수 있다는 것을 가르치고 동맹주의나 "개인주의"는 진보의 적이며, 국가만이 추가 발전의 유일한 본주창자(本主昌者)라는 것을 가르쳤다. 전세기 말(前世紀末)까지, 유럽 대륙의 군주들이나 영국 의회 및 프랑스의 혁명평의회와 같은 존재들은 비록 상호간에 전쟁 중이었음에도 불구하고 국내의 시민들 사이에 개별조합이 존재할 수 없다는 주장에 의견의 일치를 보았다. 힘든 노동과 죽음만이 감히 합동조직(조합)에 가입한 노동자들을 적절히 처벌하는 유일한 방법이었다.

"국가 안에 (또 다른) 국가는 없다!" 국가만이 그리고 국가의 교회가 국리민복(國利民福)의 제반사(諸般事)를 보살펴야만 했으며, 한편 시민들이 대표했던 느슨한 개인들의 단순집합은 어떤 특정한 연결고리가 없었고 그들이 필요하다고 공감할 때마다 정부에게 청원하도록 되어 있었다. 현세기(19세기)의 중반까지 이 이론은 유럽에서 신봉되었다. 상업단체와 산업단체조차도 의혹의 눈길을 받았다. 노동자들의 노동조합은, 이 나라(영국)의 경우 자신의 생애에 걸쳐서, 그리고 유럽 대륙의 경우에는 지난 20년간에 걸쳐서 거의 불법단체 취급을 받았다. 국가의 모든 교육 시스템이 이러하므로 현재까지 이들 나라조차도 사회일각의 저명인사층은 5백 년 전 촌락의 민회, 길드, 교구 및 도시에서 모든 사람이, 자유민이건 노예이건 간에, 행사했던 그러한 권리의 (국가)양보를 혁명적 조치로 취급하고 있다.

국가가 사회의 모든 기능을 흡수함에 따라 필연적으로 속 좁은 개인주의만 고삐 풀린 채 자라나는 데에 유리해졌다. 국가에 대한 의무가 늘어날수록 시민들 상호간에 져야 할 의무가 줄어들 것은 뻔한 사실이다. 중세에는 모두가 어떤 길드나 공제조합에 속하였는데 — 어떤 길드의 사례로 형제 조합원들이 교대로 와병 중인 형제를 돌보아 주게 되어 있었다. 오늘날에는 자기 이웃에게 극빈자용 무료병원의 주소를 알려 주는 것으로 충분할지도 모른다. 미개시대 사회에서는 두 사람 사이에서 비롯된 논쟁이 치명적 사태로 비화(飛火)되지 않도록 미리 막지 않고 싸움을 방조하면 그 방조자도 살인자로 취급받게 되기도 하였다.

그러나 국가가 모든 보호책임을 진다는 이론에 따른다면 제3자는 개입할 필요가 없게 된다. 개입 여부는 경찰의 업무였다. 또한 호텐토트(Hottentot) 종족 중의 한 미개 지역에서는 식사 때에 세 번 이상 큰소리로 "같이 식사할 사람 없소?" 하고 묻지 않는다면 흉이 되는 데 비하여 오늘날에는 사회 저명시민이라 하더라도 고작 빈자를 위한 세금을 내는 것으로 끝이 나고 그 뒤에는 누가 굶어 죽든 개의치 않는다. 그 결과 인간은 타자의 불행에 개의치 않고 그 자신의 행복을 추구할 수 있으며 또 그래야만 한다고 주장하는 이론이 주위의 법률, 과학, 종교에서 온통 울려 퍼지고 있다. 이것이 오늘날의 종교이며 이에 만족하지 않고 효용성을 의심한다면 결국 위험한 몽상가(Utopian)로 여겨진다.

과학은 생존경쟁 방식이 자연과 인간사회에 적용되는 주요 원리라고 큰소리로 주창한다. 생물학은 생존경쟁 때문에 동물계의 발전적 진화가 이루어진다고 보고 있다. 역사학도 동일한 노선의 주장을 펴고 있다. 또한 정치경제학자도 천진난만하게 무지를 드러내며 모든 현대 산업과 기계의 발달이 동일한 원리에 따른 경이로운 업적이라고 자부한다. 이러한 설교의 종교야말로 개인주의라는 종교이며, 주로 일요일에 각자의 이웃과 자선적인 관계를 다소 다지는 것으로 약간 위안을 삼는다. "실용적인" 인간과 이론가들, 과학자들과 종교계 설교자들, 변호사 및 정치인들은 모두 한 가지 사실에 동의한다. 자선에 의하여 개인주의의 그 가혹하기 짝이 없는 영향력이 완화되며, 그리고 자선이야말로 사회를 유지하고 향상, 진보시키는 유일하고도 확고한 바탕이 된다고 믿는 사실이다. 때문에 현대사회에서 상호부조의 관습과 행위를 찾는다는 것은 가망이 없어 보인다. 무엇이 남아 있을 수 있다는 말인가?

그럼에도 수백만 인간들의 삶의 방식을 알아보기 위하여 그 일상관계를 연구하기 시작하였고, 그러자마자 우리는 상호부조의 원칙이 심지어 오늘날에도 인간생활에서 엄청난 역할을 하고 있다는 뜻밖의 사실에 마주치게 되었다. 상호부조의 관습을 이론과 실제의 양면에서 삼사백 년간 모조리 파괴해 왔지만 수억의 인간들은 계속해서 그 관례 아래 살아왔다. 그들은 경건하게 그것들을 지키며 사라져 없어진 지역에서도 되살리려고 애를 쓴다. 대인관계에서 우리 각자는 오늘날 유행하는 개인주의적 신념에 모순되는 순간이 있으며 또한 상조의 성향에 이끌린 행동이 일상관계에서 너무나 큰 몫을 차지하기 때문에 그것이 중단되기라도 한다면 더 이상의 모든 윤리적 발전은 즉각 중단되리라. 인간사회 자체는 단 한 세대의 기간에서조차 인간의 생애를 유지할 수 없으리라. 사회학자들이 거의 무시하고 있는 이러한 사실들은 그럼에도 인류의 생애와 향상을 위한 제일의(第一義)적 중요성을 지니므로 우리는 이제 상부(相扶)의 관습에서 시작하여 다음 수순으로는 사적 또는 사회적 동정심에서 기원하는 상조(相助)의 행위들로 넘어가면서 그 가치를 찾아 나가게 될 것이다.

현재 유럽 사회의 구성을 넓은 각도에서 훑어보면, 촌락공동체를 없애기 위하여 그렇게 많은 일을 했음에도 불구하고, 우리가 이 형태의 조직을 현재도 볼 수 있을 정도로 계속 존재한다는 사실에 즉각 부딪치게 되며, 또한 이런저런 형태로 다시 살려 보려 하거나 또는 대체방안을 찾는 많은 시도가 지금 이루어지고 있는 정황이다. 촌락공동체에 관한 현대의 이론을 들어 보자면, 서유럽에서는 이미 자연사했다고 할 수 있는데 이는 공동토지 소유형태가 현대 농업의 요구조건과 일치하지 않기 때문이라는 것이었다. 그러나 진실은 촌락공동체가 어디에서든 간에 그 스스로 동의하여 사라진 것은 아니라는 것이다.

그 반대로 모든 곳에서 지배계층이 촌락공동체를 폐지하면서 토지몰수에 언제나 꼭 성공한 것은 아니었지만 적어도 지속적인 노력만은 필요하였다. 프랑스의 경우, 촌락공동체들은 일찍이 16세기에 독립을 박탈당하고 토지를 강탈당하기 시작했다. 그러나 농민들 다수가 강요와 전쟁에 의하여 모든 역사가들이 생생히 묘사했던 예속과 궁핍의 상태로 전락된 다음 세기에 가서야 토지강탈이 손쉽게 이뤄져 수치스러울 정도였다. "누구나 권력이 있으면 강탈을 하였다. 토지를 빼앗기 위하여 가공(架空)의 부채를 요구하였다." 이렇게 선포한 루이 14세의 1668년 포고(布告)를 우리는 볼 수 있다.[318]

물론 이런 불법행위에 대한 국가 대책이란 공동체가 더욱 잘 국가에 복종하라는 것이었으며 국가 자체도 강탈을 자행하였다. 실제로 2년 뒤 공동체의 모든 현금 자산을 왕이 몰수하였다. 공동체가 소유한 토지 비율은 갈수록 낮아졌고 그리하여 다음 세기에는 귀족과 성직자가 광대한 면적의 토지를 이미 소유하고 있었다. ─ 어떤 추계에 따르면 경작지 면적의 절반이라고 하였으며 토지 대부분은 실제로 경작되지 않고 방치되었다고 한다.[319]

---

318) 각주: "뤱"(여러 명의 저자가 1667년의 루이14세 칙령을 인용함.) 그날로부터 8년 뒤 코뮌은 국가관리를 받게 되었다.

319) 각주: "대지주의 토지가, 심지어 엄청난 수입을 올릴 수 있다 하여도, 경작되지 않고 방치되어 있는 것을 확실히 볼 수 있다."[아서 영(Arther Young)] "토지의 4분의 1은 휴경되었다." "지난 백 년간 토지는 황폐해졌다." "이전의 번창하던 솔롱(Sologne) 시(市)는 이제 거대한 늪지대로 되었다." 기타 등등. 타인(Taine)이 '현대프랑스의 기원', 제1권, 441쪽에서 인용한 'Theron de Montauge' 참조.

그럼에도 농민들은 여전히 공동체 조직을 지켰으며 1787년까지는 세대주 모두가 참가하는 마을민회가 종탑이나 나무그늘 아래에 함께 모여 밭에서 수확한 것을 나누고 재분배했으며 세금분담액을 조정하고 또한 책임자를 선출하곤 했는데, 현재 러시아의 미르(mir)가 이와 똑같은 일을 하고 있다. 이와 같은 것을 바보우(Babeau)의 연구는 입증하여 주고 있다.[320] 하지만 정부는 민회가 너무 소란스럽고 불복적(不服的)이자 1787년에 대안을 내어 선거에 의한 지방의회를 도입했는데 이는 1명의 시장과 부농 가운데 뽑은 3∼6명의 평의원으로 구성되었다. 2년 뒤 프랑스 혁명 정권의 국민의회는 이 점에서는 앙샴레짐(프랑스혁명 이전의 프랑스 왕정체제를 일컫는 말. 구체제의 의미: 역자 주)과 일치하여 이 법을 완전히 확정(1789년 12월14일)지었다. 따라서 이제는 촌락의 유산계급(부농, 지주계급)이 공동체 토지를 강탈하는 차례가 되어 혁명기간 내내 자행되었다. 1792년 8월 16일에 가서야, 국민 대표자 회의(혁명평의회)는 농민 봉기의 위협 아래 (수탈된) 토지를 코뮌에 돌려주기로 결의하였다.[321] 그러나 동시에 새로운 소요사태를 야기한 이 조치는 토지를 부농들에게만 평등하게 나눠 주라고 명령을 내렸던 것이었다.

이듬해인 1793년, 그 조치는 폐지되고 공동체의 토지는 마을 촌민이라면 빈부의 구분 없이 농사를 짓건 아니건 간에 모두 똑같이 분

---

320) 각주: 바보우의 '앙샴레짐(구체제)의 촌락' 제3판. 1892년 파리.
321) 각주: 프랑스 동부에서는 이 법이 단지 농민들 자체로 이미 실행하고 있는 것을 확인했을 뿐이었다. 프랑스 여타 지역에서는 통상 죽은 문서로 남아 있다.

배를 하라는 명령이 내려졌다.

　하지만 위의 두 법은 농민의 뜻과 정반대였기에 그들은 복종하지 않았고 그래서 그들은 어디서나 되돌려 받은 토지를 쪼개어 갖지 않고 공동으로 소유하였다. 그러나 때마침 장기(長期) 전쟁이 발발하여 공동체의 토지는 국가 채무로 저당 잡혀(1794년) 매매됨으로써 그렇게 강탈되었다. 그 뒤 공동체에 돌려진 뒤에 또다시 몰수되었다(1813년). 그리고 1816년에 그들에게 남겨진 6백만 ha 정도의 척박한 땅이 되돌려졌을 뿐이다.[322] 결국은 아직도 공동체가 겪는 고통은 끝난 것이 아니었다. 새로 들어서는 정권마다 그 후원자들의 마음을 사로잡는 수단으로 공동체 토지를 이용하였으며 그리하여 3개의 법률(첫째는 1837년에서, 그리고 마지막은 나폴레옹 3세 치하에서)이

---

[322] 각주: 중산층(계급)의 반동이(승리의) 개가를 올린 뒤에 공동체의 토지는 국가소유로 선포되었고(1794년 8월 24일), 따라서 귀족의 토지도 함께 몰수되어 모두다 경매에 붙여져서 얼마 안 되는 유산자 악당들에게 횡령당하고 말았다. 그 다음 해(Law of 2 Prairial, AnV) 이런 협잡행위가 중단되고 또한 이전의 법도 폐지된 것은 사실이다. 그러나 그때에 촌락공동체도 그대로 폐지되었으며 대신 시의회(구, 읍, 면단위)가 도입되었다. 겨우 7년 뒤(9 Prairial, AnXII), 즉 1801년, 촌락공동체가 재도입되었으나, 그들의 권리를 모두 박탈당하고 난 뒤에, 중앙정부가 다시 시장과 지방행정장관을 프랑스의 36,000 코뮌에 대하여 임명하고 나서야 결국 이루어졌다. 이 제도는 1830년의 혁명 뒤에까지 유지되다가, 다시 1787년의 법령에 따라 선출직 공동체 의회가 재도입되었다.

공동체의 토지에 대해 알아보면, 1813년 국가 소유로 다시 넘어가던 때에 앞의 설명처럼 그렇게 횡령되었다가, 1816년에 겨우 일부만 공동체로 되돌려졌던 것이다. 따로즈(Dalloz)의 프랑스 법령에 대한 고전적 법전집(法典集)인 '판결집(判決集)' 참조. 또한 도니올(Doniol), 다레스테(Dareste), 본네멜(Bonnemere), 바보우 및 기타 다수 학자의 저서 참조.

통과되어 촌락공동체가 토지를 분할하도록 유도하였다. 이들 법률은 촌락공동체의 반대에 직면한 과정을 통하여 세 차례나 철회되어야 했던 것이다.

그러나 그때마다 무엇인가가 개입하게 마련이었고, 나폴레옹 3세는 농사개량법을 권장한다는 명분하에 공동체 토지 태반을 일부 총신(寵臣)들에게 하사(下賜)하였다.

촌락공동체들의 자치(自治)에 대해서 살펴보면 그 많은 타격을 입고 과연 무엇이 남아날 수 있었겠는가? 시장과 평의원들은 단지 국가기구(機構)의 무급(無給) 관리로 간주되었다. 제3공화국 치하에서, 그리고 심지어 오늘날에도 상급기관과 중앙부처에 이르는 거대한 국가기구가 작동하지 않고서는 촌락공동체가 할 수 있는 일이 별로 없었다. 예를 들어, 믿기 어렵지만, 그러나 실제로는 촌락의 도로보수 공사를 할 때도 농민이 소요량(所要量)의 석재를 깨는 작업을 면제하는 대신에 그 몫을 돈으로 치르고 싶어도 무려 12개의 국가 행정기관의 승인을 받아야만 했고, 이들이 52개의 상이한 조치를 취하고 교환한 다음에야 그 농부는 지방의회에 돈으로 납부하는 허락을 받았다. 다른 나머지도 모두 그 성격은 똑같았다.[323] 프랑스에서 벌어진 일은 서유럽과 동유럽 어디에서나 같았다. 심지어 농민 토지에 대하여 엄청난 공격을 개시한 주요 날짜까지도 동일하였다. 영국의 경우, 유일한 차이점은 강탈이 일반적인 포괄조치가 아니라 별도의

---

323) 각주: 이 절차는 하도 어처구니없을 정도로(불합리하여) 만일 상당히 권위 있는 연구자가 경제인 학회지(1893년 4월. 94쪽)에 52개의 상이한 법들을 전부 나열하지만 않았더라도, 또한 동일 저자가 그와 유사한 몇 개의 사례를 들지만 않았더라면 아무도 그런 상황은 가능하리라 믿지 못했을 것이다.

법에 의하여, 프랑스보다 서두르지는 않았지만, 보다 철저하게 이루어졌다는 데 있다.

1380년의 농민반란이 실패로 끝난 뒤 15세기에 이르러 영주들은 촌락공동체 토지를 강탈하기 시작하였는데 이는 로수스(Rossus)의 '역사(Historia)'와 헨리7세[324])의 법령에 보이는 바와 같으며 그 법의 첫머리에는 강탈에 대하여 "공동의사(意思)를 해치는 적 및 비행(非行)들"이라고 적혀 있다.[325]) 뒤에 가서 헨리8세[326])의 칙령하에 공동체 토지에서 '엔크로저(Enclosure) 운동'(토지 주위에 울타리를 쳐 그 안에 양을 키워 경작하는 농민들을 추방한 역사적 사실: 역자 주), 즉 강탈에 종지부를 찍기 위하여 '최후의 심판'이 알려진 바와 같이 시작되었다. 반면에 이미 강탈된 땅은 재가(裁可)를 받았다.[327]) 공동소유 토지는 계속해서 약탈되었으며 농민들은 토지에서 내몰려 쫓겨났다. 그러나 특히 18세기 중엽 이래 다른 국가처럼 영국에서도 공동 소유의 모든 흔적을 조직적으로 깡그리 뿌리 뽑는 것이 정책의 일부가 되었다. 그런데도 놀라운 사실은 그것이 사라져 버렸다는 데

---

324) 역주: 영국왕 헨리8세의 아버지. 잉글랜드의 왕(재위 1509-1547년).

325) 각주: 오첸코우스키 박사는 '중세초기의 영국경제발달'(예나, 1879년), 35쪽 이후에서 그 책의 지식을 총동원하여 전체 문제를 토론하였다.

326) 역주: 영국왕 엘리자베스 1세(재위 1558-1603년)의 아버지가 되는 왕. 로마교황과 왕비 이혼문제로 대립하여 교황으로부터 독립하고 영국 성공회를 세워 스스로 수장(首長)이 됨. 신앙의 보호자(Defender of the Faith)로도 불림. 1491-1547년.

327) 각주: 나세(Nasse)의 '16세기 영국의 중세공동체와 엔크로져운동'(1869년, 본), 4쪽, 5쪽과 비노그라도프(Vinogradov)의 '영국의 농노신분제도'(1892년, 옥스퍼드) 참조.

있는 것이 아니라 심지어 영국에서도 "현재의 할아버지 세대까지도 널리 행해질 만큼 지켜졌다는 것이다."[328) 시봄(Seebohm)이 밝힌 바와 같이 엔크로저법의 목적은 바로 (공동체) 시스템을 제거하는 것이었으며[329) 1760년과 1844년 사이에 걸쳐 통과된 거의 4천 개에 달하는 법으로 워낙 철저하게 제거됨으로써 이제는 희미한 흔적만이 남아 있을 뿐이다.

영주는 공동체의 토지를 강탈하였고, 그 경우 의회는 그러한 횡령을 별도로 재가해 주었다. 독일, 오스트리아, 벨기에의 촌락공동체들도 또한 국가에 의하여 파괴되었다. 농민들 스스로 토지를 분할하는 예는 희소했으며[330) 반면에 국가는 어디에서나 농민에게 토지분할을 강요하거나 토지사유화가 유리하도록 만들었다. 공동 소유에 대한 중부 유럽의 최후 일격도 또한 18세기 중반부터 기원한다. 오스트리아에서는 1768년 정부가 우격다짐으로 공동체를 닦달하여 토지를 나누도록 하였으며, 2년 뒤 이 목적으로 위원회를 만들었다. 프러시

---

328) 각주: 세봄(Seebohm)의 '영국촌락공동체', 제3판, 1884년, 13 – 15쪽.
329) 각주: 엔크로져법의 세부사항까지 검토해 보면 위에 기술한 [공동체소유권] 제도는 엔크로져법이 없애고자 하는 목적 대상이라는 점이 명확해진다(세봄, 동서(同書), 13쪽). 그리고 계속해서 이들 법은 일반적으로 동일한 양식으로 작성되었는데, 그 법안의 첫 시작은 "공유지는 개방되어 있고 작은 필지로 분산되어 있으며, 서로 뒤섞여 있고 또한 위치마저 이용하기 불편하다. 개인 사유지 부분을 전용(轉用)하며, 또한 그들 모두는 공유권을 갖고 있다. 따라서 그(공유지)는 분할하고 울타리로 둘러싸, 각자의 특정 몫을 떼어내 나눠 주는 것이 바람직하다"는 말을 구진(具陳)한다(14쪽).
330) 각주: 스위스에서 수많은 코뮌이 전쟁으로 파괴되어 공유지의 일부를 팔았다가, 이제는 도로 살리려고 노력하고 있음을 볼 수 있다.

아에서는 프레데릭 2세[331]가 칙령을 통해(1752, 1763, 1765 및 1769년) 토지 분할의 시행을 재판관에게 권장하였다. 실레지아[332]에서는 1771년 특별 결의안을 발하여 목적을 달성하고자 하였다. 벨기에에서도 그 사정은 동일했으며 공동체가 불복하자 정부는 1847년 법령을 제정하여 공동체의 초지를 소매로 판매할 목적으로 구입할 수 있고 구입 희망자가 있으면 강제로 초지를 팔게 할 수 있는 권한을 가지게 되었다.[333] 포터(Porter)의 리스트에는 367개에 달하는 그러한 법이 들어 있으며, 그중 최대는 프랑스에서 1770-1780년과 1800-1820년의 수십 년대에 걸려 이루어졌던 것이다.

간단히 말해서, 경제법칙에 따라 촌락공동체가 자연사했다고 하는데 이 말은 전쟁터에서 학살되는 군인이 자연사했다는 농담처럼 들려서 소름 끼치는 일이다. 그런데 사실은 바로 이와 같았다. 촌락공동체는 천 년 이상 생존해 왔다. 그리고 농민은 전쟁과 폭력으로 없어지지 않는 한 때나 곳에 상관없이 꾸준하게 재배방법을 향상시켜 왔다. 그러나 산업 발전의 결과로, 땅값이 올라가고 또한 귀족사회가

---

331) 역주: 독일말로는 프리드리히 2세이며 프리드리히 대왕(Frederick The Great)으로 흔히 불림(1712-86). 프로이센(Prussia)의 왕(1740-86년)으로서 실레지아를 찾기 위하여 오스트리아 여왕 마리아테레사와 7년간의 전쟁을 벌였음. 러시아와 함께 폴란드를 분할 강점하였음.

332) 역주: 유럽 중부의 한 지방으로 석탄, 철 및 그 밖의 광물 자원이 풍부하여 18세기에 열강의 목표가 됨으로써 전쟁에 휘말렸던 끝에 프로이센, 후일의 독일(대부분 점유), 폴란드, 체코슬로바키아에 의하여 분할되었음.

333) 각주: 부켄버거(A.Buchenberger)가 인용한 바그너(A.Wagner)의 저서 '정치경제학 핸드북'(1892년, 제1판 i.280쪽 이후) 참조.

국가기관의 비호 아래 봉건제도하에서도 결코 볼 수 없었던 권력을 잡게 됨에 따라 공유지 가운데 가장 좋은 부분을 소유하면서 공동체 조직을 파멸시키고자 전력을 다하였다.

하지만 촌락공동체 조직이 토지경작자의 요구나 생각과 너무나 잘 부합하였기 때문에 그 모든 난관에도 불구하고 유럽은 오늘날까지도 촌락공동체의 살아 있는 생존자들로 넘쳐나며 또한 유럽의 농촌 생활에는 오랜 공동체 시기부터 기원(起源)하는 관습이 스며 있다. 영국조차도, 이 오래된 질서를 금하는 모든 조치에도 불구하고, 19세기 초엽까지 널리 시행되었었다.

곰(Gomme)은 이 주제에 관심을 기울인 몇 안 되는 극소수 영국학자 중 하나인데 그의 저서에서는 토지 공동 소유의 자취가 스코틀랜드에서 많이 발견된다고 밝혀져 있으며 "런리그(runrig)"라는 토지 임대제도가 포파셔(Fofarshir) 주에서 1813년까지 지켜졌고, 한편 인버니스(Inverness)의 어떤 마을에서는 그 관습이 1801년까지 어떠한 (구역의) 땅도 남기지 않고 공동체가 전체 토지를 경작하였으며 경운이 끝난 뒤에는 분배를 하였다. 킬모리(Kilmorie) 시(市)에서는 포장의 분배 및 재분배가 "마지막 25년간까지" 아주 활발하게 이루어졌으며, 크롭터(Crofter)의 위원회는 일부 섬들에서도 아직까지도 활발히 실행되고 있는 사실을 발견하였다.[334]

아일랜드에서는 이 제도가 대기근 때까지 주류(主流)였다. 그리고 마샬의 저서를 보면 영국에서는 이 시스템이 나쎄(Nasse)와 헨리 메

---

334) 각주: 곰 지음 "대영제국에서의 촌락공동체 기원 및 생존양식"(현대과학시리즈) 1890년, 런던, 141－143쪽과 그가 지은 '원시민회(1880년 런던), 98쪽 이후.

인(Henry Maine) 경의 관심을 불러일으켰을 때까지는 주목을 받지 못하였지만 드디어 촌락공동체 시스템은 19세기가 시작될 무렵 영국의 거의 모든 읍면에 널리 퍼져 있었다는 데에 의심의 여지가 없다.335) 불과 20여 년 전 헨리 메인(Henry Maine) 경은 "예전에는 공동 소유 및 공동 경작이 필연적인 방식으로 통하는 비정상적인 소유권의 사례 수(數)가 컸던 데 크게 경악하였다"고 했는데 이것은 그가 주목한 비교적 간단한 조사결과였을 뿐이다.336) 그러므로 그렇게 최근까지 공동체 조직들이 지속되었기 때문에 만일 이 영국 저술가들이 농촌의 삶에 관심을 기울이기라도 했더라면 수많은 상호부조의 관습을 의심의 여지 없이 마을에서 발견해 낼 수 있었으리라.337)

대륙을 살펴보면, 공동체 조직들이 프랑스, 스위스, 독일, 이탈리아, 스칸디나비아 제국과 스페인의 많은 지역에서 완전히 살아 있음

---

335) 각주: "영국의 거의 방방곡곡에서, 특히 중부와 동부군(郡) 지역뿐만 아니라 또한 서부에서−예를 들면, 월트셔(Wilthshire)에서, Surrey 지역 같은 남부에서, 요크셔 지역에서와 같은 북부에서, 대부분 지역들은 광대하면서 개방된 공유지가 있었다. 북부 암톤셔(Amptonshire)의 316 교구 중 89개가 이러한 상태이었다. 옥스퍼드에서는 100에이커 이상, 워위크셔 지방은 약 5만 에이커(약 2만 ha에 해당), 버크셔는 지역의 절반, 월트셔는 절반 이상, 헌팅돈셔(Huntingdonshire)에서는 24만 에이커(96,000 ha 상당) 가운데 13만 에이커가 공유초지 또는 공용지(公用地)와 포장이었다"(마샬이 헨리메인 경의 '동부와 서부의 촌락공동체', 1876년 뉴욕판, 88쪽, 89쪽에서 인용.)

336) 각주: 상동(上同). 88쪽 또한 제5강연록, 서리(Surrey) 지역의 "광대한 공용지"는 심지어 오늘날에도 잘 알려져 있다.

337) 각주: 내가 참고한 영국 농촌생활을 다룬 꽤 많은 서적들에서 전원 풍경 및 그 유사한 것을 묘사한 매력적인 글은 보아 왔지만 노동자의 하루 생활과 관습에 대해서는 거의 아무것도 찾을 수 없었다.

을 발견하게 되며, 동유럽 또한 말할 필요조차 없다. 공동체의 관습이 이들 나라의 촌락생활에는 살아 숨 쉬고 있다. 거의 해마다 이 대륙의 문학은 이 문제나 관련 주제를 취급하는 진지한 작품들로 넘쳐난다. 따라서 나는 극히 전형적 사례에 초점을 맞추어 설명하고자 한다. 의심의 여지 없이 스위스는 이런 사례의 하나에 속한다. 스위스 연방 5개 주인 우리(Uri), 슈빅트(Schwytg), 아푸겔(Appeugell), 글라루스(Glarus) 및 운터발로렌(Unterwalolen) 등은 토지를 분할하지 않고 주의회가 관장했을 뿐만 아니라 모든 주에서 촌락공동체들은 폭넓은 자치권을 보유하며 연방 영토의 대부분을 소유하고 있다.[338]

스위스 산간 초지의 3분의 2와 전체 산림의 3분의 2가 현재까지 공동체 소유이다. 그리고 상당한 숫자의 포장, 과수원, 포도원, 토탄 늪지, 채석장 등등을 공유하였다. 특히 바오드(Vaud)에서는 모든 세대가 공동체 의회(읍회, 소도시 의회)의 표결에 참여하는 공동체 정신이 살아 있다. 겨울이 끝나 갈 무렵이면 마을마다 모든 젊은이들은 숲으로 달려가 며칠 머물면서 나무를 베어 낑낑대며 가파른 비탈길을 따라 끌고 와서, 땔감 나무를 가구마다 분배하거나 공용으로 팔게 된다.

이러한 공동 행위는 남성 노동을 통한 실제 축제이다. 레만 호숫

---

338) 각주: 스위스에서는 16세기와 17세기에 개방지의 소작농들도 또한 영주의 지배를 받게 되었으며, 재산 대부분을 강탈당하였다(예를 들면, 미아스코우스키 박사가 인용한 슈모러의 '탐구' 제2집, 1879년 12쪽 이후 참조). 그러나 스위스에서의 농민전쟁은 여타 지역처럼 농민의 참패로 끝나지는 않았으며, 공유권과 공유지를 대부분 지킬 수 있었다. 코뮌의 자치정부는, 실제로, 스위스 자유의 바로 근간이다.

가 기슭에 있는 계단식 포도원의 고랑과 이랑을 보존하는 일부 작업은 아직도 공동으로 한다. 봄철 해 뜨기 전 기온이 영하로 떨어질 때쯤이면 밤샘 감시원이 모든 세대들을 깨워 짚과 가축 분을 태워 연기를 피워 냄으로써 포도나무의 서리 피해를 막아 준다. 거의 모든 주의 마을공동체들은 소위 시민권 향유라는 것을 소유하고 있다. 즉 각 가정에 버터를 공급해 주기 위하여 다수의 소를 공유하는 것이다. 또한 공동의 재배포장 또는 포도원을 소유하여 그 생산물을 마을 사람들끼리 나눈다. 또한 마을 공동의 이익을 위하여 땅을 빌려 준다.339) 공동체들은 국가 기관의 한 부분으로 살아 있을 만큼 폭넓은 활동 영역을 보유하며, 참으로 비참한 빈곤 상태로 떨어지지 않는 한, 그들은 토지를 틀림없이 잘 보살피는 것으로 흔히 믿어지고 있다. 그에 따라 스위스의 공동체 토지는 영국 공동체가 처한 불행한 상태로 인한 결과와 눈에 띄는 대조가 된다.

바오드(Vaud)와 바레(Valais)의 공동체 숲은 부러울 정도로 잘 관리되어 현대 임학의 관리 방법에도 잘 들어맞는다. 그 외에도 공동체 초지포장의 좁고 긴 대지(帶地: 계단식 포장)는 재분배 제도하에 소유자가 바뀌는데 거름을 잘 주고 비옥해져서 특히 목초와 가축이 넘쳐 난다. 대체로 목초지는 수준 높게 잘 보존되며 지역 농촌의 도로 역시 훌륭하다.340) 그런데 스위스의 산악도로, 농민의 가축, 계단식 포도원 또는 (초등)학교 교사(校舍)를 부러워할 때 명심해야 할

---

339) 각주: 미아스코우스키의 슈몰러 '탐구' 제2집, 1879년 15쪽.
340) 각주: 이 주제에 대해서는 뷰헬(K.Bucher)이 라벨리(Laveleye)의 '원시 소유권'의 독역 판에 추가한 뛰어나며 제안적인 장(章)들(아직 영역되지 않음)의 하나로 요약된 일련의 저서들을 참조. 또한 마이쩬(Meitgen)의 "농학과 임학" 참조.

점은 스위스 공동체가 공동 소유림에서 채취한 목재와 공동 소유 채석장에서 가져온 석재가 없었다면, 그리고 공동 목초지에서 키운 소가 없었거나 공동으로 길을 닦는다거나 교사를 짓지 않았더라면, 부러워할 일이 별로 없다는 점이다. 스위스 농촌에는 수많은 상호부조의 관습이 계속 존속되고 있다는 데는 두말할 필요조차 없다. 저녁에 집집마다 모여서 돌려 가며 하는 호두 까기 행사, 결혼을 앞둔 처녀의 혼수용 옷감을 재봉질하는 저녁잔치, 집을 짓거나 또는 농작물을 수확할 때의 "도움" 요청과 또한 마을 사람 각자 필요할지도 모를 온갖 일에서의 "도움" 요청, 아이들을 주(州) 사이에 교환 교육하여 이들이 2개 언어 즉 프랑스어와 독일어를 배우도록 하는 것 등등 이 모든 것은 아주 일상적이다.341)

한편 이와 반대로, 다양한 현대의 요구 사항들도 동일한 정신으로 충족된다. 그래서 글라루스(Glarus)에서는 천재지변 시기에 산악 목초지 대부분을 판다. 그러나 공동체들은 여전히 계속하여 전지(田地)를 사들이며 또한 새로 구입한 포장들은 별도로 공동체 농민들의 사정에 따라 10년, 20년 또는 30년간 소유권을 준 뒤에 공동기금으로 다시 돌려받아 조직원 모두의 필요에 따라 재분배한다.

수많은 작은 단체들이 결성되었고, 비록 규모는 한정되어 있지만, 생활필수품의 일부, 즉 빵, 치즈 및 포도주 따위를 공동 작업으로 생산하였다. 또한 농업협동조합이 스위스에서 가장 손쉽게 전파되었다. 그 일반적인 형태는 10명에서 30명의 농민들이 협회를 조직하여 공

---

341) 각주: 이 나라에서 젊은 신혼가정의 살림에 때때로 큰 보탬이 되는 결혼 선물은 명백히 공동체 관습의 유산이다.

동으로 목초지와 밭을 사서 공동 소유 및 경작하는 것이었다. 한편으로는 우유, 버터 및 치즈를 판매하는 낙농조합들이 어디라 할 것 없이 결성되었다. 사실 스위스는 이러한 형태의 협동조합의 요람지였다. 더구나 이 나라는 현대의 온갖 필수품을 충족시키기 위해 결성된 크고 작은 온갖 종류의 사회단체를 연구할 수 있는 엄청난 무대를 제공한다. 스위스의 일부 지역에서는 거의 모든 마을마다 수많은 협회가 있음을 알 수 있다. 화재방호, 보트 타기, 호수 연안의 선창관리, 물 공급 등등, 또한 농촌에는 궁도단체, 사격단체, 지형학자, 보행도로(步行道路) 탐색가 등 현대 군국주의에서 연유한 그런 유사한 단체들로도 넘쳐 난다.

하지만 스위스는 결코 유럽의 예외가 아니며, 이는 동일한 제도와 관습이 프랑스, 이탈리아, 독일, 덴마크 기타 여러 나라의 농촌에서 발견되기 때문이다. 우리는 프랑스의 지배자들이 촌락공동체를 파괴하고 그 토지를 강탈하기 위하여 한 행위들을 이제 막 살펴보았다. 그러나 그러한 모든 것들에도 불구하고 가경지(可耕地)의 10분의 1 즉 5백4십만ha의 땅, 자연 목초지의 절반과 국유 임지(林地)의 거의 5분의 1을 포함한 토지가 공동체 소유로 남아 있다. 숲은 공동체 사람들에게 연료를 제공하며 그리고 목재는 거의 공동 작업으로 바람직한 규격에 맞춰 모두 잘려 이용되었다. 방목지는 공동체 소속원의 가축에게 무료로 제공되었다. 공동체 소유 포장으로 남겨진 땅은 프랑스의 어떤 곳에서는, 즉 아르뎅 지방에서는 통상 배분과 재배분을 거쳤다.[342]

이들 추가로 공급된 땅은 가난한 소작농들이 흉년에 그들의 조그만 땅뙈기를 잃지 않고 또한 갚지도 못할 빚을 지지 않도록 해 줌으로써 농업노동자들 및 거의 3백만에 달하는 소작농가에게 너무나 중요하게 쓰였다. 이들 추가 농지가 없었다면 소작농들이 소유권을 계속 지킬 수 있었는지조차 의심스럽다. 그러나 비록 공동 소유가 갖는 윤리적 중요성이 작다 하여도, 토지의 경제적 가치보다는 훨씬 더 가치가 크다. 공동 소유는 상조(相助)라는 핵심관습을 마을 생활에서 유지시킨다. 의심의 여지 없이, 이 상조의 작용에 의하여 소(小)토지 소유권에서 나타나게 마련인 개인주의와 탐욕이 거리낌 없이 자라나 신장(伸張)하는 것을 강력히 억제해 준다. 모든 있음 직한 마을 생활 상황에서 볼 수 있는 상조정신은 온 나라 방방곡곡에서 일어나는 일상생활의 일부이다. 우리는 어디에서나 명칭은 다르지만, 작물을 수확할 때, 양조(釀造)를 할 때, 집을 지을 때, 이웃으로부터 무상으로 도움을 받는다. 어느 곳에서나 우리는 스위스의 예에서 언급한 것과 같은 동일한 저녁 모임들을 발견한다. 어디에서나 공동체 소속원들은 협동한다. 온갖 작업을 한다. 이런 관습은 프랑스

---

342) 각주: 프랑스에서 코뮌*은 전국의 24,813,000 에이커(약 960만ha)의 삼림 중 4,554,100에이커를, 11,394,000에이커의 자연초지 중 6,936,300에이커를 소유한다. 잔여 2백만 에이커(약 80만ha)는 포장, 과수원, 기타이다.

※역주: 역사적으로 두 번의 파리코뮌이 존재했음. 첫째는 1789년 프랑스 혁명 뒤 파리 시정(市政)을 장악한 혁명자치단체(1794년 진압됨)와 1871년 프로이센군이 프랑스와 전쟁에 승리하여 파리에 진주하고 항복을 받아낸 뒤 철수하자 사회주의 정권이 파리를 1871년 3월 18일~5월 28일까지 지배했었음. 이 책에서는 공동의 이익을 나누어 가지며 친밀하게 결속된 공동체, 공동자치체로서 프랑스, 이탈리아, 스위스, 벨기에 등에서 의회의 지원을 받아 시장이 다스리는 최소 자치행정구(시 자치제 포함)이기도 하였다.

의 마을 생활에 대하여 기술한 사람들 거의 모두가 말하고 있다.

그러나 이 자리에서는 제가 지인(知人) 중 한 사람에게 이 주제에 대해 그가 관찰한 바를 보내 달라고 요청하여 받은 서신 일부를 소개하는 것이 아마 더 나을지 모르겠다.

그 서신들은 수년 간 프랑스(Ariege) 남부의 한 코뮌에서 시장으로 재직했던 노인이 보내 준 것이었다. 그가 이야기하는 사실들은 다년 간의 관찰 결과로서 대면적을 주마간산(蛛馬看山)식으로 대충 훑어 본 것이 아니라 한 장소로 국한했다는 장점이 있었다. 일부 사실은 사소하게 보일지도 모르지만 그러나 전체적으로 마을의 삶이라는 작은 세상이야기를 꽤 잘 묘사하고 있다.

"우리 이웃의 몇몇 코뮌에서는"라고 지인은 적었는데 "상호부조 (L'emprount)라는 옛 미풍양속이 잘 살아 있소. 어떤 일이 다급하여 사람 손이 많이 필요하다 싶으면 즉 감자를 캐거나 풀을 깎거나─이웃의 젊은이들을 부릅니다. 젊은 남녀 여럿이 와서 아무 대가 없이 즐겁게 일을 해 줍니다. 그리고 저녁에 기분 좋게 식사한 뒤에는 춤추고 즐깁니다."

"이들 코뮌에서, 어느 처녀가 결혼을 앞두게 되면, 이웃 처녀들이 와서 혼수준비를 도와줍니다. 몇몇 코뮌에서는 아직도 여인네들이 베 짜기를 많이 합니다. 어느 가정이 베 짜기를 하게 된다면 하루 저녁에 해치웁니다. 모든 이웃들이 그 일에 동참합니다. 서남부 프랑스의 아리에제(Ariege)와 여타 지역의 코뮌에서는 옥수수 탈곡 작업 또한 모든 주민이 함께 합니다. 이들은 일이 끝나면 밥과 포도주를 대접받으며 그 젊은이들은 춤을 추고 즐깁니다. 견과류 짜기와 삼 (껍질) 벗기는 작업에도 똑같은 관습이 적용됩니다. 엘(L.)이라는 코 뮌에서는 옥수수를 (수확하여) 집 안에 들일 때도 똑같은 일이 벌어집니다. 이렇게 힘든 일을 하는 날은 잔칫날이 되는데 이는 주인이 그의 명예를 걸고 좋은 음식을 대접하기 때문입니다. 아무런 대가도 받지 않았습니다. 모두들 각자 서로 도와주었습니다.[343] "에스(S.)라 는 코뮌에서는 (마을) 공유 방목지가 해마다 늘어나 이제는 거의 모든 땅이 마을의 공유지로 되었습니다. 양치기는 여자를 포함한 가축 주인 모두가 투표하여 뽑았습니다. 황소는 마을 공동으로 소유하였습니다."

"엠(M.)이라는 코뮌에서는 마을의 양 떼를 마흔에서 쉰 마리로 이루어진 소집단으로 구분하여 셋 또는 넷으로 나눈 다음에 보다 높은 고지의 목초지로 올려 보냈습니다. 주인마다 일주일간 양치기 노릇을 하였습니다. "씨(C.)라는 작은 마을(교회가 없는)에서는 여러 세대 가 공동으로 탈곡기를 샀습니다. 그 기계 관리에 필요한 열다섯에서 스물의 인원은 모든 가구들이 충원해 주었습니다. 추가로 탈곡기를 세 대 더 사서 이를 빌려 주었지만, 그 작업만큼은 통상 하던 식으로 이웃의 도움을 요청하여 하였습니다."

---

343) 각주: 코카사스 지역에서는 그루지야인들이 훨씬 더 잘하고 있다. 식 사비용이 많이 들면 가난한 사람들이 그 비용을 감당할 수 없기 때문에, 그와 같은 처지의 일을 도와주러 온 이웃들이 돈을 추렴하여 양을 산다.

"알(R.)이라는 코뮌에서는 마을 묘지의 벽을 세워야 했습니다. 석회 구입 및 전문 기술자에게 지불할 임금의 절반은 군(郡) 의회가 대고 나머지 반은 기부금으로 충당했습니다. 모래와 물을 가져오고 회반죽을 하며 그리고 석공들의 시중을 들어 주는 일에 대해서는 전적으로 자원자들 몫이었습니다(커바일 부족의 젬마(djemma)에서 처럼.). 농촌 도로 보수도 마을 사람들이 자원 봉사하는 날을 정하여 동일한 방식으로 이루어졌습니다. 똑같은 방식으로 다른 공동체 사람들은 샘을 팠습니다. 양조용 압착기와 기타 조그만 용품들은 흔히 코뮌의 공동 소유였습니다." 그 지인과 이웃하여 사는 두 명의 주민은 그의 질문에 아래와 같이 덧붙였다.

"오(O.)라는 코뮌에서는 수년 전까지도 방앗간이 없었소. 그 코뮌은 하나를 지어, 마을 사람들에게 분담금을 매겼소. 제분업자에 대해서 그들은 횡령을 막고 공정을 기하기 위하여 그는 주민 1인당 2프랑을 받고, 제분은 무료로 하라고 결정하였습니다."

"성(聖) 지(St. G.)에서는 화재보험에 든 농부가 별로 없었다. 큰 화재 ― 최근에 그랬던 것처럼 ― 가 일어나면 모든 주민이 각출하여 화재를 당한 가족을 도와 주었다. ― 즉, 석탄, 석회, 이불천, 의자 등등 ― 그리하여 조촐하나마 이렇게 가정을 다시 꾸릴 수 있었다. 이웃들 모두가 도와서 집을 지어 주었으며, 그동안에는 이웃집들이 대가(對價)없이 재워 주고 보살펴 주었다." 이러한 상호부조의 관습에 의해 ― 훨씬 더 많은 사례를 추가할 수 있는데 ― 프랑스 농민들이 손쉽게 협동하여 마을 주민 혼자만 갖고 있는 말과 쟁기, 양조용 압착기 및 탈곡기를 번갈아 가며 이용하고 동시에 온갖 농촌 일을 공동으로 수행하는 행위가 의심할 바 없이 용이하게 이루어진다. 운하를 관리하고, 숲을 베어 내며, 나무를 심고, 늪지대는 까마득한 옛날부터 촌락 공동체가 배수하여 개간하였다. 지금도 여전히 똑같다. 최근에는 로쩌레(Lozere)의 라본(La born)에서는 공동 작업을 통하여 민둥 구릉지를 풍성한 과수원으로 바꾸었다. "등짐을 지고 흙을 날랐다. 계단식 고랑을 만들어 밤나무, 복숭아를 심어 과수원을 만들고, 2~3마일(3.2~4.8 ㎞)의 수로를 파서 물을 대었다."

　그들은 새로운 수로를 팠는데, 이제는 그 길이가 12마일(19.2㎞)에 이른다.344) 농업협동조합이나 소작농, 또는 농민조합이 거둔 특기할 만한 성공은 전술한 바와 같은 정신의 탓으로 돌려야 한다. 프랑스는 1884년이 되어서야 열아홉 사람 이상으로 이루어진 협회설립을 허용하였는데, 이 "위험한 실험"의 모험을 무릅썼을 때─이런 식의 표현을 한 것은 내각이었지만, 어쨌든 관할 부처들은 말할 필요도 없이 생각해 낼 수 있는 모든 합당한 조치를 취하였다. 이런 모든 장애물에도 불구하고, 프랑스는 단체로 뒤덮이기 시작했다. 처음에는 거름과 씨앗을 구입하기 위한 조합만이 결성되는 정도였지만 그 뒤로 이 두 분야에서는 엄청날 정도로 가짜가 횡행했기 때문이기도 하였다.345) 그러나 점차 조합기능은 다양한 분야로 확대되어, 농산물

---

344) 각주: 보드리라(Alfred Baudrillart)가 인용한 보드리라(H. Baudrillart)의 '프랑스의 농촌인구', 제3 시리즈(1893년, 파리). 479쪽.
345) 각주: 경제학자 학회지(1892년 8월, 1893년 5월과 8월)에는 겐트(Ghent)와 파리의 농업실험실에서 이루어진 분석결과 일부가 최근 실리게 되었다. 불량률은 믿을 수 없을 정도로 많았다. "(소위) 정직한 거래인"이라는 자들의 간계 또한 그러하였다. 일부 초종(草種)의 씨에서는 모래

판매와 영구적인 토지개량 분야도 포함되었다. 남프랑스에서는 필록세라 해충의 피해로 인하여 다수의 포도재배자 협회가 생겨나게 되었다. 열 명에서 서른 명의 재배자가 모여 하나의 협회를 결성하고, 양수용 증기엔진을 구입하는가 하면 포도원의 해충 방제작업을 교대로 하기도 하였다. 새로운 조합들, 즉 포도원 해충방제,346) 관수 및 수로유지 협회들이 계속 생겨났으며, 새로 태동되는 기세는 이웃 모든 농민의 만장일치라는 반대적 법규정도 장애가 되지 못하였다.

그 밖의 지역에서는 과수조합(fruitieres) 또는 낙농협회들이 있었는데, 이들 중 일부는 소의 산출량에 상관없이 버터와 치즈를 모두 똑같이 나눠 가졌다. 아리에제(Ariege)에서는 개의 다른 코뮌이 하나의 조합을 만들어 토지를 한데 모아 공동 경작하는 사례를 볼 수 있다. 무료 의료보험 조합이 동일 현(縣, 프랑스 행정단위)의 337개 코뮌 중 172곳에서 결성되었다.347) 소비단체가 신디케이트와 연계되어 생

가 32%나 섞였는데, 색깔을 입혀 잘 아는 사람도 속을 정도였다. 기타 샘플들도 순도는 52-22%에 불과했으며, 나머지는 잡초 씨였다. 배치(Vetch) 종자 속에 11%의 독성이 있는 잡초 씨(Nielle)가 들어 있었다. 양의 사료분(粉)에는 36%의 황화물이 들어 있었다. 등등. 끝없이 이어진다.

346) 각주: 보드리라, 동서(同書): 309쪽. 원래, 한 사람은 물을 공급하고 다른 여럿은 물을 이용하기로 한다. "이러한 협회의 가장 큰 특징은" 하고 보드리라가 말하기를, "어떠한 계약문서도 없다는 것이다. 모두 말로 이루어진다(구두계약). 그런데도, 이들 당사자들 간에 단 한 건의 분규도 일어나지 않았다."

347) 각주: 보드리라, 동서, 300쪽, 341쪽, 등등: 텔삭[성 지로네 신디케이트(St. Gironnais syndicate: 아리에제)의 회장은 다음과 같은 요지의 글을 나의 친구에게 보내 왔다. "투루즈(Toulouse)의 전람회에 나가기 위하여 우리 협회는 우리가 보기에 출품할 가치가 있는 가축의 소유주들을 그룹별로 나누었습니다. 협회는 여행 경비와 출품 비용의 절반을 대

겨났다. 그리고 기타 등등.

"농촌마을에서 꽤 혁명이라고 할 수도 있는 것은"이라고 보드리러 트(Alfred Baudrillert)는 기술하기를, "각 지역의 특성을 지닌 이들 협회를 통해 이루어지고 있다."

독일에서도 아주 같다고 말할 수밖에 없다. 토지 약탈을 막을 수 있는 곳에서라면 농민들은 토지를 공유했는데, 이런 삶은 불템벌그 (Wurttemberg), 바덴(Baden), 호헨죠레른(Hohenzollern)과 그리고 스탈 켄벌크(Starkenberg)의 헤센 주(州)에서 아주 흔한 현상이었다.[348] 마을 공유 숲은 일반적으로 관리 상태가 극히 뛰어났고, 또한 수천의 코뮌에서는 해마다 모든 주민들이 목재와 장작을 나눠 가졌다. 심지어 레솔즈탁(Lesholztag)이라는 오래된 관습도 널리 퍼져 있었다.

마을 종소리가 울리면 마을사람 모두 숲으로 가서 가져올 수 있

주었습니다. 4분의 1은 각자 부담하고, 나머지 4분의 1은 출품 입상자 가 대기로 했습니다. 그 결과 다른 방법으로는 결코 참가할 수 없었던 사람도 많이 가축전람회에 출품하였습니다. 최고상(350프랑)을 받은 입상자는 상금의 10% 즉 35프랑을 내었고, 한편 입상하지 못한 사람 들은 각자 6-7프랑만을 부담했습니다."

348) 각주: 뷜템벌크 시에서는 910개의 코뮌 중 1,629개가 공동체 재산이었 다. 그들은 1816년에 백만 에이커(40만 ha 이상)의 토지를 소유했다. 바 덴(Baden) 지역에서는 1,582개의 코뮌 중 1,256개에 공유지가 있었다. 1884-1888년에는 그들은 121,500에이커의 전지(田地)를 공유했으며 675,000에이커의 숲도 공유함으로써, 전체 삼림의 46%를 소유했다. 색 스니아 주에서는 전체의 39%가 공유지였다(슈모러의 연감, 1886년, 359 쪽). 호헨골레른(Hohengollern)에서는 전체 초지의 거의 3분의 2가, 그 리고 호헨골레른-헤킹겐(Hohnegollern-Hechingen)에서는 전체 토지재 산의 41%를 촌락공동체가 소유하였다(부켄베르크, 농학, 제1권, 300쪽).

는 한 많은 땔감나무를 가져왔다.349) 웨스트팔리아 주에서는 공동체
들이 모든 토지를 하나의 공유지로 경작하므로, 토지 집약적인 현대
농업 요구조건과도 부합하였다. 공동체의 오래된 관습을 살펴보면,
독일의 대부분 지역에 잘 살아 있다. 실제로, 노동 축제로 알려진
'상호부조'의 요청은 웨스트팔리아, 헤세 및 나소에서는 꽤 관례화되
어 있었다. 숲이 잘 가꾸어진 지역에서는, 새 집을 지을 목재를 통
상 마을 공유림에서 채취하였으며, 또한 이웃 모두가 참여하여 집을
지었다. 프랑크푸르트 교외에서조차도 채소 또는 화훼 재배업자들도
회원 중 누군가 아플 경우에는 일요일에 모두 그의 밭에 가 경작해
주는 것이 관례였다.350) 독일에서도, 프랑스에서처럼 통치자들이 농
민조합을 금하는 법을 철폐하자마자 ─ 유일하게 1884년에서 1888년
까지의 일이지만 ─ 조합결성을 저해하는 모든 법적 장애에도 불구하
고 경이로울 정도로 조합은 빠르게 발전하기 시작하였다.351)

"실제로," 하고 부켄벨커(Buchenberger)는 말하기를 "수천의 촌락공
동체에서는 화학비료나 합리적 사료급여 방식에 대하여 알려진 바
없었지만 그 두 가지가 조합의 덕택으로, 그 정도를 예측할 수는 없
었지만, 매일 이용하게 되었다(vol. ii의 507쪽)." 온갖 성력 기구, 농기
계, 그리고 개량가축도 조합을 거쳐 샀으며, 생산물 품질향상을 위한

---

349) 각주: 라베레(Laveley)의 Ureigenthum에 추가한 특별 장(章)을 마련하
　　　여 독일 촌락공동체에 관한 모든 정보를 모아 놓은 뷔헬(Bucher) 참조.
350) 각주: 뷔헬(K.Bucher), 상동, 89쪽, 90쪽.
351) 각주: 관공서식주의와 감독의 형태로, 길에 놓인 이러한 입법과 수많
　　　은 장애물에 대해서는 부켄베르크의 '농학과 농업정책', 제2판, 342 ─
　　　363쪽과 506쪽, 주해(註解) 참조.

다양한 방법들이 조합을 거쳐 도입되었다. 농산물 판매조합(Union)과 때를 같이하여 항구적인 토양개량조합이 결성되었다.352) 사회경제적 관점에서는 농민들 모두의 이러한 노력의 결과물이 그렇게 대단한 것은 아니었다. 그들은 유럽 전역의 토지경작자가 숙명처럼 짊어진 곤궁을 실질적으로 또한 더욱이나 영구히 경감시켜 주지는 못하였다. 그러나 이제 윤리적 관점에서 고려해 본다면, 이들의 중요성이 과대평가되었다고 할 수는 없다. 오늘날 제멋대로 횡행하는 개인주의 체제하에서조차도 농민대중들은 경건하게 상호부조의 유산을 지키고 있는 것으로 입증되었다. 그리고 국가가 이들 농민들 사이의 모든 유대를 끊어버린 도구인 철법(鐵法)을 완화하자마자, 이들 간의 유대는 수많은 정치, 경제, 사회적 난관에도 불구하고 즉시 복원되었고, 또한 현대의 생산 요구조건에 가장 잘 들어맞는 형태이기도 하였다.

이런 것들은 진보가 어떤 형태와 방향으로 이루어져야만 할 것인가를 잘 시사해 준다. 나는 이탈리아, 스페인, 덴마크 등등의 예를 들어 이러한 사례를 손쉽게 많이 보여 줄 수 있으며, 이들 나라마다 고유의 다소 흥미로운 특징을 지적할 수도 있다.353) 오스트리아와 발칸 반도의 슬라브 주민 중에서 발견되는 "복합가정", 또는 "분가 안 한 가구"에 대해서도 언급하지 않을 수 없다.354) 그러나 나는 서

---

352) 각주: 부텐벨크, 상동, 510쪽. 농업협동조합 중앙총회는 1,679개의 조합의 집합체로 이루어진다. 시레지아(Silesia)에서는 총 32,000에이커의 토지가 최근 73개 조합의 힘으로 배수가 되었다. 프로이센(Prussia)에서는 516개의 조합에 의하여 바바리아 주(州)에는 1,715개의 배수 및 관개조합이 있다.
353) 각주: 부록XII 참조.

둘러 러시아로 넘어가고자 하는데, 여기서는 동일한 상호부조 성향이 새롭지만 예견(豫見)하지 못한 형태를 드러내었다. 더욱이나, 러시아의 촌락공동체를 다룰 때, 우리는 거대한 규모로 진행된 가구별 조사ㅡ이 조사는 최근 몇몇 군의회가 수행하였고 또한 이 나라의 여러 상이한 곳에서 거의 2천만 농민이라는 인구를 포함한다.355)ㅡ기간 중 수집된 엄청난 분량의 문서를 가지게 되는 이점도 있었다.

이러한 러시아 조사에서 수집된 방대한 증거로부터 두 가지 중요한 결론을 내릴 수도 있다. 러시아 중부에서, 농민의 3분의 1이 모두 완전 파멸되어 버렸는데(중과세, 영세한 척박지 분배, 감당할 수 없는 높은 임대료, 그리고 대흉년 뒤의 과다한 중과세), 촌락공동체 안에서는 농노해방 뒤 처음 25년간은 토지의 개인소유를 입법화하려는 확고한 경향이 있었다. 많은 가난에 찌든 "밭을 갈 말도 없는"(역주: 한국농민에게 논밭을 갈 소가 없는 것과 같음) 영세농들은 할당받은 토지를 포기했고, 그 토지는 흔히 부농의 재산이 되었으므로 부농은 토지거래를 통하여 추가소득을 올리거나, 혹은 외부상인이 고리대금을 목적으로 헐값에 땅을 사들여 이 토지를 차지하게 되었다.

또한 1861년 토지보상법상의 하자로 인하여 농민의 토지를 최소 비용으로 손쉽게 살 수 있게 됨으로써 국가공무원들 태반이 공동 소유

354) 각주: 발간 반도 편은 라베레(Laveleye)의 '원시재산' 참조.
355) 각주: 이러한 거의(450권 중) 100여 권에 달하는 조사서들이 있으며, 촌락공동체에 관한 사실들을 V.V의 뛰어난 러시아 저서 "소농공동체"(1892년 쌍 페테르부르크) 속에 분류, 요약해 놓았는데, 이 저서는 이론적 가치를 따지기 이전에, 이 주제에 관한 자료의 보고이다. 위의 조사활동은 또한 방대한 문헌의 근거를 제시해 주어, 현대의 촌락공동체 문제가 처음으로 일반론의 영역으로부터 떠 올라와 신뢰할 수 있고 아주 상세한 사실이라는 굳건한 믿음의 토대 위에 놓였다.

에 반대하여 개인소유에 유리하도록 막강한 영향력을 행사하였다.356) 하지만, 토지사유화(私有化)에 반대하는 강한 바람이 지난 20년간 러시아 중부의 촌락을 통해 다시 불었다. 촌락공동체를 떠받치기 위하여 부농과 극빈 농가 사이에 위치하는 중간농가 대부분은 분투노력하고 있었다. 현재 러시아의 유럽 지역 중 인구가 가장 조밀하고 또한 가장 부유한 지역인 러시아 남부의 비옥한 스텝 지역을 보면, 지역 대부분이 현 세기 중에 개인소유제나 개인보유제의 형태로 국가의 보호를 받아 개척되었다. 그러나 동 지역에서 기계화 농업 재배법 개선이 이루어지게 되자, 소작농민들은 점차 개인소유제를 공동소유제로 바꾸기 시작했으며 그리하여 오늘날, 그 러시아 곡창지대에서 자연발생적으로 아주 많은 수의 촌락공동체가 최근에 생긴 것을 볼 수 있다.357)

크리미아358)와 그 북쪽 러시아 본토 일부(Taurida주)에는 상세한 데이터가 있어 이 운동을 아주 잘 설명해 준다. 이 지역은 1783년 합병된 뒤 러시아 방방곡곡에서 단신으로 또는 소집단을 이루어 몰려든

---

356) 각주: 상환은 연부(年賦)로 49년간에 걸쳐 갚아야 했다. 세월이 지나 태반을 갚게 되면, 나머지 상환부담금이 가벼워져 갈수록 상환이 쉬워져서 개인별 할부금을 갚을 수 있게 되었고, 무역업자들(장사꾼들)은 파산한 농부로부터 반값에 땅을 사서 이러한 양도재량권을 악용하였다. 마침내, 이러한 매매를 금지하는 법이 통과되었다.

357) 각주: 뷔.뷔(V.V) 씨는 '소작농 공동체'란 저서에서 이 운동에 관한 모든 사실들을 분류하였다. 러시아 남부의 급속한 농업발전과 기계류 보급에 대한 내용을 알고자 하는 영국독자들은 영사관 보고서[타간록(Taganrog)의 오데사(Odesa)]를 보면 알 수 있을 것이다.

358) 역주: 크리미아 반도를 말하며 러시아 유럽지역 서남부의 반도로서 흑해와 Azov해 사이에 위치함.

대러시아인(소련연방의 유럽 북부와 중부지방에 사는 주요 러시아민족: 역자 주), 소러시아인(우크라이나를 중심으로 한 소련의 남서지구: 역자 주) 및 백러시아인들(소련의 한 공화국의 국민: 역자 주), - 코삭크족, 자유민, 또는 탈주농노들-이 점거하기 시작하였다. 이들은 처음에 축산을 하다가, 뒤에 농경을 시작하여 각자 능력껏 농사를 지었다.

그러나 이주민이 계속 유입되고, 기계영농의 도입으로 토지수요가 급증하여 농토가 모자라게 되자, 거주자들 사이에 격렬한 분규가 일어났다. 수년간 이런 분규가 지속되고 나자, 이전에는 이들을 결속하는 어떠한 상호유대도 없었지만, 그들은 점차 촌락공동체의 토지공유제를 도입하여 분규를 끝내야만 한다는 데에 생각이 미쳤다. 이들은 향후에는 사유지를 공유한다는 취지의 결의를 통과시켜 토지를 촌락공동체의 일반 규약에 따라 분배 및 재분배하기 시작했다. 이 운동은 차차 광범하게 퍼져 나갔고, 소지역의 경우, 타우리다(Taurida) 주의 통계학자들은 161개 농촌의 소작농민들이 자발적으로 1855-1885년간에 주로 사유제 대신 공유제를 채택했다는 사실 자료를 찾아냈다.

이런 방식으로 정착민들은 꽤 다양한 형태의 촌락공동체를 마음대로 강구해 내었다.359) 이런 전환이 더욱 관심을 끄는 점은 이것이 촌락공동체 생활에 젖어 있던 대(大)러시아인들뿐만 아니라, 폴란드 지

---

359) 각주: 어떤 경우 그들은 아주 조심스럽게 진행시켰다. 어느 촌락의 경우 이들은 모든 초지(草地)를 한데 집중시키되, 일부(일인당 5에이커: 약 2ha)만은 공유로 하였다. 나머지는 모두 개인소유로 유지되었다. 그 후 1862-1864년에, 이 제도가 연장은 되었으나, 1884년에 가서야 완전공유제가 실시되었다. - 뷔.뷔(V.V)의 소작농공동체, 1-14쪽.

배 아래 오랫동안 이 제도를 잊고 살아왔던 소(小)러시아인들과, 그리스인, 불가리인들 및 심지어 준공업화된 볼가 지역 거주지에서 번영을 누리며 독자의 촌락공동체를 오랫동안 운영해 왔던 독일인들 사이에서도 일어났다는 것이다.360) 타우리다(Taurida) 주(州)의 타타르족(族) 회교도들이 사유화(私有化)를 제한하는 회교율법에 따라 토지를 공유했음은 분명하다. 그러나 그들조차도 이와 같은 유럽식 촌락공동체를 도입한 사례는 몇이 안 된다.361) 타우리다 주의 여타(餘他) 민족들을 보면, 사유제를 철폐한 곳은 에스토니아의 여섯 마을, 그리스 마을이 둘, 불가리아 마을이 둘, 체코 마을이 하나, 및 독일 마을 하나였다.

이 운동은 러시아 남부의 비옥한 스텝 지역 전체에 걸쳐 일어난 것으로 특징지어진다. 그런데 이와 같은 별도의 사례가 소(小)러시아에서도 쉽게 발견이 된다. 이리하여 체르니고프(Chernigov) 주(州)의 많은 마을의 소작농들은 이전에는 개인 토지 소유자였었다. 그들은 별도로 개인 토지문서를 가지고, 임의로 토지를 빌려 주거나 팔기도 하였다. 그러나 19세기 중엽 공동 소유를 주장하는 운동이 그들 사이에서 생겨났는데, 논쟁은 주로 극빈 가정의 수가 늘어나는 데 있었다. 어떤 마을에서 이 개혁을 주도했는데, 다른 마을들도 연이어 따

---

360) 각주: 멘노나이트(Mennonite)[각주359]의 촌락공동체에 대해서는 크라우스(A.Klaus)의 '우리의 개척거류지', 상트페테르부르크(St.Petersburg), 1869년 참조.

361) 역주: 메노(재세례)파이며 16세기 유럽에서 일어난 그리스도교 복음교회의 하나로서 어린 아기의 세례는 반대하고 신앙고백을 바탕으로 하여 어른이 된 다음에야 세례하며 타파 교도와의 혼인을 금지한다. 프리즐란드의 종교가 메노시몬스(Menno Simons: 1492~1559년)의 이름에서 유래함.

라와서, 기록상 마지막 사례는 1882년으로 되어 있다. 물론 통상, 공유를 주장하는 가난한 사람들과 개인소유를 선호하는 부자 사이에는 다툼이 있었다. 그리고 그 분쟁은 가끔 수년간 지속되었다. 어떤 곳에서는 법으로 정한 만장일치가 불가능하여, 마을이 둘로 쪼개졌는데, 하나는 개인소유제로, 또 다른 하나는 공동 소유제로 되었다. 그렇게 지내다가 두 마을은 하나의 공동체로 합쳐지거나, 아직도 분리된 채로 남아 있다.

러시아 중부의 경우, 사유제 방향으로 표류해 가던 많은 마을에서 1880년 이래 촌락공동체의 재설립을 지지하는 대중운동(大衆運動)이 시작된 것은 사실이다. 심지어 다년간 사유제로 지냈던 토지 소유 소농민들조차도 집단으로 공동 소유제도로 되돌아갔다. 그리하여 상당수의 전 농노(前農奴)들은 법정배분(法定配分) 토지의 겨우 일부만 할당받았지만, 무상으로 그 토지의 주인이 되었다. 1890년에는 그들 [쿠르스크, 랴잔, 탐보프, 오렐시(市) 등] 사이에서 토지를 공유하여 촌락공동체를 도입하려는 운동이 광범하게 전개되기도 하였다. 1803년, 법에 의하여 농노신분에서 해방되어 각 농가별로 할당 토지를 별도로 구입하였던 자유농업주의자들(자유농민)도 지금은 거의 모두 촌락공동체 아래에 속해 있다. 이들 운동은 모두 최근 생겨났으며, 비(非)러시아인들도 동참하고 있다. 그리하여 티라스폴(Tiraspol) 지구(地區)의 불가리인들은 60년간이나 개인 토지 소유제를 지켰지만, 1876-1882년간에 촌락공동체를 도입하였다.

1890년 베르댱스크의 독일 메노파 교인(Menno)들은 촌락공동체를 도입하기 위하여 싸웠으며, 독일 침례교파의 소지주들도 동일 방향의 운동을 마을에서 전개하였다. 또 하나의 사례로 러시아 정부는 40년대에 사마라 주(州)에서 실험의 하나로, 사유제로 구성된 103개의 촌락을 만들었다. 가구마다 105에이커(약 40ha 상당)에 달하는 엄청난 땅을 받았다. 1890년, 103가구 중 72농가는 이미 촌락공동체를 받아들인다는 요망사항을 통고하였다. 나는 이 모든 사실을 V.V.의 뛰어난 저서로부터 인용했는데, 그는 상술(上述)한 가구별 조사 결과를 기록한 제반 사실을 고전양식(古典樣式)으로 단지 서술만 하고 있었다. 공동 소유를 선호하는 이 운동은 현재 풍미하는 경제이론과 아주 배치되는데, 이들 이론에 따르면 촌락공동체는 집약재배 방식에 적합한 것이 아니게 된다.

그러나 이런 이론을 가장 관대하게 보아 준다 해도, 이를 입증하기 위한 실험조차 해 보지 않았다는 것이다. 이들은 정치적 형이상학(形而上學)의 영역에 속한다. 그와 반대로 우리 앞에 놓여 있는 제반(諸般) 사실이 보여 주는 것은 러시아 농민들이 동시다발의 유리한 상황 전개로 인해 평균해서 덜 불행해질 수 있다면 어디에서나, 또한 이웃 중에 유식하며 (상황을) 주도하는 인사가 있다면 어디에서나, 촌락공동체는 농업과 촌락생활 그 모두를 다양하게 개선시킬 수 있는 수단 그 자체가 된다는 점이다. 여기서도, 다른 곳에서처럼 상조(相助) 정신은, 다음과 같은 사실에서도 알 수 있듯이, 만인의 만인에 대항한 싸움보다도 우리를 진보 쪽으로 더욱 잘 이끌어 준다.

니코라이 1세[362] 치하의 많은 고관들과 농노 소유자들은 가난한 농민들에게 곡식을 대여해 준 뒤 마을창고를 다시 채우기 위하여,

362) 역주: 러시아 황제(재위: 1825－55년).

농민들에게 얼마 안 되는 마을 공동 소유 땅을 공동 경작하는 제도를 채택하라고 강요하였다. 그러한 재배방식은 농민의 마음에 과거 농노라는 최악의 사태회상과 겹쳐져 있어서 농노폐지와 더불어 철폐되었던 것이었다. 그러나 이제는 농민들 자신들의 이해관계에 따라 그 제도를 재도입하기 시작하고 있다. 한 지역(쿠르스크의 Ostrogoghsk)에서는 모든 농촌마을에서 이 제도가 되살아나는 데는 한 사람의 주도(主導)만으로 충분하였다. 여러 다른 지역에서도 상황은 동일하였다. 어느 정해진 날에 마을 주민들은 밖으로 나와, 부자들은 쟁기나 손수레를 가지고 그리고 가난한 농부들은 맨손으로 일을 하며 서로 각자의 몫을 구분하지 않도록 하였다. 수확물은 뒤에 가난한 농민에게 대가 없이 주거나, 고아나 홀어미나 마을교회나 학교에 주거나 또는 마을 빚을 상환하기 위하여 이용하였다.363) 말하자면 마을생활(도로와 다리, 땜, 배수로 개보수, 관개용 물 공급, 나무 베기, 나무 심기 등)에 속하는 온갖 일들을 공동체 모두가 한다는 것, 그리고 공동체 모두 같이 토지를 임대하여 목초지의 풀을 베었다는 것은 — 이 일은 남녀노소 모두 톨스토이가 기술한 방식으로 이루어졌음을 뜻한다. 이는 오직 촌락공동체 시스템하에서 살아가는 사람들한테서나 기대할 수 있는 것이었다.364)

---

363) 각주: 그러한 공동자치체(共同自治體) 문화가 오스트로고즈스크(Ostrogoghsk) 지역의 195개 마을 중 159개에서 존재한다고 알려졌다. 스라뱌노셀브스크에서는 187개 중 150개에서, 알렉산드로브스크에서는 107개 촌락공동체, 니코라예브스크에서는 93개, 에리자베스그라드에서는 35개, 한 독일인 거류지에서는 공공채무를 갚기 위하여, 공동자치제(共同自治體) 문화가 이루어졌다. 비록 155가구 중 94가구가 채무(변제) 계약을 맺었지만 주민 모두 작업에 참여하였다.

364) 각주: 젬스트보(Zemstvo) 통계학자가 주목(注目)한 그러한 작업목록은

이런 일은 전국에 걸쳐 매일 일어나고 있다. 그러나 마을공동체가 비용을 감당할 수 있고 또한 이제까지 부자 전용의 지식이 농가에 보급(普及)된다면, 그 공동체는 현대화된 농업에 결코 반대하는 것이 아니다. 러시아 남부에서 현대식 전형쟁기의 급속 보급이 이제 막 이루어졌다고 들었다. 그리고 많은 경우 촌락공동체는 그 이용과 보급의 필요성을 알고 있었다. 공동체는 쟁기를 사서, 마을 공유지의 일부에 실험을 해 본 뒤 개선할 점을 제조업체에 알려 주었고, 때로는 제조업자들을 공동체 산업용으로 끌어들여서 저가의 쟁기를 제조 생산하였다. 지난 5년간 모스크바 지구에서는 1,560개의 쟁기를 농민들이 샀는데, 그 추진력은 재배법 개선을 위한 특수 목적체(目的體)로서 토지를 임대해 준 마을공동체에서 나왔다. 동부 지역(Vyatka)에서는 조그만 농민조합이 곡물선별기(철강 생산지구의 한 곳에서 공동체 산업으로서 제조된)를 가지고 다니면서, 인근 행정구역에서 이 기계의 이용을 보급하였다. 사마라, 사라토브 및 켈손에서 탈곡기의 광범한 보급 바로 그 자체는 개인 농가의 경우, 값비싼 엔진 구입이 불가능하였으나 이를 감당할 수 있었던 농민조합 덕분이었다.

그런데 우리는 모든 경제 논문에서 삼포식(三圃式)[365] 재배법이 윤작체계(輪作体系)로 대체되면서 촌락공동체는 소멸될 운명에 처해 있다는 주장을 읽어 왔지만, 실제 러시아에서는 많은 촌락공동체가 여전히 윤작체계의 도입을 주도하는 것을 보았다. 그 방식을 채택하기에 앞서, 농부들은 의례 공유지 일부를 시험재배 초지로 만들어

뷔.뷔(V.V)의 '소작농공동체' 459 – 600쪽에 나와 있다.

365) 역주: 포장을 셋으로 나누어 1년씩 돌려가며 한 해씩 휴경하여 땅의 지력을 꾀하는 농법으로 중세 유럽농업에서 많이 행해졌음.

놓은 뒤 종자를 산다.366) 실험결과가 좋으면 공유포장을 5포식(圃式) 또는 6포식(圃式)에 맞추어 재분배한다 하더라도 별 어려움이 없었다. 이 시스템은 이제 모스크바, 트벨, 스몰렌스크, 뱌트카 및 프스코브의 수백에 달하는 마을공동체가 이용하고 있다.367) 그리고 남는 토지가 있으면, 공동체는 그 일부를 과수재배용으로 또한 할당하였다.

마지막으로, 최근 러시아에 급속 보급된 소규모 모델농장, 과수원, 채소재배 텃밭, 그리고 뽕밭 따위가 촌락공동체에서 나왔는데 이것들은 학교교사(敎師)나 마을의 자원자가 주도하여 마을의 교사(校舍)에서 시작되었던 것이고 곧 상호부조(정신) 때문에 가능하였던 것들이다. 더구나 배수시설과 관개 같은 영구시설의 개·보수 사업은 흔히 있었다. 예를 들면 모스크바 주(州) 3개 지구, 이른바 대개는 공업지구인데 여기에서 배수(하수)공사가 지난 십여 년간 대대적으로 180-200개의 상이한 촌락에서 이루어졌으며 공동체 주민들은 자원하여 삽을 들고 일하였다.

---

366) 각주: 모스크바 (시)정부에서는 이 실험을 위에 말한 공동체 문화의 예비 토지를 통상대상으로 하여 실시하였다.
367) 각주: 그러한 개량 및 그와 유사한 사례 몇 개가 오피셜메신저(Oficial Messenger), 1894년 제256-258호에 나와 있다. "경작할 말이 없는" 소작농 간의 단체들이 남부러시아에서 나타나기 시작한다. 또 다른 극히 흥미로운 사실은 서남부 시베리아에서 극히 많은 버터제조 협동조합이 급작스럽게 발흥한 것이었다. 어디에서 이 운동이 발생, 주도되었는지도 모르나 이러한 조합 수백 개가 볼스크와 톰스크에서 퍼져나갔다. 이 운동은 덴마크인 협동조합 업자로부터 비롯되었는데, 이들은 고품질버터는 수출하고, 저품질의 버터는 시베리아에서 일용으로 수입하곤 하였다. 7년간의 거래 끝에, 그들은 그곳에 치즈제조소를 도입하였다. 이제는, 그들의 노력으로 거대한 수출무역으로 성장하였다.

러시아의 벽지(僻地) 중 하나인, 노보르겐(Novorgen)의 건조 스텝지대에서는, 마을공동체가 일천이 넘는 둑을 쌓아 저수지를 만들었고 몇백 개의 우물을 깊이 팠다. 한편 러시아 동남부의 부유한 독일 정주촌(定住村)에서는 마을 주민 남녀모두가 5주간에 걸쳐 쉬지 않고 일함으로써 길이 2마일(3.2㎞)의 관개용 둑을 쌓았다. 사람들이 고립되어 있다면 한발을 극복하기 위하여 무슨 노력을 할 수 있겠는가? 한 개인의 노력만으로는 러시아 남부에 창궐한 마멋(설치류)이 큰 피해를 줄 때 공동체 주민들이 무엇을 이룩할 수 있겠는가? 따라서 그 땅의 모든 사람들은 빈부 구분 없이, 공동체주의자이건 개인주의자이건 그 쥐의 피해를 막기 위해 직접 팔을 걷어붙이고 일해야만 하지 않았을까? 정치인을 찾아가는 것은 아무 소용이 없었으리라. 가능한 유일한 처방은 서로 협력하는 것뿐이다.

자 이제, "문명"국가에서 농부들이 실천해 온 상호부조에 대하여 충분히 이야기하고 나서, 내가 알게 된 사실은 다소 중앙집권화된 국가의 관리하에서 현대 문명 및 현대 사상의 손길이 미치지 않은 채 살아가는 수억 인의 생활에서 8절판 분량의 책을 가득 채울 수 있을 정도로 많은(위에 말한) 사례를 볼 수 있다는 것이다. 나는 한 터키 마을의 내부생활과 그 부러울 정도로 그물처럼 짜인 상호부조의 관습에 대하여 기술할 수 있으리라. 코카사스 지역368)의 농민생활에 대한 예시로 가득 찬 책장을 넘길 때마다, 상호부조라는 감동적인 사실들을 만나게 된다. 동일한 관습들의 자취를 아랍족의 젬마(djemmaa)

---

368) 역주: 러시아의 유럽 쪽(部)과 아시아 쪽(部)의 경계를 이루며 러시아 서남부 흑해와 카스피 해에 걸쳐 있는 거대한 산맥. 최고봉은 Elbaus (5,637m)임.

와 아프가니스탄의 푸라(purra)에서, 페르시아와 인도 및 자바의 마을에서, 중국인의 분가 없는 대가족에서, 중앙아시아의 반(半)유랑민과 북극(北極)의 유랑민 숙영지에서 본다.

아프리카 문헌에서 손길 닿는 대로 뽑은 적요를 훑어보면서, 나는 여기서도 동일한 사실들―상호부조, 즉 농작물 수확작업, 마을 모든 주민이 공동으로 행하는 집 짓기, 때로는 문명국의 불법침입자들이 자행한 대파괴의 복구―처럼 사람들이 사고를 당했을 때 도와주고, 여행자들을 보호해 주는 등등의 사례로 채워져 있음을 발견하게 된다. 그리고 아프리카 관습법 개요 같은 포스트(Post, 미국저술가 역자 주)의 저서를 정독하고 나서야 모든 독재, 폭정, 탄압, 강탈과 습격, 부족 간 전쟁, 탐욕의 왕들, 사람을 속이는 마술사들과 성직자들, 노예 사냥꾼 및 이와 유사한 것들(의 존재)에도 불구하고, 나는 왜 이들 군중들이 숲 속에서 뿔뿔이 흩어지지 않았는지를 이해할 수 있게 되었다. 왜 이들이 쇠퇴한 오랑우탄처럼 갈가리 찢어진 가족(단위)의 수준으로 퇴보하는 대신 어떤 문명을 지키며, 인간으로 남아 있게 되었는지를 알게 되었다. 그 실상은 다음과 같다.

즉, 노예 사냥꾼들, 불법 상아약탈자들, 전쟁을 벌이는 왕들, 마타벨족 및 마다카스칼369)의 "영웅들"은 피와 불로 얼룩진 자취를 남기고 사라져 갔지만, 종족과 마을공동체 속에서 자라난 상호부조 제도와 관습의 핵심은 지켜진다. 따라서 그것은 사람들을 단결시켜 사회를 이룸으로써 때가 되어 수용할 준비를 갖추게 되면 문명의 문을

---

369) 역주: 아프리카 동남해안에서 약 390㎞ 떨어진 인도양에 있는 섬.

(활짝) 열고, 총탄 대신 문명을 받아들일 수 있게 만든다. 이는 우리 문명세계에도 똑같이 적용된다. 자연 및 사회재해는 명멸한다. 인류 전체가 주기적으로 빈곤과 기아에 시달리게 된다. 수백만 사람들로부터 용솟음치는 그 활력의 생명은 짓밟혀, 도시 빈민이 될 수밖에 없어진다. 수백만 인의 예지와 감정은 소수의 이익을 위하여 만들어진 가르침들로 왜곡되었다. 이 모두는 분명히 우리 존재의 일부이다. 그러나 상호부조 제도, 습관과 관습의 핵심은 수백만의 가슴에 살아 숨 쉬고 있다.

그것은 인류를 하나로 묶어 준다. 그리고 민중은 전혀 과학이 아니면서도 그 이름 아래 제공되었던 만인의 만인에 대한 투쟁(생존경쟁의 법칙)의 가르침을 받아들이기보다는 그네들의 관습, 신념 및 전통을 고수하는 쪽을 택하였다.

갈래 VIII

우리들의 상호부조(2)

국가의 길드 파괴 후 생겨난 노동조합
노동투쟁
파업 중의 상호부조(相互扶助) 협동
각종 목적의 자유단체. 자기희생
가능한 모든 측면에서 연대활동을 위한 수많은 단체
빈민가에서의 상호부조(相互扶助)
개인 간(間) 상호부조

유럽 농촌주민의 일상생활을 알아보면, 국가가 촌락공동체를 파괴하기 위하여 취한 모든 조치에도 불구하고 농민의 삶은 상호부조라는 관습이 마치 벌집처럼 서로 이어져 있음을 발견하게 된다. 토지공유제의 중요한 자취가 아직 남아 있었기 때문에 농촌협동에 대한 법적 장애물이 제거되자마자, 온갖 경제적 목적하에서 자유조합의 망(網)이 농민들 사이로 급속히 퍼졌고 이 새로운 운동은 오히려 오래된 촌락공동체와 유사한 일종의 조합을 재구성하려는 경향을 나타내었다. 앞 장에서 그러한 결론에 도달했기에, 공업지대의 주민들 속에서는 이제 어떤 상호부조 제도를 볼 수 있는지 살펴보고자 한다.

지난 삼백 년 동안, 이런 제도의 성장 조건은 농촌에서처럼 도시에서도 결코 쉽지 않았다.

16세기에 군국주의가 진전(進展)하면서 중세 도시가 정복될 때, 기능공, 명장 및 상인 모두를 길드와 도시 안에 결속시켰던 모든 제도·관습들도 극심하게 파괴되었다는 것은, 참으로 잘 알려져 있다. 길드와 도시의 독자 정부 및 독자사법권은 폐지되었다. 길드 조합원 형제 사이의 연대 맹세는 국가에 대한 반역행위가 되었다. 길드의 재산은 촌락공동체의 토지에서와 똑같은 방식으로 몰수되었다. 그리고 각 업종의 내부 및 전문조직들은 국가가 인수하였다. 법률이 점점 가혹해지고 입법들이 통과되어 기능공들이 어떠한 방식으로든 조직 결성을 못 하도록 하였다. 한때는, 얼마 안 되는 옛 길드의 흔적이지만 허용되지 않았던 것은 아니다. 상인 길드는 국왕에게 특별교부금을 대가 없이 양도한다는 조건 아래 그 존재를 인정받았다. 그리고 일부 기능공 길드는 행정조직으로나 존재하게 되었다. 이들 중 일부는 아직도 존재 의미조차 없이 연명하고 있다. 그러나 이전에는 중세의 삶과 산업의 활력소였던 그 존재가 중앙집권 국가의 폭압에 짓눌려 사라진 지 오래된 것이었다.

현대국가의 최우수 산업정책 모범의 사례로 꼽힐 수 있는 대영제국이지만 그 속에서 일찍이 15세기부터 의회가 길드를 파괴하기 시작했음을 알 수 있다. 그러나 특히 결정적 조치가 취해진 것은 그 다음 세기에서였다. 헨리 8세는 길드조직을 파괴했을 뿐 아니라 그 재산을 몰수할 때는, 툴민 스미스가 쓴 대로 말하면, 수도원 토지를 몰수하기 위하여 지어내기라도 한 그 어떤 변명이나 태도마저도 없었다.

에드워드 6세370)의 법전371)이 완성되면서 이전에는 각 도시의 독자소관이었던 기능공과 장인 사이의 모든 분규(조정 역할)를 이미 16세기 후반에 이르러서는 의회가 해결하고 있었다는 사실을 우리는 발견하게 된다.
영국 의회와 국왕은 그러한 모든 분쟁을 다루는 법을 제정했을 뿐만 아니라, 또한 수출무역에서 영국왕의 권리를 지킨다는 시각에서,

---

370) 역주: 헨리 8세와 제인 세이모(Jane Seymour) 사이에 태어난 아들로서 잉글랜드왕(1537~53) 및 잉글랜드, 아일랜드왕(1547~53)이었음.
371) 각주: 에드워드 6세의 치세 최고의 법령은 왕에게 다음 사항을 넘겨주라고 명령하고 있다. "모든 우의단체, 협회 및 길드는 잉글랜드와 웨일즈 왕국령 및 왕의 기타 영토 안에 속한다. 그리고 그들이나 그들의 어느 것에 속하는 모든 장원, 토지, 보유재산 및 상속(가능)재산들"(영국의 길드, 서문. XⅠⅲ쪽)도 마찬가지다. 또는 오켄코우스키(OckenKowski)의 '중세초기 영국 경제발전' 참조(예나, 1879년, 제2-5장.).

각 업종별 도제의 수를 규정하기 시작하여 각 제조업의 바로 그 기술을 세부사항까지 규정하기에 이르렀다. 원료의 무게, 천의 길이, 야드 당 실올의 수 등등. 그러나 별로 잘한 일이었다고 말할 수는 없다. 왜냐하면 상호 긴밀히 의존하는 길드와 동맹도시들 사이의 협약에 의하여 조율되면서 수세기 동안 끊이지 않고 계속된 분규와 기술적 어려움들은 전적으로 중앙집권 국가의 능력을 벗어나는 것이었기 때문이다.

관리(官吏)의 계속된 간섭으로 산업 노동운동은 마비되고, 대부분은 완전히 쇠퇴하였다. 전세기(前世紀)의 경제학자들이 국가의 산업규제에 반대하여 일어난 것은 광범위하게 공감대를 형성하던 불만을 단지 표명한 것에 지나지 않았다. 프랑스 혁명에 의하여 그런 간섭의 철폐는 해방의 행위로 환영을 받았으며, 프랑스의 이 사례는 곧 다른 나라도 뒤따랐다. 임금규제에 대해서도 국가는 별로 더 나을 것이 없었다. 중세 도시에서 장인과 도제 또는 일반 일용직 사이의 차별이 15세기에 이르러 점점 뚜렷해지자, 때로는 국제적 성격도 지녔던 도제조합이 장인조합과 상인조합에 맞서 대항하기도 하였다. 이제는 이들의 억울함을 해결할 책임을 진 것은 주체가 바로 국가였으며, 따라서 1563년의 엘리자베스[372] 칙령에 따라 치안판사가 일반 일용직과 도제의 편안한 생활을 보장해 주기 위하여 임금문제를 해결해야만 했다. 하지만 판사들은 갈등을 겪고 있는 이해관계를 조정

---

372) 역주: 영국의 잉글랜드 여왕 엘리자베스 1세(재위 1558~1603년). 망명해 온 스코틀랜드 여왕 메어리를 19년간 모반혐의로 가두었다가 처형함. 스페인 무적함대를 무찌르고 영국을 강대국으로 만들어 번영으로 이끌었음. 가장 뛰어난 군주의 하나로 칭송됨.

할 능력이 없었던 것으로 드러났으며, 또한 장인계급을 판결에 복종시키는 데에도 특히 무력했다. 그 법령은 점차 죽은 문서로 되었으며, 18세기가 끝날 무렵에는 철폐되었다. 그러나 국가는 이렇게 임금조정 기능을 포기하는 한편으로는, 일반 일용직과 노동자가 임금인상을 위하여 가입한 모든 단체를 계속해서 엄금하거나 또는 어떤 일정 수준에 묶어 두려고 하였다.

18세기 전 기간 내내 국가는 노동조합을 불법화했고, 1799년 마침내 온갖 결사(結社)를 중벌로 위협하며 금지하였다. 사실상, 영국 국회는 이 경우에는 단지 프랑스 혁명 때 국민의회의 예를 따랐을 뿐으로, 프랑스는 노동자의 결사를 금지하는 가혹한 법령을 공포하였다. 다수 시민 사이의 결사(행위)는 모든 민중을 똑같이 보호한다고 여기던 국가주권에 반역하는 시도로 간주되었다. 중세 조합의 파괴 작업은 이렇게 완료되었다. 국가는 도시와 농촌 모두에서 느슨한 개인들의 집합체들을 통치하면서, 그들 사이에 어떤 종류의 별도 결사도 철저하게 금지하였다.

이런 일들이 19세기에 상호부조 성향이 극복해 나아가야 할 여건들이었다. 이러한 조치들이 그러한 성향을 파괴하지 못했다고 말할 필요조차 있을까?

18세기를 통틀어, 노동조합은 계속해서 재결성되었다.[373] 그들은 1797

---

373) 각주: 시드니웹과 베아트리스웹(Beatrice Webb)의 '동업조합주의의 역사' (1894년, 런던, 21 - 38쪽).

년과 1799년의 법령 아래 시행된 가혹한 처벌로도 멈출 수 없었다. 모든 규제상의 하자, 노동조합을 고발할 때에 장인들이 취했던 지연(시기)작전이 모두 가역으로 이용되었다. 동호인, 장례클럽, 또는 비밀 우익단체의 이름에 편승하여, 노동조합은 섬유산업체, 셰필드의 칼 제조업자들이나 광부들 사이에 퍼져 나갔고 그리하여 동맹 조직들이 활발하게 결성되어 파업과 처벌 기간 중에 그 지부들을 지원하였다.374)

1825년의 단체행동법 폐지는 이 운동에 새로운 추진력을 제공하였다. 노동조합과 전국단위의 동맹이 모든 직종에서 결성되었다.375) 그리고 로버트 오웬이 전국대연합(全國大聯合) 노동조합을 시작하자, 몇 달도 안 되어 50만의 회원이 가입하였다. 이러한 상대적 자유를 누린 시기가 오래 지속되지 못한 것은 사실이다. 30년대에 새로운 처벌이 시작되고, 1832-1844년의 가혹한 형벌이 뒤따랐다. 전국조합은 와해되고, 전국에 걸쳐 민간기업주 및 국영공사 양쪽 다 그들 종업원들에게 노동조합에서 모두 탈퇴하고 탈퇴하겠다는 취지의 "서류"에 서명하라고 강요하기 시작하였다.

주종(主從: Master and Servant)법에 의하여 노조운동가들은 대대

---

374) 각주: 시드니웹의 저서에 있는바, 그 당시 존재했던 단체 참조. 런던의 기능공들은 1810-20년 때보다 더 잘 조직된 적은 결코 없었다고 추정된다.
375) 각주: 전국 노동보호조합에는 약 150개의 개별조합이 포함되며, 고액의 세금을 부과받았고, 약 십만 명의 회원이 있었다. 건축가 조합과 광부조합 또한 큰 조직체였다(웹, 상동(上同), 107쪽).

적으로 검거되었다. 노동자들은 장인들이 불온한 행위라는 말만 제기해도 약식체포 또는 유죄판결을 받았다.376) 파업은 독재 폭정 방식의 탄압을 받았고, 단지 파업을 선언하거나 파업주동자의 하나라는 이유만으로 가장 무서운 형벌을 받았다. 파업소요를 무력 진압하거나 그에 뒤따라 일어난 폭력 사태의 처벌에 대해서는 아무 말도 하지 못하였을 뿐만 아니라 이러한 여건 속에서 상호부조 행위는 결코 쉬운 일이 아니었다. 그럼에도, 우리 현세대가 생각지도 못한 모든 장애를 무릅쓰고, 1841년 노동조합이 다시 되살아나기 시작했으며, 그 뒤부터 노동자들의 조합결성이 꾸준히 이루어졌다. 일백 년 넘게 지속된 긴 투쟁 끝에, (노동자) 결사권을 획득하여 현재는 정규직 근로자의 거의 4분의 1에 해당하는 약 150만 명이 노동조합에 가입해 있다.377) 기타 유럽 각국을 살펴보면, 아주 최근까지도 노동조합은 그 종류에 관계없이 일종의 모반 행위로 처벌받았다는 말들이 많이 들렸다.

---

376) 각주: 필자는 웹 씨의 설명을 확인하는 서류로 가득 찬 그의 저서를 따랐다.

377) 각주: '40년대 이래 노동조합에 대한 유한계급(有閑階級)의 태도에는 큰 변화가 일어났다. 하지만, 심지어' 60년대에 와서도, 고용주는 일치단결하여 전 종업원을 쫓아냄으로써 조합을 분쇄하려는 무서운 시도를 하였다. 1869년까지는 피켓 흔들기는 말할 필요도 없었고 단지 파업 동의 및 현수막에 의한 파업 선언마저도 협박죄로 때때로 처벌받았다. 1875년에 가서야, 주종법(主從法)은 철폐되었고, 평화로운 피켓 행위는 허용되었으며, 파업주의 "폭력과 협박"은 불문율의 규제를 받게 되었다. 그럼에도 아직, 1887년의 선착장에서는 (하역)노동자의 파업기간 중, 구호자금은 피켓 행위권을 획득하기 위하여 법원에 투쟁하는 데 쓰였으며, 한편으로 지난 수년간의 처벌은 다시 한번 (노동자를) 위협하여(싸워) 획득한 권리를 환영(幻影)으로 보이게 만들었다.

비록 때로는 비밀회합의 형태를 취하기는 했지만, 그럼에도 노동조합은 없는 데가 없었다. 한편 미국과 벨기에서 노동조합들, 특히 노동기사단의 확산과 힘은, 1890년대의 파업을 통하여 충분히 예증되고 있다. 하지만, 명심해야만 할 것은 처벌은 고사하고, 노동조합에 소속됐다는 단지 그 사실만으로도 돈, 시간 및 무임금 노동이라는 상당한 희생을 치러야 했으며, 또한 노동조합원이라는 단순한 그 사실만으로도 실업의 위험을 계속 무릅쓴다는 것을 의미하였다.[378) 더욱이나, 노동조합원이 계속 직면해야 할 파업은 존재했다. 그리고 가혹한 파업의 현실은 노동자 가족이 빵집과 전당포에서 빌릴 수 있는 한정된 돈을 곧 바닥나게 했고, 파업 보조금으로는 식량조차도 꾸리지 못하며, 굶주림이 아이들의 얼굴에 드리워진다는 정도였다. 파업노동자와 절친한 사람들로서는 질질 끄는 파업 광경이 가슴 찢어지는 일이다.

어쨌든 이 나라에서 40년 전의 노동조합이 가지던 의미와 현재 가장 부유한 유럽 대륙 일부를 제외한 그 나머지 전체에서의 의미가 뜻하는 바를 쉽게 느껴 볼 수 있다. 지금도 아직 계속해서 파업 끝에 주민 전체가 파멸되며 강제이민을 떠나게 되고, 한편 아주 사소한 도발이나 아무것도 아닌 일로도[379) 파업자에게 총격을 가하는 일은

378) 각주: 주급 18실링의 노동자가 6펜스를 또는 25실링 중 1실링을 일주일마다 각출하면 이는 300파운드의 소득 중에서 9파운드 이상을 기부하는 것과 같다. 대부분 식비로 쓰인다. 그리고 동료 노동조합이 파업을 선언하면 부담액은 곧 2배가 된다. 동업자, 노동조합의 숙련기능공 생활을 도표로 설명(웹 씨 부부 간행. 431쪽 이후)한 것을 보면 노동조합주의자가 해야 할 소요작업량이 어떠한 지를 지극히 잘 알려 준다.
379) 각주: 1894년 5월 10일의 오스트리아 제국 기념일 전날의 오스트리아 팔켄나우의 파업에 대한 토론 참조. 이 토론에서 해당 중앙부서와 광산

유럽 대륙에서 여전히 꽤 관례화되어 있었다.

　그럼에도 유럽과 미국에서는 해마다 수천에 이르는 파업과 공장폐쇄가 이어지고 있다. 가장 처절하고 오래 끈 투쟁은 대개 소위 "동정파업"으로서 공장이 폐쇄된 동료들을 지지하거나 노동조합의 권리를 유지하기 위하여 벌리게 된다. 그리고 일부 신문은 파업을 협박으로 설명하는 반면, 파업자들 속에서 살아 본 사람들은 조합원들이 끊임없이 실천하는 상호부조를 부러워하며 이야기한다. 모든 사람들은 런던의 부두노동자 파업기간 중 노동자들이 자발적으로 구호활동을 벌여 엄청난 양의 일을 이룩했다고 들었다. 광산노동자들이 오랫동안 실업을 겪고 복직되자 파업기금으로 주(週)당 4실링의 각출금을 내었다는 것을, 1894년의 요크셔 지방의 노동투쟁 기간 중에는 광산노동자의 미망인이 작고한 남편의 평생저축금을 파업기금으로 내놓았다는 것을, 마지막 남은 빵 덩어리는 언제나 이웃과 함께 나눠 먹었다는 것을, 래드스톡의 광산노동자들은 그네들의 텃밭이 좀 더 넓어 유리했는데, 사백 명의 브리스톨 지역의 노동자들을 초청하여 그들 몫의 양배추와 감자 등등을 가져가게 하였다는 이야기를 들었다.

　1894년의 요크셔 지방의 광산노동자 대파업 때 신문사 특파원들은 모두 이러한 사실 이야기들이 산더미처럼 많다는 것을 알았지만, 그들 모두가 다 이러한(자신들과) '관계없는' 사실들을 각자의 신문사에 보도할 수는 없었다.[380] 하지만 노동조합주의만이 노동자를 상호

　소유주 모두 사실을 충분히 인지하였음. 또한 그 당시의 영국신문도 참조할 것.
380) 각주: 그러한 많은 사실들이 1894년 10월과 11월 데일리 크로니클(Daily

부조의 필요성을 표명한 유일한 형태는 아니었다. 그 밖에도, 정치단체가 다수 있었는데 다수의 노동자는 현재 그 단체의 목적이 한정되어 있지만, 그 활동이 노동조합보다 일반복지에 더 이바지한다고 생각하고 있었다.

물론 어떤 정치단체에 속한다는 단순한 그 사실만으로 상호부조의 성향을 드러낸다고 볼 수는 없다. 정치란 순(純) 자기중심적인 사회적 요소들과 이타적(利他的) 열정들이 최대로 뒤엉킨 결합의 장(場)이라는 것을 우리 모두 알고 있다. 그러나 노련한 정치가들이라면 모든 위대한 정치적 운동들은 웅대하고 심원(深遠)한 목표를 지향하여 투쟁하며 또한 이런 운동들이 가장 강렬하면서도 극히 헌신적인 열광을 사람들로부터 불러일으킨다는 것을 알고 있다. 위대한 역사적 운동들은 모두 이러한 성격을 가지고 있으며, 우리가 사는 이 세대에서는 사회주의가 바로 그 경우에 해당한다. "유급 선동가들"이란 말은 의심의 여지 없이 이에 대해 아무것도 모르는 사람들이 즐겨 되풀이하는 어투이다. 하지만 진실은, 내가 개인적으로 아는 것만 말하더라도 - 만일 내가 지난 20년간 사회주의 운동에서 보았던 모든 헌신과 자기희생의 사례를 일기로 적어 놓았다면, 그것을 읽은 독자의 입에서는 "영웅주의"라는 말이 떠나지 않았을 것이라는 점이다.
　그러나 내가 말하고자 하는 사람들은 그런 주인공들이 아니다. 그들은 보통 사람들로서 위대한 사상에 고취되어 있었다. 사회주의 신문마다 - 유럽에만도 수백 개가 있었는데 - 어떠한 보상도 바라지 않

Chronicle)에 나오며, 또한 일부는 데일리 뉴스(Daily News)에 나타났다.

고 수년간 희생을 한 똑같은 역사가 있다. 그리고 절대다수의 사례를 봐도 어떤 사욕(私慾)도 없었다. 내가 관찰한 가정(家庭)들은 내일의 양식이 어떠할지 모른 채 살고 있었고, 그 남편은 신문사에서의 역할로 인하여 조그만 마을에서 배척당해 아내는 재봉 일을 하며 가족을 부양했고 그런 상황이 수년간 지속된 뒤에야 그 가족은 한마디 비난의 말도 없이, 단지 말하기를 "계속하세요. 우리는 더 이상 버틸 수 없어요!"라 하게 된다.

내가 만나 본 사람들은, 폐렴으로 죽어 가고 있다는 것을 알면서도 눈이 오나 안개가 끼거나 집집마다 찾아다니며 모임을 준비하고, 임종 수 주 전까지도 모임에서 연설을 하는, 그때에서야 병원에 입원하면서 다음과 같은 말을 남겼다. "자, 친구들이여, 나는 끝났소. 의사들 말로는 나는 수 주간밖에 살지 못한다오, 친구들에게 그들이 병문안을 올 수 있다면 나는 행복할 거라고 전해 주시오." 내가 보아 왔던 사실들을 이 자리에서 그들에게 말한다면 "이상화"란 말로 묘사할 수 있을지 모르겠다. 그리고 좁은 교우(交友) 관계 외에는 별로 알려진 바 없는 이들의 바로 그 이름조차도 그들의 친우들이 또한 사라지면 곧 잊히게 될 것이다.

사실 나 스스로는 어느 것을 가장 경탄해 마지않아야 할지, 이들 소수의 끝없는 헌신인지 대다수의 조그만 헌신행위의 총합인지 알수가 없다. 한 페니(우리말로는 동전 한 닢)에 파는 신문 한 부 한 부마다, 모임 하나하나마다, 사회주의 선거에서 얻은 백 표마다, 이런 사례 모두는 외부인이 결코 조금도 생각지 못할 에너지와 희생을 의미한다. 그런데 오늘날 사회주의자들의 행위는, 과거에 정치 및 종교적으로, 모든 진보민중 정당에서 행해져 왔던 것이다. 과거의 모든 진보는 유유상종(類類相從)의 동지(同志)들 및 이들과 같은 사람들의 헌신으로 촉진되어 왔던 것이다. 협동조합은 영국에서는 특히나 "공동자본 개인주의(Joint-Stock individualism)"로 가끔 묘사된다.

그리고 현재 그러하듯이 그것은 대(對)공동체 전체뿐만 아니라 또한 협동조합원들 간에 협동적 개인주의를 키우는 경향이 있다. 그럼에도 이 운동은 생겨날 때부터 본질적으로 상호부조의 특성이 있다는 것은 분명하다. 오늘날조차 가장 열렬한 주창자들도 협동이 인류를 더욱 고도로 조화로운 단계의 경제적 관계로 인도해 준다고 확신하며, 그리고 (영국) 북부지방에서는 일반 조합원 대다수가 동조하고 있다는 것을 모른다면 협동조합이라는 성채의 어디에서도 머물 수가 없다.

이들 대다수는 그 믿음이 사라진다면 이 운동에 대한 흥미를 잃을지 모른다. 지난 수년간 일반복지 및 생산자 연대라는 보다 폭넓은 이상(理想)이 협동조합원들 사이에 흐르고 있다는 것을 인정해야만 한다. 이제 협동조합 공장의 소유주와 노동자들 사이에 보다 나은 관계를 맺으려는 경향이 있다는 것은 의심의 여지가 없다. 이 나라와 폴란드 및 덴마크에서 협동조합의 중요성은 잘 알려져 있다. 한편 독일, 특히 라인 연안 지역에서는 협동조합들이 이미 산업생활의 한 중요 요소이다.[381] 하지만 다양성이 무한하다는 측면에서 아마도

---

381) 각주: 라인 강 중부지역 31,473개 생산 및 소비조합은 1890년 경 연간 18,437,500파운드의 비용을 나타내었다. 그해에 대부금액은 3,675,000 파운드였다.

러시아가 가장 좋은 협동조합 연구의 장(場)을 제공해 준다.

러시아에서 그것은 자연발생적이었으며, 중세의 유산이었다. 공식 설립된 협동단체는 많은 법적 어려움과 관공서의 의심을 헤쳐 나가야 하는 반면 비공식적 협동조합(artel)은 러시아 농민의 핵심 그 자체였다. 러시아 건국 역사 및 시베리아 정착사는 사냥 및 무역의 역사이고, 그 뒤를 촌락공동체가 뒤따랐으며, 현재 우리는 도처에 협동조합(artel)을 볼 수 있다. 공장에 일하러 온 열 명에서 열다섯 명으로 구성된 동일 촌락출신들의 농민들 그룹 속에서, 모든 건설업에서, 어부들과 사냥꾼들 중에서, 시베리아에 있거나 가는 도중의 죄수들 가운데서 또는 철도화물 운반자들, 환전상들, 세관 노동자들, 7백만이 종사하고 있는 촌락의 산업체들 어디에서나 협동조합이 있다. 산업계 상하 모두와 정규와 비정규직 모두가 가능한 모든 생산과 소비 측면에서 협동조합이 살아 있다.

현재까지 카스피 해 지류의 많은 어장들은 엄청난 수의 협동조합이 장악하고 있으며, 우랄 강382)은 우랄 코삭크족383) 전체가 소속하면서 아마도 세계에서 가장 풍부한 그 어장을 당국의 간섭 없이 촌락들끼리 분배와 재분배를 하고 있다. 어업은 언제나 우랄 강 유역, 볼가 강384) 유역 및 러시아 북부의 모든 호수에 있는 협동조합들이

---

382) 역주: 러시아의 우랄산맥 남부에서 남쪽으로 흘러 카스피 해로 들어가는 강으로 길이가 2,250km에 달함.
383) 역주: 러시아의 유럽 쪽(部) 남부에 사는 슬라브인으로 기마술이 뛰어난 코삭 기병대로서 이름을 날림. 제정러시아 시대에 조직대, 경기대가 특히 유명함.
384) 역주: 러시아 서부 발다이(valdai) 구릉에서 발원하여 동쪽으로 흘러가

맡았다. 이들 영구조직 외에, 특수 목적으로 구성된 셀 수 없이 아주 많은 임시 협동조합들이 있다. 열 명 또는 스무 명의 농민들이 어느 지역에서 큰 도시로 직공, 목수, 석공, 선박건조 등등의 일자리를 얻으러 올 때면, 언제나 협동조합(artel)을 조직한다. 이들은 방을 빌리고, 요리인을 고용하며(아주 흔히 이들 조합원 중의 부인이 이 일을 맡는다), 조장(組長)을 뽑고, 공동식사를 하는데 각자 식비와 주거비를 협동조합(artel)에 지불한다.

시베리아에 호송 중인 죄수들도 똑같이 하며, 그들이 뽑은 조장은 죄수와 호송 부책임자 사이의 공식인정을 받는 중개인이 된다. 강제노동수용소에서도 이들은 동일한 조직을 가지고 있다. 철도 운송원들, 환전상, 세관종사자, 수도(首都)의 배달부, 이들은 각 조합원을 집단으로 책임지며, 상인들이 협동조합(artel) 조합원들에게 액수가 얼마이건 돈이나 은행권을 신용 대부해 주는 명성을 누린다. 건설직종에서도 10명에서 200명의 조합원을 가진 협동조합(artel)들이 결성된다. 그리고 사려 깊은 건축가와 철도건설업자들은 언제나 노동자들을 고용하기보다는 협동조합(artel)과의 거래를 선호한다.

국방성이 국내 군납업무에서 군화, 온갖 놋쇠 및 철제품 주문 시 특별 조직된 생산조합과 직접 거래한 마지막 시도는 그 결과가 가장 만족스러운 것이었다고 기록되었다. 한편 노동자의 조합에 칠팔 년 전에 임대해 준 최우수 철공소는 분명히 성공이었다. 이리하여 오래된 중세제도가 러시아에서 국가의 간섭을 받지 않고(비공식 형태로),

---

다가 다시 남쪽으로 틀어서 카스피 해로 흘러드는 유럽에서 가장 긴 강으로 3,743㎞에 이름.

현재까지 온전히 살아남아 현대산업과 상업의 요구 조건에 맞춰 가장 다양한 형태를 취하고 있는 실정을 볼 수 있다. 발칸 반도 지역, 터키제국과 코카시아 지역을 들여다보면, 옛날의 길드가 거기서도 온전하게 남아 있다.

세르비아 길드(esnafs)들 역시 중세의 특성을 온전히 보존하고 있다. 그들은 장인과 일용직 모두를 포함하며, 거래를 조절하고 일할 때나 아플 때 상호 부조하는 조직이다.[385] 한편 코카서스 특히 티프리스의 길드조직인 암카리(amkari)는, 이들 기능에 더하여 도시생활에도 상당한 영향을 미친다.[386] 협동과 연계하여 빠뜨리지 않고 말해야만 할 것은 수많은 친선협회, 일반인들의 모임, 치료비를 해결하기 위해 결성된 도시와 농촌의 클럽들이나 심지어는 장례용 상복클럽이 있었고 또는 공장 여공들이 주마다 수(數) 펜스씩 내고 그 뒤 추첨으로 한 파운드를 타는데, 이 돈이면 적어도 꽤 많은 구매와 기타 많은 일을 할 수 있었던 아주 흔하면서 조그만 클럽조직들이 있었다.

비록 각 조합원의 금전출납은 세밀한 점검을 받긴 했어도, 보잘것없다고 할 수만은 없는 화기애애하거나 즐거운 기운이 이러한 조합과 클럽에는 살아 숨 쉬고 있었다. 그러나 거기에는 필요하다면 시간, 건강 및 생명을 희생할 준비가 되어 있는 아주 많은 조직이 있

---

385) 각주: 대영제국 영사관 보고서, 1889년 4월.
386) 각주: 이 주제에 대한 주 연구(主研究)가 코카서스 지리학회, 에기아자로프(C.Egiagaroff)의 연구논문에 러시아어(語)로 발간되었다(코서스지리학회, 제6권, 1891년 티프리스(Tiflis) 참조).

기에 우리는 최선의 형태를 갖춘 상호부조의 수많은 사례를 볼 수 있다. 이 나라(영국)의 구명정협회와 대륙의 유사조직을 첫째로 이야기해야만 하겠다. 전자에는 이제 이 섬나라의 해안을 따라 삼백이 넘는 구명보트가 있는데, 이 숫자는 아마도 어부들이 구명정을 살 수 없을 정도로 가난하지만 않았더라면 두 배는 되었을 것이다. 하지만 승무원들은 자원자들로서, 완전히 낯선 사람들을 구하기 위하여 생명을 무릅쓰는 희생정신으로 해마다 가혹한 시련을 겪는다. 겨울철이면 이들 중 가장 용감한 몇몇 사람들은 희생자 명단에 오른다. 그리고 만일 내가 이들에게 도대체 성공할 확률이 별로 없는데도 무엇이 이들을 움직여 생명을 무릅쓰게 하는지 물어보았을 때에, 이들의 대답은 다음의 글에 나온 바와 같았다.

한 무서운 눈보라가 영국 해협을 가로질러 불어와서 켄트 지방의 한 조그만 마을에 있는 모래로 덮인 평평한 바닷가에 미친 듯이 들이닥쳤다. 그리고 오렌지를 가득 실은 한 조그만 짐배가 해안 가까이의 모래 언덕에 좌초하였다. 이러한 바닷가의 얕은 물에서는 단순한 평저 형태의 구명보트만이 떠 있을 수 있으며, 이러한 폭풍 속에 진수(進水)한다면 재앙을 맞을 것은 거의 확실하였다. 그럼에도 사람들은 바다로 나가 여러 시간 동안 바람에 맞서 싸웠으며, 구명보트는 두 번이나 뒤집어졌다. 한 사람은 바다에 빠져 버렸고, 나머지 사람들은 해안으로 내동댕이쳐졌다. 이들 최후 중의 한 사람인, 한 품위를 갖춘 해안경비원은 다음 날 아침 심한 부상을 입고 눈 속에서 반쯤 언 상태로 발견되었다. 나는 그에게 물었다. 어찌하여 그들은 그런 필사의 시도를 하게 되었는지?

"나 스스로도 모르겠어요"라고 그는 응답했다.

"거기에 난파선이 있었어요. 마을 사람 모두 해변에 서 있었습니다. 그리고 모두 말하기를 바다로 나가는 것은 어리석은 짓일 거야. 그 파도에 맞서 나가서는 안 돼! 우리는 돛대에 오륙 명이 매달려 필사의 신호를 보내고 있는 것을 보았습니다. 우리 모두 무언가를 해야만 한다고 느꼈지만, 무엇을 할 수 있겠습니까? 한 시간, 두 시간, 시간은 흘러가고, 우리 모두 거기에 서 있었습니다. 모두 마음이 아주 거북했습니다. 그때, 갑자기 그 폭풍을 뚫고 우리는 그들의 외침으로 그들 속에 한 소년이 있다는 소리를 들은 것 같았습니다. 우리는 이제 더 이상 견딜 수 없었습니다. 모두 똑같이 소리쳤습니다. '우리가 가야만 해'라고 여인들도 그렇게 말했습니다.

비록 다음 날에 그들은 우리가 뛰어 나선 것이 어리석었다고 말했을지언정 가지 않았다면 그들은 우리를 겁쟁이로 취급했을 겁니다. 한 사나이로서, 우리는 구명정으로 달려가 바다로 나갔습니다. 배가 뒤집혔지만, 우리는 배를 붙잡았습니다. 최악의 사태는 보트의 측면에서 물에 빠진 동료를 보면서도 구해 줄 아무런 조치조차 할 수 없다는 것이었습니다. 그때 무서운 파도가 덮쳐, 배는 다시 한번 뒤집히고, 우리는 해변에 내동댕이쳐졌습니다. 조난당한 사람들은 D. 보트로 구해졌으며, 우리 배는 수마일 떨어진 곳에서 찾아냈습니다. 나는 다음 날 아침 눈 속에서 발견됐지요."

이와 동일한 감정이 라다(Rhada) 계곡의 광산노동자들을 또한 움직여 이들은 무너진 갱에 갇힌 그들 동료를 구하기 위하여 분투하였다. 이들은 갱에 갇힌 동료에게 다가가기 위해 32야드(yard, 약 0.914m)의 석탄갱을 뚫고 나아갔다. 그러나 이제 세 야드만 더 뚫고 나아가면 됐을 때, 폭발성 메탄가스가 이들을 둘러싸 버렸다. 램프 등은 꺼지고, 그리고 구조팀은 지쳤다. 이런 여건에서 작업한다는 것은 매순간 폭발 위험을 무릅쓰는 것이었다. 그러나 갱에 갇힌 동료들의 (벽 너머) 두드리는 소리는 아직도 들려오며, 그들이 아직 살아 있기에, 살려 달라고 애원할 때 몇 명의 광부가 자원해서 위험을 무릅쓰고 전진하기로 하였다.

그리하여 그들이 갱도를 따라 내려가자, 그들의 부인들은 아무 말 없이 눈물을 흘리며 그들을 떠나보냈다. 그들을 저지하는 단 한마디 말도 없이. 인간심리의 핵심은 바로 거기에 있는 것이었다. 인간은 전쟁터에서 미치지 않는 한, 도움의 간청을 듣고 모르는 체 할 수가 없다. 영웅이 나선다. 영웅이 한 일은 그들 모두 마찬가지로 했어야만 한다고 느낀다. 머리의 궤변으로도 상호부조의 감정은 거스를 수 없는데, 왜냐하면 이 감정은 수천 년에 걸친 인간사회생활과 수십만 년 선사 이전의 인류사회생활에 의하여 함양되어 온 것이기 때문이다. "그러나 뭇사람들이 보는 가운데 S자형 연못(런던 하이드파크에 있는 연못: 역자 주)에 사람들이 빠졌는데, 아무도 구하려고 행동하지 않은 것에 대해서는 무엇이라고 할 것인가"라고 의문을 제기할 수 있을지도 모른다.

한 아이가 역시 공휴일에 놀러 나온 뭇사람들이 보는 가운데 리전트 공원의 수로에 떨어졌지만 그 뒤 아이는 어느 젊은 아가씨가 그녀의 뉴파운랜드 개(몸집이 큰개: 역자 주)를 풀어 주어 구하도록 마음을 썼기 때문에 겨우 살아날 수 있었던 것에 대해서는 무엇이라고 할 것인가? 그 답은 아주 명백하다. 인간은 유전받은 본성과 교육, 이 둘의 결과이다.

동일 직업의 광부들과 선원들은 그들 사이에서 날마다 접촉하면서 연대의식을 싹틔우는 한편으로 주변의 위험들은 용기와 담력을 키워 준다. 도시에서는 반대로 공유의식이 결여되어 서로 무관심해지며, 반면 용기와 담력은 좀처럼 발휘될 기회를 찾지 못하고 사라지거나 다른 방향으로 가 버린다. 더욱이나, 광산과 바다에서의 영웅 전통은 광부와 어부의 마을에서 시(時)의 빛무리[光暈]에 둘러싸여 살아간다[시(時)로 찬양된다는 뜻: 역주]. 그러나 대다수 런던 시민들의 전통은 무엇이란 말인가? 그들이 공유할 수 있는 유일한 전통은 문학으로 창조될 수밖에 없지만, 시골 농촌의 서정시에 상응하는 문학은 좀처럼 존재하지 않는다.

　성직자들은 인간 본성에서 연유한 것은 죄악이며, 인간 내부에 존재하는 모든 선은 신의 조화(造化)라고 입증하는데 너무 열광한 나머지 고도의 영감이나 은총이 천상(天上)의 신으로부터 온 사례라고 볼 수 있는 사실만은 제시할 수 없다는 진실을 대개 무시한다. 그리고 일반(성직자가 아닌) 작가로 말하자면, 이들의 관심은 국가 이념을 진작하는 일종의 영웅주의에 주로 쏠려 있다. 그러므로 그들은 로마의 영웅이나 전쟁터의 군인은 예찬하면서, 그 반면 어부들의 영웅행위에는 관심이 없어 지나쳐 버린다. 물론, 시인과 화가들도 인간 정신 그 자체의 아름다움에 사로잡힐 수 있지만 이네들은 결코 가난한 계층의 생활은 별로 알지 못하며, 전통적 환경에 둘러싸인 로마 영웅이나 전쟁 영웅을 찬양하는 노래를 부르거나 그림으로 나타내는 데 급급하다. 반면, 그들이 모르는 일반 주변 환경에서 행동하는 참다운 영웅을 감명 깊게 노래하거나 화폭에 그리지는 않고 있다. 그

들이 감연히 그렇게 한다 해도, 단지 미사여구의 작품에 그칠 뿐이다.[387]

요사이, 단순 집계에만도 다년간 걸릴 정도로 그 수가 늘어난 취미, 연구, 공부, 교육 등의 목적으로 설립된 수없이 많은 단체, 클럽, 동호회들은 친선과 상호부조의 성향이 항상 작동하고 있음을 추가로 나타내 주고 있다. 그들 중 일부는 여러 종류의 새끼새 떼들이 가을에 날아들어 뛰어놀듯이 삶의 즐거움을 전적으로 공유하고 있다. 영국, 스위스, 독일 등등의 모든 촌락은 저마다의 크리켓, 축구, 테니

---

[387] 각주: 프랑스에서 형무소 탈옥은 지극히 어렵다. 그럼에도 불구하고 1884년인가 1885년에 프랑스 감옥의 하나에서 죄수가 탈옥했다. 비록 경고 사이렌이 울리고 인근 농민들이 그를 찾아 나섰지만 그는 용케도 하루 종일 숨을 수 있었다. 다음 날 아침 조그만 동네 가까이 도랑 속에 숨어 있는 그를 볼 수가 있었다. 아마도, 그는 음식이나 죄수복을 벗기 위하여 옷가지를 훔칠 의도였다. 그가 개울 속에 누워 있을 때 마을에 불이 났다. 그는 한 여인이 불붙는 집에서 달려 나오는 것을 보았으며, 그리고 그녀가 불타는 집 2층에 있는 아이를 구해 달라고 절망에 차 울부짖는 소리를 들었다. 아무도 구하려고 움직이지 않았다. 그때 그 탈옥수는 숨어 있던 곳에서 뛰쳐나와 불길을 뚫고 들어가서, 얼굴은 데이고 옷에 불이 붙은 채로 불길 속의 아이를 무사히 데리고 나와 그 어머니에게 건네주었다. 물론, 그는 현장에서 이제 막 나타난 마을 감시원에게 체포되었다. 그는 형무소로 도로 붙들려 갔다. 이 사실은 모든 프랑스 신문에 보도되었으나 어느 누구도 그의 석방을 탄원하지 않았다. 만일 그가 형무소 간수를 감방동료의 공격으로부터 막아 주었더라면, 그는 영웅이 되었을지도 모른다. 그러나 그의 행동은 단지 인간적이었으며, 그것은 국가의 이상을 진작시키는 것이 아니었다. 그는 그것을 신의 자비에 의한 한 급작스러운 영감의 탓으로 돌리지도 않았다. 그래서 그것은 그 사람을 충분히 망각 속으로 사라지게 할 수 있었다. 아마도, "국가의 재산", 즉 죄수복을 훔친 벌로 그의 형량에 6개월이나 12개월이 추가되었을 것이다.

스, 나인핀, 비둘기, 음악이나 합창 클럽들이 있다. 다른 단체들은 그 수가 훨씬 더 많으며, 이들 중 일부는 자전거 동호인 협회처럼 갑자기 무서울 정도로 발전하기도 하였다. 이 친목회의 회원들은 자전거 타기 애호 외에는 공유하는 것이 없지만, 특히 자전거 동호인이 넘쳐나지 않는 멀리 떨어진 벽지나 외진 곳에서는 이미 상호부조를 위한 일종의 프리메이슨 제도 같은 것이 존재하고 있다. 마을에서는 그 "C.A.C" – 자전거 동호인 클럽을 일종의 가정과 같은 것으로 바라본다.

해마다 있는 자전거 동호인들의 캠프에서는 변하지 않는 교우관계가 많이 맺어진다. 독일의 나인핀 모임의 형제들도 이와 유사한 협회이다. 또한 체육인협회(독일에서 3십만 회원), 프랑스의 비공인 자전거 동호인들의 단체, 요트클럽 등등도 그렇다. 확실히 이러한 단체들로 인하여 경제적으로 사회적 지위가 달라지지는 않지만, 특히 소도시에서는 사회적 차별을 완화시키는 데 기여하며, 이들 모두 대규모의 국가 및 국제단체에 참가하는 경향이 있어서, 지구촌 여기저기에 흩어져 사는 온갖 사람들 사이에 개인 상호간의 친교(親交) 증진에 확실히 도움이 된다.

독일의 산악클럽들은 십만 명이 넘는 회원, 즉 사냥꾼, 교육을 받은 삼림업자, 동물학자 및 단순한 자연애호가들이 있으며, 국제조류협회는 독일의 경우 동물학자, 가축육종가 및 단순한 농민들이 포함되어 있는데 그 특성은 동일하다. 이들은 대규모의 단체들만이 적절히 수행할 수 있는 아주 유용한 일[지도, 대피소, 산길, 가축생활상(生活相), 해충, 새 떼의 이동 등에 관한 연구]을 수 년 동안 많이 했을 뿐만 아니라 사람들 사이에 새로운 유대를 맺어 준다.

코카서스 지방의 어느 대피소에서 만난 목적이 다른 두 명의 산악인들이나 동일 가옥에 머무는 교수와 농민조류연구가는 서로가 더이상 낯선 사람들이 아니다. 한편 26만 명의 소년과 소녀들에게 새의 보금자리를 결코 파괴하지 말며, 모든 짐승을 사랑으로 대하도록 가르친 뉴캐슬의 앙클토비협회는 수많은 어떤 도덕주의자나 대부분의 학교보다도 자연과학에서 인간감정 및 취미를 증진시키는 데 확실히 더 많은 일을 하였다.

주마간산의 리뷰이지만, 수천에 달하는 과학, 문학, 예술 및 교육 단체 얘기를 빠뜨릴 수 없다. 현재까지도, 국가의 엄밀한 관리하에 때로는 보조금을 지급받는 과학단체들은 활동 범위가 일반적으로 편협하기 때문에 국가승인을 받기 위한 통로로 단지 비춰지게 되었을 뿐이며, 한편으로 활동 폭이 매우 좁기에 의심할 바 없이 하찮은 질시가 생겨난다. (그러나) 여전히 이들 단체에 의하여 출생이나 정당 또는 신념의 차이 같은 쓸데없는 분별이 어느 정도 완화된다는 것은 사실이다.

한편 작고 멀리 떨어진 소도시에서는 과학, 지리 또는 음악 단체, 특히 규모가 보다 큰 아마추어 서클을 사로잡는 그러한 단체들은 지적 활동의 작은 중심이 되어 조그만 지점과 넓은 세계 사이를 잇는 일종의 연결고리가 되고, 조건이 아주 상이한 사람들이 평등의 발판 위에서 서로 만나는 장소가 되었다. 이러한 센터의 가치를 제대로 평가하기 위해서는, 예컨대 시베리아의 단체들을 알아야만 한다. 정부와 교회의 교육독점권을 이제 잠식하기 시작하고 있는 수없이 많은 교육단체들을 보면, 오래지 않아 이 분야의 주요 세력이 될 것임이 분명하다. 이미 유치원 제도는 프뢰벨 조합의 덕택으로 이룩되었다.

비록 러시아에서는 교육단체와 그룹은 강력한 정부에 강하게 반대하는 입장을 계속 취하기는 했지만, 높은 수준의 여성교육은 이들 수많은 공인 및 비공인 교육단체의 덕택으로 이룩되었다.388) 독일의 다양한 교육단체를 보면, 이들이 일반서민학교에서 오히려 현대적 과학교육방법을 개발한다는 것으로 잘 알려져 있다. 교사는 또한 가장 좋은 지원을 이들 단체에서 찾는다. 이들의 도움이 없다면 과로와 박봉에 시달리는 시골의 교사는 얼마나 불행해졌을까!389)

이들 모든 협회, 조합, 동호회, 단체, 기구 등등은 이제는 유럽에서만도 일만을 헤아려야 하며, 이들 각각은 자발적이고 명성을 탐하지 않으며 그리고 무급 또는 박봉으로 수행하는 엄청난 양의 일을 의미한다. 이들은 사람들의 상호부조 성향이 무한히 다양한 방면에서 언제나 살아 있다는 그 많은 표상(表象)이며 그것이 아니라면 무엇이란 말인가? 지난 거의 3세기 동안 사람들은 심지어 문학, 예술 및

---

388) 각주: 여자의학교(女子醫學校)(러시아의 700명에 달하는 졸업생 여자의사가 큰 몫을 차지한다), 4개의 여자대학교(1887년 약 1,000명으로 그해 폐교되었다가 1895년 재개교), 여자상업학교는 전적으로 그러한 사립단체의 업적으로 얻어진 결과이다. 1860년대 개교한 이래 여자고등학교가 달성한 그 높은 교육수준은 동일한 그 단체들 덕택이다. 이제 100개의 고등학교가 제국(帝國) 전체(학생수 70,000 이상)에 퍼졌으며, 이 나라의 여자고등학교에 해당된다. 하지만 교사(教師) 모두 대학졸업생이다.

389) 각주: 비록 회원수는 5,500명밖에 안 되지만, 이미 1000개가 넘는 공공도서관과 학교도서관을 세웠으며, 수천의 강좌를 개설했고, 또한 극히 귀중한 도서를 발간했다.

교육 목적으로도 손을 맞잡는 것이 금지되었다.

조합은 국가나 교회의 보호하에 있었고 그렇지 않으면 프리메이손 단체 같은 비밀결사로서만 조직될 수 있었다. 그러나 이제는 장애가 사라져 버렸으므로, 그들은 사방에서 모여들어 인간 활동의 모든 다양한 분야로 확대되고, 국제적이 되었으며, 국가가 세워 놓은 상이한 국적 사이의 장벽을 부수는 데 기여한 바가 너무 크다. 의심할 바 없이 아직까지 제대로 평가조차 되지도 않았을 정도이다. 상업경쟁이 키운 질시와 쇠퇴한 과거 망령이 불어 대는 증오의 도발에도 불구하고, 그들은 이미 국제교류의 권리를 획득했기에, 세계의 선도사상과 근로자 대중 그 둘 간에는 국제적 연대의식이 생겨났다. 그리고 지난 4반세기 기간 중 유럽 전쟁의 발발을 막는 데 있어서, 이 정신은 의심의 여지 없이 그 몫을 하였다.

또 하나의 세계를 상징하는 종교 자선단체들의 경우, 이 자리에서 확실히 짚고 넘어가야 할 것이다. 이 단체의 회원들 대부분도 모든 인류에 공통한 상호부조 정신과 동일한 감정으로 움직였다는 사실에 대하여 조금의 의심도 품을 수 없다.

불행히도, 종교지도자들은 이러한 감정의 근원을 신이 부여한 탓이기를 선호한다. 이들 다수의 평계로는 그들이 대표하는 특수종교의 가르침으로 인간이 계시를 받지 못하는 한, 성 오거스틴처럼 상호부조의 영감을 거역한다고 하며, 그들 대부분은 의식적으로 "이교도 미개인"이라는 괴변으로 이들의 그러한 감정을 인정하지 않는다. 더욱이나, 초창기 기독교 신앙은 모든 다른 종교들처럼 상호부조 또는 동정심이라는 광범한 인간감정에 호소하여 왔지만, 그 뒤 기독교 교회는 국가를 거들어 교회보다 앞서거나 교회를 벗어나 더욱 발전한 모든 상호부조의 제도와 관습들을 파괴하는 데 앞장서 왔다. 그리고 모든 미개인의 상호부조가 혈족[血族 또는 친계(親系)] 때문이라고 매도하면서 교회는 저 위로부터의 영감이라는 특성을 지닌 자선을 설교하였고 따라서 수혜자에 비하여 주는 자의 어떤 우월성을 뜻하게 되었다. 이러한 제약과 인간적 행위를 지니며 신의 선택을 받은 몸이라고 스스로를 여기는 사람들을 공격할 의도만은 없기에, 우리는 엄청난 수의 종교 자선단체들마저도 상호부조라는 동일할 성향의 결과라고 분명히 여겨 줄 수도 있다.

이런 사실들 모두가 보여 주는 것은 타인의 요구를 배려하지 않고 분별없이 사욕을 채우는 행위가 현대생활의 유일한 특성은 아니라는 점이다. 인간사를 주도한다고 그렇게 뽐내며 주장하는 이러한 (시대)흐름의 곁에서, 우리는 농민과 도시의 산업일꾼 둘 다 상호부조의 제반 관습을 재도입하기 위하여 벌이는 힘든 투쟁임을 깨달을 수 있다.

그리고 사회 각계각층에서 무한히 다양하면서도 다소 영구적인 조직들을 똑같은 목적으로 설립하려는 운동이 광범하게 퍼진 사실을 발견하게 된다. 그러나 공공생활에서 현대 개인의 사생활로 넘어감에 따라, 우리가 발견한 또 다른 상호부조의 극도로 광범한 세계는, 대부분의 사회학자들은 간과하기만 했지만, 이는 그 세계가 가족과 개인친분이라는 좁은 범위에 한정되어 있었기 때문이기도 하였다. 현재의 사회체제 아래에서는, 동일한 거리나 이웃들 사이의 모든 연결끈이 풀려져 왔다. 대도시의 부유한 지역에 사는 주민들은 이웃이 누구인지 알지도 못하고 살아간다.

그러나 사람들이 북적대는 좁은 (골목)길에서 사는 주민들은 서로를 너무나 잘 알며, 계속해서 상호 접촉하게 된다. 다른 곳에서처럼 이 골목길에서는 물론 사소한 다툼이야 일어나게 마련이다. 그러나 개인 친분에 따라서 사람들이 무리를 짓고, 그들 서클 안에서는 부자들이 감히 생각도 못 할 정도의 상호부조가 이루어진다. 만일 우리가 길이나 교회마당이나 잔디밭에서 놀고 있는 가난한 이웃의 아이들을 예로 들어 본다면, 우리는 곧바로 그들 사이에 때때로 일어나는 다툼에도 불구하고, 강한 유대감이 존재하며 그리고 그 유대가 온갖 불행에서 이들을 보호해 준다는 사실도 알아차릴 수 있다.

한 꼬마가 호기심에 배수구의 구멍 위로 몸을 구부리면 "거기에 서면 안 돼"라 경고하고 또 다른 꼬마가 외치기를 "그 구멍에는 병이 있대"라거나 "그 담장을 넘어가면 안 돼! 그러다 굴러 떨어지면 기차에 치일 거야! 개울 가까이 가지 마! 그 딸기는 먹지 마! 독이 있어! 너는 죽을 거야!"라 만류하게 된다. 이러한 것들이 그 개구쟁이가 집 바깥에서 동네 동무들과 어울릴 때 듣게 되는 첫 번째 가르침들이다. 얼마나 많은 수의 어린이 놀이터가 "전형적 노동자" 집터 주위의 길바닥이며 운하(수로)의 선창과 다리라는 것을 안다면, 그리고 만일 그러한 상호부조의 심성이 없다면, 그 아이들은 우마차에 치이거나 흙탕물에 빠져 죽게 될지도 모른다. 그리고 금발의 쨕이 우유배달부 마당 뒤쪽의 보호울타리가 없는 개천에 미끄러지거나 앵두 볼을 한 리찌(리즈의 애칭)가 마침내 수로로 굴러 떨어지기라도 한다면, 꼬마 애들 모두는 소리를 질러서 모든 이웃들이 기민하게 정신을 차려 뛰어가 구하게 된다.

또한 어머니들의 친목모임도 있다. "여러분은 상상도 못 할 거예요"(가난한 이웃마을에 사는 여자 의사가 최근 나에게 말했다) 그들이 서로 얼마나 많이 도와주고 있는지를. 만일 출산 예정을 앞둔 임산부가 갓난애를 위하여 아무것도 하나 마련한 것이 없거나 마련할 수도 없다면……. 그런데 얼마나 자주 이런 일이 일어나는지!……모든 이웃들이 갓난아기를 위하여 무엇인가를 가져온다. 애 엄마가 침대에 누워 있는 동안은 이웃 중 한 사람이 언제나 어린애들을 돌보아 주며, 다른 이들은 언제나 집에 들러 집안을 보살펴 준다.

이 관습은 일반적이다. 가난한 사람들 속에서 살아 본 모든 이들이 이 이야기를 해 준다. 작지만 수많은 방법으로 어머니들은 서로 상호 부조하며 그들 자신의 애들이 아니지만 돌보아 준다. 부유한 대갓집 마님이 길거리에서 굶주려 떨고 있는 아이를 알아채지 못하고 지나치지 않으려면, 물론 선(善)과 악(惡)은 각자 결정할 것이지만, 다소의 훈련이 필요하다.

그러나 가난한 계층의 어머니들에게 그런 훈련이란 없다. 그들은 굶주린 아이를 보고는 견디지 못한다. 그들은 먹여 주어야만 하며, 또 그렇게 한다. "어린 학생들이 빵을 구걸하면, 거절당하는 법이 별로 없다"라고 화이트 채플(White chapel)에서 몇 년간 노동자 클럽과 연계하여 일했던 여자 친구가 나에게 써 보낸 글이다. 그러나 나는 아마도 그녀의 글에서 몇 구절을 더 추가해야 할지 모르겠다. "병든 이웃을 아무 대가 없이 보살펴 주는 행위는 노동자들 사이에서 아주 보편적이다. 또한 한 여인이 아이는 어린데 직장에 출근해야 한다면, 다른 집 어머니가 언제나 돌보아 준다. 만일, 노동계층에서, 서로 도와주지 않는다면, 그들은 존재할 수 없다. 나는 서로를 끊임없이 돌보아 주는 가족들을 알고 있다. 아플 때나 임종을 맞았을 때 돈으로, 음식으로, 연료로, 어린아이들을 돌보아 준다."

"'내것'과 '네것'은 부자보다는 가난한 사람들 사이에서는 구분이 덜 뚜렷하다. 구두, 옷, 모자 등등, -있는 그 자리에서 필요할지 모르는 것들-은 계속해서 서로 빌려 주며, 또한 온갖 집안 살림살이들도 물론 그렇다."

"지난겨울 급진 연합클럽의 회원들은 다소의 적은 돈을 함께 거두어, 크리스마스 뒤로 학교에 등교하는 아이들에게 무료로 비누와 빵을 나눠 주기 시작했다. 점차로 이들은 1,800명의 아이들을 돌볼 수 있게 되었다. 외부인들이 그 돈을 대었지만, 모든 작업은 클럽 회원들이 하였다. 작업에서 빠진 회원들 중 일부는 새벽 4시에 와서 채소를 씻고 껍질을 벗겨 주었다. 다섯 명의 여성은 아홉 시나 열 시에(그녀들의 가사를 끝마치고 나서) 와서 요리를 했고, 여섯 시나 일곱 시까지 그릇을 씻어 주었다. 그리고 열두 시와 열두 시 반 사이 점심때에도 스물에서 서른 명의 노동자들이 와서 식사시간 중 짬을 내어 국물을 따라 주는 일을 도왔다. 이 일은 두 달 동안 계속되었다. 누구도 돈을 받지 않았다."

내 친구는 또한 여러 가지 개인사례도 말해 주었는데, 다음은 그 중 전형적인 것이다.

"애니 W.는 그녀의 어머니가 윌못 거리의 할머니에게 하숙을 시켰다. 그녀의 어머니가 죽자, 그 할머니는 자신도 매우 가난했지만 단 한 푼도 받지 않고 그 아이를 맡았다. 그녀 역시 죽고 나자, 다섯 살의 그 아이는 아플 때는 물론 보살핌을 받지 못하여 초췌해졌다. 그러나 그 소녀는 즉시 제화공의 아내인 S. 부인이 데려 갔는데, 그녀 역시 아이가 여섯이나 있었다. 최근에는 그녀의 남편이 앓아누워 그 가족들 모두 먹을 것이 별로 없었다."

"일전에, 여섯 아이의 어머니인 M 부인은 Mg 부인이 병석에 있을 때 끝까지 간호해 주었으며, 그리고 큰애는 자기의 방으로 데리고 갔다. ……그러나 당신은 그러한 사실들이 필요한가? 이것들은 아주 일반적이다. ……내가 또한 알고 있는 D. 부인(핵니 거리의 오벌에 거주)은 재봉틀을 가지고 있으면서 어떠한 대가도 받지 않고 계속하여 다른 사람들을 위한 재봉 일을 해 주었는데, 그녀 역시 돌봐 줘야 할 다섯 아이와 남편이 있는 데도 그러하였다. ……등등"

노동계급의 생활을 조금이라도 생각해 본 사람이라면 누구나 그들 사이에 대규모의 상호부조가 이뤄지지 않았다면 그 모든 어려움들을 뚫고 나가지 못했으리라는 것을 명백히 알게 될 것이다. 아주 우연한 경우에만, 노동자 가족으로서 리본 직공인 죠셉 구터리지가 그의 자서전에서 기술한 바와 같은, 그러한 위기 상황에 맞부딪히지 않고 평생을 온전히 살아갈 수 있을 뿐이다. 그리고 만일 그런 경우, 모두가 밑바닥으로 전락하지 않았다면, 그것은 모두 상호부조의 탓인 것이다. 구터리지의 경우, 그것은 한 늙은 간호사였는데 그녀 역시 비참할 정도로 가난했지만, (구터리지) 가정이 마지막 재앙을 향하여 미끄러져 가고 있는 그 순간에 (홀연히) 나타나 그녀가 외상으로 획득한 얼마간의 빵, 석탄, 그리고 덮고 잘 것들을 들여 놓았다. 다른 사례에서는 그것은 다른 누군가였거나 이웃들이 그 가족을 구원하기 위하여 조치를 취하였을 것이다. 그러나 다른 가난한 사람들로부터 얼마간의 도움이 없었더라면, 얼마나 더 많은 사람들이 해마다 되돌릴 수 없는 파멸을 당했겠는가! 프림솔 씨가 일주에 7실링 6펜스로 가난한 사람들 속에서 얼마 동안 살고 난 뒤에 인정할 수밖에 없었던 사실은 그가 이렇게 살기 시작하면서 지녔던 상냥한 감정은 가난한 사람들 사이의 관계가 얼마나 상호부조에 철저히 물들어 있는지 알게 된 데 있고, 그것이 이루어지는 소박한 방식들을 보고 나서는 가슴으로부터 우러나는 존경과 경탄으로 바뀌었다는 점이다.

다년간의 경험을 한 뒤 그가 내린 결론은 "당신들도 거기에 대하여 생각을 하게 되었듯이, 다수의 방대한 노동계급들이 한 것처럼 그들도 그렇게 하였다"는 것이었다. 고아들을 맡아 키우는 것만은, 가장 가난한 가족일지라도, 그것은 아주 광범하게 퍼진 관습이므로 일반적이라고 기술할 수 있다. 그런 때문에 와렌 베일과 룬드힐에서 두 번의 폭발사고가 있은 뒤 광부들 사이에서는 "(폭발사고) 관련 해당위원회가 증언할 수 있었듯이, 사망한 남자들의 죽은 아내와 아이를 빼고는 모든 사람들이 제반 관례에 대하여 상호 부조하고 있었다"는 사실이 알려졌다.

와고 프림솔 씨는 덧붙이기를 "이것이 무엇을 뜻하는지 숙고해 본 적이 있습니까? 편하게 살아가는 부자들일지라도 이렇게 할지 저는 의문입니다. 그러나 그 차이를 고려해 보세요." 각 노동자가 죽은 동료의 미망인을 돕기 위하여 기부한 일 실링의 돈이나 동료 노동자가 추가 장례비용을 지불하도록 6펜스를 각기 내어 돕는 행위가 주급 16실링을 벌어서 아내와 어떤 경우에는 다섯 또는 여섯 아이를 부양하는 노동자에게 무엇을 의미하는지 심사숙고해 보라. 그러나 이러한 기부행위는 가족의 죽음 이상으로 더 일상화된 경우에서조차도 세상의 노동자들 사이에서는 일반관행이며, 한편 일을 도와주는 것도 이들 생활에서는 가장 일상적인 것이다.

　동일한 상호부조의 행위가 부자계급에서라고 없다는 것은 아니다. 물론, 부유한 고용주들이 그들의 종업원들에게 때때로 보여 준 가혹한 행위를 생각할 때면 우리 모두 인간성에 대해서 가장 비관적인 견해를 가지기 쉽다는 느낌이 든다. 많은 사람들은 1894년의 요크셔 지방의 대파업 기간 중에 늙은 광부들이 폐광에서 석탄을 줍다가 광산소유주에게 당한 고소가 불러일으킨 분개와 격분을 상기해야만 한다. 그리고 파리 코뮌의 함락 뒤 수천 명의 노동자가 범죄자로 내몰려 몰살된 것과 같은 투쟁과 사회전쟁 같은 공포의 시대를 재껴 놓는다 하더라도, 누가 있어서, 예를 들면, 40년대에 여기서 행해졌던 노동조사의 폭로서를 읽어 줄 것이며, 또는 이 나라 곳곳에서 공장 노예로 팔려고 노동자 가정에서 데려오거나 그저 팔려 온 아이들을 건네받은 공장에서 (물건처럼) 소모된 깜짝 놀랄 인간생명에 대하여 쉐프테스베리 경이 쓴 글을 누가 읽어 줄 것인가! 탐욕에 사로잡힌 사람에게나 있을 법한 비열함에 격렬한 인상을 받지 않고서 누가 그것을 읽을 수 있겠는가? 그러나 그러한 취급에 대한 모든 하자를 인간성의 범죄성에다 전적으로 덮어씌우면 안 된다고 또한 말해야만 한다는 것이다. 꽤 최근까지 과학자들과 심지어 성직자 중 현저히 많은 수의 가르침들은 가난한 사람들에 대한 불신, 원한 및 거의 증오에 이르는 가르침들이 아니었을까? 과학은 노예제도가 철폐되었으므로 어느 누구도 그 자신의 악덕만 아니라면 꼭 가난해지지 않는다고 가르치지 않았는가? 그리고 교회 안의 그 누구도 가난한 자의 고통과 심지어 흑인 노예제도를 신의 계획이라는 식으로 많은 성직자가 가르치는 판에, 아동살해자들을 비난할 용기가 있겠는가? 대체로 보아 체제반대주의 그 자체는 영국 성공회의 손 안에 놓인 가난한 사람들이 가혹하게 탄압받은 데 대한 민중의 항거가 아니겠는가?

아주 영적인 지도자들의 경우에는, 핌솔 씨가 언급한 것처럼, 부자계급의 감정도 꼭 "계층화되었다고" 할 만큼 무디어진 것은 아니다. 그들은 좀처럼 가난한 사람들을 향하여 아래로 다가가지 않았으며, 부자들은 생활방식에 의하여 가난한 자와 구별되고, 그들의 일상생활에서는 어떤 각도에서도 못 가진 자를 이해할 수 없었다.

그러나 그들 사이에서도─축재열망(蓄財熱望)의 의미와 부(富) 자체가 주는 무익한 손실을 고려하면서─가족과 친구라는 울타리 안에서, 부자도 빈자(貧者)처럼 똑같은 상호부조를 실천한다. 이헤링(Ihering) 박사와 달군(L. Dargun) 박사가 말한 '만일 우정 어린 대부와 도움의 형태로 손에서 손으로 전해지는 모든 금액의 통계수치 기록을 낼 수 있다면 그 총액은 세계무역상의 상거래액과 비교하더라도 심지어 엄청날 것'이라고 한 것은 전적으로 옳다. 그리고 확실히 그래야만 하지만, 거기에다 자선, 조그만 상호봉사, 타인의 업무(처리) 관리, 선물과 헌금을 추가한다면, 우리는 국가 경제에서 차지하는 그런 거래의 중요성에 확실히 눈길이 끌릴 것이다. 상업개인주의가 지배하는 세계에서조차도, "저 회사의 조치는 부당하다"는 현시대(現時代)의 표현처럼 부당한 조치(예를 들면 법적 조치)에 반하는 우호적인 처리도 있음을 보여 준다.

한편, 모든 상인은 해마다 얼마나 수많은 회사가 우정 어린 다른 회사의 상호부조에 의하여 파산에서 구원되는지를 또한 알고 있다.

노동자, 특히 전문직업인은 물론 그 많은 부자들이 자발적으로 실천한 일반복지를 위한 자선이나 작업량에 대하여 이런 두 범주의 선행이 이룩한 역할을 누구라도 잘 알고 있다. 만일 명성, 정치권력 또는 사회적 대우를 얻으려는 욕망이 때로는 이러한 선행의 참된 성격을 망친다 해도, 대부분의 경우 이와 동일한 상호부조의 감정에서 우러나온 추진력에 대해서는 (그것이) 가능하다는 점에 의심의 여지가 없다. 물론 부를 획득한 사람들은 기대했던 만족을 쉽게, 자주 발견하지는 못한다. 또 다른 부자들도, 경제학자들이 부(富)는 자격의 보상이니 뭐니 하고 떠들어 대더라도, 그들이 받은 보상은 과장되었다고 느끼게 마련이다.

인간의 유대라는 양심이 말하기 시작한다. 그리고 비록 사회생활은 수천의 인위적 수단에 의하여 그러한 감정을 질식시키도록 짜였지만, 때로는 양심이 우위에 선다. 그리하여 그들 견해로 볼 때 일반복지를 증진시킬 그 어떤 것에다가 재산이나 힘을 나눠줌으로써 인간이 깊이 필요로 하는 그 대상을 찾고자 하였다. 중앙집권국가의 폭압적인 권력도 아니고 체제에 순응하는 철학자나 사회학자들이 과학의 체계를 빌려 내어놓은 상호증오나 무자비한 투쟁의 가르침도 인간의 오성 및 가슴 깊숙이 자리 잡은 인간연대의 감정을 뿌리 뽑을 수 없다.

이는 그 이전부터 오랜 진화를 거쳐 배양되어 왔기 때문이다. 최초부터 이루어진 진화의 결과물이 그와 동일한 진화의 일부에 의해서 압도될 수는 없다. 그리고 가족이라는 좁은 울타리 안이나 빈민가나, 촌락에서, 또는 비밀 노동결사 조직에서 최근 피난처를 구한 상호부조의 정신이 필요하다는 주장은 현대의 우리 사회에서조차 끊임없이 제기되고 있으며, 과거에 항상 그러했던 것과 마찬가지로, 향후 진보를 위한 선두주자적 성향임을 주장한다. 앞의 2개 갈래(章) 글에서 간단히 열거한 사실들 각각을 세심하게 심사숙고해 보면 우리는 그러한 결론에 꼭 도달하게 된다.

결 론

만일 동물계와 인류의 진화에서 상조(相助)의 중요성에 관한 증거 조직체와 연계된 현대사회를 분석하여 나온 가르침을 이제 따른다면, 이 연구는 다음과 같이 요약해 볼 수 있을지 모른다.

　　동물계에서 보인 것은 절대다수의 광대한 종들이 사회를 이루어 살며, 그리고 그들이 알아 낸 최상의 생존경쟁무기는 군집(群集)이었다. 물론 넓은 의미의 다원주의로 이해할 때-순전히 생존수단으로서의 경쟁이 아니라, 해당 종에 불리한 모든 자연 조건에 대항한 투쟁으로서 개인 간 경쟁은 가장 좁은 범위로 한정시키고 상조(相助)를 실행하여 가장 발달한 동물 종들은 예외 없이 가장 다수이며, 가장 번성하고, 가장 개방되어 더욱 진보한다. 이 경우 얻게 된 상호 보호, 연륜(年輪)을 쌓아 경험을 축적할 가능성, 더욱 고도의 지적 발전 및 사회친화(親和)적 습관이 계속 증대되어 종의 유지, 확대 및 추가의 진보적 진화가 (확실히)이루어진다. 비사회적(非社會的) 종은 반대로 쇠퇴의 운명에 놓이게 된다.

　　다음에 사람으로 넘어가 보면, 그는 여명기 바로 석기시대에 혈족(血族)과 종족으로 살고 있었다. 일련의 광범위한 사회조직체들이 이미 하등(下等)의 미개 단계, 혈족과 종족(사회)에서 발전되고 있는 것을 볼 수 있다. 그리고 추가 진보의 측면에서 주로 본다면 가장 초기의 종족 관습과 습관에서 그 후에 만들어진 모든 인간조직체의 싹이 트게 되었음을 알게 된다. 미개 종족으로부터 미개인 마을(촌락)공동체가 자라 나왔다. 그리고 새롭고 훨씬 광범위한 권역(圈域)의 사회관습, 습관, 조직체들이-현재 우리들 중에 아직 그 다수가 남아 있는데-한 종족에 속하거나 그렇게 보이는 '마을의 동맹체'로서, 그리고 민회의 관할하에, 주어진 영토를 공동 소유, 공동 방어한다는 원리 아래 발전되었다. 그리고 새로운 출발을 할 필요성이 제기되자, 사람들은 길드가 연계된 영토단위(마을공동체)라는 이중 망(網)을 대표하는 도시를 만들었으며, 반면에 그 길드는 주어진 기술이나 수공예, 또는 상호부조와 방어를 공동 수행하는 데에서 기원하였다.

그리고 마지막으로, 최종 두 장(章)에서는 고대 로마제국의 방식으로 건국되어 발전한 '국가'(조직체)가 중세의 모든 상조(相助)조직체를 없애 버렸음에도 불구하고 이 새로운 양상(樣狀)의 문명은 지속될 수가 없었음을 보여 주는 사실들이 제시되어 있다. (국가라는) 병합(倂合)을 묶어 주는 유일한 (연결)고리인 느슨한 개인들의 (단순)집합(集合)과 (그들이 맡은) 일에 기반을 둔 국가는 그 목표를 이룰 수가 없었다. 상조성향은 마침내 철법(鐵法)을 깨뜨려 버렸다. 그것은 삶에 기인한 파멸(破滅)을 재생시키고 인생(人生)에 필요한 모든 것을 소유하며 그리고 이제 삶의 모든 면(面)을 끌어안는 데 기여하는 무수한 협회(조직체)로 다시 나타나 재주장(再主張)하고 있다.

상호부조는, 진화의 제(諸) 요인 중 하나일지는 모르겠지만, 그럼에도 불구하고 인간관계의 오직 한 면(面)만을 다룬다고 특기할 수 있을지 모른다. 이 흐름이 강력할지는 모르나, 그 곁에는 현재도 그렇고, 언제나 그래 왔지만 다른 흐름이 있었다.—즉, 경제적, 정치적 및 정신적으로 개인 일신상의 또는 계급적 우위를 달성하려는 노력에서뿐만 아니라 훨씬 더 중요하면서도 (밖으로는) 덜 드러나는 제(諸) 굴레를 돌파해 나가는 기능(機能)인 개인의 자기주장은 언제나 구체화되기 쉬웠고, 이 주장을 종족과 마을공동체, 도시 및 국가는 개인에게 강제하였다. 환언하면 개인의 자기주장은 진보의 한 요인으로 간주된다. 이 두 개의 지배적 흐름을 분석하지 않는다면, 어떤 진화 논의도 완전하다고 할 수 없다는 것은 분명하다. 하지만 개인이나 개인들 그룹들의 자기주장, 이들의 우위경쟁 및 그로 인한 결과인 충돌에 대해서는 이미 까마득한 옛날부터 분석, 기술(記述), 찬양되어 왔다. 실제로 현재까지, 이 흐름만을 서사시인, 연대기편자, 역사가 및 사회주의학자들은 주목하여 왔다. 지금까지 쓰여 온 역사는 거의 전적으로 신정정치(神政政治), 무력(武力), 독재정치, 그리고 후의 유산계급의 지배를 촉진, 확립 및 유지하는 수단방법을 기술한 것이다. 이들 세력 간의 경쟁이 실제로 역사의 실체(實體)이다. 그리하여 인류역사의 개인적 요인이라는 지식을 당연하게 볼 수도 있다. - 비록 이제 막 기술한 노선상의 주제를 새로 연구할 여지는 충분히 있음에도 불구하고 한편, 반대로 지금까지는 상조요인을 (시야에서) 완전히 놓쳐버렸다. 현세대와 지난 세대의 작가들은 이를 아예 부정하거나 심지어는 조롱하였다. 그러므로 이 요인이 동물계와 인간사회 양쪽의 진화에서 맡은 엄청난 역할을 무엇보다 먼저 보여 줄 필요가 있다. 이 점을 충분히 인식한 뒤에라야 그 두 요인 간의 비교를 해 보는 것이 가능해질 것이다.

다소 통계적인 방법으로 이들의 중요성을 대략이라도 평가해 본다는 것은 명확히 불가능하다. 단 한 번의 전쟁-우리 모두 이미 알고 있다-에 의해 생성되는 즉각적이고도 그에 뒤이은 악(惡)이 수백 년간 어떤 제지도 당하지 않고 상호부조 원리 위에 수행된 행동이 이룩한 선(善)보다 더 클 수 있다. 그러나 동물계에서 진보적 발전과 상호부조가 서로 손잡고 가는 한편, 동종 내의 내부경쟁은 퇴보적 진화가 수반되는 것을 보았을 때 인간의 경우, 경쟁과 전쟁의 성공조차도 상호 충돌하는 양쪽의 (민족)국가, 도시, 당이나 종족 이들 모두 각각의 경우 상조의 발전과 비례한다. 그리고 진화의 과정에서 전쟁 자체(이 방식으로 진행되는 한)도 국가, 도시나 혈족 내의 상호부조에서 진보적 목적에 무릎을 꿇어 왔다는 것을 주시해 볼 때 — 진보의 한 요인으로서 상조(相助)의 지배적인 영향력을 이미 꿰뚫어 볼 수 있다. 그러나 상조의 실행과 그에 따른 진보로 인해 인간이 예술, 지식 및 지성을 발전시킬 수 있게 된 사회생활의 바로 그 조건이 창조됐다는 것도 또한 알 수 있다. 그리고 상조성향에 기반을 둔 조직체들이 최대의 발전을 거둔 제 시기(諸時期)는 또한 예술, 산업 및 과학의 최대발전기였다. 실제로, 중세 도시와 고대 그리스 도시의 내부생활을 연구하여 밝혀진 사실을 보면 길드 및 그리스 혈족 내에서 실행되었던 상호부조를 동맹(단결)원리의 방법에 따라 개인과 그룹에 놓인 거대한 주도권과 결합시킴으로써 인류는 역사상 두 번의 절정기(絶頂期)를 갖게 되었다. — 고대 그리스 도시와 중세 도시의 두 시기 반면에 위에 말한 조직체(도시)의 멸망이 국가역사 시기에 이루어지고, 그(각각의 경우) 뒤에는 급속한 (역사의) 쇠퇴(기)와 일치하였다.

현세기에 이룩되고 그리고 개인주의와 경쟁의 개가(凱歌) 탓으로 통상 돌려진 급작스러운 산업발전에 대해서는, 그 연원이 그보다 훨씬 더 깊다는 것은 확실하다. 일단 15세기의 위대한 제(諸) 발견이 이루어지자, 특히 기압(氣壓)의 경우 일련의 자연철학(물리학)의 발전에 힘입어 — 그런데 이들은 중세 도시 조직하에서 이미 발견되어 있었고 — 이들 발견이 일단 이루어지자, 증기기관의 발명과 새로운 동력의 획득이 의미하는 모든 혁명이 필수적으로 뒤따라와야 했었다. 만일 중세 도시가 살아남아 발견물을 그 정도까지 가져갔다면, 증기기관이 초래한 혁명의 윤리적 결말은 달라졌을지도 모른다. 그러나 동일한 기술 및 과학혁명은 불가피하였을 것이다. 정말이지, 자유도시의 쇠퇴에 뒤이은, 특히 18세기의 사반세기에 두드러졌던 전반적 산업쇠퇴로 인해 증기엔진의 출현과 그에 뒤따른 예술혁명이 적잖이 지연되지는 않았는지 그 질문은 열어놓은 채 그대로 남아 있다. 12세기부터 15세기까지 산업발전이 놀라운 정도로 신속히 이루어졌음을 고려할 때－직조, 야금, 건축 및 항해, 그리고 15세기 말 그러한 산업발전이 이끌어 낸 과학적 발견을 심사숙고해 보면－우리가 자문해 보아야만 할 점은 중세문명 쇠퇴 후 유럽에서 예술과 산업이 전반적으로 침체되었을 때 인류의 이러한 획득물 활용이 미흡하고 지연되지는 않았는가 하는 것이다.

확실히, 예술가와 수공예기술자의 소멸이나 대도시의 파멸과 대도시 간 교류두절은 산업혁명을 조장할 수 없다. 그리고 제임스 와트 (영국의 증기기관차 발명가)가 생애의 이십 년 이상을 그의 발명을 쓸모 있도록 하기 위해 소비했음은 참으로 잘 알려져 있다. 그 이유는 그가 중세기라면 플로렌스나 브뤼게에서 곧바로 찾을 수 있었을 것이다. 즉 그의 철(鐵) 고안물을 구체화시킬 능력이 있는 그리고 증기엔진에 필요한 기술적 마무리와 정밀도를 가진 기능공들을 지난 세기에는 구할 수가 없었기 때문이었다.

그러므로, 현세기의 산업발전을 만인의 만인에 대한 전쟁의 탓이라고 선언하는 것은 사람이 비가 오는 원인을 알지 못하고 토제(土製) 우상 앞에 제물로 차려 놓은 희생물의 탓으로 돌리는 것과 같은 논리다. 산업발전에서도 자연에 대한 획득(물)처럼, 상조와 친밀한 교류는 확실히, 지금껏 그래 왔던 것처럼, 상호경쟁보다 훨씬 더 유리하다.

그러나 상조원리의 지배적 중요성이 완전히 드러나는 곳은 특히 예술분야이다. 상조가 우리의 윤리개념의 실제 기반이라는 것은 명백해 보인다. 그러나 상조(相助)의 감정이나 본능의 시원(始源)에 대한 의견이 무엇이었든 간에 – 생물학적이거나 초자연적 원인의 탓으로 돌리든 – 그 존재를 추적하여 훨씬 이전의 최하단계의 동물계까지 가 보아야만 한다. 그리고 이들 단계로부터 중단 없는 진화를 따라, 수 많은 반대의 작용에 저항하며, 모든 각도에서 인류발전을 통과하여 오늘 현재에 이르러 볼 수 있다. 이따금 태어나는 새로운 종교조차도 – 상조원리가 신정정치와 동양의 전제국가나 또는 로마제국의 몰락으로 쇠퇴해지는 (획기적) 시기에는 언제나 – 그 새로운 종교조차도 동일한 그 원리를 재확인했을 뿐이었다. 이들이 찾아낸 첫 지지자들은 사회 최하층의 짓밟힌 비천한 자들로서, 상조원리는 일상생활의 필수기반이 된다. 그리고 최초(원시) 불교와 기독교 공동체, 모라비아 우익단체 등이 도입한 새로운 형태의 단체(종교우익단체, 조직)는 초기 종족생활에서 보았던 최선의 상조모습(양상)으로 되돌아가는 특징을 띤다. 하지만, 이러한 옛날 원리로 되돌아가려는 시도를 할 때마다, 그 기본개념 자체의 폭은 확대되었다. 혈족으로부터 종족으로, 종족동맹으로, (국민)국가로, 그리고 최종적으로 – 적어도 이상적으로는 – 인류 전체로 확대되었다. 동시에 (정교하게) 또한 다듬어졌다. 원시불교에서, 원시기독교에서, 일부 회교율법지도자의 글에서, 초기 종교개혁운동에서, 그리고 특히 지난 세기와 현세기의 윤리 및 철학운동에서, '복수'나 '정당한 보상' – 선에는 선(善) 및 악에는 악

(惡)-이라는 개념의 전면철폐는 더욱더 활발하게 확인되었다.

"과오에 대한 무(無)복수(관용)" 및 이웃으로부터 받기를 기대하기보다 더 많이 대가 없이 베푼다는 고등개념이 실제 도덕률-단지 등가(等價), 공평이나 정의보다 우위의 원리 그리고 행복에 이바지하는 원리-라고 선언되었다. 그리고 사람들에게 간청하기를 단지 항상 사적이고 잘해 봐야 종족적인 사랑에서가 아니라 그가 각각의 인간과 일치됨(하나 됨)을 지각(知覺)하여 행동해야 한다고 말한다. 진화의 최초 시원(始源)까지 거슬러 올라갈 수 있는 상호부조를 실천하며, 그리하여 우리네 윤리개념의 기원이 긍정적이고 의심의 여지가 없는 것임을 알게 된다. 그리고 인간의 윤리발달에서, 상호부조가-상호경쟁이 아니라-주도적 역할을 하여 왔다. 그 외연적 확대에서, 현재에서조차도 우리 인류의 진화를 훨씬 더 높은 단계로 들어 올리는 최선의 보장(책)이라는 것을 또한 알 수 있다.

붙임 글 - 1

붙임 글 - 2

인간사회의 생존경쟁 : Thomas H. Huxley

옮긴이 글(1): 구자옥

옮긴이 글(2): 김휘천

붙임 글-1

Ⅰ. 나비, 잠자리 따위의 무리

M. C. Piefers는 1891년, 50호 L. 198쪽(자연과학 평론지: Naturwissen-schaftliche Rundschau, 1891, 제6권 573 쪽)에 「네덜란드령 인도 박물학 기요(紀要): Natuurkunding Tijdschrift voor Neederlandsch Indie」를 출판하였다. 네덜란드령인 서인도에서 있었던 나비의 집단비행(무리지어 날기)에 대하여 흥미로운 연구결과를 보고하였던바, 그 내용은 서인도 계절풍으로 야기되었던 일대 광경을 외형적으로 나타낸 것이다. 이런 집단비행은 흔히 계절풍이 시작된 직후의 첫 달(月)에 이루어지며 일반적으로 한데 어울리는 연노랑흰나비[Catopsilia(Calli-dryas) crocale Cr.]의 양성(兩性) 개체들이지만, 때로는 나비들(Euphaea) 속의 서로 다른 3종의 개체들로 떼거리를 이루기도 한다. 이런 떼짓기의 목적은 상호간의 교미에 있는 것으로 보이기도 한다. 떼거리 비행이 결코 계획된 조화를 이루려는 행태가 아니라 차라리 서로 닮으려 한다거나 전체와 같아지려는 본능적 결과일 것이라는 해석은 물론 충분히 가능한 일이다.

Bates가 아마존 지역에서 목격하였던 것은 노란색과 오렌지색의 나비(Callidryas)였는데 이들은 마치 "대거 밀집되게 소집된 집회를 방불하여, 때로는 2~3야드 사방에 걸쳐서 일제히 날개를 치켜세우기 때문에 강변은 크로커스 꽃밭 같은 장관을 이룬다"는 것이었다. 대이동의 대열은 북쪽부터 남쪽으로 강을 가로질러 형성되며, "아침 일찍부터 해가 지기까지 다른 어떤 것들도 끼어들지 못하였다"는 것이었다(「Naturalist on the Amazon」131쪽 참조).

잠자리는 대초원을 가로지르는 긴 대열을 이루어 헤아리기 어려운 숫자로 떼 지어 이동해 오며, 이들 막강한 무리에는 서로 다른 종들의 개체들이 섞여 있기도 한 것이다(Hudson의 「Naturalist on the La Plata」130쪽 참조).

멸구류(*Zoniopoda tarsata*)도 철저하게 무리생활을 하는 곤충이다(Hudson의 전게서 125쪽 참조).

Ⅱ. 개미

제네바 문고(Bibliotheque Genevoise)에서 1861년에 Cherbuliez가 보급판으로 재출판한 Pierre Huber의 「개미의 생태(Les fourmis indigenes)」(Geneve, 1810)는 각국의 언어로도 번역되어 출간되었을 것이다. 이는 주제에 대한 최고의 걸작일 뿐만 아니라 과학적 연구서로서의 진정한 모범서이기도 하다. 다윈은 Pierre Huber를 그의 부친을 능가하는 위대한 자연과학자로까지 극찬하였던바, 실로 옳은 표현이었음을 알게 한다. 이 책은 담겨 있는 사실들뿐만 아니라 연구 방법을 배우기 위해서라도 모든 젊은 세대의 자연과학자들이 반드시 읽어야 할 것이다. 인공적으로 구축된 둥지 굴속에서 개미가 새끼를 출산해 내는 일이나 Lubbock을 위시한 걸출한 개척자들이 실천하였던 시험방법들까지 Huber의 찬탄할 만한 소책자에서는 빠짐없이 수록되어 있다. Forel이나 Lubbock의 서적을 읽는 이들이라면, 스위스의 교수나 영국의 작가들 모두가 개미의 상호 부조하는 직관에 대한 Huber의 확신을 뒤집을 의도로 자기들의 책머리 서두부터 비판적인 자세로 글을 써 왔다는 사실쯤은 잘 알고 있다. 그러나 세밀한 조사연구를 한 연후에 그네들은 오히려 Huber의 가설을 확신할 수 있을 따름이었다. 다만 자연의 작용력을 인간이 바꿀 수 있다는 데 대한 어떤 단언을 즐겨 믿고 따르려는 경향은 불행하게도 인간의 천성이지만, 완벽하게 입증된 과학적 사실을 거부하려 한다면 그것은 곧 인간이 다른 동물로부터 별로 다를 게 없음을 뜻하는 것이기도 하다.

「도덕 본능의 기원과 진보」의 저자인 서덜랜드(Sutherland)는 모든 도덕적 본능이 온혈동물에게서만 나타나는 양대 특성, 즉 부모의 보호 본능과 친족적인 사랑에서 비롯됨을 증명하기 위하여 책을 쓰게 되었던 것임에 틀림없다. 결과적으로 그는 개미에게서 발견되는 동정심이나 협동심의 본질이 별 것 아니라는 생각을 피력한 셈이었다. 그는 뷔크너의 책 「동물의 심성(Mind in Animals)」을 인용하고 있었으며 Lubbock의 실험들을 잘 알고 있었다. Huber와 Forel의 업적에 관하여서는 다음 문장에서와 같이 무시하는 태도를 취하였다. 개미의 동정심에 대한 Büchner의 사례는 모두 또는 대부분 일종의 감상주의적인 서술로 빗나가 있는데 그래서……세심한 과학서적이라기보다는 학교의 교과서적인 냄새가 물씬 풍기며, Huber나 Forel의 가장 잘 알려진 일화에서도 "같은 지적을 할 수 있다"는 것이었다(" " 내의 글은 필자의 개인적 판단임)[i 권 298쪽 참조].

서덜랜드는 "일화"라는 그의 표현을 별도로 각주하지는 않고 있음으로 보아서 Huber나 Forel의 업적을 깊이 숙독할 기회를 가질 수 없었던 것으로 이해가 된다. 이들의 업적을 숙독한 자연과학자라면 결코 "일화"가 내재되어 있지 않다는 걸 알 것이기 때문이다.

스웨덴에서 개미에 대하여 저술한 최근의 업적으로 Gottfried Aldez 교수의 「개미연구: 스웨덴의 개미와 생활상」(「Myrmecologiska studier: Svenska Myror och des Lefnadsförhällanden」 in Bihan till Svenska Akademiens Handlingar, Bd, xi. No.18, 1886)가 있다. 물론 스웨덴의 입지에서 쓰인 책이다. Huber나 Forel이 관찰하였던 개미의 상호부조적인 삶, 특히 먹을거리를 함께 나눈다거나 이런 일들에 평소 관심이 없던 사람들에게 큰 충격을 주었던 개미 이야기 따위에 관하여서는 스웨덴의 교수에 의해서도 충분히 서술되었기 때문에 여기에서는 거의 재론할 필요가 없을 것이다(130~137쪽 참조).

G. Adlerz 교수도 Huber가 앞서 관찰하였던 바를 입증하기 위한 매우 흥미로운 시험을 하고 있다. 그 내용은 서로 다른 움집에서 나온 개미라고 해서 언제나 서로 공격을 하는 것은 아니라는 것이었다. 그는 *Tapinoma erraticum*이라는 개미를 가지고 한 실험을 하였다. 다른 실험은 일반적인 Rufa 개미로 이루어졌다. 주머니 하나에

움집을 몽땅 포집하였다가 다른 움집에서 6피트 떨어진 곳에 이들을 쏟아 놓았다. 아무런 싸움도 일어나지는 않았지만 나중의 개미들은 앞의 애벌레들을 옮겨 놓기 시작하였다. 규칙적으로 Adlerz 교수는 서로 다른 움집으로부터 이들 애벌레를 일개미와 함께 가져다 놓아 보았으나 싸움은 없었다. 다만 애벌레가 없는 상태의 일개미였다면 싸움이 그칠 수 없었을 것이다(185~186쪽 참조).

Adlerz 교수는 여러 개미굴로 이루어진 개미의 종족(nation)에 대한 Forel과 Mat Cook의 기록도 완결 지었다. 각 개미굴에는 평균 300,000을 헤아리는 *Formica exsecta* 개미가 모여 사는 것으로 추산되었으며 이런 개수로 종족들을 환산해 본다면 수십억 마리로까지 볼 수 있다고 결론지었다.

Maeterlinck는 벌에 대하여 경탄할 만한 저술을 남겼는데, 이 책에는 새로운 발견내용이 별로 없지만, 형이상학적인 "용어"를 사용하였다는 점을 차지한다면 매우 유익한 내용 설명을 곁들였다고 할 수 있다.

Ⅲ. 둥지 짓는 생물 무리

Audubon 일지(「Audubon and his Journals」 뉴욕, 1898)는 그의 인생 30대를 Labrador 해안과 St. Lawrence 강변에 살던 때의 경험에 특히 연루된 것으로 물새 무리의 둥지생활 집단에 관한 탁월한 기록을 담고 있다. Magdalene나 또는 Amherst 군도의 하나인 "바위섬"(the Rock)을 기술하면서 그의 표현은 "갑판에서 섬의 정상을 수평 지게 볼 수 있던 11시경이면, 그곳은 마치 수 피트 깊이로 눈이 쌓인 듯 하였고, 평평한 어느 곳이든 선반을 세운 듯한 이런 모습들로 보였다"는 것이었다. 그러나 그건 눈이 아니었고 갈매깃과의 새로운 바닷새(*Moris bassana*)로서 조용히 저들의 알 위에 앉거나 새로 부화한 새끼들을 품고 있는 정경이었다. 그러나 저들의 머리는 한결같이 바람이 부는 쪽을 향하고 있으면서 일정한 줄에 맞추어 서로 몸을 잇대고 있는 모습이었다. 바위섬에서 100여 야드쯤 되는 곳까지, 그리고 섬 둘레의 일정한 공간에는 마치 육중한 눈덩이가 우리에게로 날려 떨어지기라도 하듯이 날갯짓을 하는 갈매기 바닷새들로 충만해 있었다. 키티웨이크갈매기와 멍청이바다오리도 이 섬에서 한데 어울려 알을 낳고 부화시킨다(Journals, Vol. ⅰ. 360~363쪽).

Anticosti 섬의 정경은, "바다가 멍청이바다오리와 바다쇠오리(*Alca torva*)로 활판을 둘러놓은 듯하다"는 것이었다. 더구나 허공은 벨벳 오리들이 가득 날고, 만(灣)의 갯바위에는 재갈매기와 제비갈매기(대형, 북극형 및 아마도 유모갈매기 따위), *Tringa pusilla*, 바다갈매기, 큰 바다오리, 스콧터오리, 야생거위(*Anser canadensis*), 붉가슴비오리, 가마우지 따위들로 한데 어울려 산란을 하는 모습이다. 그곳에는 바다 갈매기가 유별나게 많아서 "이놈들이 다른 새의 알을 발라 먹거나 새끼들을 잡아먹는 따위로 끊임없이 횡포를 부린다"는 것이며 또한 "이놈들이 실제로는 독수리나 매를 그곳으로 끌어들이는 화근 역할을 한다"는 것이었다.

Audubon은 미조리 주의 세인트루이스에서 떼 지어 둥지를 틀고 사는 열대독수리나 독수리가 서식하고 있는 사실을 1843년에 목격하였다고 한다. 그의 표현에 따르면, "해 질 녘에 일몰을 쫓아 나타나는 이들 독수리가 신비스러운 구멍들로 장식된 거대한 석회암 바위산을 솟구쳐 오르며 긴 줄을 지어 해변을 비행하는 모습"이었다고 한다. 이네들의 실체는, E. 카우스가 각주(i권 456쪽)한 바, 중남미독수리(turkey buzzard)와 대머리독수리(bald eagle)였던 것이다.

영국의 해안을 따라 최적의 산란지로 손꼽히는 곳은 Farne 섬이다. 이 섬은 수천을 넘게 헤아리는 갈매기와 제비갈매기·북극물오리·가마우지·꼬리물새떼·검은머리물떼새·바다오리 또는 바다쇠오리 따위가 한 해도 거르지 않고 찾는 곳으로 Charles Dixon이 그의 저서 "북부 여러 섬의 조류 중에서(「Among the Birds in Northern Shires」)"에서 이 섬의 생생한 정경을 잘 묘사해 놓고 있음을 누구나 확인할 수가 있다. "이 섬의 어느 곳으로 찾아들더라도 그 첫인상이라면 등이 약간 검은색을 띠는 갈매기들이 드넓은 천리 공간을 독점하고 있는 듯이 보인다는 점이다. 사방 천지가 이놈들로 온통 바닥과 드러난 바위언덕을 가득 메우고 있으며, 우리가 타고 있는 보트가 드디어 거친 해변에 비거덕대며 정안하여 물가로 뛰어내리자 온 공간은 들끓는 괴성들로 고막을 찢는 듯하였고, 우리가 그 섬을 떠날 때까지 집요하게 거부감을 나타내는 소음이 결코 멎지 않았다"는 것이었다(219쪽).

Ⅳ. 동물계의 사회성

동물계의 사회성은 사람들이 사냥의 빈도를 줄여 줄수록 현저하게 두드러지는 특성으로서, 이런 동물들은 인간이 살지 않는 지역에서 홀로 살게 되었고 또한 지속적으로 아무도 살지 않는 비서식지에 격리된 채 살기를 고집하는 것으로 많은 조사 결과가 이를 입증하고 있다. 따라서 물이 없는 사막지인 북부 티베트에서 Prejevalsky는 무리를 이루어 사는 곳의 이네들 사회를 발견하게 되었다. 기록상으로는 "곰뿐만 아니라 야크나 쿠올란(Khulans)·사양에 관한 것"까지도 수없이 많은 사례를 들어 서술하고 있다. 특히 곰과 같은 동물은 지극히 많고 크기가 작은 설치류를 먹을 뿐만 아니라 그 숫자가 헤아릴 수 없게 많아서 "필자가 확인하고 있던 한 종족에 필적할 만큼 많은 숫자로 무리를 지으며, 100 또는 150무리가 같은 토굴 속에서 함께 잠자는 격"이라 하였다(1885년의 러시아 지리학회 「연보」, 11쪽, 러시아어 판 참조). 산토끼(*Lepus Lehmani*)는 카스피언 지역에 대규모의 사회집단을 이루며 살고 있다(N. Zarudnyl, Recherches zoologiques dans la contrée Transcaspienne, in Bull. Soc. Natur. Moscow, 1889, 4). Lick 관측소 주변에 살던 E. S. Holden에 따르면 "월굴(서양호랑가시나무)과 기상대원이 치던 닭의 혼합식"으로 사는 작은 캘리포니아 여우도 대단한 사회성을 실천하며 사는 것으로 여겨진다(「Nature」 11월 5일, 1891년 참조).

동물계에서 자신의 사회를 지극히 사랑하는 몇몇 동물의 매우 흥미로운 사례가 C. J. Cornish(「Animals at Work and Play」: 런던 1896의 저자)에 의하여 최근에 발표된 바 있다. 그의 기록을 빌건대, 모든 동물은 어떤 경우에서라도 홀로 되는 것을 기피한다는 것이다. 그는 또한 파수꾼 법규에 철저한 초원지개(Prairie dog)의 습관을 음미할 만한 사례로 들어 설명하고 있기도 하다. 즉 이네들은 언제나 관습에 하도 철저하여서, 런던의 동물원이나 파리의 순화원(Jordin d'Acclimatation)에 있으면서도 자신들의 경계병을 의무적으로 내보낸다고 하였다(46쪽).

Kessler 교수는 어린 새들일수록 가을철에는 무리를 지어서 자신들의 사회성을 두드러지게 표출하는데 괄목할 만한 역할을 하는 것으로 옳게 지적한 바 있다. Cornish(「Animal at Work and Play」의 저자)는, "우리 지도자를 따르자"라거나 "나는 이 성의 왕이노라"라는 연극에 출현하였던 양과 같은 사례로, 즉 어린 포유류 동물의 연극에 나오는 여러 사례, 또는 장애물 경주자에 대한 이해심이나 코를 마주 대고 비비는 "일종의 숨바꼭질(cross-touch)"을 연출하는 새끼사슴을 사례로 들어 많은 이야기를 이끌고 있다. 특히나 이들 모든 것들은 Karl Gross의 「동물의 유희(The Play of Animals)」라는 괄목할 만한 저서에 기술되어 있다.

V. 과도번식의 조절

허드슨은 「라포라다의 박물학자」라는 저서를 통하여 특정 종의 들쥐에 대한 급증 현상과 그 급증이 가져온 '생명의 물결'에 나타나는 결과에 대하여 재미있는 기술을 하고 있다. "1872∼73년 두 해의 여름 날씨는 맑고 자주 소나기가 내려서 예년처럼 야생 꽃이 여름에 시드는 현상이 없었다. 들쥐들에게는 최적의 기상이어서 이 풍산성인 소동물은 순식간에 숫자가 불어났기 때문에 개나 고양이는 거의 이들 들쥐만 먹고도 살 수 있었다. 물론 여우·족제비나 주머니쥐들도 풍요롭기는 마찬가지였다. 벌레잡이 아르마딜로조차도 들쥐를 찾아 나섰다. 닭과 오리도 육식을 하였고 Pitangus나 Guira 뻐꾸기도 들쥐 이외의 먹이를 찾지 않았다." 가을에는 수많은 황새와 짧은귀 올빼미까지 이들 잔치판에 나섰으며 겨울에는 건조한 날씨가 이어졌다. 마른풀까지 먹어 치워진 들판은 흙살만으로 앙상하였고, 먹을 것이나 숨을 곳까지 동난 들쥐는 죽어 가기 시작하였다. 고양이는 집으로 숨어들고 방랑쟁이 짧은귀올빼미는 어디론가 날아가 사라졌으며 작은굴올빼미는 응신조차 하기 어려울 만큼 기력을 잃게 되어서 "흩어져 있는 먹을거리 조각을 찾아서 종일토록 집 주위를 맴돌았다"는 것이었다. 염소나 가축들도 건조하고 추운 겨울 동안에 상상키도 어려울 만큼 죽어 갔다. 결국 허드슨의 결론은 "큰 격변을 거치며 냉혹한 고난을 헤쳐 나간 일부 극소수의 씨들쥐만 대를 잇게 되었다"는 것이었다.

들판이거나 산언덕이거나 마찬가지로 어느 한 종의 생물이 과도번식을 하여 늘게 되면 다른 곳의 먹이사슬 적을 끌어들일 뿐만 아니라 사회조직적인 질서 속에서 살지 못하는 종이라면 별수 없이 이들 침입 종에게 굴복하게 된다는 설명이었으며, 이 또한 매우 흥미로운 새로운 제시였다고 하겠다.

이런 특성을 허드슨은 또 다른 기회를 빌려 보고하고 있다. 누토리아(Myiopotamus coypú)라는 짐승은 알렌틴에 흔한 설치류인데 모양은 쥐를 닮고 크기는 수달과 같다. 습성적으로 수서성이며 매우 저들끼리 잘 어울린다. "이놈들은 모두 물속을 헤엄치며 놀며 산다. 무슨 소리인지 서로 간에 말을 주고받는다. 어떤 때는 그 소리가 마치 상처받은 고통을 호소하는 사람들의 울부짖음 같기도 하다. 이놈은 길고 뻣뻣한 털 아래로 질 좋은 모피를 지니고 있어서 대부분 유럽에 수출되기도 한다. 따라서 독재자인 로사스가 60여 년 전에 이 동물의 수렵을 금지시키기도 하였다. 그런 결과로 이놈의 숫자가 천정부지로 증가하고 거침없이 번식하여 오히려 수서성을 버리고 육서성을 가진 동물로 돌변하였으며 결국 무리 지어 먹이를 찾는 신세가 되었다. 그러자 까닭 모를 병이 대어 들어 이놈들은 급속히 쇠퇴하다가 지금은 거의 자취를 찾기 힘들게 되었다"는 것이었다.

　반면에, 사람에 의한 박멸이나 다른 편에서 발생하는 전염병 같은 요인들도 어느 종의 숫자를 떨어뜨리는 중요한 조절책이 된다. 물론 이들은 생존수만을 얻기 위한 투쟁이 아니었음에도 말이다. 그런 자연적 의도는 전혀 없었을 것이다. 시베리아보다 훨씬 좋은 기후지역에서도 동물이 거의 서식하지 않고 있는 지역사례가 얼마든지 많다. 베이츠는 아마존 강가와 같이 풍요로운 생태지역에서조차 이런 사례가 있음을 보고한 유명한 책을 출판하였다. 그의 보고에 따르면, "기실 그곳에는 온갖 종류의 포유류·조류·파충류가 살지만 드넓은 범위에 흩어져 살며, 한결같이 사람들을 만나면 몹시 놀란다. 이들 강 연안은 아주 넓고 다른 곳처럼 밀림으로 덮여 있어서 자주 동물의 무리를 찾아보기는 어렵지만 다른 어떤 곳보다 특징적으로 신기한 일들이 발견되며, 이런 장소는 다른 곳에서도 많이 있다."(「Naturalist on the Amazon」, 6th ed. p.31)는 것이다.

　브라질에서는 이런 동물상이 더욱 잘 두드러지게 나타난다. 여기엔 포유류가 적은 대신 조류는 많다. 앞의 조류에 대한 사례처럼, 브라질의 밀림에는 조류에 적절한 먹이가 얼마든지 많다. 또한 아시아나 아프리카에서와 마찬가지로 브라질의 숲 속에도 사람들은 과도하게 많은 경우가 없고 오히려 너무 적은 현상을 보인다. 이런 상황은 남미의 초원지에서도 마찬가지이다. 이 드넓은 초지야말로 초식동물에 너무나 이상적인 낙원일 텐데도 아주 희소한 반추동물만 서식하고 있다는 사실은 정말로 놀라운 일이라고 하였다. 지금은 이 초원의 한구석에서 인간들이 이주시킨 수백만 마리의 양과 가축, 말들이 풀을 뜯고 있을 뿐이며, 잘 알려져 있다. 이 초원에는 육서형 날짐승마저 숫자나 종류에 있어서 놀랍게도 적은 실정이다.

VI. 경쟁을 피하려는 적응(適應)

야외를 전공하는 박물학자들의 어떤 저서에서도 이런 적응의 사례는 쉽게 발견된다. 재미있는 한 사례는 털 난 아르마딜로의 경우이다. 이 또한 허드슨의 보고에 따르면, "제 스스로 좋은 방향으로 적응해 갔지만 그 종 자체는 번영하였으나 종류 자체는 점차 줄어들고 있다. 물론 먹이는 얼마든지 다양하다. 그 이유는 이 짐승이 어떤 곤충이라도 먹이로 삼으며, 땅에는 점점 지렁이나 애벌레 따위가 흔하게 있기 때문이다. 물론 알이나 막 날게 된 유충을 즐겨 먹으며, 마치 대머리매처럼 썩은 고기를 잘 먹는다. 동물성 먹을거리가 부족하게 되면 식물성 먹을거리로 살 수도 있다. 클로바나 옥수수의 알곡을 먹기도 한다. 따라서 다른 어떤 동물이 굶게 된다고 하더라도 이놈들은 항상 살지고 원기왕성하게 산다"(Naturalist on the La Plats: p.71)는 것이다.

댕기물떼새는 적응력이 강해서 드넓은 지역에 분포하게 되었다. 딕슨의 말(「북부 여러 섬들의 조류 가운데」라는 저서)에 따르면 "영국의 경우, 황폐한 땅에서도 농경지 못지않게 즐겨 서식하며 산다"

는 것이었고, "다양한 먹을거리가 맹금류에게는 오히려 더 열악한 제약"이며, "영국의 황야지에 사는 회색개구리는 작은 조류뿐만 아니라 두더지·생쥐·개구리·도마뱀 종류나 벌레들까지 먹어 치운다. 가장 작은 매들은 오히려 거의 어떤 벌레류라도 쉽게 먹으며 살고 있다"는 이야기였다.

남미에 살고 있는 딱따구리나 새들에 대하여 시사적으로 보고한 허드슨의 이야기도 대부분 동물들이 서로 간의 경쟁을 회피하여 사는 방식을 잘 설명하고 있다. 뿐만 아니라 어떤 동물이라도 생존경쟁을 위하여 불가피할 것으로 여겨지는 어떤 수단(무기)도 갖추고 있지 않으면서 일정한 지역을 무대로 하여 훌륭하게 번식하고 있기도 하다고 하였다. 이런 종류의 무리들은 남부 멕시코로부터 바다고니아에 이르기까지 드넓은 지역에 분포하고 있으며, 46속(屬)으로 갈래지을 수 있는 290종(種)이 있는 것으로 이미 잘 알려지고 있다. 그 가운데 가장 특징적인 사례는 특히 한 과(科)의 별난 습관을 공통으로 가진 것들로 변하여 그 습관이 매우 다양하다는 점에 있다. 서로 다른 속과 서로 다른 종이 제각각 자기 특성을 그대로 지니면서도 사는 장소에 따라 다른 생활 습성을 지니게 된다는 사실이다. 허드슨의 말로는 "딱따구리와 같은 제놉스(Xenops)나 마가로르니스(magaronis) 종류 가운데 어떤 종은 벌레 먹을거리를 찾아 나무둥치를 수직으로 오르내리기도 한다. 반면에 박새 같은 작은 새는 나뭇가지 끝이나 이파리까지도 벌레 찾아 헤매게 된다. 또는 이렇게 뿌리 끝에서 잎 끝까지 나무 온 구석을 수색하는 것이다." "깊은 밀림의 나무발바리(Sclerurus)는 뾰족하게 굽은 갈퀴발톱을 지니고 있지만 일반적으로는 나무에서 먹이를 구하지 않고 땅 위의 낙엽 속에서 구한다. 재미

있게도 위급한 상황이 일어나면 즉시 가까운 나무로 뛰어올라 수직으로 매달려 어두운 보호색 덕택으로 상황을 피신한다"는 등의 이야기다. 저마다 삶 집을 이용하는 습관은 다양하다고 하겠다. 또 다른 사례로, 어떤 한 속의 세 종은 삿갓 같은 뾰족한 진흙집을 짓는 반면에 또 다른 한 종은 나뭇가지에 집을 짓고, 또 다른 좁은 냇물매미처럼 언덕에 구멍을 파는 경우도 있다.

허드슨은 어떤 큰 과(科)의 새에 대해서도 설명하고 있는데, "남미 대륙 여러 곳에 이 새들이 분포하는데 그 이유는 우선 기후가 어떻게 다르더라도 토지의 성질이나 식물의 종류에 따라 저마다 적절한 종류가 있기 때문이다." "이 큰 과는 새 가운데 가장 무방비 상태로 사는 것들이다." 스베르초프가 설명한 바 있듯이, 오리와 같은 이 새들은 특별한 부리나 발톱도 내세우지 않는데 "이네들은 겁이 많고 싸울 줄 모른다. 힘도 무기도 없다. 움직이는 동작이라 하더라도 다른 것들처럼 빠르거나 활발하지도 않다. 더구나 하늘을 나는 힘도 약하다"는 것이다. 그런데도 허드슨이나 아사라와 같은 관찰자에게는 "유독 끼리끼리 잘 어울려 사는 습관"을 지니고 있다. 물론 "그런 사회성은 혼자 사는 데 필요한 생활을 유지하기 위하여 스스로 억제시키고 산다"고 한다. 바닷새처럼 큰 규모로 무리 짓고, 번식집단을 이룰 능력은 없다. 나무 위에 붙어 사는 벌레들을 먹이로 살기 때문이다. 따라서 한 그루 또 한 그루의 나무를 주의 깊게 뒤지며 살아야 하는 탓으로 기계적인 삶을 지키는 것이다. 그런데도 이놈들은 숲 속에서 활동하며 끊임없이 서로 찾으며 "멀리 떨어진 곳에서도 서로 대화를 주고받는다"고 한다. 이 이야기는 베이츠가 묘사한 바 있던 "방랑의 무리"로도 표현될 수가 있다. 허드슨은 다음과 같은 확신의 표현을 덧붙이고 있다. "남미 각지에서 합주라도 할 뜻으로 제일 먼저 모여드는 것은 나무발바리과(딱따구리과) 새들이다. 다른 것들의 딱따구리의 행동을 따라 합류한다. 경험적으로 가장 큰 성과를 얻는 방식임을 알고 오는 것이기 때문이다." 허드슨은 이네들의 지혜에 깊은 탄복을 하였는데 이는 사교성과 지혜를 항상 잘 조화시키기 때문인 탓이다.

Ⅶ. 가족의 기원

필자가 이미 준비문을 쓰고 있을 즈음, 인류학자들 사이에서는, 헤브라이 사람이나 로마제국에서 있었던 가부장제 가족은 인간의 제도 가운데 비교적 뒤늦게 나타났다는 학설을 이구동성으로 받아들이고 있었다. 물론 그 이후에도 다소 이견인 저작물이 간행되기는 하였다. 따라서 바코펜과 마크레난에게서 전파되고, 모르간이 체계화하였으며, 다시 포스트, 막심코바레프스키, 라보크 등이 발전·확인시킨 이 사상에 대하여 많은 논쟁이 벌어졌다. 그 가운데서도 덴마크대학 C.N. 슈타크 교수(Primitive Family, 1889), 헬싱키대학 E. 웨스터마크 교수(The History of Human marriage, 1891 2nd ed. 1894)의 저서들이 중요하다. 이런 사상은 원시의 토지 소유제도 문제에서 있었듯이 원시적 혼인제도의 문제에서도 나타났다. 마우라나낫세의 촌락공동체 사상을 일단의 뛰어난 연구자들이 이론적으로 뒷받침하게 되자 곧 씨족이라는 원시적 공산주의 제도가 대부분 인류학자들에게 받아들여지게 된 것이다. 그러나 프랑스에서는 퓨스텔 드 쿠랑쥬, 영국에서는 옥스퍼드대학의 시봄 교수 등등이 관련된 반박의 저서를 내었다. 이네들은 저서를 통하여 다시 한번 사려 깊은 토론을 하기보다는 풍부한 필담과 재치를 살려서 앞서 설명한 사상을 매도하려 하였고, 근대적으로 도달한 이들 사상의 결론에 의구심을 던진 것이었다(저서 「영국의 농노」에 대한 노그라도프 교수의 서문 참조). 또한 많은 인류학자나 고대 법학자들이 인류 초기의 부족 단계에 가족이 존재하지 않았다는 생각을 하게 되었을 무렵에 슈타크 및 웨스터마크와 같은 이들의 관련 저서가 출간되었다. 이들 저서에서는 인류가 헤브라이의 전통과 다를 바 없이 가부장적 가족의 형태로 출발했으며, 마크레난, 바코펜이나 모르간이 내세우던 단계를 거치지는 않았던 것으로 설명되고 있었다. 그러나 이 책들 가운데 재치 있게 기술된 「인류혼인역사」 같은 것은 특히 널리 구독되었고 그만큼 영향력을 발휘하기도 하였다. 반면에 이런 논쟁에 대하여 쓰인 방대한 저서들을 접하지 못했던 학자들은 의견을 내는 데 망설일 수밖에 없었고, 프랑스의 뒤르케임 교수처럼 문제에 정통한 학자도 오히려 중간적인 애매모호한 태도를 취하기도 하였다.

상호부조에 관하여 저술하는 어떤 특정의 목적에 대해서는 논쟁의 필요성이 없을지 모르겠다. 흔히 의심 없이 받아들이던 생각이었는데, 갑자기 인간은 기록의 형태가 없던 단계를 거쳐 왔다는 말에 충격을 받는 사람도 말을 바꾸어 부족 생활의 단계를 거쳤다고 말하면 별로 이의를 달지 않는다. 그러나 기실 이런 문제에 대하여 좀 더 흥미를 가지고 토론해 볼 가치가 있다. 물론 제대로 다 논란하자면 한 권의 책만 한 분량이 되리란 것을 미리 말해 두어야 하겠다.

우리가 고대의 어떤 제도, 특히 인류 최초로 성행하던 제도에서 우리의 시야를 가리고 있는 차단막을 벗기려면, 직접 증거가 없는 실정이므로 반드시 모든 제도의 전 과정을 소급하여 추적하는 힘든 작업을 거칠 수밖에 없다. 습관·관습·전통·민요·민담 따위에 남아 있는 어떤 흔적이라도 주의 깊게 기록하고 각 연구의 하나하나 성과를 결합함으로써 이 모든 제도들이 공존할 수 있었던 사회상을 머릿속에 그려 보아야 한다. 그런 과정을 통해서 어떤 하나의 믿음성 있는 결론을 도출하는 데 얼마나 방대한 증거들과 세세한 논란을 조직적으로 연구해 봐야 하는지 그 필요성을 실감하게 된다. 이는 곧 바코펜이나 그 동료들이 얼마나 훌륭한 일을 할 수 있었던 반면에 어느 다른 누구도 할 수 없었던 것임을 알게 한다. 웨스터마크 교수가 일일이 들춰낸 증거는 물론 산더미처럼 방대한 것이었다. 또한 그의 비판적 저술도 매우 가치가 높다. 그러나 바코펜, 마크레난, 포스트, 코발레프스키 등의 저술을 원저로 읽고 촌락공동체 학파에 정통해 있는 사람들이라면 의견을 바꾸어서 가부장적 가족설을 섭사리 받아들이는 일만은 거의 없게 마련이다.

따라서 감히 말하자면, 웨스터마크가 영장류의 가족생활 습관에서 차용한 학설은 실제 그의 말에 걸맞을 가치가 없다. 오늘날에 볼 수 있는 사교성 원숭이종의 가족관계에 대한 우리의 지식은 극히 부정확하다. 한편 비사교성 오랑우탄종이나 고릴라종은, 본문에서도 말하였듯이, 멸종과정에 있는 것이 확실하므로 이 논란에서는 제외시킴이 옳을 것이다. 더구나 제3기 말엽의 영장류 암수 사이에 나타나던

관계라면 더더욱 알 길이 없다. 당시에 살던 종들은 아마도 모두 멸종되었을 것이고 그 가운데 어떤 종이 인류의 조상으로 태어난 것인지 전혀 알 길이 없다. 기껏 기대되는 게 있다면 서로 다른 유인원 종 사이에 다양한 가족이나 부족관계가 나타났을 것이며, 또 유인원은 종수가 아주 많았을 것이고, 그 이후 영장류의 습성들로는, 최근 2세기에서만 포유류종에게 야기되었던 수많은 대변혁과 마찬가지로, 하고많은 변화들이 있었을 것이라는 정도에 지나지 않는다.

따라서 논란 자체는 전적으로 인류에 국한시켜야 한다. 초기의 제도마다 개개의 흔적을, 우리가 같은 종족이거나 같은 부족이면서도 서로 다른 제도를 가지고 있을 수 있다는 점을 관련시켜 세세하게 논의해야 한다. 이런 길만이 가부장제도가 상대적으로 뒤늦게 나타났던 제도라고 주장하는 학자들의 핵심적 논리이다.

실제로 미개한 미개인 사이에도 분명한 일련의 제도가 있다. 이 점은 바코펜이나 모르간의 생각을 받아들인다면 이해하지 못할 바가 아니지만, 그렇지 않는 한 이해되기 어려운 것이다. 예를 들어 보자. 별개의 부계가족으로 나뉘기 이전의 씨족적 공산체제였던 생활, 공동주택생활, 청년의 나이나 입문 단계에 따라 개별공간을 차지하는 집단생활(M.Maclay, H.Schurz), 그리고 본문에서 예증한 사유재산 축적제한, 다른 부족에게서 탈취한 여자를 사적으로 소유하기에 앞서 부족의 공동 소유로 하였던 사실과 라보크가 분석 실증하였던 많은 유사제도 따위가 곧 일련의 제도라는 것들이다. 이런 광범위한 일련의 제도는 인간의 진화를 통한 촌락공동체 단계에서 서서히 쇠퇴하여 사라지고 말았지만, 「부족혼인설」과는 완전히 일치함에 틀림없다.

그럼에도 불구하고 가부장제 가족설의 학자들은 이런 사실을 거의 주목하지 않고 있는 것 같다. 이런 태도는 논란을 옳게 이끌어 가는 방법이 아니다. 원시인류는 오늘날 우리가 알고 있는 몇 가지 중첩되거나 병존하는 그런 제도를 나타내지 않았던 것이다. 그들이 보인 것들이란 다만 씨족이라는 하나의 제도였고, 이 제도가 구성원 사이의 모든 상호관계를 포괄하였다. 혼인관계가 소유관계 또한 씨족제도였던 것이다. 가부장제 가족설을 주장하는 학자들에게 마지막으로 하고 싶은 말은, 앞서 언급한 일련의 제도가 서로 모순되는 체계, 즉 가부장제가 지배하는 별개 가족체계하에서 생활하는 인간집단 속에서 어떻게 어울려 존속할 수 있었을지 제시해 주기를 바란다는 점이다.

뿐만 아니라 가부장제 가족설을 주장하는 사람들은 특정하고 중대한 문제점들을 도외시하는 방식에서도 우리는 그 합리적 가치를 받아들이기 어렵다. 그런 점에서 모르간은 상당한 양의 증거를 통하여 다음 사실을 증명해 내었다. 즉 많은 원시부족 사이에는 엄격하게 지켜지는 "분류상의 집단체계"가 존재했고, 같은 테두리의 모든 개인은 서로 친형제·자매인 듯 부를 뿐만 아니라 어린 개인들은 저들 어머니의 자매를 어머니라 부른다는 것이었다. 이런 현상이 단순한 어른에의 경칭적 말씨라고 일괄해 버린다면 설명에 어려움이 없을 것이지만, 그렇다면 왜 하필 다른 것도 아닌 특정 경의 표시가 기원에서 서로 같지 않은 수많은 종족 사이에 그렇게도 널리 일반화하여 오늘날까지 전해져 내려오는 것일까?

분명 마(ma)와 파(pa)가 아이들에게 발음하기 가장 쉬운 음절임에는 틀림없겠지만, 문제는 왜 이런 어린아이 말의 일부를 어른들도 사용하며, 그것이 왜 특정하고 엄격하게 정의된 인간의 테두리에만 적용되는가 함이다. 왜 어머니나 그 자매를 마(ma)라 부르는 많은 부족들이 아버지는 디아디아(tiatia, diadia: 아저씨와 비슷함), 대드(dad), 다(da), 파(pa)라 지칭하는가? 왜 어머니 쪽 이모들에게 주어졌던 어머니란 지칭이 그 이후 다른 지칭(이모)으로 바뀌었을 것인가? 이런 마찬가지의 사례도 있다. 그러나 우리가 많은 원시인들 사이에서는 어머니의 자매가 아이들을 양육하는 데에 어머니 자신과 똑같은 책임을 지며, 만일 사랑하는 아이가 죽기라도 한다면, 어머니의 자매인 다른 '어머니'가 자신을 희생시켜 저승길로 가는 아이의 죽음여행길에 동반한다는 점을 알게 된다면, 이러한 명칭 속에는 단순한 말씨, 즉 존경을 표시하는 방식 이상의 심오한 그 무엇이 있음을 확신하게 된다.

이런 일련의 생활방식(라보크, 코바네프스키, 포스트 등이 이미 충분한 논란을 거쳤음)이 존재하였다는 점을 알면 알수록 모든 것들에는 일정한 방향성이 있음도 감지할 수 있다. 물론 아이들은 주로 어머니와 함께 지내는 탓으로 어머니 쪽의 친족관계를 손쉽게 알 수 있다는 말이나, 또는 여러 부족에서 온 몇 명의 처를 거느린 한 남자의 자식은 어머니 쪽 씨족에 속한다는 사실을 미개인의 "생리학에 대한 무지"로 설명할 수 있다. 그러나 이 문제가 내포하는 심각성을 생각해 보면, 전혀 '합리적이지 못한 의견'이겠지만, 이런 현상은 어머니의 지칭으로 불리는 의무규범이 모든 면에서 어머니의 씨족에 속한다는 의미를 아우르고 있는 것으로 알려져 있어서 더욱 그러하다. 이런 심각성에는 어머니 쪽 씨족의 모든 소유물에 대한 권리 행사, 어머니 쪽 씨족의 보호를 받을 권리 행사, 같은 씨족의 다른 누구에게서도 공격받지 않을 권리 행사, 그리고 씨족을 대표하여 씨족에 대한 공격에 복수를 해야 하는 의무 행사 따위가 내포된다.

　비록 어떤 시점에서는 이러한 설명이 만족스러운 논리임을 인정케 한다고 하더라도, 모든 사안에 대한 개별적인 설명이 똑같이 이루어 져야 하며, 그렇게 되면 셀 수 없이 많은 설명이 가능해야 한다는 사실을 깨닫게 된다.

　이런 것들 가운데 단 몇 가지만 언급해 보자. 재산이나 사회적 위 치에 대한 갈등이 없더라도 나타나는 씨족의 계급분열, 라보크가 열 거하였던 족외혼인과 그에 따르는 모든 관습, 씨족 신의 존재에 연 결되는 가족 신의 출현, 재난에 처한 에스키모뿐만 아니라 전혀 기 원이 다른 여러 부족에게까지 널리 퍼진 부인 교환, 문명 정도가 낮 을수록 해이해지는 혼인의 유대, 여러 남자가 한 명의 처와 번갈아 혼인하는 복합혼, 축제 때나 5 및 6자가 든 날에 혼인의 제약이 폐 지되는 사태, "공동주택"에서 야기되는 여러 가족의 공동생활, 최근 까지도 어머니 쪽 숙부가 고아의 양육을 맡는 의무, 모계에서 부계 혈통으로 점차 바뀌는 상당수의 변화형태, 가족 아닌 씨족 요구성 산아제한과 부유할 때 나타나는 무자비한 조항의 폐지, 씨족 제한을 뒤잇는 가족제한, 나이든 친족의 부족에 대한 희생, 근대적 가족제 확립 이후에 가족문제로 비화하는 부족의 복수법(lex talionis) 및 여 타 습관과 관습법, 라보크 경이나 몇몇 러시아 학자들이 제시하였던 혼인의례나 혼전의례, 모계사회에서 없던 부계사회의 혼인의례 따위 의 모든 상황이나 사례들(H.N. Hutchinson: Marriage Customs in many Lands, London, 1897 참조), 뒤르케임의 설명대로라면 "엄격한 의미 의 혼인은 단지 경쟁세력에 의하여 허용되거나 금지되는 것"인데 이 런 경우가 계속되는 현상이 일어난다. 또한 개인의 사망이 그 개인에 속한 모든 것을 파멸로 몰고 가며, 결국 모든 유물(Wilhelm Rudeck: Geschichte der öffentlichen sittlichkeit in Deutchland, 그리고 Durchheim: Annuaire socologique, ii. 312 참조)이나 신화(바코펜과 그 후계자들) 및 민담 등이 한결같이 유사한 내용을 담고 있다는 것 등이다.

물론 이런 이야기들이 결코 남성에 대한 여성의 우수성이 있다거나 한때 씨족의 대표성이 있었다는 걸 반증하는 것은 아니다. 이는 별개의 문제이고 저자의 사견으로는 이런 경우의 존재 자체도 인정되지 않는다. 또한 이런 것은 양성의 결합에 대한 부족의 제약이 전혀 없음을 입증하는 것도 아니다. 만약 사실로 입증된다면 이는 지금껏 알게 된 모든 증거에 정반대가 되었을 것이다. 다만 최근까지 밝혀진 모든 사실을 그들 상호간의 의존성에 비추어 본다면, 비록 아이를 거느린 고립된 부부가 원시적 씨족 가운데 살 수 있었다 하더라도 이 초기가족은 예외적으로나 허용되었을 뿐이지 결코 그 당시의 제도는 아니었을 것으로 인정된다.

Ⅷ. 죽음으로 소실되는 사유재산들

J.M. 드 그루트가 1892~1897년 라이덴에서 출간한 명저 「중국의 종교제도: The Religious Systems of China」에서 이런 사상을 찾아 확인할 수가 있다. 다른 곳에서도 그렇겠지만, 중국에서는 죽은 사람

의 모든 사유재산들-동산·가재도구·노예, 심지어는 친구나 가신, 부인까지도-을 무덤 위에서 소실시키던 시대가 있었다. 도덕론자들은 이런 관습을 폐지시키려고 강한 반발을 하였으나 오히려 강한 저항에 부딪혔다. 영국의 집시 사이에서는 무덤 위에서 모든 가재 일습을 파괴하는 관습이 현재까지도 남아 있다. 몇 해 전에 죽은 집시 여왕의 사유물 일체가 그녀의 무덤 위에서 모조리 파괴되었다. 이런 사실이 당시의 몇몇 신문에 보도되기에 이르렀다.

IX. 결코 나뉘지 않는 가계(家系) 혈통들

앞의 이야기를 집필한 뒤, 남슬라브의 자드루가(Zadruga), 즉 '복합가족'을 다른 형태의 가족 조직과 비교하여 저술한 비교적 가치 있는 책들이 많이 출간되었다. 에루스트 밀러의 「국제비교법학 및 국민경제학협회 연감」(Jabrbuch der Internationaler Vereinung für vergleichende Rechtswissenschaft und Volkswirtschaftslehre: 1897)과 I.F. 게초브의 「불가리아의 자드루가」(Zadruga in Bulgaria)와 「불가리아의 자드루가 소유제와 노동」(Zadruga ownership and work in Bulgaria)이 그 예들이다. 또한 본문에서는 생략했었지만 보지시크의 저명 논문인 "세르비아와 크로아티아의 농촌 가정에서 이르는 바 '이노코스나'의 조직에 관하여"(De la forme dite 'inokosna' de la famille rurale chez les serbes et les Croates, Paris, 1884)를 소개해 두기로 하였다.

X. 길드의 기원

길드의 기원은 수많은 논란의 주제가 되어 왔다. 동업자조합이나 기능공의 단체가 고대 로마에도 있었다는 데에는 조금도 의심할 바 없다.

누마(Numa)가 위의 법을 제정했다는 플루타크(영웅전의 저자, 역사가)의 한 구절에서도, 과연, 나타나고 있다. "그는 국민을 나누어," 라고 다음처럼 말하기를 "직능별로 구분했다" 명령을 내려 그들이 우의단체, 정기행사(定期行事), 그리고 모임을 갖도록 했으며, 그리하여 직능(職能)별로 위엄을 갖춰 그들이 성취하고자 하는 바를 신(神)들에게 바치는 예배를 보여 준다" 하지만, 동업자단체(협회)를 강구해 내거나 조직한 것은 그 로마 황제가 아니었음이 거의 확실하다. 이들은 이미 고대 그리스에 존재하고 있었다. 모든 가능성을 따져 보면, 그는 단지 이것들은 황제칙령으로 법제화한 것으로, 마치 필립르벨이 15세기 뒤에 동업조합을 크게 희생시켜 왕의 감독과 법령을 따르도록 한 것과 같았다. 누마의 후계자 중 하나인 세르바우스 투리우스 또한 단체(협회)에 관한 상당한 법령을 내린 것으로 알려져 있다.

결론적으로, 아주 자연스럽게 역사가들은 12세기와 심지어 10세기나 11세기에 그렇게 발흥(發興)했던 그 길드들이 혹시 고대 로마의 "단체들(Colleges)"이 부활(復活)한 것은 아닌지 자문(自問)된다.－이는 인용부호로 표시한 로마의 단체들이 중세 길드와 꽤 부합되었기에 더욱 그러하다. 정말이지, 고대 로마형(型) 협동조합들이 15세기까지 골 지역의 남부에 존속했다는 것은 알려져 있다. 또한, 파리 지역에는 나우토에(nnautae)라는 협동조합이 있었다고 되어 있다. 그리스 1170년 파리 시(市) 수산물상인들에게 준 헌장에는 이들의 권리가 옛날부터 존속(存續)했다고 말해진다(동일저자, 51쪽). 그러므로 미개족 침입 후인 중세 초기 프랑스에서 협동조합이 존재했더라도, 하등 이상할 것이 없다는 것이다. 그럼에도, 심지어 많은 양보를 한다 해도, 홀란드의 협동조합, 노르만족의 길드 조직, 러시아인의 아르텔(artel), 그루지야인의 암카리(amkari) 등등이 필연적으로 고대 로마제국이나 비잔틴제국에 기원을 두고 있다고 주장할 이유는 없다는 것이다.

물론, 노르만 왕조(족들)와 동로마제국의 수도 사이에서는 많은 왕성한 교류가 있었고, 그리고 슬라브족들(러시아 역사가들, 특히 Pambaud가 증명한 바와 같이)도 교류에 활발히 참여했다. 그래서 노르만족과 러시아인들이 고대 로마의 동업단체 조직을 각자의 토지(조직) 속에 도입했을 수도 있다. 그러나 (러시아의) 아르텔(artel)이 일찍이 10세기에는 모든 러시아인의 일상생활의 존재 그 자체였거나, 또한 그 아르텔(artel)이 현재까지 어떠한 입법조치로 그들의 삶을 규정한 바 없음에도, 고대 로마 단체나 서구의 길드 조직과 극히 동일한 특징을 가진 점으로 볼 때, 동방의 길드 조직이 로마 단체조직보다 훨씬 고대부터 기원했다는 생각에 훨씬 더 공감하게 만든다. 로마인들은 그들의 sodalitia와 collegia가 고대 그리스인들의 hetairiai(Martin – Saint–Leon 2쪽)라고 불렸던 것임을 정말로 잘 알고 있었으며, 그리고 동방의 역사에서도 별로 틀리지 않고, 결론지을 수 있는 것은 동방의 대제국과 이집트 또한 동일한 길드 조직을 갖고 있었다는 점이다. 이 조직의 핵심 특징들은 어디에서든지 동일하게 지켜진다. 그것은 동일한 직업이나 직종에 종사하는 사람들의 한 조합(결합)이다. 이 조합은 원시혈족처럼, 독자적인 신이 있고 독자적인 예배를 하며, 언제나 개별조합에 특수한 어떤 비전(秘傳)을 갖고 있다. 이 조직은 모든 조합원을 형제자매로 여긴다. – 아마도 (첫 발생부터) 친계나 혈족 사이의 그런 관계가 의미하는 결론과, 또는 적어도 형제자매 사이의 혈족관계를 시사하거나, 상징하는 세레머니를 가지고, 그리고 최종적으로 혈족 사이에 존재했던 양쪽 부족의 의무, 즉, 형제 사이의 살인의 가능성 그 자체를 배제하고, 법 앞에서의 혈족의 의무, 또는 소소한 분쟁의 경우, 그 사태를 중재자가 아니라 조합혈맹단의 판사 앞으로 가져오는 의무를 말할 수 있는데 길드 조직은 이런 것들을 친계혈족모델로 하여 가능토록 만들었던 것이다.

결론적으로, 마을공동체의 기원에 관해서 이 저서에 쓰여 있는 동일한 말을 길드 조직이나 아르텔(artel) 그리고 동업(동료)단체에도 똑같이 적용하고 싶은 생각이 들게 된다. 이들 혈족 내에서 사람들을 이전에 연결시켰던 유대가 민족 대이동의 결과 느슨해졌을 때 부계가족의 출현과 직업의 다양성이 증가하였던 즉, 새로운 영토적 유대가 인류에 의하여 마을공동체의 형태로 마련되었던 것이다. 그리고 또 하나의 유대–직업적 유대–가 관념적 형제애의 형태로 마련되었다. 즉 관념상의 혈족으로 상징되는 것이 강구되었다. 혼혈 형제 집단(슬라브족의 pobratimstvo)에 의하여 두 사람 사이나 수 명의 사람 사이에(상이한 혈족을 예로 들어 상이한 기원의 훨씬 더 많은 다수의 사람들 사이에) 즉, 길드조직인 아르텔(artel), 암카리(amkri), 헤타이리아(hetariai), 협족(phratry) 등과 같이 동일한 마을이나 조그만 시(또는 훨씬 상이한 마을이나 도시)에 거주하였다.

이러한 조직의 개념이나 형태에 관해서는 이런 요인들이 이미 미개시대부터 있어 왔다는 것이 시사되고 있다. 모든 미개시대의 혈족들에서는 개별적으로 비밀조직의 전사들이나, 주술사들이나, 또는 젊은이들 기타 등등이 있었다는 것을 알 수가 있다. 조합의 비전기술, 사냥이나 전쟁에 관한 지식은 전수되었다. 한마디로 이들을 클럽이라고 Miklukho-Maclay가 기술했다. 이들 비전들은 모든 가능성을 볼 때 미래 길드 조직의 원형이었다.

E.Matrian-Saint-Leon이 위에 언급한 저서에 관해서는, 내재된 모든 문헌에서 알려 주는 바와 같이, 파리의 동업조합에 관한 아주 귀중한 정보를 담고 있다는 점을 추가하고 싶다. Boileau의 Livre desmetiers에서 나타난 바와 같이-프랑스의 상이한 조직의 코뮌에 관련된 정보에 잘 요약되어 있다. 하지만 파리는 왕의 도시(모스크바나 웨스트민스트처럼)였으며 결과적으로, 자유로운 도시에서 성취되었던 발전과 자유로운 중세 도시의 조직은 결코 이룩되지 못했다. 전형적인 조합의 모습을 보여 준 것과는 거의 반대로, 파리의 협동체는 왕의 직접통치하에 태어나고 발전되었으며, 바로 이러한 이유 때문에(저자는 이것을 우월의 원인이라고 생각하지만 그는 오히려 열등의 원인으로 생각해서 그 저서의 다른 곳에서는 로마의 황권과

프랑스의 왕권이 간섭한 결과 조합길드의 삶을 파괴하고 마비시킨 것으로 충분히 설명하고 있다) 또한 동북 프랑스의 리옹이나 몽벨리 등과 이탈리아, 플랑드르, 독일 등등의 자유로운 도시들에서 일어났던 경이로운 발전과 영향력은 도시의 삶에 영향을 줄 수가 없었다.

XI. 시장과 중세 도시

중세 도시 Rietschel은 독일의 중세 코뮌이 시장에서 찾은 사상을 발전시켰다. 지역 시장은 주교나 수도원 혹은 왕자의 보호하에 있었고, 농민들은 제외한 장인계층의 사람들을 불러 모았다. 마을은 보통 분리되어 있었고, 시장에서 특별한 직업의 장인들에게까지 널리 퍼져 있었다. 그것들은 보통 구촌(舊村, 옛 마을)이라는 형태였는데 신촌(新村, 새 마을)은 왕이나 왕자에게 속한 농촌마을이었다. 각각의 마을은 서로 다른 법이 적용되었다.

시장이 초기 모든 중세 도시의 발전에서 중요한 역할을 했다는 것은 분명한 사실이다. 시민들의 부의 증가를 분배했고, 독립적인 생각을 주었다. 그러나 독일의 중세 도시의 저명한 저서들의 저자로 잘 알려져 있는 Carl Hegel의 의견처럼 마을의 법은 시장의 법은 아니었다. 그리고 Hegel의 결론은(이 책에서 말하는 관점에 추가하여) 중세 도시는 두 가지의 기원을 갖고 있다는 것이다. 두 종류의 사람들이 한쪽은 농촌과 한쪽은 초기 도시의 형태로 자리 잡았다. 농촌의 사람들은 이전에는 Almende나 마을사회에 있던 사람들이 도시에 편입한 것이다.

상인길드에 따르면 Herman van den Linden의 작업을 특별히 언급할 만하다. 저자는 그들의 정치적인 힘과 그들이 산업계층의 사람들, 특히 직물상들로부터 획득한 권한의 점차적인 발전은 그들의 힘이 발전하는 것에 반대한 기능공들에 의해 끝을 맺는다고 한다. 이 책에서 발전된 생각은 도시의 자유를 거절한 시대와 대부분 일치하는 후세의 상인길드의 모습과 관련이 있다. 그러므로 H.van den Linden's 의 연구를 시인한다.

XII. 현재 네덜란드 촌락에서의 상호부조제도

네덜란드의 농림부 보고서에는 이 주제와 관련된 많은 설명이 들어 있다. 그리고 친절하게도 나의 친구 M. Cornelissen이 이 방대한 분량의 보고서에서 나에게 필요한 부분만을 요약해 주었다.

많은 농장들이 탈곡기를 갖게 된 습관은 현재 다른 모든 나라에서도 그렇듯 매우 널리 퍼졌다. 그러나 여기서 한 가지 찾을 수 있는 것은 하나의 마을사회에 한 대의 탈곡기만을 가지고 있었다는 것이다.

경작에 필요한 수만큼의 말을 가지지 못한 농부들은 그들의 이웃들에게 말을 빌렸다. 한 마리의 공동 황소를 갖거나 한 마리의 공동의 종마를 갖는 것이 일반적이었다.

마을에서 학교를 짓기 위해 낮은 지대를 북돋으려 하거나 새로운 집을 짓기 위해 노예 한 명을 쓸 때는 보통 bede가 소집되었다. 이사를 해야 하는 농부들도 마찬가지였다. bede는 모두에게 널리 퍼진 관습이다. 그리고 부유하거나 가난하거나 어느 누구도 말이나 수레를 안 가져오지는 않았다.

수많은 경작을 위한 노동력이나 목초지의 소들을 지키기 위해 빌리는 것은 일반적이었고 곳곳에서 확인할 수 있다. 그것은 또한 경작을 하는 농부들에게는 흔히 있는 일이었다.

종자를 사기 위한 농부들의 조합이 영국으로 야채를 수출하는 것 등은 보편적인 일이었다. 벨기에서도 같은 상황을 발견할 수 있다. 나라에서는 Flemish 지역에서 처음으로 노예길드가 만들어진 지 7년 후인 1896년, 겨우 4년 후 벨기에의 Walloon 지역에 소개될 때, 이미 10000명 이상의 회원들과 207개의 조합이 있었다.

붙임 글-2

인간사회의 생존경쟁 : Thomas H. Huxley

옮긴이 글(1): 구자옥
옮긴이 글(2): 김휘천

인간사회의 생존경쟁

Thomas H. Huxley

* 이 논문은 1888년 2월의 The Nineteenth Century에 처음 나타난다. 그리고 헉슬리의 "진화와 윤리 및 기타 논문들" 모음이라는 책의 195-236쪽에 복간되었다. 바로 이 논문을 크로포트킨이 상호부조진화론 제1판의 서문에서 인용했고, 또한 Montagu 교수가 신간(新刊)의 서론에서 인용했다.

자연이라는 광대하고 변화하는 삼라만상은 사색하는 관찰자에게 웅장한 장관(壯觀)과 풍부하기 짝이 없는 매력적인 문제를 제공해 준다.

지식인의 관심을 끄는 측면에다 관심을 국한시킨다면, 모습을 드러낸 자연의 전체상(全體像)은 아름답고 조화로우며, 과거의 어떤 전제(前提)로부터 미래의 정확한 결론을 낼 수 있는 논리적으로 완벽한 과정의 화신(化身)이다. 그러나 관점을 낮춰 인간적인 면에서 고려한다면, 즉 판단에 도덕적 동정심을 개입시키면, 그러면 우리들끼리 우리를 비판하듯 저 위대한 어머니도 비판할 수 있게 된다. 그러면 적어도 지각(知覺) 있는 자연이 관여되는 한 그렇게 유리한 판정을 받을 수는 없으리라.

있는 사실 그대로 말한다면, 고등형태의 동물세계가 보여 준 생명현상을 연구한 사람들에게, 지금의 이 세상이 최상의 것이라는 낙관적 도그마(독단적 주장)는 가능성이 낮아 보인다(가능성의 모욕에 다름 아니다). 이것은 실제로는, 자신의 형상대로 신을 창조해 놓고, 그 전지전능의 신이 자기들과 같은 동기로 행위를 했음이 틀림없다고 쉽게 간주하는 수많은 뻔뻔한 선험적(연역적) 관찰자들의 잔존자 명단에다 추가하는 사례 외에 다름 아니다. 이들은 아주 확신하기를, 만일 다른 (운행)경로(經路)가 가능했다면, 절대자도 존경받는 철학자처럼 그의 창조물이 끝없이 받는 고통을 필수 구성요소로 만들지 않았으리란 것이다.

그러나 전체로 볼 때, 지각 있는 세계는 선의(善意)의 원리가 지배한다는 오래된 물리−신학설(物理−神學說)이라는 수정 낙관주의(樂觀主義)조차도 해당 사실과 공정한 대결이라는 시험을 잘 버텨내지 못한다. 확실히, 지각 있는 자연이 환락(歡樂)을 주거나 고통을 피하도록 하는 많은 정교한 장치의 예(例)를 제공한다는 것은 의심의 여지가 없다. 그리하여 이들은 선의의 증거물이라고 말해도 적절할 수 있다. 그러나 만일 그렇다면 그에 못잖은 필연(必然) 결과인 고통의 산물(産物), 그와 동등하게 수많은 (삼라만상)배열도 똑같은 악의(惡意)의 증거물이라고 말한다 해도 적절하다 할 수 없다는 것인가?

만일 사슴이라는 유기체가 포식(捕食)동물을 피해 달아날 수 있게 만든 그러한 부위들에서 볼 수 있는 것들을 (정교한) 기술이라고 해야 할 인공제작물(人工製作物)로 엄청나게 많이 있다면, 적어도 사슴을 따라가 조만간 쓰러뜨릴 수 있게 하는 동등한 기술을 늑대의 육체적 기능에서도 볼 수 있다는 것이다. 과학이라는 무미건조한 불빛 아래에서는, 사슴과 늑대는 똑같이 경탄스럽다. 그런데 만일 이 둘이 지각이 없는 자동인형이라면, 그 둘이 벌리는 행위는 경탄을 살 만한 것이 없을지 모른다. 그러나 사슴은 고통을 당하고 늑대는 고통을 준다는 그 사실이 우리의 도덕적 동정심을 불러일으킨다. 사슴과 같은 사람들은 순결무구(無咎)하고 선(善)하다고 하며, 늑대 같은 사람들은 악의적이고 악인이라 지칭해야 한다. 사슴을 보호하고 도와서 달아나게 해 준 사람들은 용감하고 자비로우며, 그리고 늑대의 피비린내 나는 행동을 도운 자들은 야비하고 잔인하다고 지칭해야 한다. 확실히, 만일 이러한 판정을 인간세상 밖의 자연에도 적용하려 한다면, 아주 공정해야만 한다.

이 경우, 사슴을 돕는 오른손의 선행(善行)과 늑대에게 달걀을 주는 오른손의 사악함은 상쇄(相殺)되어 버린다. 그리하여 자연의 경로(經路)는 도덕적이지도 비도덕적(非道德的)이지도 않으며, 오히려 탈(脫)도덕적(또는 무無도덕적)이다.

이 결론은 지각 있는 이 세계 도처에서 이와 유사한 사실들에 대해 내려졌다. 아직은, 그것이 뿌리 깊은 편견을 흔들어 놓을 뿐만 아니라, 그 고통스러운 것을 당연히 혐오하도록 일깨워 주는 한, 그로부터 벗어나려고 많은 창의력을 발휘하여 왔다.

신학적 측면에서, 이는 시련 상태이며 겉으로 보이는 자연의 불의(不義)롭고 부도덕해 보이는 것들에서 점차 보상을 받을 것이라고 말한다.

그러나 지각 있는 세상사의 대부분의 경우 이 보상이 어떻게 이루어질지는 명확하지 않다. 내 생각으로는 수천수만의 세대에 걸친 초식동물의 유령들이―이들 동물들은 인류의 출현에 앞서 수백만 년의 지구기간(地球期間)에 걸쳐 살았으며, 그 기간 내내 육식동물에게 괴롭힘을 당하고 게걸스레 잡혀 먹혔는데－다년생(多年生) 클로버 풀의 존재로 보상받게 되었노라고 어느 누구도 진지하게 주장할 준비가 되어 있지는 않을 것이라는 점이다. 한편 육식동물의 유령은 물이 고인(접시 모양) 파인 땅이나 살점 하나 없는 뼛조각밖에 없는 어떤 굴로 들어가게 되었노라고 할 수도 없다는 점이다. 그 밖에도, 도덕적 관점에서는, 세상만사의 최종단계는 최초보다 악화될지도 모른다는 것이다. 왜냐하면, 육식동물이 아무리 잔혹하고 피비린내 난다고 하여도, 만일 이 세상에 그런 고안 장치의 증거가 있기라도 한다면, 이들은 그런 행동을 나타내도록 제작된 대로 단지 그렇게 했을 뿐이다.

더구나, 육식동물과 초식동물 모두 같이 노령, 질병 및 과잉번식에 따른 모든 불행으로 고통받기 쉬우며, 그래서 둘 다 이 점에 대해 "보상"을 제기할지도 모른다. 진화주의자 쪽에서는, 반대로 저 무서운 생존경쟁이 최종에는 선(善)을 지향하며 그리고 선조의 고통은 그 후손의 완전성(完全性) 증진으로 보상받는다는 성찰(省察)로부터 위안을 받으라고 말한다. 이 주장은, 만일 중국식(사고방식)으로 현 세대가 조상에게 진 빚을 갚을 수 있다고 한다면 무언가가 있을 수 있다. 그렇지 않다면 에오히푸스(말의 원조. 미국서부의 시신대(始新代) 전기지층에서 발견된 가장 원시적인 몸집이 작은 형태의 말의 화석)가 몇백만 년 뒤에 그의 후손의 하나가 더비 경마대회에서 이겼다는 사실에서 그의 슬픔에 대해 무슨 보상을 받았는지가 명확하지가 않다. 따라서 다시 진화가 끊임없이 완전성 증진의 지향을 상징한다고 상상하는 것은 오류이다.

의심의 여지 없이 이 과정에는 유기체가 부단히 새로운 여건에 적응하면서 리모델링(구조개편)하는 작업이 포함된다. 그러나 (이렇게) 성취된 적응물(리모델링되어 변경된 유기체)의 방향이 상하(上下) 어느 쪽인지는 그러한 여건들의 성격에 달려 있다. 퇴행적 변신(變身)도 진보적인 것처럼 실제적이다. 만일 물리학자들이 말하듯이 지구가 핵융합 상태에 있으며, 태양처럼 점차로 차가워지고 있다는 것이 정말이라면, 그러면 진화란 우주적 겨울에의 적응을 의미할 것이며, 그리고 모든 형태의 생명은 죽어 없어질 것이며, 예외란 북극과 남극 얼음의 규조류(珪藻類) 같은 낮은 수준의 단순유기체와 붉은 눈(雪) 속의 Protococcus(세균류의 일종)만 살아남는 그 시기가 틀림없이 오리란 것이다.

만일 우리의 지구가 너무 뜨거워 가장 낮은 수준의 생명체밖에는 유지할 수 없는 상태에서 너무나 추워서 어느 여타의 생존체도 허락하지 않는 상태로 진행 중에 있다면, 그 지구표면의 생명의 경로는 마치 박격포에서 발사된 포탄의 운행 같은 탄도궤적을 그릴 것임에 틀림없다. 그리고 가라앉는 궤도의 절반은 떠오르는 궤도의 그것처럼 전체 진화과정의 일부이다. 도덕주의자의 관점에서, 동물의 세상은 검투사의 경기쇼와 거의 동일한 수준이다. 짐승들은 꽤 잘 보살펴져, 그리하여 싸우도록 만든다—거기서는 가장 힘세고, 가장 빠르며, 그리고 가장 교활한 자만이 살아남아 또 다른 날에도 싸울 수 있다. 관람객은 엄지손가락을 아래로 향할 필요조차 없는데, 왜냐하면 (짐승들은) 어떠한 자비도 갖고 있지 않기에 그는 펼쳐진 기술과 훈련이 경이롭다는 것을 인정해야만 한다. 그러나 고통을 다소 (길게) 지속하는 것이 잡아먹히는 자와 승자 그 둘의 보상이라는 것을 보고 싶지 않다면 그는 눈을 감아야만 한다. 그런데 이 거대한 경기가 이 세상 도처에서 분(分)당 수천 번씩 진행되고 있으므로, 우리의 귀가 예민하다면, 우리는 지옥문까지 내려가 들을 필요도 없다-만일 이 세상이 선의의 지배를 받는 것이라면 그것은 존 하워드의 것과는 다른 종류의 선의임에 틀림없다는 것을 받아들여야 할 것으로 보인다. 그러나 고대 바빌로니아 사람들은 미(美)의 여신과 전쟁 신의 특성이 결합된 '이스타르'라는 위대한 여신(女神)으로 자연을 현명하게 상징하였다. 그녀의 무서운 측면은 속임수로 무시하거나 덮어 버릴 수는 없는 것이었다. 다만 그것은 유일한 것이 아니었다. 만일 라이프니츠(독일의 수학자)의 낙관주의가 유쾌하지만 어리석은 꿈이라고 한다면, 쇼펜하우어의 염세주의는 악몽이며, 그 섬뜩함 때문에 더욱 어리석다. 즐겁지 않은 오류는 확실히 최악의 오류형태이다.

이 세상은 최상은 아닐지 모르지만, 그러나 최악이라고 말한다면 단지 건방진 헛소리에 불과하다. 주색에 곯아 빠진 사람은 해 아래에서(도) 어떤 선한 것도 찾지 못할 것이며, 혹은 하늘의 별을 딸 수 없는(불가능을 꿈꾸는) 헛되고 철없는 젊은이는 그의 조바심을 염세주의적인 신음 속에 토해 낼지 모른다. 그러나 합리적인 사람은 마음속으로 인류의 행복은 엄청나게 작고, 불행은 훨씬 더 많아도 십중팔구 꽤 잘 견딜 수 있고, 견디며, 실제 견뎌 내리라는 것을 조금도 의심하지 않는다. 만일 우리 각자와 우리 모두 24시간마다 1시간씩 신경통이나 극심한 정신질환이 엄습한다면-비교적 건강한 다수의 사람들이 아는 이 가상은 그 부담이 터무니없다고 할 수도 없는데-삶의 일반궤도는 실제로는 많은 방해를 받지는 않지만 삶의 부담은 엄청나게 늘어났을 것이란 점이다. 남자다움을 그 속에 간직한 남자들이라면 이보다 더한 악조건에서도 삶은 살아갈 가치가 있음을 발견할 것이다. 또 다른 명백한 사실들이 많아, 지각 있는 자연의 운행을 악의가 지배한다는 가상을 잘 받아들일 수 없게 한다. 과도한 쾌락들, 이들은 삶의 동기로서는 모든 사람들이 보기에 가장 순수하고 최상의 것 중에서는 불필요한 하찮은 것으로서 없어도 좋은 사치품으로서, 그래서 말하자면, 인생의 덤으로 주어진 것과 마찬가지이다. 그러한 것들을 겪는 사람들에게는, 자연의 아름다움이나, 예술 및 특히 음악에서 얻는 것과 같은 즐거움보다 황홀한 것은 별로 없을 것이다. 그러나 그것들은 진화의 요인이라기보다는 (최종)산물이며, 어느 각도에서 고려해 보아도, 그것들은 극소비율의 인류만 알고 있을지 모른다. 이 모든 사태의 결론을 내린다면 만일 오르마즈[조로아스터교의 선(善) 빛의 최고신]가 이 세상에 개입하지 않았다면 아리만[조로아스터교의 악(惡)의 신]도 그러했으리라 보인다는 것이다. 비관주의도 낙관주의처럼 지각 있는 존재라는 사실들과는 별로 일치하지 않는다. 만일 인간의 사고방식으로 자연의 운행을 표시하고자 하여, 자연의 운행을 있는 그대로의 것으로 받아들이기로 한다면, 그 지배원리는 지성이지 도덕은 아니라고 말해야만 할 것이다. 그것은 논리적 과정이 구체화된 것이며, 즐거움과 고통이 수반되고, 대부분의 경우 그 발생은 도덕적 가치와는 별 상관이 없다는 것이다. 비는 의인(義人)과 악인(惡人)에게 골고루 내리며, '시로암'의 탑이 무너져 내려 (깔린) 사람들이 (그렇지 않은) 그 이웃사람들보다 나쁜 사람이 아니라는 것은 동일한 결론을 동양식으로 표현한 것처럼 보인다.

엄밀한 뜻에서 자연이라는 말은 현재까지 존재해 왔고, 현재 존재하며, 미래에도 있을 것의 총화(總和), 현상세계의 총화를 가리킨다. 그래서 사회는, 예술처럼, 자연의 일부인 것이다. 그러나 인간이 즉 각적인 원인제공자의 역할을 하는 그 자연의 부분을 별도로(떼어내) 구분하는 것이 편리하다. 그러므로 사회는 예술처럼 자연과 구분 지어 생각하는 것이 유용하다. 이러한 구분을 짓는 것은 더욱 바람직하기도 하며, 또한 필요하기도 한데, 왜냐하면 사회는 어떤 한정된 도덕목표가 있기에 자연과는 다르기 때문이다. 어째서 윤리적 인간-사회의 구성일원 또는 시민-이 만든 운행질서(궤도)가 필연적으로 비윤리적 인간-원시 미개인 또는 단지 동물계의 일원으로서의 인간-이 채택하게 되는 궤도에 반(反)하게 (충돌)되는가. 후자의 생존경쟁은 여느 다른 짐승들처럼 죽을 때까지 싸운다. 전자는 정력을 몽땅 기울여 그 경쟁에 제한을 가한다는 목표를 이루고자 한다.

동물인 인간의 삶으로 나타난 현상의 순환에서는 늑대와 사슴의 일생이 보여 준 것처럼 어떠한 도덕적 목적도 분간해 낼 수가 없다. 선사(先史)시대의 유물이 아무리 불완전하다 해도, 거기에서 나타난 증거는 명백하여 지금껏 알려진 가장 고대의 문명이 발상하기 전 수천수만 년 동안 인간은 극히 저수준의 미개인이었다는 결론에 도달하게 된다. 그들은 적과 경쟁자와 분투했다. 그들은 그들보다 약하거나 덜 교활한 것들을 잡아먹었다. 그들은 수천 세대 기간 동안을 매머드, 우루스(Urus), 사자 및 하이에나와 나란히 제한 없이 태어나고 번식했으며, 그리고 죽었으며, 짐승들의 일생도 동일하였다. 그리고 그들은 그들보다 덜 직립이고 보다 털투성이인 동료들처럼 도덕적 기준으로 칭찬받거나 비난받지 않았다.

이들 짐승의 경우처럼 원시인들에서도, 가장 약하고 어리석은 자는 궁지에 몰리고, 한편 가장 거칠고 민첩하며, 주변 환경 대처에 가장 잘 적응한 자들은 환언하면 최선은 결코 아니지만 살아남았다. 삶은 계속되는 제한 없는 전쟁이었으며, 가족이라는 한정되고 잠정적인 관계를 초월하여, 만인의 만인에 대항하는 홉스(영국철학자 Thomas Hobbes, 1588~1679)식(式) 경쟁이 정상의 생존상태였다.

인류도 다른 것들처럼 진화라는 큰 (강의) 흐름 속을 최선을 다해 머리를 물 위로 내밀고 어디에서 나와 어디로 가는지는 생각도 못하고 몸부림치며 물을 첨벙거리며 헤엄쳐 나아갔다.

문명의 역사—즉, 사회의 역사—는 반대로 인류가 이러한 위치에서 탈출을 시도한 것들의 기록이다. 상호전쟁 대신 상호평화의 상태로 대치시킨 최초의 인간은 어떤 동기로 그러한 발걸음을 내딛게 되었는지에 대해서는 상관할 바 없이 사회를 창조하였다. 그러나 평화를 확립함에 있어서, 이들은 생존투쟁에 명백히 제한을 가하였다. 그 사회의 구성원들끼리는, 어찌 되었건, 끝까지 다투면 안 되었다. 사회가 잇따라 취한 형태 중에서 가장 완전함에 접근한 것은 개인 간의 전쟁을 극도로 제한한 것이었다. 원시 미개인들은 Istar 여신의 가르침을 따라 할 수만 있다면, 그의 마음에 드는 것은 무엇이나 취했으며, 그리고 그에 대항하는 자는 누구건 간에 죽여 버렸다. 반대로 윤리적 인간의 이상은 행동자유를 타인의 자유를 간섭하지 않는 범위로 국한하는 것이었다. 그는 그 자신의 것과 같이 공동의 번영을 추구한다. 그리고 정말로, 평화는 그 자신의 복지의 핵심부분으로 그에게는 목적이요 수단이었다. 그리고 그의 삶의 기초는 무제한의 생존경쟁을 부정하는 다소 철저한 자기절제에 있다. 그는 탈도덕(脫道德) 진화라는 자유방임 발전에 기반을 둔 동물계에서의 위치로부터 벗어나 도덕진화 원칙이 지배하는 인간계를 수립하고자 한다. 왜냐하면 사회는 도덕적 목적이 있을 뿐만 아니라, 완성이 되면, 사회생활은 도덕성의 구현(체)이다. 그러나 도덕적 목적을 향해 나아가려는 윤리적 인간의 노력은 자연적 인간으로 하여금 탈도덕 운행궤도를 따라가게 하는 유기체 깊숙이 자리 잡은 충동을 결단코 없애지 못했거나, 아마도 바꾸지 못하였다. 진화의 주요인은 아니지만 가장 핵심적인 조건 중의 하나가 인간이 모든 생명체와 공유하는 무제한 번식성향이다. "늘어나고 번성하라"는 계명은 십계명보다 전통적으로 훨씬 오래된 것이라는 사실은 특기할 만하다. 그리고 그것은 인류 대부분이 자연스럽게 그리고 마음속으로 복종하는 거의 유일한 것일 거라는 것이기도 하다. 그러나 문명사회에서는 그런 순종이 가져올 불가피한 결과는 만인의 만인에 대항한 투쟁이나 생존경쟁이—이 경쟁의 완화나 철폐가 사회조직의 주목적인데—모든 강도(强度)로 재구축되는 것이다.

설화(說話) 속의 아트란티스 역사의 어느 시기에, 식량생산량이 정확히 인구의 소요량을 충분히 채워 줄 수 있어야 했으며, 숙련공이라는 상품제조인의 수가 농업인들의 잉여식량이 지지해 줄 수 있는 숫자와 꼭 들어맞아야 했다고 상정(想定)해 볼 수 있다. 그리고 앞서의 것에다가 또 다른 기괴한 가정을 하나 더 추가한다 해도 무방할 것이므로, 우리의 상상을 펼쳐 모든 (성인)남녀와 자녀들이 도덕적으로 완전하며 그 개인의 최고 목표가 공동선(公同善)이라고 해 보자. 이 복지(福地)에서는 자연인은 윤리적 사람에 의해 마침내 침묵하게 된다. 경쟁도 사라져 없어지며, 그러나 각자의 근면으로 모두는 쓸모 있게 되어지리라. 모두가 보람되며 어느 누구도 탐욕이 없으며, 적대행위도 없어져 있으리라. 생존경쟁은 없어져 버리고, 그리하여 천년왕국(예수 재림 후 나타난다는 예수의 천년통치왕국)이 마침내 시작되리라. 그러나 이러한 세상형편은 인구가 일정수준으로 유지될 때라야만 영속(永續)할 수 있다는 것은 명백하다. 열 명의 새 식구가 늘어난다 하자. 그러면, 가정한 그 숫자만큼 (식량이) 정확히 줄어들므로 어떤 사람은 배급이 모자라게 된다. 아트란티스 사회는 지상의 천국이었을지는 모르지만, 그 온 나라는 의로운 사람들로 구성되었을 것이므로, 회개는 필요 없을지 모른다. 그럼에도 누군가는 굶주려야만 한다. 잔혹한 이스타르 인, 무도덕 자연은 윤리라는 옷을 찢어 버릴지도 모른다. 나는 아주 저명한 의사와 자연의 치유력에 관해 이야기한 적이 있었다. "집어치워요!"하고 그가 말했다. "자연은 십중팔구 인간을 치유하기를 원하지 않아요. 자연은 인간을 관 속에 넣기를 원해요." 그리고 이스타르-자연은 사회의 목적에 대해서도 똑같이 별로 동정심을 보이지 않는 것처럼 보인다. "집어치워요!" 그녀는 그녀가 사랑하는 최강자를 위한 좋은 들판과 자유분방하게 뛰어놀 것밖에는 원하는 것이 없다.

우리의 아트란티스는 불가능한 허구일지도 모르지만, 그러나 설화가 어렴풋이 윤곽을 드러낸 상반되는 경향은 지금까지 세워져 왔던 모든 사회에 존재했으며, 그리고 모두가 보기에 미래에 있을 사회에서도 승리를 위해 분투할 것임에 틀림없다는 것이다. 역사학자들은 국가의 쇠퇴 및 고대문명의 붕괴의 원인으로 지배자의 탐욕과 야망을, 풍요와 사치라는 (도덕적으로) 타락된 취지로 지배층의 무분별한 광포함에, 그리고 인류생업의 대부분을 차지했던 파멸적인 전쟁을 지목하여 그럼으로써 도덕에다 담론(談論)의 초점을 맞춘다. 물론 이들 사태의 소소한 원인들 중에서 온갖 무도덕적인 동기가 크게 두드러져 왔다. 그러나 이런 모든 피상적 소요 아래에는 무제한의 번식으로 생긴 충동이 깊이 자리 잡고 있다. 페니키아와 그리스가 싹을 틔운 수많은 식민지들에서, 라틴민족의 성채에서, 고채 유럽문명의 경계선을 돌파하고 홍수처럼 밀려든 골족(族)과 튜톤족(族)들에서, 그 뒤의 몽고종족의(세계정복사업으로 인한) 대이동에서, 인구문제는 매우 가시적인 모습을 띠고 전면에 나타난다. 그것은 포리네시아 제도(諸島)의 아료이 사회처럼 고대 로마의 항구(恒久)적인 농지문제에서도 아주 명백했다.

고대세계에서 그리고 현재 우리가 살고 있는 세계태반의 지역에서, 영아살해 행위는 과거나 현재에도 정례적이며 합법적인 관습이었다. 기아, 질병 및 전쟁은 생존경쟁에서 과거와 현재의 정상적 요인이었으며, 그리고 이들은 거칠고도 잔인한 방식으로 주원인인 영향력의 강도(强度)를 완화하는 데 이바지하였다.

그러나 문명이 보다 발전하면서, 공사(公私)의 도덕성 진보는 모든 이들 장애물들을 제거하는 데 꾸준히 이바지하였다. 우리는 영아살해를 살인이라 규정하고, 그래서 살인죄로 처벌한다. 우리는, 그렇게 성공하지는 못했지만, 어느 누구도 아사(餓死)되지 않게 된다고 선언하였다. 우리는 다른 종류의 원인 예방 가능한 죽음은 일종의 계획살인으로 여기며, 그리고 우리는 능력껏 질병을 막는다. 우리는 저주스러운 전쟁과 사악한 군인정신을 비난하며, 그리고 평화의 축복과 산업의 결백한 시혜물을 확대하는 것은 결코 걱정하지 않는다. 사업확장 때에는, 정치가와 기업가조차도 이렇게 성공하게 된다. 더욱 훌륭한 인물들은 이상이란 대망(大望) 쪽을 본다. 모든 사람이 절대적인 자기부정(自己否定) 단계에 도달하고, 그리고 오직 도덕적 완성만을 추구하면, 평화는 국가 간뿐만 아니라 인간들 사이에서도 정말로 군림할 것이며, 그러면 생존투쟁은 끝나게 될 것이다.

인간본성이 어떠한 여건에서도 이러한 이상적 상태에 도달한다거나 심지어 현저히 다가올 수 있는지 여부는 논의할 필요조차 없는 의문이다. 인류가 아직은 이 단계에서 한참 뒤떨어져 있다는 것은 인정해야 할 것이며, 그리고 나는 현재를 거론하고 있다. 그리고 내가 지적하고 싶은 것은 자연적 인간이 절제 없이 늘어나고 번성하는 한, 평화와 근면은 전쟁 체제 아래 지속되어 왔던 어떤 것 못지않은 격렬한 생존투쟁을 허용할 뿐만 아니라 필요로 할 것이라는 점이다. 만일 이스타르 여신이 한 손으로는 군림하게 된다면, 그녀는 다른 한 손으로는 그녀의 인간희생물을 요구할 것이다.

국내를 바라보자. 70여 년 동안 산업은 지구 상 어느 나라보다도 중단은 덜되고 보다 유리한 여건하에서 우리 마음대로였다. 크로수스(기원전 1세기의 고대 로마의 큰 부자. 시저, 폼페이우스와 함께 3두 정치체제를 구축했으나 페르시아원정에서 패사함)의 부(富)는 우리가 쌓아 온 부와는 비할 바가 못 되며, 우리의 번영은 전세계의 질투를 받는다. 그러나 네메시스 여신(그리스신화의 보복의 여신)은 크로수스를 잊지 않았다. 그녀가 우리를 잊은 것일까? 나는 아니라고 생각한다. 현재 대영제국의 섬들(영국본섬과 아일랜드 등)에 36백만 명이 살고 있으며, 해마다 30만 명이라는 무시할 수 없는 숫자가 추가된다. 이것은 말하자면, 대략 100초마다 또는 그 정도로, (대영제국주식회사의) 주식이나 생계비를 요구하는 청구자이고 우리 중에 선남선녀(善男善女)의 모습으로 나타난다는 것이다. 현재의 토양산물로는 인구의 절반도 충분히 먹일 수 없다. 나머지 절반은 식량생산 국가의 국민에게서 사 와야만 되는 식량으로 채워져야만 한다. 말하자면, 우리는 우리가 원하는 것과 교환하여 그들이 원하는 것들을 제공해 주어야 한다. 그리고 그들이 원하는 것들과 우리가 그들보다 더욱 잘 생산할 수 있는 것들은 주로 제조품들−공업제품이다.

나폴레옹 1세의 거만한 질책에는 아주 실질적인 근거가 있었다. 우리(영국)는 현재도 (소매)상업국가일 뿐만 아니라, 굶주림이라는 형벌 아래, 또한 반드시 장사치 국가가 되게끔 되어 있다. 그러나 다른 나라들 또한 장사를 (상업)해야 한다는 동일 필요성 아래에 놓여 있으며, 그리고 그들 중 일부가 취급하는 물품은 우리의 경우와 같다. 우리의 고객은 당연히 그들 생산품을 교환해야 할 때 최대 최상의 이득을 추구한다. 만일 우리 물품이 우리의 경쟁국보다 열등하다면, 구매자가 제정신이라면, 왜 그들이 후자를 선호하면 안 된다고 주장할 수 있는 근거는 없다. 그리고 만일 그러한 결과가 대규모로 총체적으로 발생한다면, 우리 중 오, 육백 만 명은 먹을 것이 없게 된다. 우리는 목화(木花) 흉년이 어떠한지를 이미 알고 있다. 그러므로 우리는 (고객이 없는) 고객난(難)이 무엇을 의미하는지를 어느 정도는 알고 있어야 한다.

윤리적 기준으로 판단할 때, 지금 우리가 처해 있는 위치처럼 만족스러운 것은 없다. 불완전하지만 실제의 각도에서 보면, 사회조직의 주목적인 평화상태에 도달해 있다. 그리고, 논의상, 우리가 그 자체로 무구(無垢)하며 칭찬받을 만한 것 외에는 아무것도 바라지 않는다고−즉, 공정한 근면의 열매만 즐기는−가정해 볼 수도 있다. 그런데 보라! (바로) 우리 자신임에도 불구하고, 우리는 실제로는 우리

못잖게 평화스럽고 호의적으로 보이는 이웃과 (상호) 치명적인 생존 투쟁을 하고 있다. 우리는 평화는 추구하되 그 실현을 위해 노력하지는 않는다. 우리 안의 도덕본성은 다름 아닌 일반선(一般善)과 잘 지내라고 요구한다. 탈도덕 본성은 저 오래되고 훌륭한 스코틀랜드 가훈(家訓)을 선언하고 작용을 한다. "네가 굶주리게 된 뒤에 내가 (식량이) 모자라게 될 것이다." 그러나 우리 환상은 갖지 말자. 무제한의 번식이 이루어지는 한, 지금까지 고안되어 왔거나 앞으로도 구상(構想)될 어떠한 사회조직도, 부(富)의 분배라는 허튼짓도 그 사회가 제한을 두려고 하는 생존경쟁이라는 가장 격렬한 형태를 갖는 한 그 자체 증식으로 파괴되는 추세로부터 구원받지는 못할 것이다. 이러한 인간끼리의, 그리고 나라끼리의 영원한 경쟁이 도덕적 의미로는 아무리 충격적이라 하더라도, 사회의 양지(陽地)에서는 괴물(怪物)처럼 거대한 부가 쌓이는 것과는 반대로, 음지(陰地)에서는 불행이 쌓여 가는 것이 아무리 혐오스럽다 하더라도, 이러한 상황은 이스타르 여신이 제지당하지 않고 멋대로 두는 한, 오래 지속되고 악화될 것임에 틀림없다. 이것이야말로 스핑크스의 진짜 수수께끼이다. 그리고 이 문제를 조만간 해결하지 않는 나라들은 저마다 자신이 만들어 낸 괴물에게 잡아먹히게 될 것이다. 지금 바로, 우리에게 실제적이면서 임박한 문제는 내가 보기에는 어떻게 시간을 버느냐 하는 것처럼 보인다. 튜톤족(族) 격언에 있듯이 "시간이 약이다." 그리고 우리 후손 중의 현명한 사람들이 현재 막다른 골목처럼 보이는 곤경에서 벗어나는 길을 알아 낼 것이다. 우리 자신처럼 이스타르 여신의 노예인 그러한 이웃들과 적대자들에게 어떠한 악감정(惡感情)을 품는 것은 어리석은 짓이다. 그러나 만일 누군가가 굶주리게 되어 있다면, 현재의 세상에서는 열국(列國)이 희생양을 알려달라고 신탁을 청원할 델피신전이 없다. 운명의 시험은 우리에게 열려 있다. 그리고 우리가 절박한 운명을 피하고자 한다면, 우리가 (운명을) 피해 갈 의인(義人)이라고 믿을 만한 어떤 근거가 있어야 할 것이다. Securus jubicat orbis.

이러한 목적으로, (공산품) 제작으로 우리를 구원할 수 있는 필요조건을 한번 들여다보자. 두 가지가 있는데, 하나는 온천지에 뻔한 것이어서 고집 부릴 필요가 거의 없다. 다른 하나는 외관상 그렇게 명백해 보이지 않는데, 왜냐하면 그것은 너무나 자주 이론적으로나 실제상으로나 (실체가) 보이지 않기 때문이다. 명백한 조건이란 우리(영국)의 생산품이 타국의 것보다 더 좋아야만 한다는 것이다. 우리 상품이 경쟁국의 것보다 선호되어야만 하는 이유는 오직 단 하나밖에 없다 — 우리의 고객이 동일 가격에 더 나은 상품을 살 수 있도록 되어야만 한다. 이것이 의미하는 것은 우리가 상품생산 시 생산비를 일정비율로 늘리지 않으면서 보다 많은 지식, 기술 및 근면을 활용해야만 한다는 것이다. 그리고 노동가격이 비용의 주요소를 차지하므로, 노임률(勞賃率)은 어떤 한정범위로 규정되어야만 한다. 저렴한 생산과 값싼 노동은 결코 동의어가 아니라는 것은 정말로 옳다. 그러나 또한 임금이 어떤 비율 이상 올라가면 저가(생산)는 깨어진다는 것도 진실이다. 그러므로 저렴함은 세계시장에서 우리가 성공하기 위해서 필수적이다.

두 번째 조건도 만일 사태를 진지하게 고려해 본다면, 첫째 조건처럼 실제로는 명백히 불가결한 것이다. 그것은 사회 안정이다. 사회의 안정은 그 구성원의 필요분을 상식과 경험기회에서 합리적으로 기대하는 것만큼 – 삶이 바로 그러한 것인데 – 얻을 수 있을 때이다. 인류는 대체로 정부형태나 어떠한 종류의 이상적인 사상들에 대해서는 별로 개의치 않는다. 그 무엇도 민중이 자라난 그 상태가 지속됨으로써 이 세상 불행이나 그 뒤 파멸 또는 이 두 가지로 위협받게 된다는 믿음만큼 민심을 뒤흔들어 관습을 파괴하고 폭동이라는 명백한 위험을 불러일으키지는 못할 것이다. 그러나 그들이 그러한 확신을 갖게 되면, 사회는 한 묶음의 다이너마이트 폭탄처럼 불안정해지고, 그러면 극미량으로도 폭발을 일으켜 그 사회를 미개의 혼돈으로 되돌려 보낼 것이다. 노임이 어느 일정 수준 이하로 떨어지면 노동자는 틀림없이 프랑스 사람들이 단호하게 말하는 La misere – 이 말에 해당하는 정확한 영어단어가 있으리라 생각하지 않는데, – 상태로 전락한다는 증명을 한다고 논란을 벌일 필요조차 없다. 그 상태에서는 단지 신체기능을 유지하는 데 필요한 식량, (따스한) 연료 및 의복을 구할 수가 없다. 부모자녀들은 예의도 차릴 수 없고 그리고 건강유지상 가장 기본적인 것도 얻기가 불가능한 그러한 초라한 오두막집으로 밀쳐 넣어져 (콩나물시루처럼) 꽉 차게 된다. 가까이 있는 즐거움도 가혹함과 취태로 변해 버린다. 고통은 기아, 질병, 발육부진 및 도덕타락의 형태를 띠고 기하급수적으로 쌓인다. 심지어 꾸준하고 정당한 근면이라는 (희망) 전망도 극빈자의 무덤으로 둘러싸여 배고픔과 승산 없는 전투를 하는 삶일 뿐이다.

거대한 인류집단마다 상당한 비율의 구성원이 이와 같은 절망의 늪에 부단히 정착, 거주하기 쉽다는 것은 일부 구성원의 본성이 게으르고 나쁘거나 질병이나 사고로 불구가 되거나 가장(家長)의 죽음으로 이 세상에 내던져질 때 불가피해진다. 그런 비율이 일정 한도에 그치는 한, 처리할 수가 있다. 그리고 그런 원인에서 연유하는 한, 그 생존은 아마도 그리고 마땅히 참고 떠맡을 수 있다. 그러나 사회 조직이, 이러한 성향을 완화시키는 대신에, 계속 심화시킨다면, 어떤 주어진 질서가 명백히 선(善)이 아니라 악(惡)을 조장한다면, 사람들은 자연스럽게 새로운 시도를 해 볼 때가 충분히 되었다고 생각하기 시작한다. 동물적 인간은, 윤리적 인간이 그를 그런 늪에 두었다는 것을 알아차리고 나서는, 옛날의 그 본성으로 되돌아가 무질서를 부추긴다. 그것은 본질적으로 우주사회(사회 전체)를 혼돈으로 몰아가 다시 한번 잔혹한 생존경쟁을 시작하자는 제안이다. 이 나라이건 또는 다른 나라이건 간에 모든 거대 공업중심지의 인구현황을 아는 사람이라면 누구나 깨닫게 되는 것은 크게 늘어나고 있는 인구의 대부분이 La misere(불행)으로 우위를 차지하고 있다는 것이다. 나는 박애주의자인 척하지 않는다. 그리고 나는 온갖 감상적 미사여구를 특히 무서워한다. 나는 단지 내가 아는 한도 내에서 어느 정도는, 사실을 다루고자 하며, 그리고 박물학자로서 풍부한 증거물로 더욱 입증된다. 그리고 나는 유럽공업지대를 통틀어 위에 정확히 묘사한 상태의 거대인구집단으로부터 자유로운 거대공업도시는 단 하나도 없다는 것이 명백한 사실이라고 간주한다. 그리고 사회적 늪지 바로 가장자리에 살고 있기에, 공산품의 수요부진으로 그(늪) 속에 빠지게 되기 쉬운 훨씬 더 많은 인구집단으로부터 자유로운 그래서, 인구가 늘어날 때마다, 그(늪)에 빠져 있거나 미끄러져 들어가는 다수의 사람들은 계속해서 늘어난다.

(사회)해체의 제(諸) 요인이 이렇게 재빨리 그리고 확실히 쌓이는 사회라면 공업사회 경쟁에서 이기기를 바랄 수 없다는 것을 명확히

하기 위해 논란을 벌일 필요는 없다.

지성, 지식 및 기술은 말할 필요도 없이 성공의 제(諸) 조건이다. 그러나 이러한 것들이 정직, 에너지, 선의(善意) 및 인간다움을 만들어 주는 모든 육체적 및 도덕적 능력으로 뒷받침되지 않는다면 그리고 인간들이 정당하게 기대하는 그러한 보상의 기대에 맞는 자극을 주지 않는다면 그것들이 무슨 소용이 있단 말인가.

그리고 (그런) 결핍의 늪에 사는 거주자가 심신(心身)은 왜소해지고, 사기는 떨어지며, 희망을 잃은 상태에서 이러한 자질들을 가지리라고 기대하는 것이 합리적일 수 있는가?

공업(중심지의) 인구가 생산능력을 충분하고도 영구히 발전시키려면, 그러므로 정당한 수준의 물질적 및 도덕적 복지를 확보해 주는 사회조직과 양립(兩立)하여야 하며 또한 정말이지 거기에 기반을 두어야만 한다. 악이 아니라 선을 조장하는 박물학과 종교적 열광은 좀처럼 손잡고 가지 못한다. 그러나 이 문제에서는 이 둘은 완전히 화합한다. 그리고 가장 비우호적인 박물학자도 고(故) 쉡티스베리 경(卿) 같은 사회개혁가의 통찰과 헌신에 경탄을 금치 못할 수밖에 없는데, 이 개혁가는 최근 발간한 "Life and Letters(인생 및 그 근황보고)"에서 50년 전 노동계급의 상태를 생생하게 그려 보이고 있으며, 그리고 우리 공업(사회)이 이러한 명백한 사실들을 무시하고 그의 발밑에서 파고 있는 함정을 생생하게 묘사해 준다. 지난 50년간 가난한 계층의 육체적 및 도덕적 복지 진작(振作)을 위해 제반 조치를 취해 왔거나 지향해 온 헌신이 꾸준히 증가한 것보다 더욱 희망찬 진보의 징조는 아마도 우리에게 없었으리라.

보건위생개혁가들은 내가 알게 된 대부분의 다른 개혁가들처럼,

그들 기대에 부응하기 위해서는 일종의 도덕적 환각제처럼 약간의 열광(광신)을 필요로 하는 것처럼 보인다. 의심할 필요도 없이, 이들은 많은 실수를 저질렀다. 그러나 공업지역의 사람들이 살고 있는 상태를 개선해 주고, 인구가 조밀한 거리의 하수도를 고쳐 주고, 목욕시설, 세탁소 및 체육시설을 제공하고, 검약(儉約)의 습관을 촉진하고, 공공도서관과 그 유사기관에서 강습 및 오락기구를 갖춰 주는 (분투)노력은 박애주의적 관점에서 바람직할 뿐만 아니라 안전한 공업발전의 필수조건이라는 것은 내가 보기에는 논란의 여지가 없어 보인다. 내가 보는 한, 지성과 도덕성이 전반적으로 진보하여 사람들이 그러한 성향의 근원과 맞붙어 싸울 수 있을 때까지는 이러한 방법에 의해서만 공업사회가 La misere(불행, 비참함)해지려는 끊임없는 관성을 억제하리라 희망해 볼 수 있다. 만일 이렇게 위에 말한 준비(계획)를 실행하려면 생산비가 증가되어야만 하며 그러므로 경쟁이라는 경기에서 생산자의 핸디캡으로 작용될 수밖에 없다는 말을 듣는다면, 나는 첫째, 감히 그 사실을 의심하는 바이다. 그러나 만일 그러하다면, 공업사회는 파멸을 위협하는 것의 대안, 딜레마와 직면해야 한다는 결론이다. 한편으로, 충분한 임금을 받는 사람들은 육체와 도덕 둘 다 건전하리라 보며 또한 그 사회는 안정되어 있을지 모르지만, 생산품의 가격이 높다는 이유로 공업경쟁에서는 실패할지도 모른다. 반대로, 보수가 낮은 사람들의 육체와 정신은 건전하지 못하고 그 사회는 불안정해질 것임에 틀림없다. 그리고 비록 한동안은 공업경쟁에서 저가생산품이라는 이유로 성공할지라도, 끝내는 쓰러져 비참한 불행과 퇴보를 겪은 뒤에 완전히 파멸될 것임에 틀림없다.

자, (위의) 이런 것들이 가능한 유일의 대안이라면, 우리 자신과 자녀들 모두 전자(前者)를 선택하자, 그리고 필요하다면 인간답게 굶주리자. 그러나 나는 건전하고, 왕성하며, (잘)교육받고 그리고 자율(自律)국민으로 이루어진 안정된 사회에서 그런 심각한 운명의 위험이 일어나리라고는 믿지 않는다. 그들은 지금 당장은 (전자와) 성격이 동일한 수많은 경쟁자들로 곤란을 당하지는 않을 것 같다. 그리고 그들은 그들 독자의 유지 방안을 찾아 내리라고 안심하고 믿을 수 있다.

항구(恒久)적인 공업발전의 필수조건인 육체적, 도덕적 복지 및 안정된 사회질서를 확보했다고 가정해도, 이 경우, 지식과 기술 이 둘 없이는 생존경쟁이라는 전투를 성공적으로 치룰 수 없어 이를 달성하는 방도를 고려해야만 하는 문제가 남는다. 상황이 어떠한지 고려해 보자. 이제, 광대한 초등교육제도가 16년간 운영되어 왔으며, 극히 일부를 제외한 모든 사람들이 혜택을 받고 있다. 나는 전체로 보아 이 제도가 잘 운영되며, 직접적인 혜택처럼 간접혜택도 엄청나다는 것을 의심할 여지가 있다고 생각지 않는다. 그러나 예상할 수 있듯이, 우리의 전 교육제도의 결점들－(이미) 지나간 사회의 욕구조건을 대처하기 위하여 짜인－을 보여 주고 있다. 실습교육은 별로 없고 (실내)도서교육에만 너무 치중한다는 불평이 멀리 퍼졌으며, 내가 보기에는 꽤 정당하다. 나는 어느 누구처럼 조기교육을 제한하고 초등학교를 공장의 단지 한 부속건물로 만들려고 하는 의도는 별로 없다. 그리고 내가 초등교육의 딱딱한 책 위주의 그리고 이론적인 성격에 대해 공동으로 불평을 되풀이하는 것은 산업 이익에 있다기보다는 교양의 폭이라는 데에 있다. 산업직종(産業職種) 같은 것이 없다 하여도, 눈이나 손을 훈련시키지 않고 가장 일반적인 자연 사실에도 완전 무지하고 관찰능력(함양)과 하등 관계없는 교육제도는 불가사의하게 불비(不備)하다 여겨도 합리적이라 할 수 있다. 그리고 강습(講習)과 훈련이 결여된 대부분의 사람들에게 정확히 그것이 가장 중요한 것이라는 것을 고려할 때, 그 결점은 거의 죄악이 되며, 그 개선에 실제로 아무런 어려움이 없기에 더욱 그렇다. 실제로, 그림스케치를 전반적으로 가르치지 않는지는 이유조차 없는데, 그런데 그것은 눈과 손 모두 기막힌 훈련이 된다. 예술가는 태어나지 만들어지지 않는다. 그러나 누구나 교육을 받으면 입면도(立面圖), 평면도(平面圖), 그리고 단면도(斷面圖)를 그릴 수 있다. 그리고 화분이나 (프라이)팬도 이러한 목적으로는 바티칸 궁전의 아폴로 회화관 건물처럼 좋은, 정말이지 더욱 나은 모델이 된다. 식물은 비싸지 않다. 그리고 (위에)시사한 종류를 그릴 때에는 거의 기하처럼 쉽고 엄밀하게 검증할 수 있는 그러한 뛰어난 특성이 있다. 이러한 그림스케치는 맞거나 틀릴 수 있으며, 그리고 만일 틀렸다면 학생은 그림들이 틀렸다는 것을 보도록 할 수 있다. 산업적 관점에서, 그림스케치 능력은 날이 가고 시간이 지나도 쓰이지 않는 업종은 없다는 장점이 추가된다. 다음으로는, 유능한 교사가 없다는 것 외에는, 왜 기초과학개념이 일반교과과정의 한 요소가 되지 않았는지 이유를 댈 수가 없다. 이 경우에도, 또다시, 값비싸거나 정교한 장치가 필요하지 않다. 자기 할 일을 알고 있는 교사의 손에 들려있는ㅡ양초, 소년의 물딱총, 분필 한 개 같은 흔해 빠진 것도 그 출발점이 되어 거기서부터 어린 학생들은 그들 능력이 닿는 한 진행 중인 관찰력과 추리력을 효율적으로 구사하여 과학의 영역으로 인도될 수 있다. 만일 사물(事物)교육이 때때로 사소한 실패라고 입증되더라도, 그것은 사물교육의 허물이 아니라 교사의 잘못인데, 그 교사는 하나를 가르치려면 백을 그것도 철저히 알아야 한다는 것을 알아차리지 못한 것이다. 그리고 교사가 그러한 발견을 못한 것은 그의 잘못이 아니라 현재 그들을 훈련하는 혐오스러운 광범하게 퍼져 있는 제도(의 잘못) 때문이라는 것.

이미 말했듯이, 단지 산업이익 측면에서 이루어진 현재의 일반교과과정에다 이들을 추가하는 제안을 나는 고려한 것이 아니다. 기초과학과 그림스케치는 초등학교에서처럼 이튼학교(여기에서 그 두 가지가 정규과정이 된 것을 보고 나는 기뻤다)에서도 똑같이 유용하다. 그러나 기능공교육에서도 이러한 (위의)기술의 중요성은 이렇게 습득한 지식과 기술-비록 대단치는 않지만-이 여전히 실제로 그에게 유용하다는 단지 그 사실 때문에 증대된 것은 아니다. 그보다는 이들이 통칭 "기술교육"이라는 특별훈련의 입문(入門)이 되기 때문이다.

이 마지막 방향의 요구(사항)는 3개 부분으로 묶을 수 있다고 생각한다. (1) 예비과학교육이라고도 할 수 있으며 산업직(産業職)에 특히 응용할 수 있는 과학과 예술분야의 강습(講習) (2) 고유 전문교육 같은 응용과학 예술 특수분야의 강습. (3) 이 두 분야 교사의 교육훈련 (4) 최대한 (일반의 주목을) 끄는 (교육훈련관련) 조직 기구(機構) 등이다.

이들 각각의 방향으로 엄청난 진전이 이미 이루어졌지만, 아직도 할 일이 많이 남아 있다. 만약 초등교육을 제시했던 방식으로 개정한다면, 학교위원회는 그들 능력껏 책임을 다할 수 있을 것이다. 이러한 기구의 위원들을 선출한 유력인사들은 과학이나 기술교육을 취급하는 합목적성을 확보하는 데 기여하지는 않는다. 그리고 그들에게 취지에 맞지도 않는 임무를 맡기는 것은 필요성이 더 떨어지는 일인데, 왜냐하면 다른 기구들이 있어서 그 임무에 보다 적합할 뿐만 아니라 이미 실제로 그 일을 하고 있기 때문이다.

예비과학 교육문제에서, 주무부서는 과학예술부(部)로서, 이 부서(部署)는 지난 사반세기 동안 이 나라(영국)나 여타의 어느 나라의 부서보다도 국민대중의 기초과학교육을 위해 많은 일을 하여 왔다. 이 부서는 물리학에 관한 한 실제로 국민의 대학교가 되었다. 영국의 오랜 대학교들은 설립할 때 최극빈자들에게도 문호가 활짝 열려 있었지만, 그러나 최극빈자가 대학교를 찾아와야만 되었다. 지난 사반세기 동안, 과학예술부(部)는 전국에 걸쳐 어느 누구에게나 개방된 수업이라는 방법을 동원하여 최극빈층에게도 가르침을 주어 왔다. 대학교(교육)보급운동이 보여 준 것은 우리나라의 오래된 학문 기관들이 선례에 따르는 것이 타당하다는 것을 알아냈다는 것이다.

기술교육은 엄밀한 의미에서 두 가지 이유로 필수가 되었다. 옛날의 도제(徒弟)방식은 깨어져 버렸는데, 일부는 산업생활 조건이 변했기 때문이고, 또 일부는 동종업계(業界)가 과거 대가(大家)가 그의 도제(徒弟)에게 전통비법(秘法)을 전수하는 도제조합이 아니게 되었기 때문이다. 발명은 끊임없이 영국 산업의 얼굴을 바꾸고 있으며, 그래서 "세상관습(훈련이 대가를 만든다)" "눈어림법칙" 기타 등등은 점차 중요성을 잃고, 한편 조건변화에 성공적으로 오직 대처할 수 있는 그 원칙의 지식이 더욱더 가치가 높아지고 있다. 사회적으로 사, 오 명의 도제를 거느린 대가는 사라지고 40명이나 400명 또는 4000명의 손을 거느린 기업가가 유리하며, 그리고 이전에 조그만 작업장에서 주워들은 이러저러한 (잡동사니)기술지식은 이제는 공장에

475

서는 없으며 배울 수조차 없다. 이전에 대가가 가르치던 교습(敎習)은 그러므로 기술전문학교의 체계적인 학습으로 충분히 대치되어야만 한다.

그 정도와 완성도에서 차이가 많이 나는 이런 종류의 조직체들이 시티(런던의 상업·금융 중심지구)와 길드(동업조합)조직이 설립한 찬란한 조직(구성물)에서부터 최소(단위)의 지역기술학교에 이르기까지, 예술원(후에 씨티길드가 인수)이 설립한 기술(교육)기관의 수업은 말하지 않더라도, 이 나라의 여러 곳에서 설립되어 왔으며, 그리고 (이런 설립이)늘어나고 확대되는 데 유리한 운동이 그 폭과 강도(强度)에서 급속히 커지고 있다. 그러나 일반적으로 그렇게 바라는 기술교습을 시키는 최선의 방법에 대해서는 의견이 분분하다. 두 개 과정이 실용적으로 보인다. 하나는 특수기술학교의 설립인데, 이 학교는 체계적인 장기과정의 수업으로서 학생을 전(全) 기간 전일(全日) 수업하는 것을 요구한다. 다른 하나는 기술(교육)학급을 시작하는데, 특히 야간(교육)학급으로서 어떤 주제에 대한 단기과정으로 이루어져, 이미 (수공업)직업이나 상업에 종사하며 밥벌이를 하는 사람들도 받을 수 있다. 의심의 여지 없이, 제1차 분류로 표시된 계획상의 기술전문학교의 비용이 극히 높다. 그리고 기능공의 훈련에 관한 한, (가르치는) 학식 있는 자들은 현장업무에 종사하지 않기에 실제업무에 도움이 되기보다는 방해가 되는 아마추어적인 습관에 떨어지기 쉬운 그러한 것들에는 비난의 목소리가 아주 흔하다는 것이다. 이러한 학교는 일정한 수의 유식한 근로자를 가르치기로 작정한 고용주의 감독하에 공장의 부속으로 들어가게 된다면, 물론 이러한 (비난)반대는 적용되지 않는다. 또한 장차 종업원이 될 사람의 훈련과 고

급종업원을 위한 이러한 학교의 효용성은 의심할 수 없다. 그러나 이런 학교는 가능한 빨리 밥벌이를 해야만 하는 일반대중이 다가갈 수 없는 범위에 있다. 따라서 우리는 기능공의 기술교육을 위한 거대장치로서 교과과정, 특히 야간수업과정을 들여다보아야 한다. 이러한 수업과정의 효용성은 의심의 여지가 없어졌다. 아직 남아 있는 유일한 의문은 이를 확대하는 수단, 방법을 찾아내는 것이다.

우리는 여기서, 모든 다른 사회조직문제와 마찬가지로, 두 개의 전혀 반대되는 견해에 직면하게 된다. 한쪽에서는, 외국에서 추구하는 방법이 모범으로 거론된다. 국가가 이 문제에 손을 대어 거대한 기술교육체제를 구축하도록 촉구당한다. 다른 한쪽에서는, 개인주의자 학파의 경제학자 다수가 온갖 말을 다 동원하여 이 문제에 대한 일반정부의 단지 간섭뿐만 아니라 지방정부의 세금으로 거둔 자금을 조금이라도 이러한 목적에 사용하는 것을 비난하고 규탄한다. 나는 영국에서는 어쨌든 국가가 기술 및 직업훈련과정을 그대로 내버려야만 한다는 강한 신념을 품고 있다. 그러나 비록 내가 개인주의자 쪽으로 결정적으로 기울어졌다고 하여도, (그것은) 단지 실용적인 근거에 입각하여 그러한 결론에 도달하게 된 것이다. 실제로, 나의 개인주의는 다소 감상적인 것이며, 그래서 만일 그 주장을 덜 열렬하게 했다면 나는 내 신념이 보다 강해져야만 한다고 생각한다. 시민사회가 도덕적 목적으로만, 즉 구성원의 선(善)을 위해서만 설립된 회사 외의 어느 것도 아니며, 그래서 일반(여론)의 목소리가 공동선(共同善)이라고 결정한 것의 달성에 적합한 것으로 보이는 그 조치를 취하는 것이라고 나는 볼 수가 없다. (일반)대중의 투표가 사회의 선악(善惡)을 가르는 과학적 검정(방법)이 아니라는 것은 불행히도 너무나 진실이다. 그러나 실제로는, 우리가 적용할 수 있는 유일한 검정 방법이며, 그리고 그것의 준수 거부는 무정부를 뜻한다. 지금까지 존재했던 가장 순수한 독재주의는 가장 자유로운 공화국이 하는 것만큼 (절대다수) 대중의 의지(통상 소수의 의지에 굴복한다)에 기반을 두고 있다. 법은 다수의 의견을 나타낸 것이다. 그리고 그것은 법이지, 단지 의견이 아닌데, 왜냐하면 다수는 그 법을 강제할 만큼 강하기 때문이다. 내가 가장 저명한 개인주의자만큼이나 강력하게 확신하는 것은 모든 개인의 자유는 그에 상응한 동료의 자유를 제한하지 않은 한 자유롭게 행동할 수 있어야만 바람직하다는 것이다. 그러나 나는 정치학의 저 위대한 귀납(설)과 그로부터 이끌어 낸 실제 추론을 연결 지을 수가 없다. 국가ー즉, 법인(法人)으로서의 국가가 사법 및 대외국방행정(권) 외의 어느 것에도 간섭할 일이 없다는 것.

나에게는 법인(法人)으로서의 사회가 그 구성원에게 알맞도록 남겨 놓은 자유의 양(量)은 고정(固定)된 것이 아니라 "자연권"이라는 가정(허구)에서 연역(演繹)된 선험(先驗)적으로 결정되는 것처럼 보인다. 그러나 그것은 여건에 의해 결정되어야 하며 그리고 달라진다는 것. 내 생각으로는 사회체(社會體)의 조직이 고등화(高等化)되고 복잡화될수록 각 구성원의 생활은 전체의 것과 더욱 친밀하게 결합된다고 보여 줄 수 있다. 단지 이기적이지는 않는데, 타인의 자유를 다소 심각하게 간섭하는 행동범위는 더욱 커진다(행동의 자유는 더욱 속박을 받는다).

만일(미개지 또는 국유지의) 무단점유자가 그 이웃으로부터 십 마일 떨어져 살면서, 해충(빈대, 벼룩)을 없애기 위해 그의 초가삼간을 태우기로 했다면, 법으로 그 행동자유를 간섭해야만 할 필요성이 없을지도 모른다(보험회사가 없어도). 그의 행동은 그 자신 외에는 누구도 다치지 않는다. 그러나 (도시)거리의 거주자가 동일한 행동을 하기로 했다면, 국가는 그러한 진행과정은 매우 적절히 범죄라고 하며, 그에 상응한 처벌을 한다. 그는 이웃의 자유를 그것도 매우 심각하게 간섭한 것이다. 그래서 인구가 희소하고 그 자신의 땅의 산물로 풍요롭게 살 수 있는 농촌에서 의무교육 실시는 불필요하고, 심지어 독재라고 해도 지지를 받을 수 있는 독트린(주의, 학설)일지도 모른다. 그러나 인구가 조밀하며 생존경쟁을 벌이는 공업지역에서는 무지한 사람 하나하나가 그때까지는 그 동료의 부담이 되며, 그래서 자유의 침범자이며 동료의 성공에 걸림돌이 된다. 그런 여건 아래에서는, 교육세는 실제로 방위목적으로 부과된 전쟁세와 같다.

국가행동은 언제나 다소나마 방향이 잘못되어 있고, 또한 항상 그러할 것이라는 것은, 내가 믿기로는, 절대 진실이다. 그러나 나는 (자연인)개인의 행위보다 법인으로서의 사람들 행위가 더 진실하다고 인식할 수 없다. 현존하는 아무리 현명하고, 감정에 흔들리지 않는 사람이라도, 들판의 울타리를 넘어 단지 반대쪽으로 가자고 하여도, 아주 똑바로 (직진)할 수는 없으리라―그는 언제나 조금 틀리게 걸어가게 되며, 그래서 항상 스스로 교정한다. 그리고 전(全) 인생행로의 특징이 조금 기복이 있었다고 말할 수 있는 개인주의자만을 나는 축하해 줄 수 있다. 국가행위를 그 방향이 거의 맞은 적이 없었으므로 철폐하자는 것은, 내가 보기에, (지금까지)항로의 키를 잡고 있던 사람이 하려는 대로 하면 배가 다소라도 항로에서 벗어나기 때문에 그를 끌어내리는 것과 똑같은 짓으로 보인다. "왜 다른 사람의 아이를 가르치는데 돈을 지불하여 내 재산을 **빼앗겨야** 하는가"가 개인주의자의 질문인데, 이 질문은 마치 전체 문제를 해결하는 것처럼 흔치 않게 듣는 말이다. 아마도 그렇기는 하지만, 그러나 나는 왜 꼭 그래야만 하는지 알려면 어려움을 느낀다. 내가 사는 (행정)구당국 (영국의 행정단위)은 내가 지나가 본 적조차 없는 아주 수많은 거리의 포장과 가로등 설치에 내 몫을 지불하게 하였다. 그래서 내가 다른 사람의 길을 닦고 어둠을 밝히는 데 (내 돈을) 빼앗겼다고 항변할 수도 있다. 그러나 (행정)구역당국은 그 탄원을 받아들이지 않을 것이라 본다. 그래서 나는 왜 그들이 그래야 하는지 그 이유를 모른다고 고백해야만 하겠다.

내 자신에 관해 무엇을 아는지 모르나, 그러나 내가 조그만 벌거숭이 몸으로 이 세상에 왔을 때, 금수저를 입에 물지 않았거나(고대 로마에서는 부잣집에서 태어난 아이는 은수저를 입에 물고 태어났다고 表現했음. 여기서는 금수저로 한층 더 강조하는 뜻에서 씀. 역주), 그리고 실제로 어떤 식별할 수 있는 추상적이거나 구체적인 어떤 종류의 "권리"나 재산을 갖지 않았었다고 믿어야 이치에 모두 맞다. 만일 내가 빽빽대고 비명을 지르는 방해물이라고 즉각 습격당하지 않았다면, 그것은 나를 둘러싼 주위 사람들의 본성적(자연스러운) 다정함 때문이거나 — 나는 확실히 이것을 받을 만한 일을 한 일이 아무것도 없는데 — 또는 내가 밀고 들어간 그 사회가 내가 태어나기 오래전에 고통스럽게 구축한 그리하여 (위에 말한) 재앙을 막은 법을 두려워했기 때문일 것이다.

만일 내가 떠돌이 부랑자(손)에서 구해져 양육되고, 보살펴지고, 교육받았다면, 그러한 장점을 누릴 수 있는 어느 것도 했다는 것을 인식할 수 없다는 것은 확실하다. 그리고 만일, 내가 지금 가진 게 있다면, 하루 일을 하고 겨우 일당임금을 벌고 있을지라도, 그래서 그것을 내 재산이라고 올바르게 부를 수 있을지 모르지만-그럼에도 이전(以前)세대가 오랜 기간에 걸쳐 피와 땀으로 창조한 사회조직이 없었더라면 나는 내 재산이라고 할 만한 것은 부싯돌 도끼와 보잘것 없는 오막살이밖에는 아무것도 없었어야만 했으리라. 그리고 그것들조차도 나보다 강한 미개인이 오지 않는 한에서만 나의 것이 되었으리란 생각이 (불현듯) 떠오른다. 그 때문에 만일 사회가 아주 고맙게도 나를 위해 이 모든 것을 해 주었는데, 이번에는 그 보존을 위해 무엇인가를 나에게 하라고 요구한다면-그 무엇인가가 다른 사람의 아이들 교육에 기여하는 것일지라도-내 개인적 성향에도 불구하고 사실로 부끄럽지만, '아니'라고 말할 것이다. 그리고 만일 부끄러워 하지 않는다면 사회가 도덕적 의무를 법적인 것으로 변경함으로써 부당 취급한다고 생각할지는 나도 모르겠다. 모든 짐을 (혼자 도맡아) 도와주는 한 사람에게 떠맡기는 것은 명백히 부당하다. 그래서 내가 보기에는 교육목적의 과세에 유효 적절히 반대할 수 있을 것 같지는 않다. 그러나 기술학교 및 수업의 경우, 그런 과세는 지역적 이어야만 실제로 상책이라고 생각한다. (영국의)공업인구는 특정 시와 지역에 집중된다. 이들 지역은 기술교육으로 즉각 이익을 볼 수 있다. 그리고 이들 지역에서만 실제로 산업종사원을 만날 수 있으며, 그들 중 일부는 무엇이 필요하며 실제로 이를 충족시켜 주는 최선의 방법을 가려내는 소관 심판자 (역할)을 하리라는 예상은 합리적일지 모른다.

　내가 믿기로는, 모든 기술(技術)훈련방법은 현재 잠정적이며, 그래서 성공하려면, 각 방법은 그 지역 특이성에 적합해야만 한다. 바로 이런 경우 우리는 "강한 정부"의 이십 년이 아니라 즐겁고 희망찬 실수(失手)의 기간을 원하는 것이다. 그리고 동(同) 기간 안에 사태를 바로잡을 수 있다면 고마워해야만 한다. 정부가 지난 회기(會期)에 제출했으나 기각된 안(案)의 근본방침은 내가 보기에 현명하며, 일부의 반대는 내 생각으로는 오해 때문이다. 그 안은 실제로 지방정부에게 기술교육목적의 과세권(課稅權)을 허용하자고 제안하였다. – 어떠한 그런 목적의 계획도 과학예술부에 제출되어야 하며 그리고 입법취지에 부합한다고 그 부(部)가 선언한다는 조건하에. 그 법안이 기술교육을 과학예술부의 손안에 던져 넣으려고 제출되었다는 고함이 터져 나왔다. 그러나 실제로는, 어떤 창립권(創立權)도, 심지어 세부사항을 간섭할 권한도 그 부처에 주어지지 않았다 – 유일한 기능이란 제출된 계획이 "기술교육"의 범위에 속하느냐 않느냐를 결정하는 것이었다. 어딘가(부처)에서 그러한 통제를 할 필요성은 명백하다.

영국도 확실히 아니지만, 어떤 입법기관도 어떤 방식이든 그러한 권한에 제한을 두지 않고는 독자(獨自)과세권을 허용할 것 같지는 않다. 그리고 법적으로 기술교육을 정의(定義)하려고 꾀하는 것은 실제적이지도 않거니와, 그 문제를 회계 감사관에게 떠넘겨 법정판결을 받게 하는 것은 추천할 만하지 않다. 유일한 대안은 그 결정을 관계 국가당국에 맡기는 것이다. 지역인사(地域人士)가 (지역) 제일의 심판자라면 그런 통제의 필요성이 무엇이냐고 질문을 받는다면, 그 대답은 명백하다. – 지역과 지역은 수없이 많으며, 또한 맨체스터, 리버풀, 버밍엄, 그라스고우는 아마도 그들이 적합하다고 생각하는 대로 하도록 내버려 두어도 안전할지 모르지만, 상이한 사고방식을 가진 유능한 인사들이 충분히 토의할 수 있다는 확실성이 떨어지는 그보다 조그만 소시(小市)들은 쉽사리 (능수능란한) 사기협잡배의 희생양이 될지도 모른다.

(영국의) 중등학교의 과학교육과 기술학교 및 교과과정이 창설되었다고 가정해도, 아직 제삼(第三)의 필요(요소)가 채워져야 하는데, 그것은 유능한 교사의 부족이다. 그리고 그들을 확보해야 할 뿐만 아니라, 확보한 뒤에는 유지해야 한다. 과학 및 기술 분야의 유능한 교사를 정규사범대학의 유행과정으로는 양성할 수 없다는 사실을 너무 강하게 고집하는 것은 불가능하다. 과학과목의 교사에게 바라는 것은 단지 책을 통째로 암기한 머리가 아니라-실제로는 차라리 무용지물보다 더욱 나쁘다.-그의 정신이 단지 배운 것이 아닌 지식으로 충만해 있어야 하며 또한 그 지식도 도서관보다는 실험실에서 배운 것이어야만 한다는 것은 절대 필요하다. 런던 시와 지방 주(州)들이 둘에서, 이러한 교육이 행복하게도 이미 여러 곳에서 실시되고 있다. 그리고 현재 주요현안은 교직을 수행하는 담당자에게 첫째는 그 (과정)은 쉽게 이용할 수 있어야 하며, 그 다음에는 필수(과정)가 되어야 한다는 것이다.

그러나 교육을 잘 이수한 사람들을 배출할 때, 생각해 두어야만 할 점은 교직(敎職)은 보수가 별로 높지 않으며, 그렇지 않다면 매력적이며, 그리고 유능한 교사를 붙들어 두려면 특별 유인책 제공은 권장할 만하다. 하지만 이런 것들은 세부문제로서 더 이상 깊이 들어갈 필요는 없다. 최소는 아니지만 마지막 문제가 고급(기술)분야의 산업활동에 특히 자질(資質)이 적합한 자들로 하여금 지역공동체에 그러한 봉사를 할 수 있는 지위에 나갈 수 있는 (조직)기구(機構)를 갖춰 주는 것이다. 만일 모든 (영국)교육비용이 해마다 뭇사람들 중에서 단 한 사람의 천재과학자나 천재발명가를 건질 수만 있다면, 그리하여 그가 선천적 능력을 최대로 발휘할 수 있는 기회를 갖게 된다면, 그것은 아주 뛰어난 투자가 된다. 만일 해마다 수십만 명씩 태어나는 아이들 중에서 그런 아이가 한 명만 있다면, 불행의 늪이나 풍요의 온상 어디에서도 어떤 돈이라도 끌어다 그에게 줄 가치가 있으며, 잘 가르쳐 그 나라 국민에게 헌신케 할 수가 있을 것이다. 또다시, 여기에다 우리는 장학제도와 그 유사한 것들을 시작해 왔으며, 이미 닦아 놓은 길을 따라갈 필요만 있을 뿐이다.

앞서의 쪽들에서 간단히 말한 공업발전프로그램은 칸트가 "Hirngespinnst", 즉 한 몽상적인 철학자의 뇌리에 짜놓은 거미집이라고 말한 것이 아니다. 다소간 그것은 이 나라의 수많은 곳에서 구체적 형태를 갖췄으며, 그리하여 제조산업 지역에서는 그 규모와 재정이 크지 않은 작은 소시(小市)들이 있으며, 여기에서는 그 문제를 맡은 활기차고 공공심을 가진 인사들이 재량(載量) 자금이 허용하는 한 거의 모든 프로그램을 얼마 동안 수행하였다. 그 일은 할 수 있다. 만일 산업전쟁에서 우리의 위치를 지키고 싶다면, 그 일을 해야만 하며 그것도 신속해야만 한다는 신념의 좋은 근거를 보여 주기 위해 나는 노력해 왔다. 그 프로그램의 절대적 필요성이 일부관찰자에서처럼 실제 산업현장 업무에 몰두하고 있는 사람들에게도 명백하게 될 때는 언제나 (그 일이) 잘되리라는 것을 의심하지 않는다.

옮긴이 글(1)

　맨 처음, 크로포트킨의 [Mutual Aid]를 번역하기로 마음먹던 당시에는, 이 책이 한 세기 이전에 쓰인 책이지만, 내가 한평생을 살아오면서 생존경쟁 원리에 입각하여 성립된 "잡초학"을 전공하는 교수 생활을 해 왔고, 그래서 "적자생존의 이론"에는 더 이상 진력이 나서 식상해 왔던 터였다. 이런 차제에 진화의 섭리를 다윈이나 윌리스와 달리 "상호부조의 이론"으로 반박하고 나섰던 크로포트킨의 관찰 이론이 내 마음에 샛별처럼 새겨졌던 것이다. 매혹적이고 참신한 생각이었으며, 가슴속이 후련해지는 가설이었다. 그런데도 "상호부조"라는 뜻은 "상생원리"라는 세속의 말로 일부 경제학계와 소위 쓰레기 무더기같이 손가락질 받고 있는 우리네 국회와 국회의원들의 행태 속에서 상투적으로 쓰이고 있어 격분되는 마음을 금할 수 없던 터였다.

　또는 원작인 크로포트킨이 생물학자나 생태학자라기보다는 제정러시아 말년의 무정부주의자 혁명가였고 시베리아 일대를 답사하며 지도를 제작한 지리학자였을 뿐만 아니라 제정러시아 황국의 지체 높은 왕실귀족이었다는 점에서도 호기심과 매력이 끌렸던 것이 사실이다. 이 책의 번역에 대한 동기라면 동기였다.

　이 책의 번역은 전반부인 절반 분량을 둘째 여식 명진이가 루이지애나 주립대학교에서 음악박사 학위를 받고 미주리대학으로 이사

오던 2004년 여름에 콜롬비아 애쉬랜드 언덕 집에서 착수하였고, 공교롭게도 맨 끝 부분의 부록인 헉슬리의 논설을 손녀인 Eugenia가 세상에 첫날을 맞던 2006년 4월 24일에 같은 애쉬랜드 언덕의 명진이 집에서 탈고하게 되었다. 책의 전반부는 곤충과 날짐승, 야생동물, 원시인과 미개사회의 인류가 이루어 내고 있는 "상호부조의 생활"이 어떻게 진화적인 의미를 지니는지 관찰했던 기록으로 서술되고 있다. 그 내용의 일부로 미주리 평원의 하늘을 나는 솔개가 소개되고 있었으며, 명진이네 집에 있는 애쉬랜드 언덕에서는 지금도 아침 이른 시간과 저녁 시간에는 솔개 십수 마리가 공중을 유유자적으로 선회 비행하는 모습을 즐겨 볼 수 있다. 집 뒤꼍의 뜰과 이어진 숲에서는 아침저녁으로 쫓고 쫓기는 야생동물의 모습이 보이고 밤에는 반딧불이가 가득하게 날고 있다. 바비큐를 해 먹고 버린 뼈다귀를 찾아 슬금슬금 기어 오던 너구리의 모습도 생생하다. 2004년의 번역 작업에 흥미와 실감을 더할 수 있던 안성맞춤의 전경이었다.

또한 부록인 헉슬리의 문장은 산업혁명기 이후의 영국 사회가 당면하던 생산경제와 산업사회의 경쟁논리, 그리고 교육의 공익성에 대한 생각을 살아남기 위한 생존경쟁의 차원에서 서술하고 있는 내용이었다. 30년 교수직을 정리하는 마지막 일 년이 나에게 남겨진 시점으로서 과연 내 삶이란 도대체 무엇이었는지 돌이켜 관조하는 시점에 서 있게 하는 내 처지이다. 때마침 둘째 여식의 첫딸(외손녀)이 세상에 고고의 울음을 터뜨리며 태어나는 시점이어서 "사라져 가는 노병(老兵)과 새로 등장하는 신생아의 극적인 상봉"이 이루어지는 때에 번역이 종결된 셈이다. 이런 것들이 원작과 미주리 창천의 애쉬랜드 집, 그리고 번역을 끝낸 나 사이에 맺어진 인연이라면 공교롭게도 인연인 셈이다.

　필자는 이 책을 번역하면서 일면 마음이 무거웠고 다른 일면으로는 후련한 무슨 해답을 얻는 심경이었다. 이런 마음이 내 사랑하는 학문계 즉 생물학이나 농학과 같이 진화론을 공부하는 영역을 위해서였는지 또는 이 책의 진가를 뒤늦게나마 터득하여 무겁거나 시원한 마음을 어쩌지 못하고 있는 나 자신을 위해서였는지 모르겠다. 다만 읽는 이들에게 권유하고 싶은 게 있다면, 한 세기 이전에 쓰인 고전이지만 오늘을 사는 관심 있는 모든 이들이 이 책을 재음미, 재평가하며 꼭 정독하여 읽어 주었으면 더 바랄 것이 없다는 점이다.

　이 책의 번역 원본은 1955년에 미국 Manchester, NH의 Porter Sargent 출판사가 Extending Horizous Books(Classics in Modern Social Thought)의 series로 펴낸 『Mutual Aid: A Factor of Evolution』으로서 1914년의 원저와 원판에 Ashley Montagu의 "서문과 문헌소개", Thomas H.Huxley의 "The Struggle for Existence"가 삽입·부록화되어 첨부되고 있어서 독자들의 좋은 참고·비교 연구를 돕고 있다.

　이 책의 번역에는 어려움이 많았다. 필자가 너무 아는 것이 부족하였다는 점이 가장 큰 이유였겠지만, 오래전에 쓰인 영국식 문장이었다는 시대적 차이도 있었고, 책의 내용으로 등장하는 생물의 명칭부터 생태 관찰 기록의 실체까지 사실을 포착하기 어려운 기술이 많기도 하였다. 어려운 점이 많았던 만큼 번역에 오류가 생기거나 구차한 번역 부분이 많았을 것임을 자인하며 사계의 넓은 아량과 이해를 구하고 싶다.

　끝으로, 이처럼 방대한 분량의 원고를 정리, 편집하는 데 많은 시간을 받쳐 준 전남대학교 신지산, 임보영, 한국농식품생명과학협회

진선미, 그리고 미주리대학교의 연지 양에게 고마운 마음을 한량없음을 전하고 싶다.

2006년 4월 24일
미주리 컬럼비아 애쉬랜드 언덕 집에서, 구자옥

옮긴이 글(2)

이 책의 저자의 사상은 한마디로 기존에 우리가 배워 왔던 역사관(觀), 세계관(觀)이 얼마나 왜곡, 편향되어 있는지를 깨닫게 해 준다. 저자는 맹자(孟子)의 성선설(性善說)과 불교(佛敎)의 가르침을 연상시킨다. 그러나 큰 차이가 있다. 위의 가르침들은 사변적(思辨的)이고 철학적(哲學的)이고 심오(深奧)하여 우리가 이해하기 극히 어려운 점이 많다.

그런데 이 저자의 사상은 엄존(嚴存)하는 사실(事實, fact)의 관찰(觀察)에 바탕을 둔 현실세계의 인간, 동물, 식물의 생활상(相)에서 우러나온 것으로서 너무나 간단, 명료하여 왜 이런 학설, 사상이 기존의 역사, 과학, 철학, 사상 및 기타 실제산업 분야에 파급 적용되지 않았는지에 대해 큰 의문이 일어나지 않을 수 없게 만든다. 여기에는 기존 체제 유지와 관련된 복잡한 이해득실 관계가 뒤엉켜 있을 수 있다. 또한 저자의 사상이 너무나 천진난만(naïve)하며 기존 학계, 사상계의 이론을 지나치게 반박한다는 주장도 나올 수 있다. 그러나 실제로는 절대 그렇지 않다는 것은 저자가 고전문체로 서술한 저서를 읽다 보면 그 주장에 공감한다기보다는 사실 그 자체라는 것을 알게 되고 또한 무고한 인간의 피로 얼룩진 역사를 보노라면 우리가 진실을 외면한 것은 아닌지 자문하게 된다. 그와 함께 우리는 진실을 깨닫고 나서 겪는 가슴속 깊은 곳으로부터 감동과 희열(喜悅)을 맛본다.

저자의 학설과 이론은, 현재 그 이념과 사상 면에서 한계 상황에 놓이고 갈 데까지 간 것으로 보이는 소위 종교, 철학, 사상 특히 경제난국의 해결을 자임했던 자본주의, 공산주의를 초월하여 또한 과학기술의 차원을 넘어 이 모든 것을 종합, 통일, 수렴, 융합할 수 있는 새로운 '하늘과 땅'을 우리에게 제공해 준다.

그러면 저자의 주장이 절대 옳다는 것을 어떻게 증명할 수가 있는가? 답은 실로 간단하다 예를 들어 100명과 100명의 집단이 있다 하자. 뿔뿔이 헤어진 집단과 상호 친밀히 결합한 집단을 비교하면 그 결과는? 이 두 집단 간의 비교를 군사학에서 쓰고 있는 란체스터 (Lanchester)의 법칙을 원용·풀이해 보면 분리된 집단은 (1^{22} $1+……+$ $^{122}100$)(주 1번째 사람은 11……백 번째 1100) 결합집단은 ($11+……+$ 1100) 22로 표시된다. 즉 $\Sigma(122$ $1+……+122$ $100):\Sigma(11+……+$ 1100)22 =100:(100)22 =1:100이라는 결합집단이 100배나 더 큰 힘을 갖는다는 기막힌 결과가 나온다.

따라서 개인별로 분리될 때는 산술합계만 나오지만 조직적으로 결합하면 지수적(指數的) 힘을 발휘한다. 문제는 그 결합을 달성하는 방식에 있다. 과거부터 인간들은 이를 전쟁 같은 강제력을 동원한 통합, 통일이 최상이라 믿었고 그 결과는 거대한 중앙집권국가 또는 절대왕정국가였으며 이들 모두 엄청난 경이로운 업적을 낸 것은 사실이다. 그러나 이 체제에서는 개인의 자유, 주도권, 창의력은 현저히 제한되거나 극도로 억압되어 그 결과 개인의 개성, 능동적 결정 진취적 기상, 인격 등은 실종되고 남는 것은 거대제국, 국가, 황제, 왕후장상,(王侯將相) 등 귀족 지배계급, 그리고 특권층화한 종교 지도자(교황, 추기경, 주교) 등이 우뚝 서 있는 역사적 사실과 마주치게 된다.

위의 결과를 그 뒤 다윈 추종자들은 적자생존 또는 생존투쟁이라는 이론을 빌려 합리화하여 왔고 우리 또한 모두 이를 객관적, 과학적 사실이라고 믿어 의심치 않았다.

그러나 저자의 실증적 연구조사 결과는 이것이 거대한 오류이며 과학적 이론을 잘못 해석한 결과임을 생생히 보여 준다. 우리가 중세 암흑기라고 불렀던 그 시기에 실제는 찬란한 유럽문명이 나왔고 상생(相生)의 상호부조(mutual aid and support) 원리 위에 이루어져 오늘날까지 전해져 우리의 경탄을 받고 있는 사실은 도대체 어떻게 설명한단 말인가? 그 당시에는 그 뒤의 절대왕정이나 중앙 집권국가는 존재하지도 않았는데……. 오히려 그 당시에는 조그만 조합 길드, 조그만 도시만 존재했지만, 그때 개인의 자유, 평등, 주도권, 창의력이 최대로 발휘되어 예술, 문화, 과학이 꽃피거나 싹이 뿌려졌다는 사실은 기존 역사관에 물든 우리로서는 먼 우주의 이야기같이도 들린다. 이러한 결과는 이들이 상호 적대하고 투쟁해서가 아니라 서로 도와주고 보살펴 주고 협력했기 때문에 가능했다. 그들은 강자가 약자를 짓밟는 방식을 택한 대신에 약자를 보살펴 주고 서로 아껴 주며 같이 힘을 합쳐 온갖 역경을 극복했을 뿐만 아니라 진정한 인간의 진보와 진화를 이끌어 내었다. 전쟁에 드는 극히 소모적이고 파멸적인 행위 대신에 생산, 건설 및 창조를 했고 그리하여 오늘날의 우리가 감히 넘보지 못할 문화와 문명을 이루었다. 그들은 개인 한 사람의 가치를 알았고 그 중요성을 알고 있었다. 인간은 그 존재 자체가 값으로 따질 수 없는 존재이며 따라서 평등하고, 자유로워야 하며 자기가 자기를 그리고 자기 일을 책임지고 타인의 짐이 되지 않도록 하며, 피동적이고 소극적인 생활 방식이 아닌 능동적이고 적극적인 운명의 개척자, 운명의 주도자였다.

그런데 이를 우리나라 역사나 농업현실에 비추어 보면 우리에게 난국을 타개하는 새로운 사태해결의 지혜를 줄 수 있다는 사실이다.

우리나라의 역사를 보면 신라, 고려, 조선왕조 모두 그 멸망은 농업 파탄과 그 궤적을 같이하고 있음을 부인할 수 없다. 고려왕조는 명문거족과 사찰의 토지겸병(兼倂)에 따라 왕조 안정을 떠받친 자작농 계층이 파멸되어 소작농, 종 또는 유랑민으로 전락하여 나중에는 극도의 빈부격차에 따른 민생파탄으로 정치 경제 사회적 불안과 국가 통치력 마비로 이어져 급기야 이런 모순 타파와 개혁을 주장하는 조선왕조개국의 대의명분을 제공한 것은 잘 알려진 사실이다. 또한 불교 몰락은 실은 유학을 강조하기 위함도 있지만 대토지 소유자이기도 했던 불교에 대한 반감과 토지개혁에 있었다 해도 과언이 아닌데 실제로 고려왕조는 과거제도가 시행되던 엄연한 유교 통치국가였음을 상기할 때 충분히 수긍할 수 있는 일이다. 불교는 토지를 국가에 빼앗기면서 경제적 기반을 잃고 몰락할 수밖에 없었다. 조선조는 고려 누대의 명문거족이 부당하게 농민에게서 강탈한 토지와 사찰의 토지를 거두어 이를 농민에게 돌려주면서 왕국의 정당성, 사회 안정, 국가재정 안정을 이루어 500년의 통치기반을 닦을 수 있었다. 그러나 조선조도 건국 후 60년이 지나 세조의 쿠데타 이후에는 현직 관리에게 줄 직전(職田)이 모자랄 정도로 토지제도가 열악해졌는데 이는 왕자의 난 후 집권한 태종과 쿠데타 성공으로 집권한 세조, 중종반정 등 역대정권이 공신들과 추종자에게 과분한 토지를 하사(下賜)

한 당연한 결과였다. 그 후유증은 실로 엄청났다. 농업이 절대생산 및 생존 자체였던 그 당시 현직 관리에게 줄 땅도 모자랐다는 사실은 필연적으로 토지를 차지하기 위한 지배계층의 알력, 갈등 등 직간접적인 충돌과 제도적 문란을 가져왔으며 그 결과 최하 기층조직인 농민이 가진 토지를 다시 집권세력이 강탈 또는 과도한 이중, 삼중의 세금으로 가렴 주구하여 그로 인해 자작농, 영세 소농들이 몰락하면서 소작농, 종의 신분으로 전락되어 가는 참상은 이미 조선 초기 명종대(代)의 '임꺽정'난 등을 통해 보이며 임진왜란과 병자호란을 통해 이 과정은 더욱 가속화되어 조선조 말 홍경래의 난 등 수많은 민란이 웅변해 주고 있다. 그렇다. 왕조는 생산하는 농민이 몰락하면서 몰락하기 시작한다. 더욱이나 한국농업은 그 규모가 오늘날에도 2백만ha(남한)인 데 비해 저자가 말하는 유럽의 프랑스는 한국의 10배 이상이다. 이 사정은 독일, 이탈리아, 영국도 마찬가지이다. 그들은 평지의 거대 농업국가이다. 그들은 공업강국이기 전에 우리나라는 비교도 안 될 정도의 농업강국이었다. 그곳 농민은 강탈 당했어도 우리나라 현재 전체 농토보다 훨씬 많은 자가(自家) 소유 농토가 있었기에 그들은 확실한 주인의식이 있었고 실제로 주인이었으며 자본가였고 그러므로 외부 주변 환경에 대처하기 위해 서로 협동해야 할 이유나 또 서로 도와줄 능력이 있었으며 따라서 서로 자유로웠고 평등했다. 그 바탕 위에 종교개혁도 가능했으며 프랑스 혁명 또한 마찬가지였고 그 혁명 이전에 이미 자유평등이 있었고 상영 (相榮)의 상호부조 정신이 실행되고 있었던 것이었다. 그랬기에 서구는 공산주의가 성공할 수 없었다. 그러면 상호부조 정신과 공산주의 사회주의와는 어떻게 구별되는가? 공산주의에서는 이념이 극단적으로 강조된 나머지 개인의 자유, 창의력, 주도권은 극도로 억제되고 그 결과 사회, 국가도 위축되고 궁극적으로는 개인의 활동범위는 불행할 정도로 축소된다. 제도와 이념이 개인을 지배한다. 그러나 상조정신은 인간정신이, 인간이 주인이다. 여기에서는 개인의 자유, 평등 주도권이 바탕이 되어 공산주의라는 이념이 아니라 공동체주의 즉, 이익을 추구하되 각자의 몫을 다하여 창의력을 발휘하며 자유롭게 진행한다. 여기에서는 제도, 이념이 아니라 사람 그 자신이 정신, 사상, 이념을 극복, 소화, 실천한다. 우리가 부러워하는 고수준의 유럽 문명, 문화, 사상, 과학, 예술은 실제로는 유럽 각국이 한국의 10배 내외나 되는 부강한 농업과 농업생산력이 있기에 가능한 것이었다. 유럽농업과 농민이 유럽문명의 정신이었다.

한마디로 한국농업 토지 면적이 지금의 5배라면 자급자족을 넘어 해외에서 필요한 농산물을 수입하고 또한 우리 농산물도 그만큼 수출하는 체제가 될 것이다. 이를 달성하려면 농업 토지 면적의 외연적 확대라는 하드웨어적 방법과 연구개발을 통한 고도의 기술축적을 갖춘 첨단기술 농업이 있고 우리가 선택할 수 있는 유일한 방법은 후자일 수밖에 없다는 것 또한 자명하다.

우리는 때로 프랑스 같은 나라가 그 많은 파업, 짧은 노동시간(공무원도 파업), 데모에도 불구하고 어떻게 여유 있는 부국, 부민(富民)으로서 풍족한 생활을 누리는지 궁금해한다. 이미 말했듯이 프랑스는 공업강국이기 이전에 농업강국이었고 그것은 미국, 영국, 독일, 기타 유럽(동유럽) 각국이 같다. 유일한 예외는 일본이지만 그래도 그들은 농경지 규모가 한국의 4배 내외이며, 또한 한국의 남반부 면

적의 60%나 되는 북해도 지역을 예비로 갖고 있다. 우리는 중국, 인도, 남미 각국은 물론 베트남, 태국 등 동남아 각국에 비해서도 농업 여건은 토지 규모 기타 등에서 약국(弱國)의 신세이다. 요즘 인기가 올라가는 포도주도 이탈리아의 포도 재배면적이 일백만ha라는 것을 알면 왜 유럽의 포도주 문화가 생겼는지 자명해진다. 환경은 농업을 지배하며 농업은 인간문명과 문화, 나아가 정신을 지배한다. 유럽의 복지정책 또한 농업생산력을 빼면 생각도 할 수 없다. 스위스는 국토 면적도 한국(남한)보다 적으나 농경지(축산 포함) 면적은 한국보다 넓다는 것을 알면 왜 스위스가 농산물(특히 낙농제품) 수출을 하는 나라이며 고도의 생활수준을 즐길 수 있는지 이해할 수 있다. 그러한 바탕 위에서 유럽은 그 많은 전쟁, 폐허, 사회분규, 갈등을 겪으면서도 파국을 넘기며 고도의 생활수준을 누릴 수 있었다. 다시 한국농업 현실로 돌아와 이들과 같은 농업생산력을 달성하여 가정과 사회 안정, 국가번영을 누리게 하려면 우리의 유일한 선택은 소프트웨어적인 질적, 양적으로 획기적 수준제고(提高)뿐이다. 평면적 차원에서의 생산성 향상은 한계에 왔기에 우리는, 한마디로 요약하여 수직적 공간 확대의 입체농업이라 할 수 있다. 수직공간 확대로 작물과 재배기술(특히 유리온실재배)에 따라서는 지수적(指數的) 생산력 향상도 가능할 것이다. 이것은 지금까지의 일차원적이고 평면적 개념에서 다차원적이고 수직적 개념으로의 도약이다. 이러한 개념이 실제 농업 전반에 적용되기 위해서는 각 산업분야의 지식과 기술을 통합, 융합시켜야 할 것이며 그러므로 지금까지의 연구개발의 폭과 깊이를 그리고 분야를 획기적으로 확대하여야 한다. 단순한 양적 확대가 아니라 복합적이고 고도의 수준이어야 하며 따라서 기초학문이 필요할 뿐만 아니라 더욱 중요한 것은 이런 제(諸) 분야, 기술을 한 그릇에 담아 내어 융합을 시킬 수 있는 전략기획 연구가 극히 중요한 의미를 갖는다. 그 목표가 크고 폭이 넓으며 높아야 즉 해야 할 임무가 명확하고 웅대해야 그에 맞는 조직, 활동, 성과, 효율성이 달성될 것이다. 농업행정관리는 목표와 수단의 일부이며 대전략(大戰略)상으로는 극히 하위개념 아니 그보다도 못할지 모른다. 생각하고 기획하고 계획하고 실천하되 세계전략적 사고방식에서 농업문제가 접근되어야 한다. 농업은 국민경제의 일부이지만 또한 그것은 국민, 국가 경제의 알파와 오메가이다.

한국의 영세규모필지, 경사지는 현대적인 기계화, 성력화 농업에 불리하게 작용하고 있다. 그러나 현대 기술은 지금까지 엄청난 기술적 진보를 이루었고 지금도 빠르게 발전하므로 문제해결은 시간적이다. 이것이 해결되면 세계적 한국 특산물(예 인삼 등)로 난국을 타개하는 것이 어렵지 않을 것이다. 문제는 현재 위축되고 소극적, 피동적이며 정부로부터 보조에 크게 의존하는 듯한 농업인의 정신, 태도에 있다. 노령화도 한갓 변명에 지나지 않는다. 상영(相營)의 상호부조를 제대로 한다면 그리하여 힘을 합친다면 작업효율의 획기적 향상은 물론 생산, 저장, 유통, 판매, 가공에 이르기까지 전 과정에 걸쳐 대규모 산업체 같은 성과와 업적을 낼 수 있을 것이다. 단순 재배생산이 아니라 보다 철저하고도 성실하게 고수준의 표준재배를 하여 고품질의 비교적 저렴한 농산물이 생산되어야 진정한 의미의 농업부흥이 이루어질 것이다. 그것은 또한 우리로 하여금 21세기의 새로운 새마을운동, 과거의 정부주도가 아닌 농민 스스로의 자발적 운동이 이루어진다면 정말이지 농촌은 획기적 변신이 이루어질 것이다. 마지막으로 우리는 의심한다. 우리의 농토는 너무나 적기에 남을 도울 필요도 도움을 받을 일도 별로 없다고, 그리고 우리는 과거 한국의 전통적 상호부조 조직인 "계"를 떠올리면 상호부조 정신은 과거의 유물이라 할 수 있을지 모른다. 그리하여 우리나라에서는 유럽과 달리 그 필요성이 적다고 할 수도 있겠다. 그러나 실제로 해 보아야 하지 않겠는가? 미리부터 한국인은, 현재 농촌 현실에서는 어렵다고 포기할 수는 없지 않은가? 우리는 실제로 매일매일 우리가 의식하지 못할 뿐이지 실천하고 있을지 모른다. 다만 책의 저자가 말한 것처럼 상호부조의 범위가 문제이다. 유럽의 자유도시도 상호부조의 범위를 좁힌 결과 결국 몰락하고 멸망했다. 우리도 물론 그런 경향이 크다. 그러나 저자가 말한 바와 같이 인류의 인간본성은 상호부조 성향이며 그것을 의심할 하등의 이유가 없다는 것을 우리 또한 신념을 갖고 지켜 나가야 한다. 그리고 그 범위를 확대해 나가야 한다. 그러한 접근방법에서는 모든 난제는 사라지고 밝은 서광만 비칠 것이다. 끝으로 우리는 농업과 농민에게 무한한 감사와 긍지를 가져야 한다. 임진왜란 당시의 이순신 장군, 권율 장군, 의병장 곽재우, 정문부, 김천일, 조헌 이런 분을 실제로 죽음을 무릅쓰고 도와주고 따른 사람은 다름 아닌 농민이었으며, 특권층인 양반계층은 병역, 세금은 물론 면제되었고 그들 하인까지도 면제시킨 글자 그대로 도둑 떼, 쥐새끼들이었으며 동학농민 운동도 수탈에 견디다 못한 농민의 폭발이며, 그 뒤 조선조 멸망으로 이어진 사실은 우리 모두 명심해야 한다.

2007년 11월 21일
김휘천

찾아보기

(ㅂ)

(ㅈ)

(ㅎ)

구자옥

학 력

1965. 2 서울대 농학사 (전공 : 작물학)

1970. 9 덴마크 맬링 – 코펜하겐 왕립농대 Diploma (전공 : 잡초학)

1974. 2 서울대 대학원 농학석사 (전공 : 잡초학)

1977. 8 서울대 대학원 농학박사 (전공 : 식물생리학)

경 력

1996. 8~1997.10	전남대학교 교무처 겸무 교무처장
1998. 9~2000. 9.	전남대학교 농과대학 학장
1996~2000	호남식물보호연구회 회장
1999~2000	한국농대학장협의회 회장
1999~현재	한림원 종신회원
1996~2000	전남쌀연구회 회장
1998~2000	한국잡초학회 회장
2000~현재	한국농업시스템학회 회장
2006~현재	한국농식품생명과학협회 부회장
2008~현재	한국농업사학회장
2008~현재	전남대학교 명예교수

상 훈

1984. 5.	작물학회 우수논문상
1996. 9.	제6회 과학기술 우수논문상 수상

1994. 6.	제44회 시부문 추천신인상 수상
1997. 10.	전라남도 문화상(자연과학부문)
2003. 11.	제6회 대한민국농업과학기술상

저서 및 역서

『잡초생태학 −식생관리론』(역서, 1986. 大光文化社)

『新稿 잡초방제학』(공저, 1995. 鄕文社)

『新制 雜草生態學』(공저, 1999. 鄕文社)

『한국의 잡초도감』(공저, 2002. 한국농업시스템학회)

『농업생태학』(공저, 2002. 전남대학교 출판부)

『인류의 식량』(공저, 2003. 전남대학교 출판부)

『대지의 수호자 잡초』(2003. 우물이 있는 집)

『자신으로서 쌀』(2004. 전남대학교 출판부)

「齊民要術」 번역. 농촌진흥청 구자옥, 홍기용, 김영진(2006)

「氾勝之書」 번역. 농촌진흥청 구자옥, 김장규, 홍기용(2007)

『한국의 수생식물과 생활주변식물도감』(공저, 2008. 자원식물보호 연구회)

『세밀화로 그린 어린이 「풀도감」』(공저, 2008. 보리출판사)

김휘천 (金暉千)

학 력

1960. 3 ～ 1963. 2	보성 고등학교
1963. 3 ～ 1967. 2	서울대학교 농과대학 농학과 학사(졸)
1974. 3 ～ 1977. 2	서울대학교 농과대학 대학원 원예석사(졸)
1977. 3 ～ 1985. 2	서울대학교 농과대학 대학원 과수육종학 박사(졸)

경 력

1970. 10 ～ 1981. 11	원예시험장 농업연구사
1981. 11 ～ 1990. 11	원예시험장 농업연구관
1990. 11 ～ 1994. 12	과수연구소 농업연구관
1995. 1 ～ 1997. 2	원예연구소 농업연구관
1997. 2 ～ 1998. 7	제주농업시험장 농업연구관, 원예과장
1998. 7 ～ '99. 7	원예연구소 품질보전과 농업연구관, 과장
1999. 7 ～ 2001.12	원예연구소 과수육종과 농업연구관, 과장
2002.1 ～ 2004.6	원예연구소 과수육종과 농업연구관

주요논저

「동양배 교배 조합에서의 주요형질간의 유전연구」

「새로운 배 재배기술」(농민출판사)

「사이버 농업경영자 과정」(농촌진흥청)

相互扶助 進化論

• 초판 인쇄   2008년 8월 1일
• 초판 발행   2008년 8월 1일

• 지 은 이   피트르 알렉세이비치 크로포트킨
• 옮 긴 이   구자옥 · 김휘천
• 펴 낸 이   채종준
• 펴 낸 곳   한국학술정보㈜
          경기도 파주시 교하읍 문발리 513−5
          파주출판문화정보산업단지
          전화 031) 908−3181(대표) · 팩스 031) 908−3189
          홈페이지 http://www.kstudy.com
          e−mail(출판사업부) publish@kstudy.com
• 등   록   제일산−115호(2000. 6. 19)
• 가   격   45,000원

ISBN   978-89-534-9870-9 93520 (Paper Book)
        978-89-534-9871-6 98520 (e−Book)